教育部高等学校电子信息类专业教学指导委员会规划教材
高等学校电子信息类专业系列教材

U0183253

Control Technology of Elevator, Second Edition

电梯控制技术

（第2版）

段晨东　张彦宁　编著
Duan Chendong　Zhang Yanning

清華大学出版社
北京

内 容 简 介

本书共分为 9 章,系统地介绍电梯、自动扶梯的结构及其电气系统工作原理。

第 1 章介绍电梯的发展历史、电梯的分类以及电梯工作原理。第 2 章介绍电梯的结构及其工作原理,包括电梯建筑物环境、曳引系统、轿厢系统、门系统、导向系统、重量平衡系统、安全保护装置等。第 3 章介绍电梯速度曲线和电气拖动系统的工作原理。第 4 章以继电器控制电梯控制系统为主,详细阐述集选电梯的主要控制电路和辅助电路的工作原理。第 5 章系统分析交流双速集选电梯和 VVVF 集选电梯的 PLC 控制系统及其控制程序。第 6 章介绍电梯串行控制系统的组成和工作原理。第 7 章介绍电梯的并联和群控调度原则。第 8 章介绍电梯监控系统及其工作原理。第 9 章介绍自动扶梯和自动人行道,以自动扶梯为主,介绍自动扶梯的构造及其工作原理;以一种继电器控制的自动扶梯为例,分析说明电气系统电路的工作原理;以一种 PLC 控制的自动扶梯为例,系统地分析电气系统及控制程序的设计思路。

本书具有较强的工程性和专业性,内容紧密联系工程实践,可作为普通高等学校和高等职业学校的电气工程及其自动化、自动化、建筑电气与智能化及其他相关专业的教材或参考书,也可作为电梯行业从业人员的培训教材和工程技术人员的参考书。

图书在版编目(CIP)数据

电梯控制技术/段晨东,张彦宁编著. —2 版. —北京:清华大学出版社,2020.8(2023.1重印)
高等学校电子信息类专业系列教材
ISBN 978-7-302-55024-2

Ⅰ. ①电… Ⅱ. ①段… ②张… Ⅲ. ①电梯-电气控制-高等学校-教材 Ⅳ. ①TU857

中国版本图书馆 CIP 数据核字(2020)第 040758 号

责任编辑:曾 珊
封面设计:李召霞
责任校对:时翠兰
责任印制:沈 露

出版发行:清华大学出版社
  网 址:http://www.tup.com.cn,http://www.wqbook.com
  地 址:北京清华大学学研大厦 A 座   邮 编:100084
  社 总 机:010-83470000   邮 购:010-62786544
  投稿与读者服务:010-62776969,c-service@tup.tsinghua.edu.cn
  质量反馈:010-62772015,zhiliang@tup.tsinghua.edu.cn
  课件下载:http://www.tup.com.cn,010-83470236
印 装 者:三河市铭诚印务有限公司
经 销:全国新华书店
开 本:185mm×260mm   印 张:19.75   字 数:480 千字
版 次:2015 年 4 月第 1 版 2020 年 9 月第 2 版   印 次:2023 年 1 月第 4 次印刷
印 数:4501～6500
定 价:69.00 元

产品编号:083462-01

高等学校电子信息类专业系列教材

序
FOREWORD

我国电子信息产业销售收入总规模在 2013 年已经突破 12 万亿元,行业收入占工业总体比重已经超过 9%。电子信息产业在工业经济中的支撑作用凸显,更加促进了信息化和工业化的高层次深度融合。随着移动互联网、云计算、物联网、大数据和石墨烯等新兴产业的爆发式增长,电子信息产业的发展呈现了新的特点,电子信息产业的人才培养面临着新的挑战。

(1) 随着控制、通信、人机交互和网络互联等新兴电子信息技术的不断发展,传统工业设备融合了大量最新的电子信息技术,它们一起构成了庞大而复杂的系统,派生出大量新兴的电子信息技术应用需求。这些"系统级"的应用需求,迫切要求具有系统级设计能力的电子信息技术人才。

(2) 电子信息系统设备的功能越来越复杂,系统的集成度越来越高。因此,要求未来的设计者应该具备更扎实的理论基础知识和更宽广的专业视野。未来电子信息系统的设计越来越要求软件和硬件的协同规划、协同设计和协同调试。

(3) 新兴电子信息技术的发展依赖于半导体产业的不断推动,半导体厂商为设计者提供了越来越丰富的生态资源,系统集成厂商的全方位配合又加速了这种生态资源的进一步完善。半导体厂商和系统集成厂商所建立的这种生态系统,为未来的设计者提供了更加便捷却又必须依赖的设计资源。

教育部 2012 年颁布了新版《高等学校本科专业目录》,将电子信息类专业进行了整合,为各高校建立系统化的人才培养体系,培养具有扎实理论基础和宽广专业技能的、兼顾"基础"和"系统"的高层次电子信息人才给出了指引。

传统的电子信息学科专业课程体系呈现"自底向上"的特点,这种课程体系偏重对底层元器件的分析与设计,较少涉及系统级的集成与设计。近年来,国内很多高校对电子信息类专业课程体系进行了大力度的改革,这些改革顺应时代潮流,从系统集成的角度,更加科学合理地构建了课程体系。

为了进一步提高普通高校电子信息类专业教育与教学质量,贯彻落实《国家中长期教育改革和发展规划纲要(2010—2020 年)》和《教育部关于全面提高高等教育质量若干意见》(教高【2012】4 号)的精神,教育部高等学校电子信息类专业教学指导委员会开展了"高等学校电子信息类专业课程体系"的立项研究工作,并于 2014 年 5 月启动了《高等学校电子信息类专业系列教材》(教育部高等学校电子信息类专业教学指导委员会规划教材)的建设工作。其目的是为推进高等教育内涵式发展,提高教学水平,满足高等学校对电子信息类专业人才培养、教学改革与课程改革的需要。

本系列教材定位于高等学校电子信息类专业的专业课程,适用于电子信息类的电子信息工程、电子科学与技术、通信工程、微电子科学与工程、光电信息科学与工程、信息工程及其相近专业。经过编审委员会与众多高校多次沟通，初步拟定分批次(2014—2017年)建设约100门课程教材。本系列教材将力求在保证基础的前提下，突出技术的先进性和科学的前沿性，体现创新教学和工程实践教学；将重视系统集成思想在教学中的体现，鼓励推陈出新，采用"自顶向下"的方法编写教材；将注重反映优秀的教学改革成果，推广优秀的教学经验与理念。

为了保证本系列教材的科学性、系统性及编写质量，本系列教材设立顾问委员会及编审委员会。顾问委员会由教指委高级顾问、特约高级顾问和国家级教学名师担任，编审委员会由教育部高等学校电子信息类专业教学指导委员会委员和一线教学名师组成。同时，清华大学出版社为本系列教材配置优秀的编辑团队，力求高水准出版。本系列教材的建设，不仅有众多高校教师参与，也有大量知名的电子信息类企业支持。在此，谨向参与本系列教材策划、组织、编写与出版的广大教师、企业代表及出版人员致以诚挚的感谢，并殷切希望本系列教材在我国高等学校电子信息类专业人才培养与课程体系建设中发挥切实的作用。

吕志伟 教授

第2版前言

PREFACE

电梯和自动扶梯是人们日常生活中不可缺少的交通工具。电梯和自动扶梯是结构复杂的机电一体化产品，由机械和电气两大部分构成，电气部分为其运行提供动力，并实现其使用功能。电气系统功能的优越决定着电梯和自动扶梯的性能和安全运行，在电梯和自动扶梯中起着至关重要的作用。

本书为普通高等学校和高等职业学校的电气工程及其自动化、建筑电气与智能化、自动化及其他相关专业的"电梯控制技术"课程编写，考虑到学生已学习"电机拖动基础"和"交流调速系统"等课程，以及在工程实践中电气拖动调速系统越来越专业化和模块化趋势，在书中仅介绍其调速基本原理，并没有细致地解释其内部工作机制及理论知识，把重点放在了电气控制系统方面。另外，为了使读者了解电梯的功能，更好地理解控制程序的设计思路，本书仍然把继电器电气控制系统作为重要内容之一，对典型电路做了细致的分析。其次，本书采用以整个电气系统为对象的分析方式，全面系统地阐释电气拖动系统和电气控制系统工作原理，使读者可以充分了解其内在联系。

本书共9章。第1章介绍电梯的发展历史、电梯的分类以及电梯工作原理。第2章介绍电梯的结构及其工作原理，包括电梯建筑物环境、曳引系统、轿厢、门系统、导向系统、重量平衡系统、安全保护装置等。第3章介绍电梯速度运行曲线和电梯的电气拖动系统工作原理。第4章以继电器控制电梯控制系统为主，详细阐述集选电梯的典型控制电路和辅助电路的工作原理。第5章介绍两种PLC控制的集选电梯，其中一种为5层5站的交流双速集选电梯，在介绍该电梯结构、拖动系统、控制系统硬件组成及原理的基础上，对控制程序进行了系统的分析；另一种为采用PLC控制的VVVF集选电梯，介绍VVVF闭环调速系统的构成及其工作原理、控制系统的构成和工作原理，并分析这种电梯控制程序的设计思路。第6章介绍电梯的串行控制系统组成和工作原理。第7章主要介绍电梯的并联和群控调度原则，介绍电梯并联调度的一般原则，并通过电路分析说明并联调度原则的工作原理。第8章介绍电梯监控系统及其工作原理。第9章首先介绍自动扶梯的构造及其工作原理，对继电器控制的自动扶梯和PLC控制的自动扶梯的电气控制系统的工作原理进行分析说明；最后简要介绍自动人行道的工作原理。为了便于自学和测试学习效果，在每章最后设置了针对性较强的思考题。

本书参考学时为48学时，同时可以安排适当的实验。

电梯和自动扶梯属于特种设备，目前大多数品牌电梯采用其专有的控制系统，公开资料极少。因此，在本书的编写过程中，作者对收集的资料进行了认真的分类、分析和甄别，针对专业技术课程的特点，力求做到面向工程实践，知识点全面，论述严谨、深入浅出，注重实用。

本书在再版过程中继承了第1版的特色，同时，对第1版内容做了必要的删减和补充。

（1）第1章补充近年来电梯技术的最新进展状况和电梯的工作模式。

（2）根据新的电梯和自动扶梯制造安装规范，对电梯和自动扶梯的机械部分进行修订和补充。

（3）删除第3章中变频器分类及其工作原理的内容，重新编写了永磁同步电梯拖动系统的内容。

（4）针对高层建筑电梯门系统的功能，在第4章增加了具有提前开门功能和门系统故障自动处理功能的控制电路及其原理分析。

（5）针对目前电梯系统普遍使用变频门机的现状，在第5章增加一节，讲述PLC控制的变频门机。

（6）目前电梯广泛采用串行控制系统，因此，本书介绍电梯串行控制系统，包括串行系统的组成及其工作原理，电梯常用的串行总线RS-485、CAN总线原理，采用上述总线的典型系统工作原理。另外，对于用于电梯系统的CAN OPEN协议的子协议进行了概述。

（7）在第6章中补充了近年来在大型公共建筑中出现的目的层群控调度策略及其原理。

本书由长安大学段晨东教授统稿。其中，第1、4、5、6章由段晨东教授编写，第3、7、8章由长安大学的张彦宁博士编写，第2、9章由西安特种设备检验检测院李常磊工程师编写。

在本书的编写过程中，硕士研究生李光辉、梁栋、王雪纯、祁鑫、任俊道、张伟、耿悦、李朋、夏立等同学参与了文稿的检查和校对工作；长安大学的姚秋霞副教授为本书再版提出了宝贵的修改意见；西安特种设备检验检测院的李红昌高级工程师为本书提供了相关的图纸资料，在此表示诚挚的感谢。另外，在书中使用了网络论坛提供的资料、图纸和程序，由于在参考文献中不能有效地注明，作者在此对资料提供者表示敬意。

由于作者的理论水平、工程经验以及专业局限性，书中难免存在不足之处，希望读者不吝赐教。

段晨东

2020年1月

学 习 建 议

♣ 本书定位

本书可作为建筑电气与智能化、电气工程及其自动化、自动化等相关专业本科生、研究生及工程硕士的课程教材以及课程设计、毕业设计的参考书籍,也可作为电梯相关行业职业培训教材以及研究人员、工程技术人员的参考资料。

♣ 建议授课学时

如果将本书作为教材使用,参考学时为 48 学时。教师可以根据不同的教学对象或大纲要求安排学时数和教学内容。课程以课堂教学为主,部分内容可以通过学生自学加以理解和掌握。在授课过程中,建议针对课程内容适当安排学生现场参观和乘用实践,以验证、巩固所学知识点,并要求提交报告,课内讨论、讲评。

♣ 教学内容、重点和难点提示、课时分配

序号	知识单元(章节)	知 识 点	要求	推荐学时
1	概述	电梯的发展历史	了解	2
		电梯的分类	了解	
		电梯的工作原理	掌握	
2	电梯的结构	电梯建筑物环境	了解	4
		曳引系统	理解	
		轿厢系统	理解	
		门系统	理解	
		导向系统	理解	
		重量平衡系统	理解	
		安全保护系统	理解	
3	电梯的电气拖动系统	电梯的速度曲线	理解	6
		电梯拖动系统的分类	理解	
		直流拖动系统	理解	
		交流双速拖动系统	掌握	
		交流调压调速拖动系统	理解	
		交流变频调速电梯拖动系统	掌握	
		永磁同步电梯的拖动系统	掌握	
4	电梯的电气控制系统	电气控制系统分类	了解	8
		电梯的运行过程	掌握	
		电气控制系统的组成	理解	
		电梯的继电器控制电路分析	掌握	
5	电梯的 PLC 控制系统	PLC 控制的交流双速集选电梯	掌握	10
		VVVF 电梯控制系统	理解	
		交流变频门机的 PLC 控制系统	理解	

续表

序号	知识单元（章节）	知 识 点	要求	推荐学时
6	电梯的串行控制系统	电梯串行控制系统的结构	了解	2
		电梯控制系统常用的串行通信总线	理解	
7	电梯的群控系统	电梯的交通模式	了解	4
		电梯并联控制	理解	
		电梯群控系统	理解	
8	电梯监控系统	电梯监控的内容	了解	4
		电梯监控系统的结构	理解	
		电梯监控系统的实例	理解	
9	自动扶梯和自动人行道	自动扶梯和自动人行道的分类	了解	8
		自动扶梯的布置形式	了解	
		自动扶梯的机械结构	理解	
		自动扶梯的安全装置	掌握	
		自动扶梯的电气系统	掌握	
		自动人行道	了解	

目 录
CONTENTS

第 1 章　概述 ……………………………………………………………………… 1

1.1　电梯的发展历史 ……………………………………………………………… 1

1.2　电梯的分类 …………………………………………………………………… 6

1.3　电梯的工作原理 ……………………………………………………………… 9

思考题 ……………………………………………………………………………… 11

第 2 章　电梯的结构 ……………………………………………………………… 12

2.1　电梯建筑物环境 ……………………………………………………………… 12

2.2　曳引系统 ……………………………………………………………………… 13

2.3　轿厢系统 ……………………………………………………………………… 20

2.4　门系统 ………………………………………………………………………… 22

　　2.4.1　电梯门系统的组成及作用 ………………………………………… 22

　　2.4.2　层门、轿门的形式及结构 ………………………………………… 23

　　2.4.3　开关门机构 ………………………………………………………… 25

　　2.4.4　门保护装置 ………………………………………………………… 28

2.5　导向系统 ……………………………………………………………………… 29

2.6　重量平衡系统 ………………………………………………………………… 30

　　2.6.1　重量平衡系统的构成与作用 ……………………………………… 30

　　2.6.2　对重装置和重量补偿装置 ………………………………………… 31

2.7　安全保护装置 ………………………………………………………………… 32

　　2.7.1　电梯可能发生的事故和故障 ……………………………………… 32

　　2.7.2　电梯安全保护系统的组成 ………………………………………… 32

　　2.7.3　超速保护装置 ……………………………………………………… 33

　　2.7.4　缓冲器 ……………………………………………………………… 36

　　2.7.5　终端限位保护装置 ………………………………………………… 37

　　2.7.6　其他安全防护装置 ………………………………………………… 38

思考题 ……………………………………………………………………………… 39

第 3 章　电梯的电气拖动系统 …………………………………………………… 41

3.1　电梯的速度曲线 ……………………………………………………………… 42

3.1.1 三角形速度曲线 ･･････････････････････････････････････ 42

3.1.2 梯形速度曲线 ･･･ 43

3.1.3 抛物线—直线形速度曲线 ････････････････････････ 44

3.1.4 抛物线速度曲线 ･･･････････････････････････････････ 48

3.1.5 正弦速度曲线 ･･･ 49

3.1.6 电梯的分速度曲线 ･････････････････････････････････ 50

3.2 电梯拖动系统的分类･･･ 52

3.3 直流拖动系统･･･ 53

3.3.1 直流拖动系统的调速方法 ･････････････････････････ 53

3.3.2 电梯的直流拖动系统原理 ･････････････････････････ 55

3.4 交流双速拖动系统･･･ 57

3.4.1 交流双速电梯调速原理 ････････････････････････････ 58

3.4.2 交流双速拖动系统工作原理 ･･････････････････････ 58

3.5 交流调压调速拖动系统･････････････････････････････････････ 60

3.5.1 电梯运行全过程的调压调速原理 ･････････････････ 61

3.5.2 对制动过程进行调速控制的交流调压调速电梯 ･･ 61

3.6 交流变频调速电梯拖动系统･････････････････････････････････ 64

3.7 永磁同步电梯的拖动系统･･･････････････････････････････････ 67

3.7.1 用于电梯的永磁同步电动机结构 ･････････････････ 68

3.7.2 永磁同步电梯的拖动系统原理 ････････････････････ 69

3.7.3 永磁同步电梯的封星制动 ･････････････････････････ 73

思考题 ･･･ 75

第4章 电梯的电气控制系统 ･･･････････････････････････････････ 77

4.1 电气控制系统分类･･･ 77

4.2 电梯的运行过程･･･ 80

4.2.1 载货电梯的运行过程 ･････････････････････････････ 80

4.2.2 客梯或客货两用梯的运行过程 ････････････････････ 80

4.2.3 电梯的控制功能 ･･･････････････････････････････････ 81

4.3 电气控制系统的组成･･･ 84

4.3.1 操纵装置 ･･･ 84

4.3.2 平层装置 ･･･ 85

4.3.3 位置显示装置 ･････････････････････････････････････ 86

4.3.4 选层器 ･･･ 87

4.3.5 逻辑控制装置 ･････････････････････････････････････ 88

4.4 电梯的继电器控制电路分析･････････････････････････････････ 88

4.4.1 厅外召唤控制电路 ･･･････････････････････････････ 89

4.4.2 轿内登记控制电路 ･･･････････････････････････････ 90

4.4.3 层楼信号的获取及显示电路 ･･･････････････････････ 91

4.4.4　定向与选层控制电路 ··· 94

4.4.5　换速控制电路 ··· 99

4.4.6　平层控制电路 ··· 101

4.4.7　门系统控制电路 ·· 103

4.4.8　消防运行控制电路 ··· 112

4.4.9　检修运行控制电路 ··· 116

4.4.10　安全回路 ··· 118

4.4.11　终端越位保护 ·· 119

4.4.12　其他回路 ··· 120

思考题 ·· 120

第 5 章　电梯的 PLC 控制系统 ·· 122

5.1　PLC 控制的交流双速集选电梯 ··· 122

5.1.1　5 层 5 站集选电梯的功能 ··· 122

5.1.2　5 层 5 站集选电梯的基本结构 ·· 123

5.1.3　5 层 5 站集选电梯的电气系统原理 ······································ 125

5.1.4　5 层 5 站集选电梯的控制程序分析 ······································ 136

5.2　VVVF 电梯控制系统 ·· 151

5.2.1　VVVF 电梯的电气系统 ··· 151

5.2.2　VVVF 电梯的程序分析 ··· 164

5.3　交流变频门机的 PLC 控制系统 ·· 184

5.3.1　交流变频门机的控制方式 ··· 184

5.3.2　变频门机的控制程序分析 ··· 185

思考题 ·· 192

第 6 章　电梯的串行控制系统 ·· 194

6.1　电梯串行控制系统的结构 ·· 194

6.2　电梯控制系统常用的串行通信总线 ·· 197

6.2.1　RS-485 总线 ··· 197

6.2.2　CAN 总线 ·· 202

思考题 ·· 212

第 7 章　电梯的群控系统 ··· 213

7.1　电梯的交通模式 ··· 213

7.2　电梯并联控制 ·· 214

7.2.1　电梯并联梯调度原则 ·· 215

7.2.2　并联控制电路 ··· 216

7.3　电梯群控系统 ·· 220

7.3.1　固定程序调度原则 ··· 221

7.3.2 分区调度原则 ⋯⋯⋯⋯⋯⋯⋯⋯⋯⋯⋯⋯⋯⋯⋯⋯⋯⋯ 223

7.3.3 性能指标调度原则 ⋯⋯⋯⋯⋯⋯⋯⋯⋯⋯⋯⋯⋯⋯⋯ 224

7.3.4 目的层群控调度方法 ⋯⋯⋯⋯⋯⋯⋯⋯⋯⋯⋯⋯⋯ 228

7.3.5 智能群控调度方法 ⋯⋯⋯⋯⋯⋯⋯⋯⋯⋯⋯⋯⋯⋯⋯ 232

思考题 ⋯⋯⋯⋯⋯⋯⋯⋯⋯⋯⋯⋯⋯⋯⋯⋯⋯⋯⋯⋯⋯⋯⋯⋯⋯⋯ 234

第8章 电梯监控系统 ⋯⋯⋯⋯⋯⋯⋯⋯⋯⋯⋯⋯⋯⋯⋯⋯⋯⋯⋯ 236

8.1 电梯监控的内容 ⋯⋯⋯⋯⋯⋯⋯⋯⋯⋯⋯⋯⋯⋯⋯⋯⋯⋯⋯ 236

8.2 电梯监控系统的结构 ⋯⋯⋯⋯⋯⋯⋯⋯⋯⋯⋯⋯⋯⋯⋯⋯ 239

8.2.1 本地监控系统 ⋯⋯⋯⋯⋯⋯⋯⋯⋯⋯⋯⋯⋯⋯⋯⋯⋯ 239

8.2.2 远程监控系统 ⋯⋯⋯⋯⋯⋯⋯⋯⋯⋯⋯⋯⋯⋯⋯⋯⋯ 241

8.3 电梯监控系统的实例 ⋯⋯⋯⋯⋯⋯⋯⋯⋯⋯⋯⋯⋯⋯⋯⋯ 243

8.3.1 基于区域建筑群的电梯监控系统 ⋯⋯⋯⋯⋯⋯⋯ 243

8.3.2 基于无线网络的电梯远程监控系统 ⋯⋯⋯⋯⋯ 244

8.3.3 一种通用的电梯远程监控管理系统 ⋯⋯⋯⋯⋯ 246

思考题 ⋯⋯⋯⋯⋯⋯⋯⋯⋯⋯⋯⋯⋯⋯⋯⋯⋯⋯⋯⋯⋯⋯⋯⋯⋯⋯ 249

第9章 自动扶梯和自动人行道 ⋯⋯⋯⋯⋯⋯⋯⋯⋯⋯⋯⋯⋯⋯ 250

9.1 自动扶梯和自动人行道的分类 ⋯⋯⋯⋯⋯⋯⋯⋯⋯⋯⋯ 250

9.1.1 自动扶梯的分类 ⋯⋯⋯⋯⋯⋯⋯⋯⋯⋯⋯⋯⋯⋯⋯ 250

9.1.2 自动人行道的分类 ⋯⋯⋯⋯⋯⋯⋯⋯⋯⋯⋯⋯⋯⋯ 251

9.2 自动扶梯的布置形式 ⋯⋯⋯⋯⋯⋯⋯⋯⋯⋯⋯⋯⋯⋯⋯⋯ 252

9.3 自动扶梯的机械结构 ⋯⋯⋯⋯⋯⋯⋯⋯⋯⋯⋯⋯⋯⋯⋯⋯ 255

9.3.1 自动扶梯结构 ⋯⋯⋯⋯⋯⋯⋯⋯⋯⋯⋯⋯⋯⋯⋯⋯⋯ 255

9.3.2 自动扶梯的制动器 ⋯⋯⋯⋯⋯⋯⋯⋯⋯⋯⋯⋯⋯⋯ 264

9.4 自动扶梯的安全装置 ⋯⋯⋯⋯⋯⋯⋯⋯⋯⋯⋯⋯⋯⋯⋯⋯ 267

9.4.1 必备安全保护装置 ⋯⋯⋯⋯⋯⋯⋯⋯⋯⋯⋯⋯⋯⋯ 268

9.4.2 辅助安全保护装置 ⋯⋯⋯⋯⋯⋯⋯⋯⋯⋯⋯⋯⋯⋯ 274

9.4.3 电气安全保护装置 ⋯⋯⋯⋯⋯⋯⋯⋯⋯⋯⋯⋯⋯⋯ 275

9.5 自动扶梯的电气系统 ⋯⋯⋯⋯⋯⋯⋯⋯⋯⋯⋯⋯⋯⋯⋯⋯ 275

9.5.1 自动扶梯的工作原理 ⋯⋯⋯⋯⋯⋯⋯⋯⋯⋯⋯⋯⋯ 275

9.5.2 自动扶梯的电气系统 ⋯⋯⋯⋯⋯⋯⋯⋯⋯⋯⋯⋯⋯ 276

9.5.3 自动扶梯的继电器控制系统 ⋯⋯⋯⋯⋯⋯⋯⋯⋯ 277

9.5.4 自动扶梯的PLC控制系统 ⋯⋯⋯⋯⋯⋯⋯⋯⋯⋯ 282

9.6 自动人行道 ⋯⋯⋯⋯⋯⋯⋯⋯⋯⋯⋯⋯⋯⋯⋯⋯⋯⋯⋯⋯⋯ 297

思考题 ⋯⋯⋯⋯⋯⋯⋯⋯⋯⋯⋯⋯⋯⋯⋯⋯⋯⋯⋯⋯⋯⋯⋯⋯⋯⋯ 298

参考文献 ⋯⋯⋯⋯⋯⋯⋯⋯⋯⋯⋯⋯⋯⋯⋯⋯⋯⋯⋯⋯⋯⋯⋯⋯⋯ 300

第 1 章

概　　述

　　电梯和自动扶梯是建筑物内用于运用乘客和货物的垂直交通运输工具。随着社会经济的发展和人民生活水平的不断提高,它们已成为人们日常生活中不可缺少的工具。

1.1　电梯的发展历史

　　电梯的起源来自于古老的升降装置。1845 年,英国人汤姆逊制成了水压驱动的液压升降机。与此同时,在欧美地区蒸汽动力被用于驱动升降装置。1853 年,美国机械工程师奥的斯(Elisha Graves Otis)发明了升降机的自动安全装置,有效地改善了升降装置的安全性。1857 年,首部使用这种自动安全装置的客运升降机在美国的一家商场投入使用。从此以后,升降机的安全性得到了人们的认可,被快速地发展和应用。1880 年,德国人维纳·冯·西门子(Werner von Siemens)发明了使用电力驱动的升降机,从此,出现了"电梯"。1889 年 12 月,奥的斯公司制成首台名副其实的电梯,它采用直流电动机为动力,通过蜗轮减速器带动卷筒上缠绕的绳索悬挂并升降轿厢。1892 年,奥的斯公司又率先采用按钮操纵装置。1899 年,奥的斯公司研制成功了由硬木制成踏板的梯阶式扶梯。1903 年,奥的斯公司采用了曳引驱动方式代替了卷筒驱动,同时研制了齿轮减速曳引式高速电梯,使电梯传动设备的重量和体积大幅度地缩小,成为沿用至今的电梯曳引式传动的基本形式。1915 年,奥的斯公司推出了微调节自动平层的电梯;1924 年研发了信号控制系统,使电梯司机操作步骤大大简化;1928 年开发了集选控制电梯,1946 年电梯的群控方式问世,并于 1949 年在纽约的联合国大厦投入使用。

　　20 世纪初,开始出现交流感应电动机驱动的电梯。在 20 世纪上半叶,直流调速系统在中、高速电梯中占有较大比例。

　　20 世纪 60 年代至 80 年代,半导体技术、电力电子技术和计算机控制技术被广泛地应用到电梯中。1967 年,晶闸管用于电梯驱动,交流调压调速驱动控制的电梯出现,使交流电梯从此得到了快速发展。1976 年,日本富士达公司开发了速度为 10m/s 的直流无齿轮曳引电梯。1977 年,日本三菱电机公司开发了晶闸管控制的无齿轮曳引电梯。1979 年,奥的斯公司把计算机控制技术引入电梯系统,开发了基于微型计算机和微处理器的电梯控制系统,使电梯控制技术进入了一个新的发展时期,这种系统逐步取代了继电器控制系统。1983 年,日本三菱电机公司开发了变频变压调速电机,出现了变压变频控制的电梯,这种电梯具有良好的调速性能、舒适感和节能等特点。

20 世纪 90 年代，无机房电梯面世。1996 年，芬兰通力电梯公司发布了无机房电梯 MonoSpace，由永磁同步电动机变压变频调速驱动，电机固定在井道顶部侧面，由曳引钢丝绳传动牵引轿厢；同年日本三菱电机公司开发了采用永磁同步无齿轮曳引机和双盘式制动系统的双层轿厢高速电梯。1997 年，迅达电梯公司推出了 Mobile 无机房电梯，这种电梯无需曳引绳和承载井道，自驱动轿厢在自支撑的导轨上垂直运行。2000 年，迅达电梯公司发布了 Eurolift 无机房电梯，采用高强度无钢丝绳芯的合成纤维曳引绳牵引轿厢，永磁电机无齿轮曳引机驱动，每根曳引绳大约由 30 万股细纤维组成，其曳引绳的重量是传统钢丝绳的1/4，绳中嵌入了石墨纤维导体，使得能够监控曳引绳的轻微磨损等变化。在此期间，奥的斯公司发布了 Gen2 无机房电梯，采用扁平的钢丝绳加固胶带的曳引绳以牵引轿厢，改善了曳引绳的柔性，由无齿轮曳引机驱动。由于无机房电梯的曳引机和控制柜被置于井道中，因此省去了独立机房，节约了建筑成本，增加了大楼的有效面积。另外，这种电梯还具有节能、无油污染、免维护和安全性高等特点。

20 世纪 90 年代以后，随着超高层建筑的兴起，高速电梯也得到了较快的发展。1998 年，奥的斯公司研发了 SKYway 双层轿厢的超高速电梯，最高速度可达 10m/s，提升高度可达 400m 以上。2002 年，日本东芝电梯公司为台北国际金融中心大厦建造了速度为 16.8m/s 的超高速电梯，提升高度为 388m。2010 年韩国现代电梯公司发布了超高速电梯 THE EL，最高速度达到了 18m/s，最大提升高度可达 600m。

2013 年，三菱电机有限公司为上海中心大厦建造了速度为 18m/s 的超高速电梯，2016 年，该电梯升级改造后，上行速度达到 20.5m/s，上行 120 层仅需 53s。

2014 年，德国蒂森克虏伯（ThyssenKrupp）公司提出了一种新概念的无绳电梯 MULTI，2015 年年底，推出了功能验证性 MULTI 样机，2017 年 MULTI 电梯测试成功。MULTI 电梯使用线性电机代替了传统电梯的缆绳和滑轮，可在垂直和水平两个方向上自由移动，在提升运送能力和效率的同时，能够缩小电梯的占用空间，并降低建筑供电方面的峰值负荷。

综上所述，一百多年来，电梯在驱动控制技术方面的发展经历了直流电机驱动控制、交流单速电机驱动控制、交流双速电机驱动控制、直流有齿轮调速驱动控制、直流无齿轮调速驱动控制、交流调压调速驱动控制、交流变压变频调速驱动控制、交流永磁同步电机变频调速驱动控制等阶段。

为了有效地监控电梯的运行状态，确保电梯安全运行，远程监控技术应运而生。20 世纪 90 年代末期，随着计算控制技术和计算机网络技术的发展，电梯生产商研制了采用数据通信技术的电梯远程监控系统，为电梯的安全可靠运行和维护保养工作提供了实时的技术保障。所谓电梯远程监控系统（Remote Elevator Monitor System，REMS）是指对某个区域中安装的多部电梯进行集中式远程监控，并对电梯的使用、运行与维护数据资料进行统一管理、更新、统计与分析、故障诊断及救援。如美国奥的斯公司的 REM 电梯远程监控系统，德国蒂森克虏伯（ThyssenKrupp）电梯公司的 TE-E（TELE-SERVICE）系统，日本日立公司的 HERIOS&MAS 系统，芬兰通力（KONE）电梯公司的 E-link 系统，日本三菱电机公司的 MelEye 系统等。2016 年，蒂森克虏伯公司推出了基于机器学习与物联网技术的 MAX 系统，MAX 系统把电梯和云平台连接起来，可以对电梯运行速度、载荷、门系统等进行精确监测,采集各种设备的实时数据并上传到微软 Azure 云平台,采用机器学习方法实现故障模式预测和电梯关键零部件的剩余寿命预测。2016 年,迅达(Schindler)(中国)电梯有限公司拟采用华为公司的 EC-IoT 物联网解决方案,计划将全球几百万部迅达公司的电梯联网,实时采集电梯的运行数据,在边缘计算网关上运行其应用,对电梯进行数据仿真,结合云端大数据分析平台,全面了解电梯各部件的"健康指标"。

在自动扶梯领域,20 世纪 90 年代末,日本富士达公司开发了变速式自动人行道,即自动人行道以分段速度运行,乘客从低速段进入,然后进入高速平稳运行段,再后进入低速段离开。这种分段速度运行方式有效地提高了乘客上下自动人行道时的安全性,缩短了长行程时的乘梯时间。2002 年,日本三菱电机公司开发了倾斜段高速运行的自动扶梯模型,它设计的可铰接伸缩的驱动齿条结构在运行时可使梯级的间隔发生变化,从而使速度也产生变化。其倾斜段的速度是出入口水平段的速度的 1.5 倍,这样既能缩短乘梯时间,又能改善乘客上下扶梯的安全性与平稳性。为了适应使用场所的环境和特殊要求,出现了根据特定建筑空间量身定制自动扶梯。2015 年,三菱电机有限公司为上海新世界大丸百货公司提供了螺旋式自动扶梯,为了适应百货公司大楼的圆弧形外观安装,特别设计了扇形梯级踏板、圆弧形扶手带以及专用驱动装置。

1900 年,奥的斯电梯公司通过代理商与中国签订了第一份电梯供应合同,1907 年合同完成,电梯在中国上海的一家饭店投入运行,迄今为止,电梯进入我国已有 100 多年的历史。据统计,截至 2019 年,我国电梯保有量约为 628 万台,到 2023 年,中国电梯保有量将超过 9000 万台。目前,电梯已成为人们日常生活中依赖程度最高的交通工具之一。

电梯进入我国的时间虽然较早,但我国电梯的研发和制造起步较晚,大致可分为三个阶段:

第一阶段:新中国成立之前的 1900—1949 年。我国基本没有生产和研制电梯的能力,主要依赖国外电梯。

第二阶段:新中国成立后至改革开放初期(1950—1979 年)。我国独立自主,自行设计研发、批量制造了各种电梯,逐步建立了我国电梯研发和生产的体系。1952 年,我国在北京天安门上安装了首台自己制造的电梯,该电梯载重为 1 000kg,速度为 0.70m/s,交流单速、手动控制。1953 年,我国制造了由双速感应电动机驱动的自动平层电梯。1956 年,我国成功研制了自动平层、自动开门的交流双速信号控制电梯。1957 年,上海电梯厂为武汉长江大桥生产安装了 8 台自动信号控制电梯。1959 年,上海电梯厂为北京火车站设计和制造了我国首批自动扶梯。1960 年,上海电梯厂又试制成功了采用信号控制的直流发电机组供电的直流电梯。1967 年,上海电梯厂研制出 4 台直流快速电梯的群控系统,这也是我国最早的群控电梯。1976 年,首台直流无齿轮高速电梯由天津电梯厂研制成功,提升高度为 102m。1979 年,天津电梯厂又生产了我国第 1 台集选控制的交流调速电梯,速度为 1.75m/s,提升高度为 40m。在这一阶段,全国生产安装电梯约 1 万台,这些电梯主要是直流电梯和交流双速电梯。

第三阶段:改革开放初期至今(1980 年至今)。我国通过引进先进技术、合作开发,电梯的研发和生产制造快速发展,与国外先进技术之间的差距缩小。从 1980 年起,国内电梯制造厂先后与瑞士迅达、美国奥的斯电梯公司、日本三菱电机公司、日本日立电梯等组建合资公司。1985 年,中国迅达上海电梯厂试制成功两台并联 2.50m/s 高速电梯,北京电梯厂生产了中国首台微机控制的交流调速电梯。1988 年,上海三菱电梯有限公司生产了我国第一台变压变频控制电梯。1996 年,苏州江南电梯有限公司推出了微机控制交流变压变频调速多坡度自动扶梯。2012 年,康力电梯公司自主研发成功我国首台具有自主知识产权的超高速电梯,最高速度达到 7m/s。近年来,由国内企业开发的电梯远程监控系统也被广泛应用,如 Prospect、Cloud_ERMON、电梯卫士 SD100/SD500、SJT-TWCR 等。2018 年,上海三菱电梯有限公司研发了智能自动扶梯和电梯智能交互系统,它可以自动判断乘客的不规范用梯动作甚至危险性动作,并准确监测乘客的行进方向。2018 年,上海新时达电梯安装有限公司结合人脸识别、语音识别技术、物联网技术,实现电梯信息的预警预报和云数据分析。2019 年,深圳市一家智能科技有限公司自主开发了基于云端的电梯控制系统,具有室内可视呼梯、微信乘梯、绑定物业、第三方对接等功能,为人们提供了一种便捷智能的通行方式。为了保障电梯的制造与安装质量,1987 年,政府首次颁布了国家标准 GB 7588—1987《电梯制造与安装安全规范》,并先后于 1995 年和 2003 年对其进行了两次修订,2015 年又对其中的一些条款进行修正。随后颁布了液压电梯、消防电梯、杂物电梯、载货电梯、家用电梯等一系列制造安装规范。1989 年,我国组建了国家电梯质量监督检验中心,以保障在国内使用的电梯的安全性能。1992 年,国家技术监督局批准成立全国电梯标准化技术委员会。1998 年,国家标准 GB 16899—1997《自动扶梯和自动人行道的制造与安装安全规范》开始实施。2011 年,国家质检总局和国家标准化管理委员会联合对 GB 16899—1997 标准进行修订。为了推进电梯、自动扶梯和自动人行道产业的信息化和智能化水平,国家质检总局、国家标准化管理委员会于 2017 年颁布了《电梯、自动扶梯和自动人行道物联网的技术规范》(GB/T 24476—2017)。

随着科学技术的发展,未来的电梯将会给人们提供更加舒适、更加安全、更加快捷和更加节能环保的服务,具体表现在以下几个方面:

(1) 高效的驱动技术。永磁同步无齿曳引机替代传统的蜗轮蜗杆传动的曳引机。永磁同步无齿曳引机是直接驱动的,没有蜗轮蜗杆传动副,传动效率可以提高 20%～30%。另外,没有异步电动机的定子线圈,永磁同步电机的主要材料是高能量密度的高剩磁感应和高矫顽力的钕铁硼,电机体积小、重量轻。其次,由于采用无齿曳引机,无须润滑,因此,电梯噪声低、能耗低、寿命长。同时,为了获得高速、舒适、安全的使用要求,驱动及驱动控制技术不断更新,新型的电力电子元器件、自动控制领域新的控制理论及其方法将越来越多地被应用到电梯中。

(2) 完善的安全保护技术。随着 MEMS(Micro-Electro Mechanical Systems)技术的日臻成熟,把智能传感器嵌入机电设备重要的零部件中以实时检测其状态参数的变化,是未来 MEMS 技术重要的应用领域。MEMS 技术应用于电梯系统,可以提供完善安全技术保障。例如,在抱闸装置中,通过多个嵌入智能传感器实时检测抱闸装置的状况、抱闸线圈的电流和电压、抱闸力的大小、轿厢的状态等,可以对电梯实施多重安全保护;在轿厢、导轨等嵌入安装传感器实时检测电梯系统的振动,根据各处振动参数的大小采用合适的抑制措施可以降低电梯在高速运行时产生的振动,改善运行舒适度,确保电梯平稳安全地运行。

(3) 系统智能化。随着物联网、大数据、人工智能等技术应用于电梯系统,电梯将不仅仅是安全高效的垂直交通运输工具,还是一个集数据采集、数据处理、监测管理于一体的集成平台。电梯系统的智能化主要表现在:设备智能化、调度智能化、维护智能化。

在高速、超高速电梯中,自动控制领域的新理论和新技术将会不断地应用到电梯控制系统中,以解决电梯运行过程中的驱动、调速、减振、降噪等问题。

　　电梯是建筑物中重要的交通与运输工具,是建筑物设备中的重要成员,电梯系统与建筑物中其他自动化系统(楼宇设备控制系统、消防系统、安防监控系统等)联网实现信息共享。如电梯系统与安防系统结合,利用身份识别技术(如指纹、视网膜、人脸、IC卡、密码等)使轿厢内管制人员出入特定楼层,并且根据时间-空间分区管制模式对电梯进行控制,为用户提供更加高效、优质、安全、舒适的服务。在电梯群控系统中,多台电梯局部/个体运行效率与电梯群的整体运行效率之间是一个多目标优化问题。将人工智能技术应用于电梯群控系统优化问题,从而出现了一批智能群控调度算法,这些调度算法可有效地提高调度性能,能够以最优化的策略来安排电梯的运行,减少乘客候梯时间,实现电梯的高效率运转,同时也可以提供优质服务,最大限度地降低能耗。

　　近年来,大数据和云计算技术广泛应用到各领域,也促进了电梯系统的智能化,云电梯利用物联网、云计算、移动互联网等技术的集成,使电梯变成智慧设备。电梯一方面为乘客提供便捷、高效、安全、人性化的服务,另一方面也可实现智能维保。未来,智慧电梯将是智慧社区、智慧城市的有机组成部分。

　　近年来,物联网技术已成为电梯运行状态控制和监测的强有力支撑。目前,大多数电梯采用串行总线控制方式(如CAN总线),设备与设备之间、模块与模块之间采用数据通信的方式交换信息,极大地减少了布线,提高了系统的可靠性。另外,在控制器板、驱动模块板、电梯曳引机等嵌入监控功能,或植入停电应急方案,可实现智能故障诊断与处理。在未来,借助通信网络和现场的物联网,人们利用手机应用程序即可查询电梯性能的信息,实现实时维修需求识别、部件更换和预测性系统维护。

　　(4)使用人性化。智能卡、生物识别技术、基于有线/无线通信网络的信息平台的广泛使用,将使电梯的使用更人性化。例如,对安全性有要求的办公电梯、小区电梯,通过人脸识别终端,可以做到"刷脸通行";在办公大楼或住宅区,建立面向物业客户的网络信息平台,乘客通过网络或手机可了解所在区域电梯的分布信息、运行状态或建筑物内部其他相关信息,还可根据需求远程呼梯和预约电梯;通过图像辨识乘客在建筑物各层候梯人数及分布,自动调节电梯群的调度策略,为乘客提供便捷服务。

　　(5)无线传输。电梯空间狭小、环境复杂、放线流程繁杂,随行线缆在运行过程中会出现磨损,需要定期更新和维护,这增加了运营成本。将无线通信用于电梯控制系统不仅可以减少电梯维护周期,还无须担心更换线缆等问题。目前,已有电梯运行监控系统采用无线网络、物联网构建。电梯控制系统需要更加稳定、可靠和抗干扰能力强的无线通信系统。

　　随着智慧城市、智慧社区的兴起,电梯系统具有远程预约呼梯、目的层选层、门禁管理、访客乘梯等功能,通过通信网络和无线网络,可在更大的地域范围内连接电梯系统与制造安装公司、维修保养公司、物业管理公司、互联网公司、公共安全管理部门等,共享电梯的运行状态信息,形成了集使用、维保、安防、服务等功能的"云电梯"。

　　(6)绿色节能。降低能耗、绿色节能是电梯的一个重要发展方向。电梯系统消耗的能量包括运载乘客的势能消耗、曳引机热能耗、制动能耗、控制系统的能耗、门系统的能耗、通风与空调能耗(含轿厢、机房)、照明能耗(含轿厢、井道)等。因此,高效的能量再生技术、精准的变频调压控制技术、新型节能光源及照明技术、新型的电机及拖动技术将会被应用到新一代的电梯系统中。

1.2 电梯的分类

电梯是指服务于建筑物内的若干特定楼层,用电力拖动的轿厢,其轿厢运行在至少两列垂直于水平面,或与铅垂线倾斜角小于 15° 的刚性导轨之间运送乘客或货物的固定设备。

根据建筑物的高度、用途及客流量(或物流量)的不同,电梯有以下几种分类方法。

1. 按用途分类

乘客电梯:为运送乘客而设计的电梯,应用范围广泛。

载货电梯:可以有人随乘,主要为运送货物而设计的电梯,用在工厂厂房和仓库中。

客货电梯:以运送乘客为主,但也可以运送货物的电梯。

病床电梯:或称为医用电梯,为运送病床(包括病人)及医疗设备而设计的电梯,用在医院和医疗中心。

住宅电梯:为便于运送乘客、家具、担架等而设计的供住宅楼使用的电梯。

杂物电梯:服务于规定层的层站固定式提升装置,具有一个轿厢,由于结构形式和尺寸的限制,轿厢内不允许人员进入。主要用于运送少量食品、图书和文件等。

汽车电梯:用作运送车辆而设计的电梯,应用在立体停车设备中。

特种电梯:应用在一些有特殊要求场合的电梯,包括防爆电梯、防腐电梯、船用电梯等。

观光电梯:井道和轿厢壁至少有一侧透明,乘客可观看轿厢外景物的电梯,主要运送乘客。

家用电梯:安装于私人住宅,仅供单一家庭成员使用的电梯,这种电梯也可以安装于非单一家庭使用的建筑物内,作为单一家庭进入住所的工具。

建筑施工电梯:安装于建筑施工现场,作为建筑施工与维修应用的电梯。主要用于运送施工人员和材料等。

其他类型的电梯,除上述常用电梯外,还有一些特殊用途的电梯,如防爆电梯、船用电梯、消防员用电梯等。

2. 按拖动方式分类

交流电梯:用交流电动机驱动的电梯。若采用单速交流电动机驱动,则称为交流单速电梯。若采用双速交流电动机驱动,则称为交流双速电梯。当交流电机配有调压调速装置时,称为交流调速电梯。当电机配有变压变频调速装置时,称为变压变频调速(Variable Voltage and Variable Frequency,VVVF)电梯。

直流电梯:采用直流电动机驱动的电梯。

液压电梯:利用液压传动驱动柱塞使轿厢升降的电梯。

3. 按驱动形式分类

曳引驱动的电梯:采用曳引轮作为驱动部件,曳引绳悬挂在曳引轮上,一端悬挂轿厢,一端连接对重装置,由曳引绳和曳引轮之间的摩擦产生的曳引力驱动轿厢上下运动。这是目前电梯经常采用的一种驱动形式。

液压驱动的电梯:采用液压作为动力源,把油压入或退出油缸来驱动柱塞做直线运动,直接或通过钢丝绳间接地带动轿厢上下运动。

卷筒驱动的电梯：采用两组悬挂的钢丝绳,每组钢丝绳的一端固定在卷筒上,另一端固定在轿厢上或对重装置上。一组钢丝绳按顺时针方向绕在卷筒上,另一组钢丝绳按逆时针方向绕在卷筒上,这样,当一组钢丝绳绕出卷筒,另一组钢丝绳绕入卷筒时,固定在两组钢丝绳上的轿厢即可实现上下运动。早期的电梯多采用这种方式,由于提升高度低、载重量小、能耗大等因素,目前已不常见。

齿轮齿条电梯：将导轨加工成齿条,轿厢装上与齿条啮合的齿轮,电动机带动齿轮旋转使轿厢升降的电梯。这种方式主要用于建筑施工电梯。

螺杆式电梯：将直顶式电梯的柱塞加工成矩形螺纹,再将带有推力轴承的大螺母安装于油缸顶,然后通过电机经减速机(或皮带)带动螺母旋转,从而使螺杆顶升轿厢上升或下降的电梯。

直线电机驱动的电梯：直线电机是一种将电能直接转换成直线运动机械能,不需要任何中间转换机构的传动装置。它可以看成是一台旋转电动机按径向剖成的平面电动机。由定子演变而来的一侧称为初级,由转子演变而来的一侧称为次级。在永磁直线同步电动机驱动的电梯中,永磁体作为次级布置在轿厢上,初级固定不动,当初级绕组通入交流电源时,初级、次级之间的气隙中产生行波磁场,次级在行波磁场的切割下,将感应出电动势并产生电流,该电流与气隙中的磁场相互作用就会产生电磁推力,推动轿厢运动。

4. 按速度分类

低速电梯：轿厢额定速度小于或等于1.00m/s的电梯。

中速电梯(快速电梯)：轿厢额定速度大于1.00m/s且小于或等于2.00m/s的电梯。

高速电梯：轿厢额定速度大于2.00m/s且小于3.00m/s的电梯。

超高速电梯：轿厢额定速度大于或等于3.00m/s的电梯,通常用于超高层建筑物内。

5. 按电梯有无司机分类

有司机电梯：电梯的运行方式由专职司机操纵完成。

无司机电梯：由乘客自己操纵的电梯。乘客进入电梯轿厢,在操纵盘上选择所要去的层楼,电梯自动运行到目的层楼。这类电梯一般具有集选功能。

有/无司机电梯：这类电梯设置有/无司机转换电路,一般情况下由乘客自己操纵,如遇客流量大或特殊情况时可由司机操纵。

6. 按操纵控制方式分类

手柄开关操纵：电梯司机在轿厢内控制操纵盘手柄开关,实现电梯的启动、上升、下降、平层、停止的运行状态。

按钮控制电梯：是一种简单的自动控制电梯,具有自动平层功能,常见的有轿外按钮控制、轿内按钮控制两种方式。

(1) 轿外按钮控制：电梯的召唤、运行方向和选层均通过安装在各楼层厅门处的按钮来进行操纵。在运行中直至停靠之前,不接受其他楼层的操纵指令。

(2) 轿内按钮控制：按钮箱安装在轿厢内,由司机操纵。电梯只接受轿内按钮指令,厅门召唤按钮不能截停和操纵电梯,只能通过轿内指示灯给出召唤信号。

信号控制电梯：这是一种自动控制程度较高的有司机电梯。能将厅门召唤信号、轿内选层信号和其他专用信号,进行自动综合分析判断。由司机进行操纵。一般具有轿厢命令登记、厅外召唤登记、顺向截梯、自动换向、自动平层、自动开门等功能。

集选控制电梯：这是一种在信号控制基础上发展起来的全自动控制的电梯，与信号控制的主要区别在于能实现无司机操纵。集选控制电梯是一种高度自动控制的电梯。将厅外召唤信号、轿内选层信号等多种信号自动综合分析，自动决定轿厢的运行。可实现无司机控制。这种电梯除了具有信号控制电梯的功能外，还具有自动延时控制停站时间、自动应召服务、自动换向应答反向厅外召唤等功能。集选控制电梯一般具有有/无司机操纵转换功能。当实现有司机操纵时，即为信号控制电梯。

下集选控制电梯：这种电梯只有当电梯下行时才具有集选功能。电梯上行时不能截停电梯。如果乘客欲从某层楼上行时，只能先截停下行电梯，下到基站后再上行。

并联控制电梯：将两台或三台电梯集中排列，共用厅外召唤信号，按规定的并联控制运行程序，进行集中控制和自动调度，用以提高载运效率，缩短候梯时间。每台电梯都具有集选功能。

群控电梯：将多台电梯集中排列，共用厅外召唤信号，电梯调度系统根据客流情况和各梯所在楼层位置进行交通流分析，自动选择最佳运行方式，对多台电梯进行集中控制和自动调度。

7. 按机房位置分类

可分为有机房电梯和无机房电梯两类，其中每一类又可做进一步划分。

有机房电梯根据机房的位置与形式可分为以下几种。

（1）机房位于井道上部并按照标准要求建造的电梯。

（2）机房位于井道上部，机房面积等于井道面积、净高度不大于 2300 mm 的小机房电梯。

（3）机房位于井道下部的电梯。

无机房电梯根据曳引机的安装位置也可以分为以下几类。

（1）曳引机安装在上端站轿厢导轨上的电梯。

（2）曳引机安装在上端站对重导轨上的电梯。

（3）曳引机安装在上端站楼顶板下方承重梁上的电梯。

（4）曳引机安装在井道底坑内的电梯。

8. 按曳引机结构分类

有齿轮曳引机电梯：曳引电动机输出的动力通过齿轮减速箱传递给曳引轮，再驱动轿厢，采用此类曳引机方式的电梯称为有齿轮曳引电梯。

无齿轮曳引机电梯：曳引电动机输出的动力直接驱动曳引轮，再驱动轿厢，采用此类曳引机方式的电梯称为无齿轮曳引电梯。

9. 其他分类

（1）特殊用途：消防梯、冷气梯等。

（2）根据轿厢尺寸经常也使用小型、超大型等区分电梯。此外，还有双层轿厢电梯等。

（3）斜行电梯：轿厢在倾斜的井道中沿着倾斜的导轨运行，是集观光和运输于一体的输送设备。

1.3 电梯的工作原理

电梯是复杂的机电一体化产品,它包含机械和电气两大部分,它的基本结构为在一条垂直的电梯井内放置一个上下移动的轿厢。下面以曳引驱动电梯(曳引电梯)为例简单介绍电梯的工作原理。

在井道中,曳引绳一端连接轿厢,另一端连接对重装置,曳引绳把它们悬挂在电梯井顶部机房的曳引轮上,曳引轮依靠曳引绳表面及曳引轮之间的摩擦力来拉动轿厢沿导轨上下运动。曳引电动机驱动曳引轮转动,使轿厢上升或下降。当轿厢移动时,对重装置会向反方向移动。曳引电动机可以是交流电动机或直流电动机。有的曳引电梯还有重量补偿装置,即在轿厢及对重装置下方设置补偿绳或补偿链装置,或用补偿绳或补偿链装置连接轿厢和对重装置,或者把补偿绳或补偿链装置的另一端连接到地面上,用来补偿电梯运行时因曳引绳长度变化造成的轿厢与对重装置两侧重量的不平衡。另外,曳引电梯还设置了各种安全装置,防止轿厢因曳引绳断裂、制动失灵等原因造成的坠落,例如,在机房装设的限速器,在轿厢及对重装置上安装的安全钳,在电梯井道底部安装的缓冲器等。

曳引电梯在功能上由8个部分构成:曳引系统、导向系统、轿厢、门系统、重量平衡系统、电力拖动系统、电气控制系统和安全保护系统。曳引系统用来输出与传递动力,使电梯运行,由曳引电动机、曳引绳、导向轮、反绳轮组成。导向系统用来限制轿厢和对重装置的活动自由度,使轿厢和对重装置只能沿着导轨做升降运动,由导轨、导靴和导轨架组成。轿厢用来运送乘客和货物,是电梯的工作部分,由轿厢架和轿厢体组成。门系统用来控制层站入口和轿厢入口,包括轿厢门、层门、门机、门锁装置等。重量平衡系统用来平衡轿厢重量,在电梯运行过程中使轿厢与对重装置的重量差保持在规定范围之内,保证电梯的曳引传动正常,由对重和重量补偿装置(补偿链或补偿绳)组成。电力拖动系统用来提供动力,实现对电梯速度的控制,它包括曳引电动机、供电系统、速度反馈装置、调速装置等。电气控制系统用来采集井道信息、厅外召唤、轿内登记等,然后通过预先设置的规则控制电梯运行,实现电梯的使用功能,电气控制系统由操纵装置、位置显示装置、控制柜、平层装置、选层器等组成。安全保护系统用来保证电梯安全使用、防止一切危及人身安全的事故发生,它由限速器、安全钳、缓冲器、端站保护装置等组成。

下面以集选控制电梯为例,介绍电梯的操纵与运行的一般过程。

1. 有司机操纵

首先,司机用钥匙打开基站厅门及停在基站的电梯轿厢门进入轿厢。

有乘客乘用电梯时,司机根据轿厢内乘客的要求,按下操纵盘上的相应层站的选层按钮,电梯便自动定出运行方向(例如由基站向上运行),然后司机按下方向开车按钮,电梯自动关门,门关好后电梯快速启动、加速、直到稳速运行。

当电梯临近停梯站前方某个距离位置时,由控制系统发出减速信号,同时平层装置动作,确定电梯停靠站。电梯停站过程完全受控于电梯调速装置,电梯调速装置使电梯按给定速度曲线制动减速,直到准确平层停梯,然后,开门放客及接纳新的乘客进入轿厢。电梯司机再次按下方向按钮,电梯再次关门、启动、加速直至稳速运行,重复上述过程。

为防止乘客进入轿厢时被夹现象的发生,电梯门都设置安全保护触板或光电保护装置。

若电梯关门时有乘客或乘客携带物品被夹，由于安全触板或光电保护装置的作用电梯会停止关门，并使电梯门再度打开，直到被夹现象消除，电梯门再次关闭。

为了防止电梯超载，轿厢底部会设置超载传感器，可在操纵盘上显示超载信号，并控制电梯启动，起到了超载保护作用。

集选控制电梯能自动应答与运行方向一致的厅外呼梯信号，并能在控制系统的作用下自动减速停车，这一功能被称为"顺向截梯"功能。集选电梯不具备"反向截梯"功能。

2. 无司机操纵

无司机操纵的集选电梯不同于有司机操纵的电梯。

首先，由管理人员用钥匙打开基站厅门及停在基站的电梯轿厢门，电梯停梯待客。当基站有乘客乘用电梯时，按下厅外召唤按钮，电梯门自动打开。若其他层站有乘客乘用电梯，当乘客按下厅外召唤按钮时，电梯自动启动前往接客，在该层站自动停梯开门，等待乘客进入轿厢。

乘客进入电梯轿厢后，只要按下楼层按钮，电梯便自动关门、定向、启动、加速、匀速运行直至到达预定停靠站，停梯、开门放客。电梯停站时间到达规定时间时（6～8s）自动关门启动运行。在停站时间未到之前，乘客也可按动关门按钮提前关门。

无司机操纵的集选电梯在运行中逐一登记各楼层召唤信号，对于符合运行方向的召唤信号，逐一停靠应答。待全部完成顺向指令后，便自动换向应答反向召唤信号。当无召唤信号时，电梯在该站停留6～8s后自动关门停梯；在一些电梯中，若在规定的时间内无召唤指令和轿内指令登记，电梯会自动返回指定层站或基站等候乘客。

以上是电梯正常运行模式，这种情况下，电梯是根据轿厢内外召唤操作运行的。通常，电梯还具有以下几种运行模式。

（1）紧急运行模式。紧急情况下，如发生火灾时，电梯在接到火灾报警信号后，将自动进入紧急运行模式，电梯不响应轿内登记和厅外召唤，直接返回基站，到达基站后电梯门打开，疏散轿厢内的乘客。

（2）检修运行模式。在轿厢内、轿厢顶部或机房设置检修开关，检修人员操作检修开关后，电梯进入检修运行模式，在检修运行模式下，电梯将不响应轿内登记和厅外召唤。

（3）消防员运行模式。当消防员操作开关动作后，电梯立即消除所有指令和厅外召唤，以最快的方式运行到消防基站。当电梯接收到火警信号以后，不再响应厅外召唤指令而是返回消防基站，开门停梯待命。

（4）地震管制模式。当地震检测装置动作，信号输入系统中，电梯会就近停靠、停止服务，直到地震信号无效、人工复位故障后才恢复正常。

（5）停电应急模式。当电梯停电后，为轿厢提供应急照明及通信服务。因停电导致运行中的轿厢不在门区而困住乘客时，停电应急平层装置就会启动，同时电梯自动将报警信号传送至监控中心。

（6）群控运行模式。在一些电梯中，群控运行模式用于两部（及以上）电梯的联合运行，把2梯并联运行也作为群控运行。群控运行时，采集厅外召唤信号，并协同控制各电梯运行，可以选择多种电梯调度算法以满足不同客户的需求。群控时，每台电梯分别停留在不同的楼层待命，一旦有层站厅外召唤按钮被按下，电梯群控模块立即登记该厅外召唤的请求，并根据群控控制算法决定由哪台电梯提供服务。在群控系统中，当某台电梯脱离群控系统独立运行时,不会影响群控系统的正常运行。

思考题

（1）电梯按用途可以分成哪几类？

（2）电梯按操纵方式可以分成哪几类？它们各有什么特点？

（3）简述有司机操纵的集选电梯的运行过程。

（4）简述无司机操纵的集选电梯的运行过程。

（5）电梯通常具有哪几种运行模式？

（6）电梯的检修运行模式有哪些特点？

（7）紧急运行模式、停电应急模式及消防员专用模式有什么区别？

第 2 章

CHAPTER 2

电梯的结构

在国家标准 GB/T 7024—2008《电梯、自动扶梯、自动人行道术语》中，电梯被定义为服务于建筑物内的若干特定的楼层，其轿厢运行在至少两列垂直于水平面，或与铅垂线倾斜角小于 15°的刚性导轨运动的永久运输设备。它的轿厢用于运送乘客和装载货物。本章仅介绍一般曳引驱动电梯的构造，自动扶梯等其他垂直交通工具的结构将在后面的章节中阐述。从系统角度来看，电梯由机械系统和电气系统两大部分构成。其机械系统基本结构包括一条垂直的井道、承载乘客和货物的轿厢、提供动力的曳引系统、供乘客或货物进出轿厢的门系统、限制轿厢和对重装置的活动自由度的导向系统、补偿曳引绳和电缆长度变化产生重量转移的对重系统、保证电梯安全使用和运行的安全保护装置等。本章将从以上几个方面简单介绍各部分的构造及工作原理，为更好地了解电梯的电气控制工作原理奠定基础。

2.1 电梯建筑物环境

电梯建筑物环境通常包括机房、井道、底坑以及相关建筑设施，如图 2.1 所示为电梯建筑物环境示意图。有机房电梯和无机房电梯相比，不同之处是无机房电梯将机房去除，把驱动主机移至井道内。

电梯与建筑物的关系比一般机电设备要紧密得多。电梯的零部件分散安装在电梯的机房、井道内、各层站的层门周围以及底坑等各处。

机房一般位于井道顶部，是用于安装曳引机、控制柜及其他附属设备的专用房间，国家相关标准对机房环境及机房门的设置有明确规定。有的机房还设置活板门，供检修人员使用。

井道底部、位于底层端站地面以下的部分为底坑，缓冲器和限速器张紧轮等通常安装在底坑中。

井道是保证轿厢、对重安全运行所需的空间，井道空间是指底坑底、井道壁和井道顶构成的空间。在电梯井道中安装有轿厢导轨及支架、对重装置导轨及支架、曳引绳、限速绳、补偿链或补偿绳等，除此之外，还安装有限位开关、急停开关、限速开关、安全钳开关、限速器张紧轮开关、缓冲器开关、井道照明设施等。

井道的高度决定了电梯的提升高度，但提升高度不是井道的实际高度，它是指从底层端站地坎表面到顶层端站地坎表面之间的垂直距离。

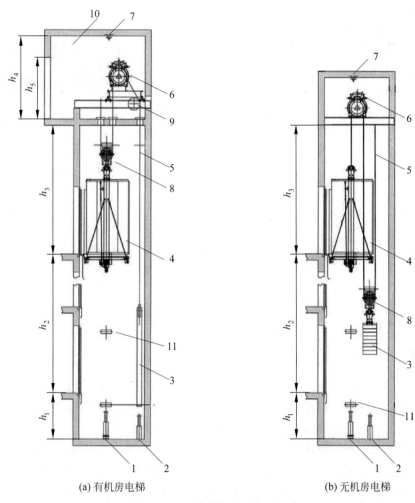

(a) 有机房电梯   (b) 无机房电梯

图 2.1 电梯建筑物环境示意图

h_1—底坑深度；h_2—提升高度；h_3—顶层高度；h_4—机房高度；h_5—机房门高度；1—轿厢缓冲器；2—对重缓冲器；3—对重；4—轿厢；5—曳引钢丝绳；6—曳引机；7—吊钩；8—反绳轮；9—导向轮；10—机房；11—支架

2.2 曳引系统

电梯曳引系统的功能是输出动力和传递动力，驱动电梯运行，它由曳引机、曳引绳、导向轮等组成，如图 2.2 所示。其中，曳引机包括曳引电动机、制动器和曳引轮。

安装在机房的曳引电动机是曳引驱动的动力。曳引绳通过曳引轮一端连接轿厢，另一端连接对重装置。为了使井道中的轿厢与对重各自沿井道中的导轨运行而不发生相蹭，在曳引机上放置一个导向轮使二者分开。轿厢与对重装置的重力使曳引钢丝绳压紧在曳引轮槽内产生摩擦力。这样，电动机转动带动曳引轮转动，驱动钢丝绳，拖动轿厢和对重做相对运动。即轿厢上升，对重下降；对重上升，轿厢下降。于是，轿厢在井道中沿导轨上下往复运行，电梯执行垂直运送任务。

1. 曳引机

曳引机是电梯的动力设备，又称电梯主机，它的作用是输送与传递动力使电梯运行。它由电动机、制动器、联轴器、减速器和曳引轮等组成。导向轮一般装在曳引机机架或机架下的承重梁上。另外，为了手动盘车，曳引机配有盘车手轮。盘车手轮有的固定在电动机轴上，也有的平时挂在附近墙上，使用时再套在电动机轴上。

在电梯中，常用的曳引机有以下几种形式。

（1）按照驱动电动机类型分为交流电动机驱动曳引机，直流电动机驱动曳引机和永磁同步电动机驱动曳引机。

交流电动机分为异步电动机和同步电动机两类，其中异步电动机又分为单速、双速、调速等形式。异步单速电动机适用于杂物梯，异步双速电动机适用于货梯，调速

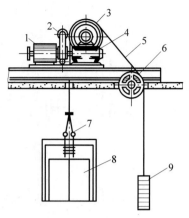

图 2.2　曳引系统
1—曳引电动机；2—制动器；3—曳引轮；
4—减速器；5—曳引绳；6—导向轮；
7—绳头组合；8—轿厢；9—对重

电动机多用于客梯、住宅梯和病床梯等。目前交流电动机采用变压变频调速（VVVF）技术，得到了广泛的使用。

交流永磁同步电动机，具有启动电流小、无相位差的特点，可以使电梯起动、加速和制动过程更加平顺，提升乘梯舒适感。交流永磁同步电机的励磁是由永磁铁来实现的，不需要定子额外提供励磁电流，因而电机的功率因数可以达到很高（理论上可以达到1）。永磁同步电机的转子无电流通过，不存在转子耗损；一般来说，其耗损是异步电机的40%～55%。目前，交流永磁同步电动机逐渐取代异步电动机，成为市场的主流。

直流电动机调速和控制较为方便，运行速度平稳，传动效率高，目前一般用在超高速电梯上。直流电动机的缺点是结构复杂，必须配备交、直流转换设备，价格昂贵。

（2）按照有无减速器分为有齿轮曳引机和无齿轮曳引机。

有齿轮曳引机一般使用在运行速度不超过 2.0m/s 的各种交流双速和交流调速客梯、货梯及杂物梯上，如图 2.3 所示。为了减小齿轮减速器运行噪声，增加工作平稳性，多采用蜗轮蜗杆减速，这种减速方式具有工作平稳可靠、无冲击噪声、减速比大、反向自锁、体积小、结构紧凑等优势。由于蜗轮与蜗杆在运行时啮合面间相对滑动速度较大，润滑不良，齿面易磨损。近年来非蜗轮蜗杆的减速器曳引机有了较大的发展，如采用行星齿轮减速器和斜齿轮减速器的曳引机，有效克服了蜗轮蜗杆减速器效率低发热多的弱点，而且还提高了有齿轮

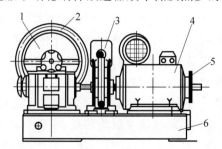

图 2.3　有齿轮曳引机
1—减速器；2—曳引轮；3—制动器；4—电动机；5—盘车手轮；6—底座

曳引机电梯的运行速度,使电梯额定速度超过了 2.0m/s。

无齿轮曳引机即取消了齿轮减速器,将曳引电动机与曳引轮直接相连,中间位置安装制动器,如图 2.4 所示,一般多用于轿厢运行速度大于 2.0m/s 的高速电梯上。无齿轮曳引机高效节能、驱动系统动态性能优良;由于没有齿轮传动时的功率损耗,机械效率高;由于低速直接驱动,运转平稳可靠,噪声低。另外,它没有齿轮减速箱,体积小、重量轻,可实现小机房或无机房配置,降低了建筑成本,减少了保养维护工作,安全可靠,使用寿命长。

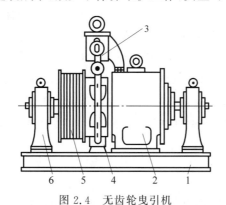

图 2.4　无齿轮曳引机

1—底座;2—直流电动机;3—电磁制动器;4—制动器抱闸;5—曳引轮;6—支座

近年来,无齿轮曳引机的电动机广泛使用永磁同步电动机,又称为永磁无齿轮同步曳引机。永磁无齿轮同步曳引机主要由永磁同步电动机、曳引轮及制动系统组成,如图 2.5 所示。永磁同步电动机采用高性能永磁材料和特殊的电机结构,具有低速、大转矩特性。曳引轮与制动轮为同轴固定联接,直接安装在电动机的轴伸端;由制动体、制动轮、制动臂和制动瓦等组成曳引机的制动器。曳引机工作原理是电动机动力由轴伸端通过曳引轮输出扭矩,再通过曳引轮和曳引绳的摩擦来带动电梯轿厢的运行。当电梯停止运行时则由常闭制动器通过制动瓦刹住制动轮,从而保持轿厢静止不动。

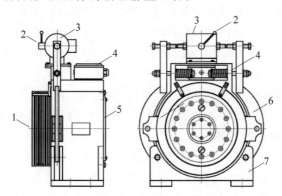

图 2.5　永磁同步无齿曳引机

1—曳引轮;2—手柄;3—松闸装置;4—制动力调整装置;5—永磁同步电机;6—制动瓦;7—底座

2.曳引电动机

曳引电动机是曳引机中驱动电梯上下运行的动力源。电梯是典型的位能性负载。根据电梯的工作性质,电梯曳引电动机应具有以下特点。

（1）能频繁地起动和制动。电梯在运行中每小时起动、制动次数常超过 100 次,最高可达到每小时 180～240 次,因此,电梯专用电动机应能够频繁起动、制动,为断续周期性工作方式。

（2）起动电流较小。在电梯用交流电动机的鼠笼式转子的设计与制造上,虽然仍采用低电阻系数材料制作导条,但是转子的短路环却用高电阻系数材料制作,使转子绕组电阻有所提高。这样,一方面降低起动电流,使起动电流降为额定电流的 2.5～3.5 倍,从而增加了每小时允许的起动次数;另一方面,由于只是转子短路端环电阻较大,有利于热量直接散发,综合效果使电动机的温升有所下降,而且保证了足够的起动转矩,一般为额定转矩的 2.5 倍左右。与普通交流电动机相比,其机械特性硬度和效率有所下降,转差率也提高到 0.1～0.2。机械特性变软,使调速范围增大,而且在堵转力矩下工作时,也不会烧毁电机。

（3）电动机运行噪声低。为了降低电动机运行噪声,采用滑动轴承。此外,适当加大定子铁芯的有效外径,并在定子铁芯冲片形状等方面均进行合理处理,以减小磁通密度,从而降低电磁噪声。

曳引电动机有直流电动机、交流电动机和永磁同步电动机。

3. 制动器

制动器对主动转轴起制动作用,能使工作中的电动机停止运行。有齿轮曳引机中,它安装在电动机与减速器之间,即在电动机轴与蜗轮轴相连的制动轮处;无齿轮曳引机中,制动器安装在电动机与曳引轮之间,而在新型的永磁无齿同步曳引机中,制动器与电动机曳引轮和制动轮为同轴固定连接,直接安装在电动机的轴伸端。

电梯采用的是机电摩擦式常闭式制动器,所谓常闭式制动器是指机电设备不工作时制动器制动,设备运转时松闸。电梯制动时,依靠机械力的作用,使制动带与制动轮摩擦而产生制动力矩;电梯运行时,依靠电磁力使制动器松闸,因此又称为电磁制动器。根据制动器产生电磁力的线圈工作电流类型,分为交流电磁制动器和直流电磁制动器。由于直流电磁制动器制动平稳,体积小,工作可靠,电梯多采用直流电磁制动器。这种制动器通常被称为常闭式直流电磁制动器。当电梯处于静止状态时,曳引电动机、电磁制动器的线圈中无电流通过,这时由于电磁铁芯间没有吸引力,制动瓦在制动弹簧压力作用下把制动轮抱紧,保证电动机不会旋转;当曳引电动机通电旋转的瞬间,制动电磁铁中的线圈同时通上电流,电磁铁芯迅速磁化吸合,带动制动臂使其制动弹簧受作用力,制动瓦块张开,与制动轮完全脱离,电梯得以运行;当电梯轿厢到达所需停站时,曳引电动机失电、制动电磁铁中的线圈也同时失电,电磁铁芯中的磁力迅速消失,铁芯在制动弹簧的作用下通过制动臂复位,使制动瓦块再次把制动轮抱住,电梯停止工作。

图 2.6 和图 2.7 是两种常用的制动器。在图 2.6 中,制动器电磁铁是横向设置的,称为卧式电磁制动器。电梯处于停止状态时,制动臂 8 在制动弹簧 14 作用下,带动制动瓦块 9 和制动衬垫 10 压向制动轮 11 工作表面,抱闸制动,此时制动闸瓦紧密贴合在制动轮 11 的工作表面,其接触面积必须大于闸瓦面积的 80% 以上;当曳引机开始运转时,制动电磁铁线圈 5 得电,电磁铁芯 6 被吸合,推动制动臂 8 克服制动弹簧 14 的压力,带动制动瓦块 9 松开并离开制动轮 11 工作表面,抱闸释放,电梯起动工作。

图 2.7 所示的制动器电磁铁是立式的,称为立式电磁制动器。铁芯分为制动铁芯 6 和定铁芯电磁铁座 4,上部的是动铁芯,铁芯吸合时,动铁芯向下运动,顶杆 8 推动转臂 11 转

动,将两侧制动臂 9 及制动瓦块 14 和摩擦片 15 推开,达到松闸的目的。其工作过程与卧式制动器相同。

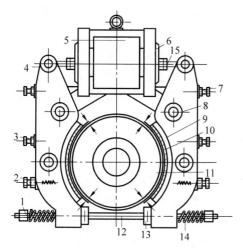

图 2.6 卧式电磁制动器

1—制动弹簧调节螺母;2—制动瓦块定位弹簧螺栓;
3—制动瓦块定位螺栓;4—倒顺螺母;5—制动线圈;
6—制动铁芯;7—定位螺栓;8—制动臂;9—制动瓦块;10—制动衬垫;11—制动轮;12—制动弹簧螺杆;
13—制动臂定位螺母;14—制动弹簧;15—调节螺母

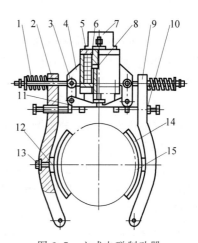

图 2.7 立式电磁制动器

1—制动弹簧;2—纵拉杆;3—销钉;4—电磁铁座;
5—制动线圈;6—制动铁芯;7—罩盖;8—顶杆;
9—制动臂;10—顶杆螺栓;11—转臂;12—球头;
13—连接螺钉;14—制动瓦块;15—摩擦片

制动器是保证电梯安全运行的基本装置,在电梯系统中对制动器的基本要求如下:

(1)当电梯动力电源失电或控制电路电源失电时,制动器能立即进行制动。

(2)当轿厢载有 125% 额定载荷并以额定速度运行时,制动器应能使曳引机停止运转。

(3)电梯正常运行时,制动器应在持续通电情况下保持松开状态;断开制动器的释放电路后,电梯应无附加延迟地被有效制动。

(4)在控制电路中,切断制动器的电流,至少需要应用两个独立的电气装置来实现。电梯停止时,如果其中一个接触器的主触点未打开,最迟到下一次运行方向改变时,应防止电梯再运行。

(5)装有手动盘车手轮的电梯曳引机,应能用手动松开制动器并需要一持续力去保持其松开状态。

(6)所有参与向制动轮或制动盘施加制动力的制动器机械部件,应该分两组装设;如果一组部件不起作用,应仍有足够的制动力使载有额定载荷以额定速度下行的轿厢减速下行。

4. 减速器

减速器被用于有齿轮曳引机上,也称为减速箱,用于将曳引电机的转速转换为曳引轮所需要的转速。它安装在曳引电动机转轴和曳引轮转轴之间。

减速器按传动方式可分为蜗轮蜗杆传动(蜗杆减速器)、斜齿轮传动(齿轮减速蜗杆减速器)两种形式。其中齿轮减速器传动效率高,能达到 93%～99%,但结构复杂,造价较高,在高转速的情况下噪声和振动较大。蜗杆减速器是由带主动轴的蜗杆与安装在壳体轴承上带从动轴的蜗轮组成,其减速比为 18~120,传动效率一般为 70％~80％,效率不如齿轮减速器,但其结构紧凑,外形尺寸不大。蜗杆减速器传动比大,噪声小、传动平稳,而且当由蜗轮传动蜗杆时,反效率低,有一定的自锁能力,可以增加电梯制动力矩,增加电梯停车时的安全性。

　　按蜗杆、蜗轮的相对位置减速器分为上置式和下置式。在减速器内,蜗杆安装在蜗轮上面的称为蜗杆上置式。其特点在于:减速箱内蜗杆、蜗轮齿的啮合面不易进入杂物,安装维修方便,但润滑性较差。而蜗杆置于蜗轮下面的称为蜗杆下置式,它的特点是:润滑性能好,但对减速器的密封要求高,否则很容易向外渗油。

　　另外,按蜗杆的形状可分为圆柱形蜗杆和圆弧面蜗杆。

5. 曳引轮

　　曳引轮是曳引机上的绳轮,也称为曳引绳轮或驱绳轮,是电梯传递曳引动力的装置,利用曳引绳与曳引轮缘上绳槽的摩擦力传递动力,它装在减速器中的蜗轮轴上。如果是无齿轮曳引机,则装在制动器的旁侧,与电动机轴、制动器轴在同一轴线上。

　　曳引驱动电梯运行的曳引力是依靠曳引绳与曳引轮绳槽之间的摩擦力产生的,因此曳引轮绳槽的形状直接关系到曳引力的大小和曳引绳的寿命。常用曳引轮绳槽的形状有半圆槽、V 形槽和带切口的半圆槽(又称凹形槽)。

　　半圆槽如图 2.8(a)所示,它与曳引绳接触面积大,曳引绳变形小,有利于延长曳引绳和曳引轮寿命。但这种绳槽的当量摩擦系数小,因此曳引能力低。为了提高其曳引能力,必须用复绕曳引绳的方法,以增大曳引绳在曳引轮上的包角,半圆槽曳引轮绳槽多用在全绕式高速无齿轮曳引机直流电梯上。半圆槽还广泛用于导向轮、轿顶轮、对重轮的绳槽。

| (a) 半圆槽 | (b) V形槽 | (c) 凹形槽 |

图 2.8　曳引轮绳槽形状

　　V 形槽如图 2.8(b)所示,V 形槽的两侧对曳引绳产生了很大的挤压力,曳引绳与绳槽的接触面积小,接触面的单位压力大,曳引绳变形大,曳引绳与绳槽间具有较高的当量摩擦系数,可以获得较大的驱动力。但这种绳槽的槽形和曳引绳的磨损都较快,而且当槽形磨损,曳引绳中心下移时,槽形就会接近带切口的半圆槽,当量摩擦系数很快下降。因此这种槽形的范围受到限制,只在轻载、低速电梯上应用。

　　凹形槽如图 2.8(c)所示,这是一种带切口的半圆槽,它是在半圆槽的底部切制一条楔形槽,曳引绳与绳槽接触面积减小,比压增大,曳引绳在楔形槽处发生弹性变形,部分楔入沟槽中,使当量摩擦系数增加,一般为半圆槽的 1.5~2 倍,曳引能力随之增加。这种槽形既使摩擦系数最大,又使曳引绳磨损小,特别是当槽形磨损、曳引绳中心下移时,由于预制的楔形槽的作用,使当量摩擦系数基本保持不变,这种槽形在电梯曳引轮上应用最多。

　　曳引轮的直径不仅直接决定电梯的运行速度,并且影响曳引轮与曳引绳的使用寿命。曳引钢丝绳在曳引轮绳槽来回运动,反复折弯,如果曳引轮过小,钢丝绳容易因金属疲劳而损坏。因此,国家相关标准中要求:曳引轮的节圆直径与曳引钢丝绳的公称直径之比应不小于 40。

6．曳引绳

曳引绳也称为曳引钢丝绳，是电梯上专用的钢丝绳，用来连接轿厢和对重装置，并依靠与曳引轮槽的摩擦力驱动使轿厢升降，它承载着轿厢、对重装置、载重量及驱动力和制动力的总和。

曳引绳一般采用圆形股状结构，主要由钢丝、绳股和绳芯组成，如图 2.9 所示。钢丝是钢丝绳的基本组成件，要求钢丝有很高的强度和韧性（含挠性）。

图 2.9　钢丝绳结构
1—钢丝绳；2—绳芯；3—绳股；4—中心钢丝；5—钢丝

钢丝绳股由若干根钢丝捻成，钢丝是钢丝绳的基本强度单元。每一个绳股中含有相同规格和数量的钢丝，并按一定的捻制方法制成绳股，再由若干根绳股编制成钢丝绳。对于相同直径与结构的钢丝绳，股数越多，抗疲劳强度越高。绳芯是被绳股所缠绕的挠性芯棒，通常由剑麻纤维或聚烯烃类等合成纤维制成，能起到支承和固定绳股的作用，并能储存润滑剂。

7．导向轮和反绳轮

导向轮是用于调整曳引钢丝绳在曳引轮上的包角和轿厢与对重的相对位置而设置的定滑轮，安装在机房或者滑轮之间，如图 2.10 所示。反绳轮亦称过桥轮，是用于轿厢和对重顶上的动滑轮。

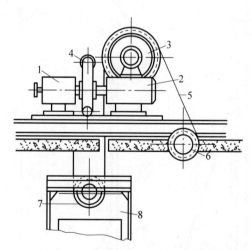

图 2.10　曳引系统的曳引轮和反绳轮
1—电动机；2—减速器；3—曳引轮；4—制动器；5—曳引机钢丝绳；6—导向轮；7—反绳轮；8—轿厢

导向轮、反绳轮都设有防护装置，以避免人身伤害，避免钢丝绳或链条因松弛而脱离绳槽、链轮，避免异物进入绳与绳槽或链与链轮之间。导向轮、反绳轮一般用球墨铸铁铸造后加工而成，绳槽多采用半圆槽；导向轮的节圆直径与钢丝绳直径之比应不小于 40，这与曳引轮的要求一样。

近年来,导向轮、反绳轮大量使用复合尼龙材料,它具有以下优点——成本低廉;质量轻,转动惯量小,装配方便;噪声低,减震性能好;耐磨、使用寿命长;减少钢丝绳的磨损,延长其使用寿命。

2.3 轿厢系统

轿厢系统由轿厢架、轿厢体和设置在轿厢上的部件与装置组成,与门系统、导向系统有机结合,共同工作。轿厢系统借助轿厢架立柱上下的 4 个导靴沿着导轨作垂直升降运动,通过轿顶的门机驱动轿门和层门实现开关门,完成载客或载货进出和运输的任务,轿厢则是实现电梯功能的主要载体。不同用途的轿厢在结构形式、规格尺寸、内部装饰等方面都存在一定的差异,如病床电梯的轿厢通常窄而长,方便承载病床;乘客电梯为方便乘客进出通常是宽度大于深度;汽车电梯拥有宽大的轿厢;载货电梯的轿厢没有装饰;观光电梯则可以观看井道外的风景。

1. 轿厢结构

轿厢是电梯中用以运载乘客或其他载荷的箱形装置。轿厢一般由轿底、轿厢壁、轿顶、轿门等主要部件构成,其中轿门也是门系统的一个组成部分。轿厢结构示意图如图 2.11 所示。

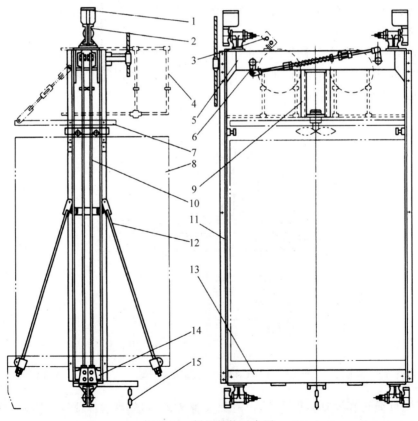

图 2.11　轿厢结构示意图

1—导轨加油盒;2—导靴;3—轿顶检修窗;4—轿顶安全护栏;5—轿架上梁;6—安全钳传动机构;7—开门机架;
8—轿厢;9—风扇架;10—安全钳拉杆;11—轿架立柱;12—轿厢拉条;13—轿架下梁;14—安全钳体;15—补偿装置

轿厢体的形态像一个大箱子,轿底框架采用槽钢和角钢焊成,并在上面铺设一层钢板或木板。轿厢壁由若干块薄钢板拼合而成,轿厢壁板要求具有防火功能。轿顶的结构与轿壁相似,要求能承受一定的载重,有防护栏以及根据设计要求设置安全窗。一般客梯轿顶下面装有装饰板,在装饰板的上面安装照明、风扇。在轿厢内部一般还设置有操纵箱(轿内的操纵装置)、扶手、通风装置、照明、停电应急照明、报警和通信装置。

轿厢架是承重结构件,是一个框形金属架,由上、下、立梁和拉条(或拉杆)组成。框架的材质选用槽钢或按要求压成的钢板。在上、下梁的四角有供安装轿厢导靴和安全钳的平板,在上梁中部下方有供安装轿顶轮或绳头组合装置的安装板;另外,在立梁上(也称侧立柱)留有安装轿厢开关的支架。

轿厢底是轿厢支撑载荷的组件,它包括地板、框架等构件。框架常用槽钢和角钢制成,为减轻重量,也有的用钢板压制后制作。货梯地板一般用花纹钢板制成,客梯则在薄钢板上再进行装饰,采用 PVC 塑胶板或大理石等装饰材料。

轿厢壁主要由金属薄板构成,它与轿厢底、轿厢顶和轿门构成一个封闭的空间。轿厢壁的材料都是钢板,一般有喷漆薄钢板、喷塑漆钢板和不锈钢钢板等,高档电梯也采用镜面不锈钢作为轿厢壁的内饰。

轿厢顶一般也是用薄钢板制成。由于轿顶安装和维修时需要站立人员,当设置有安全窗时,还供人员应急进出,因此要求有足够的强度。轿顶应能支撑两个人以上的重量,并且有合适的供人站立的面积。

2. 超重检测装置

为防止电梯超载运行,电梯设置了超载装置,当轿厢超过额定载荷时,超载装置能发出警告信号并使轿厢不关门不能运行,是一种安全装置。有的电梯把超载装置安装在轿厢底部的轿底,有的安装在轿厢的上梁上。

1) 轿底超载装置

一般轿厢底是活动的,轿底超载装置安装在轿厢底上。这种形式的超载装置,采用橡胶块作为称量元件。橡胶块均匀分布在轿底框上,有 6~8 个,整个轿厢支承在橡胶块上,橡胶块的压缩量能直接反映轿厢的重量,在轿底框中间装有两个微动开关,一个在负重超过80%额定载重量时起作用,切断电梯外呼截停电路,另一个在负重超过110%额定载重量时起作用,切断电梯控制电路。碰触开关的螺钉直接装在轿厢底上,只要调节螺钉的高度,就可调节对超载量的控制范围。这种结构的超载装置有结构简单、动作灵敏等优点,橡胶块既是称量元件,又是减振元件,简化了轿底结构,调节和维护都比较容易。

2) 轿顶称量式超载装置

轿顶称量式超载装置有机械式、橡胶块式、负重传感器式等多种形式。

机械式轿顶称量超载装置以压缩弹簧组作为称量元件。秤杆的头部铰支在轿厢上梁的秤座上,尾部浮支在弹簧座上,摆杆装在上梁上,尾部与上梁铰接,轿厢的绳头板装在秤杆上,当轿厢负重变化时,秤杆就会上下摆动,牵动摆杆也上下摆动,当轿厢负重达到超载控制范围时,摆杆的上摆量使其头部碰压微动开关触头,切断电梯控制电路。

橡胶块式轿顶称量超载装置采用 4 个橡胶块装在上梁下面,轿厢的绳头板承支在橡胶块上,轿厢负重时橡胶块被压缩变形,在承重超过 80%和 110%额定载重量时,其内部的微动开关就会分别与装在上梁下面的触头螺钉触动,达到超载控制的目的。

负重传感器式轿顶称量超载装置,如应变式负重传感器,可以输出载荷变化的连续信号,一方面电梯控制系统可以通过它检测是否超载,另一方面,在群控系统中,也可以通过它检测客流量的变化,然后选择合适的调度方式。

3. 轿厢内部的部件

1）轿厢铭牌

轿厢铭牌是产品标志,它标出电梯的额定载重量、乘客人数(载货电梯仅标出额定载重量)以及电梯制造厂名称或商标。轿厢铭牌向电梯使用者明示电梯的制造单位、电梯使用者正确使用电梯所必须遵守的额定载重量以及乘客人数的规定。

2）轿厢操纵箱

轿厢操纵箱又称轿内控制箱或轿内操作盘,是用于操纵电梯运行的装置,司机或乘客在轿厢内通过操纵箱的按钮来控制电梯运行。轿厢操纵箱由显示操纵部分和司机操纵两部分组成。显示操纵部分是供电梯乘客使用的,有运行方向显示、所到楼层显示、超载显示、所到楼层的层号按钮、开门按钮、关门按钮、紧急报警按钮等基本功能和其他附加功能;司机操纵部分供电梯司机、安全管理人员和检修人员使用,不提供给电梯乘客直接使用,通常用带锁的盒子锁住,以免造成错误操作,从而引起电梯故障或者影响电梯安全。

4. 随行电缆

轿厢的随行电缆(又称扁电缆)实现轿厢系统与其他部分的电气连接。随行电缆一端固定在轿厢底,另一端与电梯机房的控制柜连接。对于楼层低的电梯,随行电缆直接连接至机房;对于中、高层的电梯,随行电缆先连接至井道的中间接线箱,再通过井道敷线从中间接线箱连接至机房;现在的电梯一般使用随行电缆直接将轿厢与机房电气连接。轿厢系统的电气连接包括轿厢门机、控制面板等轿厢用电设备的电源电路、照明、插座电路、控制信号电路和安全回路。

2.4 门系统

2.4.1 电梯门系统的组成及作用

电梯门系统包括轿门、层门与开门关门等系统及其附属的零部件。

电梯门系统的作用是防止乘客和物品坠入井道或与井道相撞、避免乘客或货物未能完全进入轿厢而被运动的轿厢剪切等危险的发生,是电梯的最重要的安全保护设施之一。

1. 层门

层门,也称厅门,是设置在层站入口的门。乘客在进入电梯前首先看到或接触到的部分是电梯层门,电梯有多少个层站就会有多少个层门;当轿厢离开层站时,层门必须保证可靠锁闭,防止人员或其他物品坠入井道。层门是电梯很重要的一个安全设施,根据不完全统计,电梯发生的人身伤亡事故约有 70% 是由于层门的故障或使用不当等引起的,层门的开启与有效锁闭是保障电梯使用者安全的首要条件。

2. 轿门

轿门,即轿厢门,是设置在轿厢入口的门,它设在轿厢靠近层门的一侧,轿门由轿厢顶部的开关门机构驱动而开闭,同时带动层门开闭。轿门是随同轿厢一起运行的门,乘客在轿厢内部只能见到轿门,供乘客和货物的进出。简易电梯用手工操作开闭的称为手动门,当前一般的电梯都装有自动开、关门机构,称为自动门,层门为被动门。

3. 层门和轿门的相互关系

层门是设置在层站入口的封闭门,当轿厢不在该层门开锁区域时,层门保持锁闭。此时如果强行开启层门,层门上装设的机械——电气联锁门锁会切断电梯控制电路,使轿厢停驶。层门的开启,必须是当轿厢进入该层站开锁区域,轿门与层门相重叠时,随轿门驱动而开启和关闭。所以轿门称为主动门,层门为被动门,只有轿门、层门完全关闭后,电梯才能运行。

为了将轿门的运动传递给层门,轿门上一般设有开门联动装置,通过该装置与层门门锁的配合,使轿门带动层门运动。

为了防止电梯在关门时将人夹住,在轿门上常设有防止门夹人的保护装置,当轿门关闭过程中遇到阻碍时,会立即反向运动,将门打开,直至阻碍消除后再完成关闭。为了防止由于层门没有闭合引起的人员坠落危险,层门应设自动关闭装置,使层门在开启时,保持一定的自闭力,保证层门在全行程范围内可以自动关闭。

层门和轿门是电梯的重要安全保护装置和重要组成部分,因此在安全使用方面有一定的要求。

(1)层门必须是无孔的,当门关闭后,门扇之间或门扇与立柱、门楣和地坎之间的间隙应尽可能小。

(2)为了使门在使用过程中不发生变形,门及门框架应用金属制造。

(3)每个层站进口、轿厢入口应装设一个具有足够强度的地坎,以承受进入轿厢的载荷作用。各层站地坎前面应有稍许坡度,以防止候梯大厅洗刷、洒水时,水流入井道。

(4)水平滑动门的顶部和底部都应设有导向装置,垂直滑动门两边都应设置导向装置;在运行中应避免脱轨、卡住或在行程终端时越位。

(5)手动开启的层门、轿厢门,使用人员在开门前,应能知道轿厢的位置,为此应安装透明的窥视窗或设置一个发光的"轿厢在此"标示。

(6)电梯正常运行时,层门和轿厢门应不能打开,它们之中如有一个被打开时,电梯应不能启动或停止运行,因此层门和轿厢门必须设置电气联锁装置(门锁开关),轿厢只有在层门及轿厢门有效地锁紧在关门位置时,才能启动。

(7)自动门在层门或轿厢门关闭的过程中,如果有人穿过门口而被撞击或即将被撞击,一个灵敏的保护装置必须自动地使门重新开启,即必须装设近门保护装置。

(8)如果电梯由于任何原因停在靠近层站的地方,为允许乘客离开轿厢,在轿厢停住并切断开门机电源的情况下,应能从层站处用手开启或部分开启轿门。如果层门与轿门联动,从轿厢内用手开启或部分开启轿门以及与其相连接的层门。

2.4.2 层门、轿门的形式及结构

1. 门的形式

电梯门主要有两类,即滑动门和旋转门,目前普遍采用的是滑动门。

滑动门按其开门方向又可分为中分式、旁开式和直分式三种,层门必须和轿门是同一类型的。

中分式门：门由中间分开。开门时，左右门扇以相同的速度向两侧滑动；关门时，则以相同的速度向中间合拢。这种门按其门扇数量分为常见的两扇中分式和四扇中分式。四扇中分式用于开门宽度较大的电梯，此时单侧两个门扇的运动方式与两扇旁开式门相同。

旁开式门：门由一侧向另一侧推开，或由一侧向另一侧合拢。按照门扇的数量，常见的有单扇、双扇和三扇旁开门。当旁开式门为双扇时，两个门扇在开门和关门时各自的行程不相同，但运动的时间必须相同，因此两扇门的速度有快慢之分。速度快的称为快门，反之称为慢门，所以双扇旁开式门又称为双速门。由于门在打开后是折叠在一起的，因而又称为双折式门。同理，当旁开式门为三扇时，称为三速门和三折式门。

旁开式门按开门方向又可分为左开式门和右开式门。区分的方法是：人站在轿厢内，面向外，门向右开的称为右开式门；反之，为左开式门。

直分式门：门由下向上推开，称为直分式门，又称为闸门式门。按门扇的数量，可分为单扇、双扇和三扇等。与旁开式门同理，双扇门称为双速门，三扇门称为三速门。

2. 门的结构与组成

电梯的门一般由门扇、门滑轮、门靴、门地坎、门导轨架等组成。轿门由滑轮悬挂在轿门导轨上，下部通过门靴（门滑块）与轿门地坎配合；层门由门滑轮悬挂在厅门导轨架上，下部通过门滑块与厅门地坎配合，如图 2.12 所示。

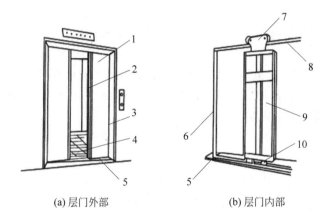

(a) 层门外部　　　　　　　　　(b) 层门内部

图 2.12　电梯门的结构

1—层门；2—轿门；3—门套；4—轿厢；5—地坎；6—厅门立柱；7—门滑轮层；
8—门导轨架；9—门扇；10—门滑块(门靴)

电梯的门扇有封闭式、空格式及非全高式之分。封闭式门扇一般用 1～1.5mm 厚的钢板制造，中间辅以加强筋。空格式门扇一般指交栅式门，具有通气透气的特点，但为了安全，空格不能过大。这种门扇出于安全性能考虑，只能用于货梯轿厢厢门。非全高式门扇的高度低于门口高度，常见于汽车梯和货物不会有倒塌危险的专门用途货梯。

门导轨架安装在轿厢顶部前沿，层门导轨架安装在层门框架上部，对门扇起导向作用。门滑轮安装在门扇上部，门滑轮在门导轨上运行。对全封闭式门扇以两个为一组，每个门扇一般装一组；交栅式门扇，由于门的伸缩需要，在每个门挡上部均装有一个滑轮。

门地坎和门滑块是门的辅助导向组件，与门导轨和门滑轮配合，使门的上下两端均受导向和限位。门在运动时,滑块顺着地坎槽滑动。层门地坎安装在层门口;轿门地坎安装在轿门口,轿厢底前沿处。地坎一般用铝或钢型材料制成。门滑块固定在门扇的下底端,一般用尼龙制造,在正常情况下,滑块与地坎槽的侧面和底部均有间隙。

2.4.3 开关门机构

电梯门的开关门机构由门机、门联动机构、轿门门刀、层门门锁滚轮组成。按操作方式,电梯轿门、层门的开关结构分为手动和自动两种。

1. 手动开关门结构

手动开关门结构并不常见,仅在老式电梯和杂物电梯中使用。门的开、闭,完全依靠人力进行,是用分别装在轿门和轿顶、层门和层门框上的拉杆门锁装置实现的,如图 2.13 所示。

拉杆门锁由装在轿顶或层门框上的锁和装在层门上的拉杆两部分组成。门关好时,拉杆的顶端插入锁孔,在拉杆压簧的作用下,拉杆既不会自动脱开锁,门外的人也不能强行扒开门。开门时,司机手抓拉杆往下拉,拉杆压缩弹簧,使拉杆顶端脱离锁孔,再用手把门往开门方向推,便可将门开启。

手动开关门,轿门、层门之间无机械方面的联动关系,因而司机必须先开轿门,后开层门;或者先关层门,再关轿门。

采用手动的开关门结构,开关门必须由专职司机操作。

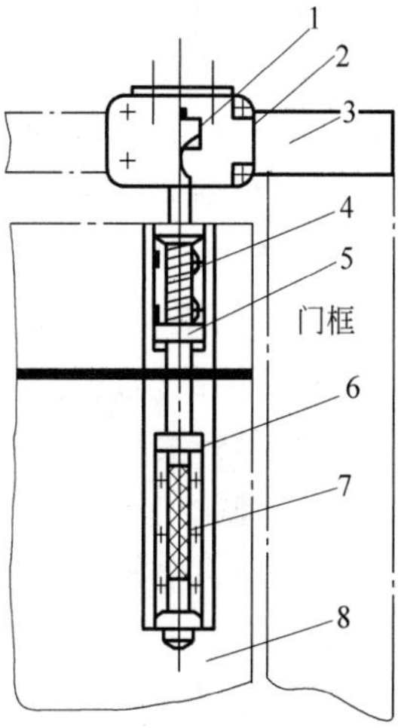

2. 自动开门结构

具有自动开门结构的电梯,开关门是由自动开门机完成的。自动开门机是使轿厢门(含层门)自动开启或关闭的装置(层门的开闭是由轿门通过门刀带动的)。它装设在轿门的上方及轿门的连接处。

图 2.13 手动拉杆门锁
1—电联锁开关;2—锁壳;3—门框上导轨;4—复位弹簧;5、6—拉杆固定架;7—拉杆;8—门扇

自动开门结构除了能自动启、闭轿厢门外,还应具有自动调速的功能,以避免在起端与终端发生冲击。根据使用要求,一般关门的平均速度要低于开门的平均速度,这样可以防止关门时将人夹住,而且客梯的门还设有防止夹人的保护装置。另外,为了防止关门对人体的冲击,有必要对门速实行限制。我国《电梯制造与安装安全规范》中规定,当门的动能超过 10J 时,最快门扇的平均关闭速度要限制在 0.3m/s。

常见的自动开门机有两扇中分式开门机和两扇旁分式开门机。两扇中分式自动开门机可以同时驱动左、右门,且以相同的速度,做相反方向的运动。这种开门机的开门结构一般为曲柄摇杆和摇杆滑块的组合。两扇旁分式开门机与前者类似,只是增加了慢门结构。

自动开门机根据电动机的驱动形式可分为直流门机和交流门机。

1) 直流门机

直流门机采用直流电动机提供动力,再通过减速装置驱动开关门机构。门机的直流电动机可用永磁直流电动机和他励直流电动机,开关门控制是用改变电枢两端的极性的方法实现的,调速时,通过改变电枢两端的电压来调节开关门速度。

图 2.14 所示的是单臂中分式开门机,它以带齿
轮减速器的直流电动机为动力,一级链条传动。连
杆的一端铰接在曲柄轮上,另一端与摇杆铰接。摇
杆的上端铰接在机座框架上,下端与门连杆铰接,门
连杆则与左门铰接(相当于摇杆滑块机构)。在图 2.14
中,当曲柄链轮做顺时针转动时,摇杆向左摆动,带
动门连杆使左门向左运动,进入开门行程。

右门由钢丝绳联动机构间接驱动。两个绳轮分
别装在轿门导轨架的两端,左门扇与钢丝绳的下边
连接;右门扇与钢丝绳的上边相连接。左门在门连
杆带动下向左运动时,带动钢丝绳做顺时针回转,从
而使右门在钢丝绳的带动下向右运动,与左门扇同
时进入开门行程。

门在启、闭时的速度变化,由改变电动机电枢的
电压来实现,曲柄链轮与凸轮箱中的凸轮相连,凸轮
箱装有行程开关(常为 5 个,开门方向 2 个,关门方

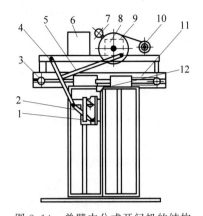

图 2.14 单臂中分式开门机的结构
1—门锁压板机构；2—门连杆；
3—绳轮；4—摇杆；5—连杆；
6—电器箱；7—平衡器；8—凸轮箱；
9—曲柄链轮；10—带齿轮减速器的直流电动机；
11—钢丝绳；12—门锁

向 3 个),链轮转动时使凸轮依次动作行程开关,使电动机连接上或断开电器箱中的电阻,以
此改变电动机电枢电压,使其转速符合门速要求。

曲柄链轮上平衡锤的作用是抵消门在关闭后的自开趋势,这是因为摇杆结构中各构件
自重的合力,使门扇受到回开力,如不加以抵消,门就不能关严。平衡锤还使门在关闭后产
生紧闭力,不会受轿厢在运行中的振动而松开。

图 2.15 所示的是双臂中分式开门机,它也是以直流电动机为动力的,但电动机不带减
速箱,常以两级三角皮带传动减速,经第二级的大皮带作为曲柄轮,当曲柄轮逆时针转动
180°时,左右摇杆同时推动左右门扇,完成一次开门行程;然后,曲柄轮再顺时针转动 180°,
就能使左右门扇同时合拢,完成一次关门行程。这种开门机采用电阻降压调速。用于速度
控制的行程开关装在曲柄轮背面的开关架上,一般为 5 个。开关打板装在曲柄轮上,在曲柄
轮转动时依次动作各开关,达到调速的目的。改变开关在架上的位置,就能改变运动阶段的
行程。

图 2.16 是一种两扇旁开式自动开门机。这种开门机与单臂中分式开门机具有相同的
结构,不同之处是多了一条慢门连杆。曲柄连杆转动时,摇杆带动快门运动,同时慢门连杆
也使慢门运动,只要慢门连杆与摇杆的铰接位置合理,就能使慢门的速度为快门的 1/2。这
种门机也采用直流电动机驱动,它的自动调速功能的实现与单臂中分式开门机相同,由于旁
开式门的行程要大于中分式门,为了提高使用效率,门的平均速度一般高于中分式门。

2) 交流门机

前面介绍的几种门机都是采用直流电机驱动,通常通过改变直流电机电枢两端的电压
调节开关门速度,用改变电枢两端的极性的方法实现开关门。其优点是方法简单。但其需
要减速装置,结构复杂,体积大,开关门时分段设定门的速度,调速曲线是不连续的。交流门
机是采用交流电机驱动门机机构的,目前,交流门机有采用交流异步电动机驱动的变频门机
和采用交流永磁同步电机驱动的变频门机。这两种门机采用变频调速技术,因此电动机无

需减速装置,可以实现无级调速,门机构造简单,开关门速度调节和控制性能好,开关门过程平稳,噪声小,能耗低。

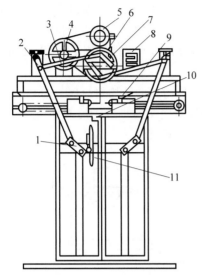

图 2.15 双臂中分式开门机的结构

1—门连杆;2—摇杆;3—连杆;4—皮带轮;
5—电动机;6—曲柄轮;7—行程开关;8—电阻箱;
9—强迫锁紧装置;10—自动门锁;11—门刀

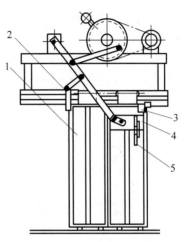

图 2.16 两扇旁开式自动开门机

1—慢门;2—慢门连杆;3—自动门锁;
4—快门;5—开门刀

　　图 2.17 所示的是一种变频电机开门机构示意图。这种门机以交流异步电动机为动力,控制器以调频调压的方式调节开关门速度和控制开关门动作。门机工作时,交流电动机通过驱动 V 形带使皮带轮旋转,同步带轮与皮带轮同轴安装,这样同步带传动带动门挂板运动,轿门与挂板连接,从而控制轿门的开、关门动作。门刀安装在轿门(异步门刀)或门机挂

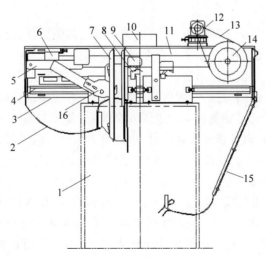

图 2.17 交流变频门机

1—轿门;2—电缆;3—横梁;4—导轨;5—连杆;6—带轮盒;7—门刀;8—门开关凸轮;9—门触点开关;
10—控制器;11—同步带;12—电动机;13—V 形带;14—皮带轮;15—电缆接线组件;16—凸轮

板(同步门刀)上。其中异步门刀可动刀片的凸轮柄与连杆连接,轿门动作时,可动刀片的凸轮柄在连杆作用下使可动刀片向固定刀片合拢,夹紧层门锁钩的滚轮,打开层门门锁装置,从而带动层门运动;同步门刀在轿门动作时,两扇刀片同时夹紧层门锁钩的滚轮,打开层门门锁装置,从而带动层门运动。门运动过程中,门刀始终夹紧滚轮,关门到位后,异步门刀在连杆作用下张开,松开滚轮使锁钩锁住层门;同步门刀在门刀附件作用下张开,此时轿厢可离开层门。

有的交流门机直接采用交流电动机驱动同步带,使门机的结构更简单。图 2.18 为一种交流永磁同步门机。由永磁电动机直接驱动同步带,连接在同步带上的连杆机构在导轨上带动轿门做水平运动。其开关门工作原理与图 2.17 相同。

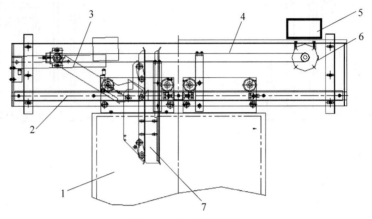

图 2.18　永磁同步门机

1—轿门;2—导轨;3—连杆机构;4—同步带;5—控制器;6—电动机;7—门刀

2.4.4　门保护装置

1. 门锁装置

为防止发生乘客和货物坠落及剪切事故,层门要由门锁锁住,使人在层站外不用开锁装置无法将层门打开,因此,门锁是个十分重要的安全部件。门锁是机电联锁装置,层门上的锁闭装置(门锁)的启闭是由轿门通过门刀来带动的。层门是被动的,轿门是主动门,因此,层门的开闭是由轿门上的门刀插入(或夹住)层门锁滚轮,使锁臂脱钩后跟着轿门一起运动。

门锁的电气触点是验证锁紧状态的重要安全装置,要求与机械锁紧元件之间的连接是直接的和不会误动作的,而且当触头黏连时,也能可靠断开。门锁装置一般使用的是簧片式或插头式电气安全触点,不允许使用普通的行程开关和微动开关。

2. 门的电气安全触点

除了锁紧状态要有电气安全触点来验证外,轿门和层门的关闭状态也需要有电气安全触点来验证。当门关到位后,电气安全触点才能接通,电梯才能运行。验证门关闭的电气触点也是重要的安全装置,应符合规定的安全触点要求,不能使用普通的行程开关和微动开关。另外,对于层门具有多个门扇的情况,也应该检测每个门扇的开闭状态,设置必要的电气安全触点。

3．人工紧急开锁和强迫关门装置

为了在必要时（如救援）能从层站外打开层门，每个层门都应有人工紧急开锁装置。管理及维修人员用专用钥匙将门锁打开。在无开锁动作时，开锁装置应自动复位，不能仍保持开锁状态。

另外，还应设置层门自闭装置，当轿厢不在层站时，层门无论由于什么原因开启时，必须有强迫关门装置使该层门自动关闭。

4．门运动过程中的保护装置

为了尽量减少在关门过程中发生人和物被撞击或夹住的事故，电梯通常设置防止门夹人的保护装置，在轿门的关闭过程中，乘客或障碍物触及轿门时，保护装置将停止关门动作使门重新自动开启。保护装置一般安装在轿门上，常见的有接触式保护装置、光电式保护装置和感应式保护装置。

接触式保护装置一般为安全触板。两块铝制的触板由控制杆连接悬挂在轿门开口边缘，在轿门关闭过程中，若乘客或障碍物在门的行程中，安全触板将首先接触并被推入，使控制杆触动微动开关，将关门电路切断，与此同时接通开门电路，使门重新开启。

光电式保护装置是在轿门边或附近设置光电检测区域，为防止可见光的干扰，一般多用红外光。当有乘客或障碍物在关门的过程中进入检测区域遮挡了部分光束，控制机构就会使门重新打开。

感应式保护装置借助电磁感应的原理，若人或物进入检测区，则会造成电磁场的变化，控制机构使门重新打开。

2.5 导向系统

导向系统在电梯的运行过程中，会限制轿厢和对重的活动自由度，使轿厢和对重只沿着各自的导轨做升降运动，不会发生横向的摆动和振动，保证轿厢和对重运行平稳不偏摆。电梯的导向系统包括轿厢导向和对重导向两个部分。

轿厢导向和对重导向结构相同，包括导轨、导靴和导轨架，如图2.19所示。轿厢的导轨和对重的导轨限定了它们在井道中的位置，导轨支架支撑导轨，被固定在井道壁上；导靴安装在轿厢和对重架的两侧（轿厢和对重各自装有至少4个导靴），导靴与导轨工作面配合，使电梯在曳引绳的牵引下，一边为轿厢，另一边为对重，分别沿着各自的导轨上、下运行。

导轨是轿厢和对重在竖直方向运动时的导向，用来限制轿厢和对重的活动自由度。当安全钳动作时，导轨作为固定在井道内被夹持的支撑件，承受着轿厢或对重产生的强烈制动力，使轿厢或对重制停可靠。另外，导轨也起着防止由于轿厢的偏载而产生歪斜、保证轿厢运行平稳及减少振动的作用。

导靴是防止对重和轿厢在上下运行时发生偏斜、保证电梯的平稳运行的装置。电梯工作时，导靴的凹形槽（或滚轮）与导轨的凸形工作面配合，使轿厢和对重装置仅沿着导轨上下运动，防止轿厢和对重装置运行过程中偏斜或摆动。根据导靴在导轨上运动方式的不同，导靴分为滑动导靴和滚动导靴两类，运行中导靴与导轨均为接触状态。在未来的超高速电梯中将会使用非接触导靴，它是直线电机与磁悬浮技术运用于电梯的产物。

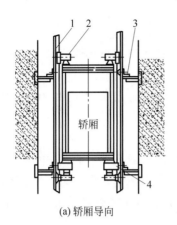
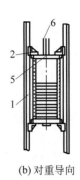

(a) 轿厢导向　　　　　　　　　(b) 对重导向

图 2.19　电梯的导向系统

1—导轨；2—导靴；3—导轨支架；4—安全钳；5—对重；6—曳引绳

2.6　重量平衡系统

2.6.1　重量平衡系统的构成与作用

重量平衡系统的作用是在电梯运行过程中使对重与轿厢能达到相对平衡。在电梯运行中即使载重量不断变化，仍能使两者间的重量差保持在较小限额之内，保证电梯的曳引传动平稳、正常。重量平衡系统一般由对重装置和重量补偿装置两部分组成，如图 2.20 所示。

重量平衡系统包括两部分：对重系统和重量补偿装置。

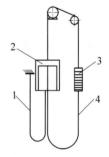

对重相对于轿厢悬挂在曳引绳的另一侧，起到相对平衡轿厢的作用，并使轿厢与对重的重量通过曳引绳作用于曳引轮，保证足够的驱动力。由于轿厢的载重量是变化的，因此不可能做到两侧的重量始终相等并处于完全平衡状态。一般情况下，只有轿厢的载重量达到 50% 的额定载重量时，对重一侧和轿厢一侧才处于完全平衡，这时的载重量称为电梯的平衡点，此时由于曳引绳两端的静荷重相等，会使电梯处于最佳的

图 2.20　重量平衡系统

1—随行电缆；2—轿厢；3—对重；

4—重量补偿装置

工作状态。但是在电梯运行中的大多数情况下，曳引绳两端的荷重是不相等且变化的，因此对重的作用只是使两侧的荷重之差在一个较小的范围内变化。另外，在电梯运行过程中，当轿厢位于最低层、对重升至最高时，曳引绳长度基本都转移到轿厢一侧，曳引绳的自重大部分也集中在轿厢一侧；相反，当轿厢位于顶层时，曳引绳长度及自重大部分转移到对重一侧；加之电梯随行控制电缆一端固定在井道高度的中部，另一端悬挂在轿厢底部，其长度和自重也随电梯运行而发生转移，上述因素都给轿厢和对重的平衡带来了影响。尤其当电梯的提升高度超过 30m 时，两侧的平衡变化就变得不容忽视了。例如：60m 高建筑物内使用的电梯，使用 6 根 $\Phi13\text{mm}$ 的钢丝绳，其中不可忽视的是绳的总质量约 360kg，随着轿厢和对重位置的变化，这个值将不断地在曳引轮的两侧变化，其对电梯安全运行的影响相当大。因此，需要增设重量补偿装置来控制其变化。

重量补偿装置是悬挂在轿厢和对重的底部的补偿链条、补偿绳等。在电梯运行时,其长度的变化正好与曳引绳长度变化趋势相反,当轿厢位于最高层时,曳引绳大部分位于对重侧,而补偿链(绳)大部分位于轿厢侧;当轿厢位于最低层时,与上述情况正好相反,这样轿厢一侧和对重一侧就有了补偿的平衡作用。

由于设置了重量补偿装置,解决了超高层电梯在运行过程中电引钢丝绳的重量偏移的难题,削弱了曳引机尺寸的限制和速度不稳定的影响。

2.6.2 对重装置和重量补偿装置

1. 对重装置

对重是曳引驱动电梯中由曳引绳经曳引轮与轿厢相连,在电梯运行过程中保持曳引能力的装置。在曳引驱动电梯中,使用对重装置可以平衡轿厢和部分电梯载荷重量,减少曳引机功率的损耗;当轿厢负载与对重相匹配时,还可以减小曳引绳与绳轮之间的曳引力,延长曳引绳的寿命。对重的存在也保证了曳引绳与曳引轮槽的压力,保证了曳引力的产生。其次,由于有对重装置,如果轿厢或对重撞到缓冲器后,曳引绳对曳引轮的压力消失,电梯失去曳引条件,可以避免冲顶事故的发生。

对重装置一般由对重架、对重块、导靴、缓冲器碰块、压块以及与轿厢相连的曳引绳和反绳轮组成,如图 2.21 所示。对重块通常由铸铁制成,安装在对重架上后,用压板压紧,以防运行中移位和振动并产生噪声。

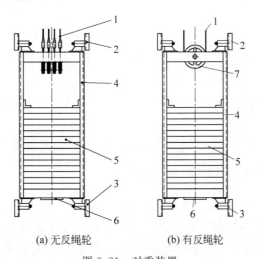

(a) 无反绳轮　　　　　(b) 有反绳轮

图 2.21 对重装置

1—曳引绳；2、3—导靴；4—对重架；5—对重块；6—缓冲器碰块；7—反绳轮

2. 重量补偿装置

重量补偿装置是在曳引驱动电梯中用来补偿电梯运行时曳引绳造成的轿厢和对重两侧重量不平衡的装置。通常采用补偿链、补偿绳、补偿缆等补偿装置,其两端分别悬挂在轿厢和对重的底部。

补偿链以铁链为主体,为了减少电梯运行中铁链链环之间的碰撞噪声,常用麻绳穿在铁链环中,或者在链表面包裹聚乙烯护套。补偿链在电梯中通常一端悬挂在轿厢下面,另一端挂在对重装置的下部,如图 2.20 所示。其特点是结构简单、成本较低,但不适合额定速度超过 1.75m/s 的电梯使用。

补偿绳以钢丝绳为主体,将数根钢丝绳经过钢丝绳绳夹和挂绳架,一端悬挂在轿厢底梁上,另一端悬挂在对重架上。这种补偿装置的特点是电梯运行稳定、噪声小,故常用在电梯额定速度超过 1.75m/s 的电梯上;缺点是装置比较复杂,成本相对较高,并且除了补偿绳外,还需张紧装置等附件。张紧装置必须保证在电梯运行时,张紧轮能沿导向轨上下自由移动,并能张紧补偿绳。正常运行时,张紧轮处于垂直浮动状态,本身可以转动。

补偿缆是一种新型的高密度补偿装置,具有防火、防氧化、耐磨性能好、运行噪声小等特点,适用于各种中、高速电梯。

2.7　安全保护装置

2.7.1　电梯可能发生的事故和故障

电梯是一个复杂的机电系统,在电梯运行过程中可能发生以下事故和故障。

(1) 轿厢失控、超速运行。当曳引机电磁制动器失灵,减速器中的轮齿、轴、销、键等折断或者曳引绳在曳引轮绳槽中严重打滑等情况发生时,正常的制动手段将无法使电梯停止运动,轿厢失去控制,导致运行速度超过额定速度。

(2) 终端越位。由于平层控制电路出现故障,轿厢运行到顶层端站或底层端站时,未停车而继续运行或超出正常的平层位置。

(3) 冲顶或蹲底。当上终端限位装置失灵等造成轿厢或对重冲向井道顶部时,称为冲顶;当下终端限位装置失灵或电梯失控,造成电梯轿厢或对重跌落井道底坑时,称为蹲底。

(4) 不安全运行。由于限速器失灵、层门和轿门不能关闭或关闭未到位时电梯运行、轿厢超载运行、曳引电动机在缺相或错相等状态下运行等。

(5) 非正常停止。控制电路出现故障、安全钳误动作、制动器误动作或电梯停电等原因,都会造成在运行中的电梯突然停止。

(6) 关门障碍。电梯在关门过程中,门扇受到人或物体的阻碍,会使门无法关闭。

2.7.2　电梯安全保护系统的组成

电梯是可以载人的垂直运输工具,必须具有极高的安全性。电梯的安全,首先是对人员的保护,同时也要对电梯本身和所载物资以及安装电梯的建筑物进行保护。为了确保电梯运行中的安全,电梯系统设置了多种机械和电气安全装置,主要包括如下装置。

(1) 超速保护装置:限速器、安全钳。

(2) 超越行程的保护装置:强迫减速开关、限位开关、极限开关,上述 3 个开关分别起到强迫减速、切断控制电路、切断电梯供电电源三级保护作用。

(3) 蹲底(与冲顶)保护装置:缓冲器。

(4) 层门、轿门门锁电气联锁装置:确保门不可靠关闭时电梯不能运行。

(5) 近门保护装置:层门、轿门设置光电检测或超声波检测装置、门安全触板等;保证门在关闭过程中不会夹伤乘客或货物,关门受阻时,保持门处于开启状态。

(6) 电梯不安全运行防止系统:轿厢超载控制装置、限速器断绳开关、安全钳误动作开关、轿顶安全窗和轿厢安全门开关等。

（7）供电系统断相、错相保护装置：相序保护继电器等。

（8）停电或电气系统发生故障时，轿厢慢速移动装置。

（9）报警装置：轿厢内与外联系的警铃、电话等。

除上述安全装置外，还会设置轿顶安全护栏、轿厢护脚板、底坑对重侧防护栏等设施。这些装置共同组成了电梯安全保护系统，以防止任何不安全的情况发生。

电梯安全保护系统一般由机械安全装置和电气安全装置两大部分组成，但是机械安全装置需要电气系统的协作配合和互锁联动，才能保证电梯运行安全可靠。下面简单介绍它们之间的关联关系。

当电梯出现紧急故障时，分布于电梯系统各部位的安全开关被触发，切断电梯控制电路，曳引机制动器动作，使电梯停止运行。

当电梯出现极端情况时，如制动器损坏、轿厢不能制停或者曳引绳断裂，轿厢将沿井道坠落，当电梯到达限速器动作速度时，限速器会触发安全钳动作，将轿厢制停在导轨上。当轿厢超越顶、底层站时，首先触发强迫减速开关减速，如果减速无效，电梯轿厢会继续前行，接着触发限位开关使电梯控制线路动作将曳引机制停；如果仍未使轿厢停止，则会采用机械方法强行切断电源，迫使曳引机断电并使制动器动作制停。当曳引钢丝绳在曳引轮上打滑时，轿厢速度超限会导致限速器动作触发安全钳，将轿厢制停；如果打滑后轿厢速度未达到限速器触发速度，最终轿厢将触及缓冲器减速制停。

当轿厢超载并达到某一限度时，轿厢超载开关会被触发，切断控制电路，电梯将无法启动运行。

当安全窗、安全门、层门或轿门未能可靠锁闭时，电梯控制电路将无法接通，会导致电梯在运行中紧急停车或无法启动。

当层门在关闭过程中安全触板遇到阻力时，门机将立即停止关门并反向开门，稍作延时后重新尝试关门动作，在门未可靠锁闭时电梯无法启动运行。

2.7.3　超速保护装置

在电梯的安全保护系统中，提供的综合的安全保障是限速器、安全钳和缓冲器。当电梯在运行中，无论哪种原因使轿厢发生超速，甚至坠落的危险状况、而所有其他安全保护装置都未起作用的情况下，依靠限速器、安全钳和缓冲器的作用使轿厢停住而不致使乘客和设备受到伤害。所以限速器和安全钳是防止电梯超速、失控冲顶坠落的保护装置。

正常运行的轿厢，一般发生失控坠落事故的可能性极小，但也不能完全排除这种可能性。一般常见的有以下几种可能的原因。

（1）曳引钢丝绳因各种原因全部折断；

（2）蜗轮蜗杆的轮齿、轴、键、销折断；

（3）曳引摩擦绳槽严重磨损，造成当量摩擦系数急剧下降，平衡失调，轿厢又超载，则钢丝绳和曳引轮打滑；

（4）轿厢超载严重，平衡失调，制动器失灵；

（5）因某些特殊原因，例如，平衡对重偏轻、轿厢自重偏轻，造成钢丝绳对曳引轮压力严重减少，致使轿厢侧或对重侧平衡失调，使钢丝绳在曳引轮上打滑。

只要发生以上5种状况之一，就可能发生轿厢（或对重）急速坠落的严重事故。因此按照电梯制造安装规范规定,无论是乘客电梯、载货电梯、医用电梯等,都应装设限速器和安全钳系统。

限速器被定义为:当电梯的运行速度超过一定额定速度值时,其动作能切断安全回路,或进一步导致安全钳或上行超速保护装置起作用,使电梯减速直到停止的自动安全装置。我国电梯制造安装规范规定,限速器是指当轿厢运行速度达到限定值时(一般为额定速度的115%以上),能发出电信号并产生机械动作,以引起安全钳工作的安全装置。所以,限速器在电梯超速并在超速达到临界值时起检测及操纵作用。

安全钳被定义为:限速器动作时,使轿厢和对重停止运行保持静止状态,并能夹紧在导轨上的一种机械安全装置。安全钳是由限速器的作用而引起动作,迫使轿厢或对重装置制停在导轨上,同时切断电梯和动力电源的安全装置。因此,安全钳是在限速操纵下强制使轿厢停住的执行机构,它为电梯的安全运行提供有效的保护作用。

按照制动元件结构形式的不同,安全钳可分为楔块型、偏心轮型和滚柱型三种;按照制停减速度(或制停距离),安全钳可分为瞬时式和渐进式。随着轿厢上行超速保护要求的提出,目前双向安全钳也使用较多。

图 2.22 为一种双面楔形安全钳的结构示意图。它一般安装在轿厢架或对重架上。当轿厢运动超速时,楔形卡块在限速器绳的拉力作用下上移,迅速地卡入导轨表面,使轿厢瞬间停止。

图 2.23 为一种楔块型渐进式安全钳。渐进式安全钳又称为滑移动作式安全钳,或弹性滑移型安全钳。它能使制动力限制在一定范围内,并使轿厢在制停时有一定的滑移距离,它的制停力是有控制地逐渐增大或保持恒定值,使制停减速度不至于很大。它的钳座是弹性结构(弹簧装置),当楔块 3 被拉杆 2 提起时,将贴合在导轨上起到制动作用,楔块 3 通过导向滚柱 7 将推力传递给导向楔块 4,导向楔块后侧装设有弹性元件,使楔块作用在导轨上的压力具有一定的弹性,产生相对柔和的制停作用。导向滚柱 7 可以减少动作时的摩擦力,使安全钳动作后容易复位。

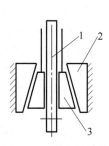

图 2.22　安全钳结构

1—导轨;2—安全钳体;3—安全钳楔块

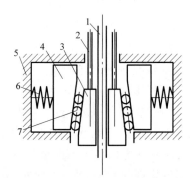

图 2.23　楔块型渐进式安全钳

1—导轨;2—拉杆;3—楔块;4—导向楔块;5—钳座;
6—弹性元件;7—导向滚柱

渐进式安全钳与瞬时式安全钳的区别在于其安全钳制动开始之后,其制动力并非刚性固定的,增加了弹性元件后,使安全钳制动元件作用在导轨上的压力具有缓冲的余地,在一段较长的距离上制停轿厢,有效地使制动减速度减小,保证人员或货物的安全,渐进式安全钳均使用在额定速度大于 0.63m/s 的各类电梯上。

图 2.24 和图 2.25 是限速器与安全钳的联动结构和工作原理图。限速器装置由限速器、限速器绳及绳头、限速器绳张紧装置等组成;限速器一般安装在机房内,限速器绳绕过限速器绳轮后,穿过机房地板上开设的限速器绳孔,竖直穿过井道总高,一直延伸到装设于电梯底坑中的限速器绳张紧轮并形成回路;限速器绳绳头连接到位于轿厢顶的连杆系统,并通过一系列安全钳操纵拉杆与安全钳相连;电梯正常运行时,电梯轿厢与限速器绳以相同的速度升降,两者之间无相对运动,限速器绳绕两个绳轮运转;当电梯出现超速并达到限速器设定值时,限速器中的夹绳装置动作,将限速器绳夹住,使其不能移动,但由于轿厢仍在运动,于是两者之间会出现相对运动,限速器绳通过安全钳操纵拉杆拉动安全钳制动元件,安全钳制动元件则紧密地夹持住导轨,利用其间产生的摩擦力将轿厢制停在导轨上,保证电梯安全。

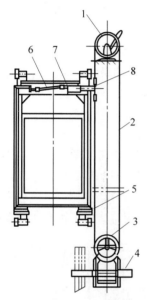

图 2.24 限速器与安全钳联动结构

1—限速器;2—限速器绳;3—张紧装置;

4—限速器断绳开关;5—安全钳;6—拉杆系统;

7—限速器动作开关;8—限速器绳头

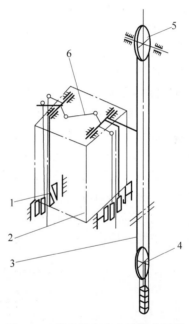

图 2.25 限速器与安全钳联动原理

1—安全钳;2—轿厢;3—限速器绳;

4—张紧装置;5—限速器;6—拉杆系统

传统的电梯都必须使用限速器来随时监测并控制轿厢的下行超速,但随着电梯的应用普及,人们发现轿厢上行超速并且冲顶的危险也确实存在,其原因是轿厢空载或极小载荷时,对重侧重量大于轿厢,一旦制动器失效或曳引机轴、键、销等折断,或由于曳引轮绳槽严重磨损导致曳引绳在其中打滑,于是轿厢上行超速就发生了。因此,我国电梯制造安装安全规范中规定,曳引驱动电梯应装设上行超速保护装置,该装置包括速度监控和减速元件,应能检测出上行轿厢的失控速度,当轿厢速度大于或等于电梯额定速度的 115% 时,应能使轿厢制停,或至少使其速度下降至对重缓冲器的允许使用范围。该装置应该作用于轿厢、对重、曳引绳系统(悬挂绳或补偿绳)或曳引轮上,当该装置动作时,应使电气安全装置动作或控制电路失电,电机停止运转,制动器动作。

2.7.4　缓冲器

在 2.7.3 节提到，限速器、安全钳和缓冲器是电梯运行的安全保障。缓冲器被定义为：位于行程端部，用来吸收轿厢或对重动能的一种缓冲安全装置，它是电梯安全保护系统中的最后一道保护装置。

缓冲器安装在井道底坑内，要求其安装牢固可靠，承载冲击能力强。电梯在运行中，由于安全钳失效、曳引轮槽摩擦力不足、抱闸制动力不足、曳引机出现机械故障、控制系统失灵等原因，轿厢（或对重）超越终端层站底层，并以较高的速度撞向缓冲器，由缓冲器吸收、消耗运动轿厢或对重的能量，使其减速停止，缓冲器起到缓冲的作用，以避免电梯轿厢（或对重）直接蹲底或冲顶，保护乘客或运送货物及电梯设备的安全。它的原理就是使轿厢（对重）的动能、势能转化为一种无害或安全的能量形式。采用缓冲器将使运动着的轿厢或对重在一定的缓冲行程或时间内逐渐减速停止。

缓冲器分蓄能型缓冲器和耗能型缓冲器。前者主要以弹簧和聚氨酯材料等为缓冲元件，后者主要是油压缓冲器。

蓄能型缓冲器又称为弹簧式缓冲器，当缓冲器受到轿厢（对重）的冲击后，利用弹簧的变形吸收轿厢（对重）的动能，并储存于弹簧内部；当弹簧被压缩到最大变形量后，弹簧会将此能量释放出来，对轿厢（对重）产生反弹，此反弹会反复进行，直至能量耗尽弹力消失，轿厢（对重）才完全静止。图 2.26 所示的是一种蓄能型缓冲器，它由缓冲橡胶、上缓冲座、弹簧、弹簧座等组成，用螺栓固定在底坑基座上。

耗能型缓冲器又被称为油压缓冲器或液压缓冲器。图 2.27 所示的是一种油压缓冲器。当油压缓冲器受到轿厢和对重的冲击时，柱塞 4 向下运动，压缩缸体 9 内的油，油通过环形节流孔 13 喷向柱塞腔。当油通过环形节流孔时，由于流动截面积突然减小，就会形成涡流，使液体内的质点相互撞击、摩擦，将动能转化为热量散发掉，从而消耗了轿厢或对重的能量，

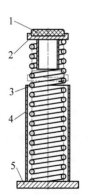

图 2.26　蓄能型缓冲器

1—缓冲橡胶；2—上缓冲座；
3—弹簧；4—外导管；5—弹簧座

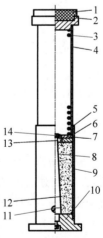

图 2.27　耗能型缓冲器

1—橡胶垫；2—压盖；3—复位弹簧；4—柱塞；
5—密封盖；6—油缸套；7—弹簧托座；
8—变量棒；9—缸体；10—油缸座；11—放油口；
12—缓冲器油；13—环形节流孔；14—挡油圈

使轿厢或对重逐渐缓慢地停下来。油压缓冲器利用液体流动的阻尼作用,缓冲轿厢或对重的冲击。当轿厢或对重离开缓冲器时,柱塞 4 在复位弹簧 3 的作用下,向上复位,油重新流回油缸,恢复正常状态。

2.7.5　终端限位保护装置

终端限位保护装置的功能就是防止由于电梯电气系统失灵,轿厢到达顶层或底层后仍继续行驶(冲顶或蹲底),造成超限运行的事故。限位保护装置主要由强迫减速开关、终端限位开关、终端极限开关三个开关及相应的碰板、碰轮和联动机构组成,如图 2.28 所示。

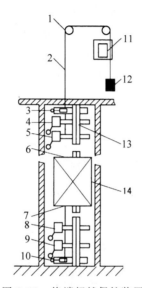

图 2.28　终端超越保护装置

1—导向轮;2—钢丝绳;3—极限开关上碰轮;4—上限位开关;5—上强迫减速开关;
6—上开关打板;7—下开关打板;8—下强迫减速开关;9—下限位开关;10—极限开关下碰轮;
11—终端极限开关;12—张紧配重;13—导轨;14—轿厢

1. 强迫减速开关

强迫减速开关是电梯失控有可能造成冲顶或蹲底时的第一道防线。强迫减速开关由上、下两个开关组成,一般安装在井道的顶部和底部。当电梯失控,轿厢已到顶层或底层而不能减速停车时,装在轿厢上的碰板与强迫减速开关的碰轮相接触,使接点发出指令信号,迫使电梯减速停驶。

在快速梯和高速梯中,使用端站强迫减速开关,此装置包括分别固定在轿厢导轨上下端站处的打板以及固定在轿厢顶上的开关装置,开关装置具有多组触点。电梯运行时,设置在轿顶上的开关装置跟随轿厢上下运行,达到上下端站楼面之前,开关装置上的滚轮碰撞固定在轿厢导轨上的打板,滚轮通过传动机构分别推动预定触点组依次切断相应的控制电路,强迫电梯到达端站楼面之前提前减速,在超越端站楼面一定距离时就立即停靠。

2. 终端限位开关

终端限位开关由上、下两个开关组成,一般分别安装在井道顶部和底部,在强迫减速开关之后,是电梯失控的第二道防线。当强迫减速开关未能使电梯减速停驶,轿厢越出顶层或底层位置后,上限位开关或下限位开关动作,切断控制电路,使曳引机断电并使制动器动作,迫使电梯停止运行。

3. 终端极限开关

机械电气式终端极限开关是在强迫减速开关和终端限位开关失去作用时，控制轿厢上行（或下行）的主接触器失电后仍不能释放时（例如接触器触点熔焊粘连、线圈铁芯被油污粘住、衔铁或机械部分被卡死等），切断电梯供电电源，使曳引机停车并使制动器制动。其工作时是当轿厢地坎超越上、下端站地坎 200mm，轿厢或对重接触缓冲器之前，装在轿厢上的碰板与装在井道上、下端的上碰轮或下碰轮接触，牵动与装在机房墙上的极限开关相连的钢丝绳，使只有人工才能复位的极限开关动作，切断除照明装置和报警装置电源外的供电电源。极限开关常用机械力切断电梯总电源的方法使电梯停驶。

电气式终端极限开关采用与强迫减速开关和终端限位开关相同的限位开关，设置在终端限位开关之后的井道顶部或底部，用支架板固定在导轨上。当轿厢地坎超越上下端站200mm，且轿厢或对重接触缓冲器之前动作。其动作是由装在轿厢上的碰板触动限位开关，切断安全回路电源或断开上行（或下行）主接触器，使曳引机停止转动，轿厢停止运行。

目前，绝大部分电梯都采用电气式终端极限开关，把它串接在电梯控制线路中。极限开关应设置在尽可能接近端站时起作用而无误动作危险的位置上；它应在轿厢式对重接触到缓冲器之前起作用，并在缓冲器被压缩期间始终保持其动作状态。

2.7.6 其他安全防护装置

1. 轿厢超载保护装置

2.3 节提到，为防止电梯超载运行，电梯设置了超载检测装置，当轿厢超过额定载荷时，超载装置能发出警告信号，并使轿厢不关门、不能运行，它也是一种安全保护装置。有的电梯把轿厢超载保护装置安装在轿厢底部的轿底，有的安装在轿厢顶曳引绳头处或者机房曳引绳头处。

安装在轿底的超载保护装置采用橡胶块作为称量元件，6～8 个橡胶块均匀地布置在轿底框上，整个轿厢支承在橡胶块上，橡胶块的压缩量能直接反映轿厢的重量，在轿底框中间装有两个微动开关，一个在负重超过 80% 额定载重量时起作用，切断电梯外呼截停电路，另一个在负重 110% 额定载重量时起作用，切断电梯控制电路。碰触开关的螺钉直接固定在轿厢底部，通过调节螺钉的高度就可调节载重量的控制范围。

安装在曳引绳头处的超载保护装置有机械式、橡胶块式、负重传感器式等多种形式。机械式轿顶称量超载装置以压缩弹簧组作为称量元件，当轿厢负重达到超载控制范围时，通过摆杆机构碰压微动开关触头，切断电梯控制电路。橡胶块式超载装置通常安装在绳头端接装置下面，轿厢负重时，橡胶块被压缩而变形，在承重分别超过 80% 和 110% 额定载重量时，其内部的两个微动开关就会分别与触头螺钉触动，达到超载控制的目的。负重传感器式超载装置输出的是载荷变化的连续信号，将这个信号与电梯控制系统中设置的阈值比较，可以检测监测轿厢是否超载。另外，在群控系统中，它也可以用于检测客流量的变化，为调度方式的选择提供依据。

2. 轿厢顶部安全窗

安全窗是设在轿厢顶部的只能向外开的窗口。当轿厢因故障停在楼房两层中间时，司机可通过安全窗到达轿顶，再设法打开层门，维修人员在处理故障时也可利用安全窗。安全窗打开时,装于门上的触点断开,切断控制电路,此时电梯不能运行。由于控制电源被切断,可防止维修人员出入轿厢窗口时因电梯突然启动而造成人身伤害事故。出入安全窗时还必须先将电梯急停开关按下(如有)或用钥匙将控制电源切断。为了安全,电梯司机不到非常情况不要从安全窗出入,更不要让乘客出入,因安全窗窗口较小,且离地面有两米多高,上下很不方便,停电时,轿顶很黑,又有各种装置,易发生人身事故,加之部分电梯轿顶未设置护栏,更不安全。

3. 电梯急停开关

急停开关也称安全开关,是串接在电梯控制线路中的一种不能自动复位的手动开关。当遇到紧急情况或在轿顶、底坑、机房等处检修电梯时,为防止电梯的启动、运行,将开关关闭,切断控制电源以保证安全。

急停开关分别设置在轿厢内的操纵箱上、轿顶操纵盒上、底坑内和机房控制柜壁上,有的电梯轿厢内的操纵箱上不设置此开关。

4. 可切断电梯电源的主开关

每台电梯在机房中都应装设一个能切断该电梯电源的主开关,并具有切断电梯正常行驶的最大电流的能力。主开关切断电源时,不包括轿厢内、轿顶、机房和井道的照明、通风以及必须设置的电源插座等供电电路。

思考题

(1) 简述电梯涉及的建筑物环境。
(2) 电梯的提升高度与井道的高度有什么区别?
(3) 电梯的曳引系统由哪几部分组成? 各部分起什么作用?
(4) 常用的曳引轮绳槽有几种形式,各有什么优缺点?
(5) 为曳引电梯提供动力的电动机有哪些特点?
(6) 曳引机中减速器的作用是什么? 有齿曳引和无齿曳引有什么不同?
(7) 曳引电梯中制动器起什么作用? 在电梯系统中对制动器有哪些基本要求?
(8) 简述轿厢的结构。
(9) 简述轿底超载装置和机械式轿顶称量超载装置的工作原理。
(10) 简述电梯门系统的组成及作用。
(11) 简述层门和轿门的关系。
(12) 在电梯中,对门系统的安全使用有哪些要求?
(13) 直流门机是怎样实现开关门的? 简述单臂和双臂式中分式开门机的工作原理。
(14) 交流门机是怎样实现开关门的? 简述交流变频门机的工作原理。
(15) 简述门锁装置的作用。在开关门过程中门保护装置是如何实现其功能的?
(16) 简述导向系统结构及其各部分的作用。
(17) 简述重量平衡系统的构成及各部分的作用。
(18) 曳引电梯中为什么设置对重,它的作用是什么?
(19) 电梯中为什么要设置补偿绳或补偿链等重量补偿装置?
(20) 电梯中可能会发生哪些事故和故障?

（21）简述电梯安全保护系统的组成。

（22）为什么说缓冲器是电梯安全保护系统中的最后一道保护装置？液压缓冲器和弹簧缓冲器各有什么特点？

（23）简述限速器-安全钳的工作原理以及电梯超速时的动作次序。

（24）为什么有时在对重侧也安装限速器-安全钳装置？限速器张紧装置和它的安全开关的作用是什么？

（25）设置终端开关和极限开关的作用是什么？为什么有了终端开关还要极限开关，它们有哪些区别？

（26）机械式极限开关与电气式极限开关有什么不同？它们各有哪些优缺点？

（27）上下减速开关、终端限位开关、极限开关的作用是什么？

（28）既然限速器动作能立即导致安全钳动作，将正在坠落的电梯轿厢卡在两列导轨之间，为什么在限速器和安全钳上还要设置电气安全开关？

（29）轿厢顶部的安全窗起什么作用？

（30）电梯急停开关的作用是什么？它设置在电梯的哪些部位？当急停开关有效时，是否可以切断电梯主回路的电源供应？

（31）电梯电源主开关的作用是什么？主开关作用是否切断了电梯系统中所有设备的电源？

第3章

CHAPTER 3

电梯的电气拖动系统

电梯的电气拖动系统为电梯运行提供动力。在电梯系统中,有两个独立的拖动系统,它们驱动轿厢的上下运动和电梯门机的运动。

轿厢的上下运动是由曳引电动机拖动系统来实现的,通常由曳引电动机、速度反馈装置、电动机调速装置组成,由曳引电动机产生动力,经传动系统减速后驱动轿厢运动,其功率在几千瓦到几十千瓦。为了防止轿厢停止时由于重力而溜车,常设置制动器。曳引电动机拖动系统完成轿厢的上下、启动、加速、匀速运行、减速、平层停车等动作,另外,它决定着电梯的运行速度、舒适感、平层精度等。本章主要介绍曳引电动机拖动系统的结构形式和工作原理。

门机拖动系统的主要任务是实现电梯的轿门及厅门的开启与关闭。它由门机的电动机产生动力,经开关门机构减速后驱动轿门和厅门运动,其功率较小(通常在200W以下),是电梯的辅助驱动。如第2章所述,门机一般安装在轿门上部,驱动轿门的开启和关闭,厅门仅当轿厢停靠本层时由轿门的运动带动厅门实现开启和关闭。由于轿厢只有在轿门及所有厅门都关好的情况下才可以运行,因此,没有轿厢停靠的楼层,其厅门应是关闭的。门机拖动系统简单,其拖动系统及控制原理将在第4章介绍。

电梯在垂直升降运行过程中,要频繁地启动和制动,运行区间较短,经常处于过渡过程运行状态。因此,曳引电动机的工作方式属于断续周期性工作制。此外,电梯的负载经常在空载与满载之间随机变化,考虑到乘坐电梯的舒适性,需要限制最大运行加速度和加速度变化率。总之,电梯的运行对电气拖动系统提出了特殊要求。

直流电动机拖动系统具有调速范围宽、可连续平稳地调速以及控制方便、灵活、快捷、准确等优点。早期的直流电动机拖动系统采用直流发电机——电动机调速系统,它的体积、重量、能耗和噪声都较大,后来虽然晶闸管整流器取代了直流发电机,但是,直流电动机依然存在结构较复杂、价格较贵、可靠性差、维护困难等问题。20世纪80年代,随着电力电子技术的不断发展和完善,交流调速技术日臻完善,由于交流感应电动机的结构简单、运行可靠、价格便宜,因此,交流调压调速系统和交流变压变频调速系统逐步成为电梯驱动系统的主流。目前,除了少数大容量电梯采用直流电动机拖动系统以外,几乎都采用交流电动机拖动系统。

本章首先介绍几种常见的电梯运行速度曲线,然后介绍几种常见的电梯拖动系统,包括直流调速、交流双速、变频调速电梯拖动系统及永磁同步电动机拖动系统的结构及工作原理。

3.1 电梯的速度曲线

电梯在运行时,对电梯的拖动系统来说,伴随着频繁的启动加速和制动减速过程,首先要考虑运行效率;其次,电梯是垂直升降的运输设备,与乘坐水平方向运动的交通工具相比,乘客对电梯运行速度的变化显得更为敏感。乘客在高速升降运动中,人体周围气压的迅速变化会对人的器官产生影响。电梯轿厢加速上升或减速下降时,乘客会有超重的感觉,这是由于人体内脏的质量向下压迫骨盆的缘故。当轿厢加速下降或减速上升时,乘客有失重的感觉,这是因为内脏提升压迫胸肺、心脏等,使人产生不适,甚至头晕目眩。因此,加速下降或减速上升所造成的失重感与加速上升或减速下降所造成的超重感相比,乘客感觉更加不适。

乘坐电梯的感觉与乘客的心理状态和健康状况等因素有关,各人差异较大。除此之外,经试验研究发现,乘坐电梯的下沉感和上浮感的强弱,与电梯运行的加速度和加速度变化率有直接关系。当加速度过大时,会使人有严重的不适感。国家标准规定,加速度最大值不得大于 $1.5\,\mathrm{m/s^2}$。如果加速度过小,会延长加速运行过程,降低运行效率,而且会使乘客对速度的变化有波动感,同样有不适感觉。因此,国家标准规定,电梯额定速度在 $1.0\sim2.0\,\mathrm{m/s}$ 时,加/减速度不应小于 $0.5\,\mathrm{m/s^2}$,电梯额定速度在 $2.0\sim5.0\,\mathrm{m/s}$ 时,加/减速度不应小于 $0.7\,\mathrm{m/s^2}$。但是,相比之下,加速度变化率对舒适感的影响更大。当加速度变化率值过大时,会使乘客产生振动和颤抖感。人体所能承受的加速度变化率的最大值不大于 $5\,\mathrm{m/s^3}$,一般限制在 $1.8\,\mathrm{m/s^3}$ 以下。如果将它限制在 $1.3\,\mathrm{m/s^3}$ 以下,即使加速度再大一些(即使达到 $2.0\sim2.5\,\mathrm{m/s^2}$),也不会使人感到过度不适。加速度变化率在电梯技术中被称为生理系数。

因此,电梯拖动系统应兼顾乘坐舒适感、运行效率和节约运行费用等方面的要求,研究电梯理想速度曲线,合理选择速度曲线,使电梯运行时按照给定的速度曲线运行,对提高电梯运行品质是至关重要的。电梯有三角形、梯形、抛物线形、抛物线—直线综合形速度曲线、正弦速度曲线等,根据电梯的运行状态和运行曲线,可以对电梯的运行速度、加速度、加速度变化率、分速度、运行时间和距离等参数的计算以及各参数间的关系进行详细分析。

3.1.1 三角形速度曲线

三角形速度曲线如图 3.1(a)所示,电梯从停止状态开始以加速度 a_{m} 启动加速,当匀加速到最大运行速度 v_{m} 时,再以 a_{m} 做匀减速运行,直到零速停靠。

最大速度为

$$v_{\mathrm{m}}=a_{\mathrm{m}}t_{\mathrm{m}}=\frac{1}{2}a_{\mathrm{m}}T \tag{3.1}$$

在电梯以三角形速度曲线运行时,其加速度为

$$a(t)=\frac{\mathrm{d}[v(t)]}{\mathrm{d}t}=\begin{cases}a_{\mathrm{m}} & 0\leqslant t<t_{\mathrm{m}} \\ -a_{\mathrm{m}} & t_{\mathrm{m}}\leqslant t<T\end{cases} \tag{3.2}$$

加速度变化率为

$$\rho(t)=\frac{\mathrm{d}[a(t)]}{\mathrm{d}t}=\frac{\mathrm{d}^2[v(t)]}{\mathrm{d}t^2}=\begin{cases}+\infty & t=0\\ 0 & 0<t<t_{\mathrm{m}}\\ -\infty & t=t_{\mathrm{m}}\\ 0 & t_{\mathrm{m}}<t<T\\ +\infty & t=T\end{cases} \tag{3.3}$$

加速度和加速度变化率曲线如图 3.1(b) 和图 3.1(c) 所示,$\rho(t)$ 在加速、减速的开始和结束时,其值趋向无穷大,而在其余时间均为 0。三角形速度曲线的加速度不是平滑地变化而是突变,其加速度变化率的瞬时值为无穷大,会使乘客产生不适感。

电梯以三角形速度曲线运行时,电梯的运行距离为

$$H=\frac{1}{2}v_{\mathrm{m}}T=\frac{1}{4}a_{\mathrm{m}}T^2=a_{\mathrm{m}}t_{\mathrm{m}}^2 \tag{3.4}$$

根据式(3.4)可以得到运行时间和最大运行速度、运行距离之间的关系

$$T=2\sqrt{H/a_{\mathrm{m}}} \tag{3.5}$$

$$v_{\mathrm{m}}=2H/T \tag{3.6}$$

因此,当运行距离 H 一定时,若将加速度 a_{m} 增加,则最大速度 v_{m} 会增加,运行时间 T 减小,运行效率更高。

3.1.2 梯形速度曲线

梯形速度曲线如图 3.2 所示,电梯以 a_{m} 加速度启动加速,当匀加速运动到 t_{a_1} 时,达到最大运行速度 v_{m},再以 v_{m} 匀速运行到 t_{a_2},然后再以 a_{m} 做匀减速运行,直到零速停靠。

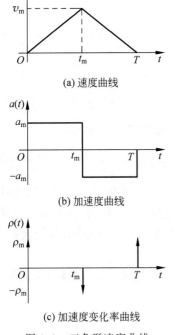

(a) 速度曲线

(b) 加速度曲线

(c) 加速度变化率曲线

图 3.1 三角形速度曲线

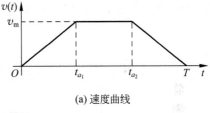

(a) 速度曲线

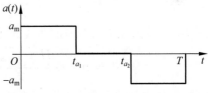

(b) 加速度曲线

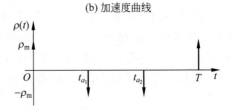

(c) 加速度变化率曲线

图 3.2 梯形速度运行曲线

电梯以梯形速度曲线运行时,运行速度为

$$v(t) = \int_0^t a(\tau)\, \mathrm{d}\tau = \begin{cases} a_\mathrm{m} t & 0 \leqslant t < t_{a_1} \\ v_\mathrm{m} & t_{a_1} < t < t_{a_2} \\ v_\mathrm{m} - a_\mathrm{m}(t - t_{a_2}) & t_{a_2} < t \leqslant T \end{cases} \tag{3.7}$$

电梯加速度为

$$a(t) = \begin{cases} a_\mathrm{m} & 0 \leqslant t < t_{a_1} \\ 0 & t_{a_1} \leqslant t < t_{a_2} \\ -a_\mathrm{m} & t_{a_2} \leqslant t < T \end{cases} \tag{3.8}$$

加速度变化率为

$$\rho(t) = \begin{cases} +\infty & t = 0 \\ 0 & 0 < t < t_{a_1} \\ -\infty & t = t_{a_1} \\ 0 & t_{a_1} < t < t_{a_2} \\ -\infty & t = t_{a_2} \\ 0 & t_{a_2} < t < T \\ +\infty & t = T \end{cases} \tag{3.9}$$

由式(3.9)可以看出,$\rho(t)$在加速、减速过程的开始和结束时趋向无穷大,而在其余时间均为 0。电梯以梯形速度曲线运行时,它的加速度不是平滑变化,而是阶跃突变的,在突变时其加速度变化率会瞬时变为无穷大,使乘客产生不适感。

电梯以梯形速度曲线运行时,电梯的运行距离为

$$h(t) = \begin{cases} \dfrac{1}{2} a_\mathrm{m} t^2 & 0 \leqslant t < t_{a_1} \\ \dfrac{1}{2} v_\mathrm{m} t_{a_1} + v_\mathrm{m}(t - t_{a_1}) & t_{a_1} \leqslant t < t_{a_2} \\ v_\mathrm{m} t - \dfrac{1}{2} v_\mathrm{m} t_{a_1} - \dfrac{1}{2} a_\mathrm{m}(t - t_{a_2})^2 & t_{a_2} \leqslant t \leqslant T \end{cases} \tag{3.10}$$

由式(3.7)及图 3.2 梯形速度曲线的几何意义,可得电梯总运行时间为

$$T = 2t_{a_1} + \frac{H - 2v_\mathrm{m} t_{a_1}}{v_\mathrm{m}} = \frac{2v_\mathrm{m}}{a_\mathrm{m}} + \frac{1}{v_\mathrm{m}}\left(H - \frac{v_\mathrm{m}^2}{a_\mathrm{m}}\right) \tag{3.11}$$

其中,H 是电梯完成一个速度运行曲线过程的总运行距离,它可能是一个或多个楼层间距的尺寸。由式(3.11)可知,当运行距离 H 和最大运行速度 v_m 一定时,加速度 a_m 越大,运行时间 T 就越小；v_m 越大,a_m 对 T 的影响也越大。因此,对于高速电梯,取较大的加速度 a_m 值,对运行效率是有利的,但会降低舒适度。

与三角形速度曲线相比,当运行距离 H 一定时,梯形曲线的运行效率降低,但是舒适度有所提高。

3.1.3 抛物线—直线形速度曲线

梯形速度曲线的加速度由 0 突变到 a_m 时,其变化率为无穷大。这样,不但对电梯结构

会造成过大的冲击,还使乘坐舒适感变差。图 3.3 为抛物线—直线形速度曲线。由开始启动到 t_{a_1} 时刻为变加速运行抛物线段,加速度由 0 逐渐线性增大,当到 t_{a_1} 时,加速度达到最大值;此后,进入匀加速运行段;到 t_{a_2} 时,加速度的变化开始减小,直到 t_{a_3} 时开始进入匀速运行段。$t_{a_4} \sim T$ 为制动减速段,其运行过程与启动加速段对称。由启动加速到制动减速停车,总时间为 T。

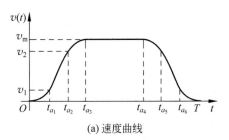

(a) 速度曲线

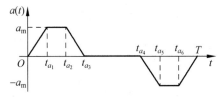

(b) 加速度曲线

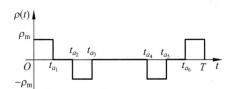

(c) 加速度变化率曲线

图 3.3　抛物线—直线形速度曲线

抛物线—直线形速度曲线的加速度曲线为梯形曲线,如图 3.3(b)所示,这种运行曲线的加速度变化率也没有出现瞬时变为无穷大的情况,如图 3.3(c)所示。因此,与前两种速度曲线相比,电梯以抛物线—直线形速度曲线为给定速度运行时,具有较好的舒适性。

在电梯运行过程中,需要为它配置一种理想速度运行曲线,电梯按照这个速度给定形式运行时,能够兼顾舒适性好和运行效率高的要求。为了说明运行速度曲线中各段曲线参数之间的关系,下面对抛物线—直线形速度曲线的各个速度段进行分析说明。

1. 启动加速阶段

在图 3.3 中,由 0 到 t_{a_1} 时刻,电梯以变加速方式运行。电梯加速度从 0 开始逐渐线性增大,到 t_{a_1} 时刻达到最大加速度 a_m。

当 $0 \leqslant t \leqslant t_{a_1}$ 时,电梯运行在变加速抛物线段,其加速度为

$$a(t) = \int_0^t \rho(\tau) \mathrm{d}\tau = \int_0^t \rho_m \mathrm{d}\tau = \rho_m t \tag{3.12}$$

电梯运行的速度为

$$v(t) = \int_0^t a(\tau) \mathrm{d}\tau = \int_0^t \rho_m \tau \mathrm{d}\tau = \frac{1}{2} \rho_m t^2 \tag{3.13}$$

电梯行进的距离为

$$h_1(t) = \int_0^t v(\tau)\mathrm{d}\tau \tag{3.14}$$

那么，在 $t = t_{a_1}$ 时，电梯的运行速度和加速度分别为

$$v_1 = \frac{1}{2}\rho_\mathrm{m} t_{a_1}^2 \tag{3.15}$$

$$a_1 = a_\mathrm{m} = \rho_\mathrm{m} t_{a_1} \tag{3.16}$$

由式(3.16)可得电梯运行速度达到 v_1 所需的时间为

$$t_{a_1} = \frac{a_\mathrm{m}}{\rho_\mathrm{m}} \tag{3.17}$$

把式(3.17)代入式(3.15)可得

$$v_1 = \frac{1}{2}\rho_\mathrm{m} \cdot \frac{a_\mathrm{m}^2}{\rho_\mathrm{m}^2} = \frac{1}{2}\frac{a_\mathrm{m}^2}{\rho_\mathrm{m}} \tag{3.18}$$

则到 $t = t_{a_1}$ 时，电梯变加速运行结束时，它的运行距离为

$$H_1 = \int_0^{t_{a_1}} v(t)\mathrm{d}t = \frac{1}{6}\rho_\mathrm{m} t_{a_1}^3 = \frac{1}{6}\frac{a_\mathrm{m}^3}{\rho_\mathrm{m}^2} \tag{3.19}$$

2. 匀加速段

在图 3.3 中，由 t_{a_1} 到 t_{a_2} 时刻，电梯以匀加速方式运行，加速度为 a_m。

当 $t_{a_1} < t \leqslant t_{a_2}$ 时，电梯的运行速度为

$$v(t) = v_1 + \int_{t_{a_1}}^t a(\tau)\mathrm{d}\tau = v_1 + a_\mathrm{m}(t - t_{a_1}) \tag{3.20}$$

在此期间，电梯运行的距离为

$$h_2(t) = \int_{t_{a_1}}^t v(\tau)\mathrm{d}\tau = v_1(t - t_{a_1}) + \frac{1}{2}a_\mathrm{m}(t - t_{a_1})^2 \tag{3.21}$$

在 $t = t_{a_2}$ 时刻，电梯的运行速度达到

$$v_2 = v_1 + a_\mathrm{m}(t_{a_2} - t_{a_1}) \tag{3.22}$$

在匀加速阶段，电梯运行的距离为

$$H_2 = v_1(t_{a_2} - t_{a_1}) + \frac{1}{2}a_\mathrm{m}(t_{a_2} - t_{a_1})^2 \tag{3.23}$$

3. 变减速阶段

在图 3.3 中，由 t_{a_2} 到 t_{a_3} 时，电梯以变减速方式运行，加速度从最大值 a_m 逐渐线性减小，到 t_{a_3} 时，加速度减为 0。

当 $t_{a_2} < t \leqslant t_{a_3}$ 时，电梯的运行加速度为

$$a(t) = a_\mathrm{m} + \int_{t_{a_2}}^t \rho(\tau)\mathrm{d}\tau = a_\mathrm{m} + \int_{t_{a_2}}^t -\rho_\mathrm{m}\mathrm{d}\tau = a_\mathrm{m} - \rho_\mathrm{m}(t - t_{a_2}) \tag{3.24}$$

电梯运行的速度为

$$v(t) = v_2 + \int_{t_{a_2}}^t a(\tau)\mathrm{d}\tau = v_2 + \int_{t_{a_2}}^t [a_\mathrm{m} - \rho_\mathrm{m}(t - t_{a_2})]\mathrm{d}\tau$$

$$= v_2 + a_\mathrm{m}(t - t_{a_2}) - \frac{1}{2}\rho_\mathrm{m}(t - t_{a_2})^2 \tag{3.25}$$

在此期间，电梯运行的距离为

$$h_3(t) = \int_{t_{a_2}}^{t} v(\tau)\mathrm{d}\tau = v_2(t-t_{a_2}) + \frac{1}{2}a_\mathrm{m}(t-t_{a_2})^2 - \frac{1}{6}\rho_\mathrm{m}(t-t_{a_2})^3 \quad (3.26)$$

在 $t=t_{a_3}$ 时,电梯的运行速度达到最大,其值为

$$v_3 = v_\mathrm{m} = v_2 + a_\mathrm{m}(t_{a_3}-t_{a_2}) - \frac{1}{2}\rho_\mathrm{m}(t_{a_3}-t_{a_2})^2 \quad (3.27)$$

在变减速阶段,电梯运行的距离为

$$H_3 = v_2(t_{a_3}-t_{a_2}) + \frac{1}{2}a_\mathrm{m}(t_{a_3}-t_{a_2})^2 - \frac{1}{6}\rho_\mathrm{m}(t_{a_3}-t_{a_2})^3 \quad (3.28)$$

实际上,$t=t_{a_3}$ 时,电梯的运行速度 v_m 为

$$v_\mathrm{m} = \int_0^{t_{a_3}} a(\tau)\mathrm{d}\tau \quad (3.29)$$

在图 3.3 中,由于变减速和变加速阶段的加速度变化率是相同的,因此,加速度曲线的梯形是对称的,$t_{a_3}-t_{a_2}=t_{a_1}-0=t_{a_1}$,图 3.3(b)的加速度曲线下包含的面积可等效为一个矩形面积,该矩形的幅值为 a_m、时间宽度从 0 时刻开始持续到 t_{a_2} 时刻。则

$$v_\mathrm{m} = \int_0^{t_{a_2}} a(\tau)\mathrm{d}\tau = a_\mathrm{m}t_{a_2} \quad (3.30)$$

由式(3.30)可求得

$$t_{a_2} = v_\mathrm{m}/a_\mathrm{m} \quad (3.31)$$

把 t_{a_1}、t_{a_2} 和 v_1 的式(3.17)、式(3.31)和式(3.18)代入式(3.22)、式(3.23)和式(3.28),把 v_2、H_2 和 H_3 用 a_m、ρ_m 和 v_m 表示,那么

$$v_2 = \frac{2v_\mathrm{m}\rho_\mathrm{m} - a_\mathrm{m}^2}{2\rho_\mathrm{m}} \quad (3.32)$$

$$H_2 = \frac{v_\mathrm{m}(v_\mathrm{m}\rho_\mathrm{m} - a_\mathrm{m}^2)}{2a_\mathrm{m}\rho_\mathrm{m}} \quad (3.33)$$

$$H_3 = \frac{6v_\mathrm{m}a_\mathrm{m}\rho_\mathrm{m} - a_\mathrm{m}^3}{6\rho_\mathrm{m}^2} \quad (3.34)$$

进一步,可求得电梯在 $0 \sim t_{a_3}$ 时刻的启动加速阶段的运行距离为

$$H_a = H_1 + H_2 + H_3 = \frac{a_\mathrm{m}^3}{6\rho_\mathrm{m}^2} + \frac{v_\mathrm{m}(v_\mathrm{m}\rho_\mathrm{m}-a_\mathrm{m}^2)}{2a_\mathrm{m}\rho_\mathrm{m}} + \frac{6v_\mathrm{m}a_\mathrm{m}\rho_\mathrm{m}-a_\mathrm{m}^3}{6\rho_\mathrm{m}^2} = \frac{a_\mathrm{m}^2 v_\mathrm{m} + \rho_\mathrm{m}v_\mathrm{m}^2}{2a_\mathrm{m}\rho_\mathrm{m}}$$

$$(3.35)$$

电梯加速过程的运行时间为

$$t_a = t_{a_3} = 2t_{a_1} + \frac{v_2-v_1}{a_\mathrm{m}} = \frac{2a_\mathrm{m}}{\rho_\mathrm{m}} + \frac{1}{a_\mathrm{m}}\left(v_\mathrm{m}-\frac{a_\mathrm{m}^2}{\rho_\mathrm{m}}\right) = \frac{2a_\mathrm{m}}{\rho_\mathrm{m}} + \frac{v_\mathrm{m}}{a_\mathrm{m}} - \frac{a_\mathrm{m}}{\rho_\mathrm{m}} = \frac{a_\mathrm{m}}{\rho_\mathrm{m}} + \frac{v_\mathrm{m}}{a_\mathrm{m}}$$

$$(3.36)$$

设电梯总的运行距离为 H,在最大速度 v_m、最大加速度 a_m 和加速度变化率 ρ_m 均一定时,可以求得总时间 T 为

$$T = 2t_a + \frac{H-2H_a}{v_\mathrm{m}} \quad (3.37)$$

将式(3.35)和式(3.36)代入式(3.37),经整理后得到

$$T = 2\left(\frac{a_\mathrm{m}}{\rho_\mathrm{m}} + \frac{v_\mathrm{m}}{a_\mathrm{m}}\right) + \frac{1}{v_\mathrm{m}}\left(H - \frac{a_\mathrm{m}^2 v_\mathrm{m} + \rho_\mathrm{m}v_\mathrm{m}^2}{a_\mathrm{m}\rho_\mathrm{m}}\right) = \frac{a_\mathrm{m}}{\rho_\mathrm{m}} + \frac{v_\mathrm{m}}{a_\mathrm{m}} + \frac{H}{v_\mathrm{m}} \quad (3.38)$$

式(3.38)表明,电梯以抛物线—直线形速度曲线作为给定速度曲线运行时,当运行距离 H、最大运行速度 v_m、最大加速度 a_m 和加速度变化率 ρ_m 一定时,加速度变化率 ρ_m 越大,则运行时间 T 就越小,在一定范围内增加最大加速度 a_m,也会使运行时间 T 减小;而且 v_m 越大,则 a_m 对 T 的影响越大。因此,对于高速电梯,适当增加 a_m 和 ρ_m 值,对高速运行效率有利。但是必须考虑满足舒适感的要求,因此,在电梯运行时,a_m 和 ρ_m 不应超过规定的最大极限值。

3.1.4 抛物线速度曲线

抛物线速度曲线如图 3.4 所示,它是理想的运行速度曲线。由式(3.33)可知,当 $v_m\rho_m = a_m^2$ 时,电梯以抛物线—直线速度曲线运行时,匀加速段的运行距离 $H_2 = 0$,于是,在图 3.3 中,t_{a_1} 与 t_{a_2} 重合成一点,此时,速度给定曲线由抛物线—直线转变为抛物线,加速度曲线也由梯形变为三角形,如图 3.4 所示。

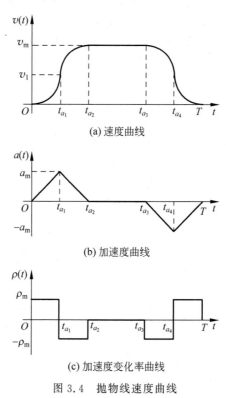

(a) 速度曲线

(b) 加速度曲线

(c) 加速度变化率曲线

图 3.4　抛物线速度曲线

对于抛物线速度曲线,当最大速度 v_m 值较大时,其加速度最大值 a_m 也必然增大。为了改善乘坐舒适感,最大加速度 a_m 值不能大于允许的极限值,而要满足 $v_m\rho_m = a_m^2$,ρ_m 值需要减小。这样,启动加速运行时间 t_a ($t_a = 2t_{a_1} = 2a_m/\rho_m$) 必然延长。抛物线速度曲线克服了梯形速度曲线的缺点,光滑度好,无拐点,改善了电梯运行的舒适感,但在高速和超高速电梯的运行中,启动、制动速度曲线仅为抛物线会使运行效率太低。

在 v_m 和 ρ_m 均为一定的情况下,为了改善乘坐舒适感,需要减小 a_m 值,由式(3.33)可知,此时有 $v_m\rho_m > a_m^2$,$H_2 \neq 0$,即是抛物线—直线速度曲线。虽然直线段运行时间有所延长,但抛物线段运行时间却有所减少,所以被设定的启动加速运行时间 t_a 基本不受影响。说明抛物线—直线速度曲线既能满足乘坐舒适感要求,又不影响运行效率,相比之下,抛物线—直线速度曲线更为理想。

3.1.5 正弦速度曲线

如果加速度按正弦规律变化,则所得到的运行速度曲线就是正弦速度曲线,如图 3.5 所示。电梯首先以正弦规律变化的加速度启动,在 t_{a_1} 时刻,电梯运行速度达到 v_1,然后以匀加速方式运行,到 t_{a_2} 时刻,电梯的运行速度达到 v_2,然后以变减速的方式使加速度以正弦规律逐渐减小,到 t_{a_3} 时刻,加速度减为 0,其运行速度达到 v_m,从此刻开始,电梯匀速运行。在 t_{a_4} 时刻,电梯运行进入减速阶段,减速过程与加速过程顺序相反。

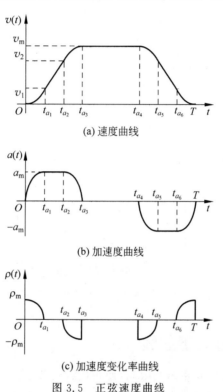

(a) 速度曲线

(b) 加速度曲线

(c) 加速度变化率曲线

图 3.5 正弦速度曲线

式(3.39)是电梯运行正弦给定曲线的表达式,其中,ω 为正弦速度曲线的角频率,A 为正弦函数的幅值,设加减速期间速度运行曲线取自正弦函数曲线的某一段,加速过程和减速过程是对称的,α_0、α_1、α_2、α_3 为所选区间的初始角。正弦速度曲线的表达式为

$$v(t)=\begin{cases} \{A[1-\cos(\omega t+\alpha_0)]\} & 0\leqslant t<t_{a_1} \\ v_1+a_m(t-t_{a_1}) & t_{a_1}\leqslant t<t_{a_2} \\ A\{1-\cos[\omega(t-t_{a_2})+\alpha_1]\} & t_{a_2}\leqslant t<t_{a_3} \\ v_m & t_{a_3}\leqslant t<t_{a_4} \\ A\{1-\cos[\omega(t-t_{a_4})+\alpha_2]\} & t_{a_4}\leqslant t<t_{a_5} \\ v_2-a_m(t-t_{a_5}) & t_{a_5}\leqslant t<t_{a_6} \\ A\{1-\cos[\omega(t-t_{a_6})+\alpha_3]\} & t_{a_6}\leqslant t<T \end{cases} \quad (3.39)$$

其中 $v_1 = A[1 - \cos(\omega t_{a_1} + \alpha_0)]$，$v_2 = v_1 + a_m(t_{a_2} - t_{a_1})$，$v_m = A[1 - \cos(\omega t_{a_2} + \alpha_1)]$。
它的加速度表示式为

$$a(t) = \frac{\mathrm{d}v(t)}{\mathrm{d}t} = \begin{cases} \omega A \sin(\omega t + \alpha_0) & 0 \leqslant t < t_{a_1} \\ a_m & t_{a_1} \leqslant t < t_{a_2} \\ \omega A \sin[\omega(t - t_{a_2}) + \alpha_1] & t_{a_2} \leqslant t < t_{a_3} \\ 0 & t_{a_3} \leqslant t < t_{a_4} \\ \omega A \sin[\omega(t - t_{a_3}) + \alpha_2] & t_{a_4} \leqslant t < t_{a_5} \\ -a_m & t_{a_5} \leqslant t < t_{a_6} \\ \omega A \sin[\omega(t - t_{a_6}) + \alpha_3] & t_{a_6} \leqslant t < T \end{cases} \tag{3.40}$$

它的加速度变化率表示式为

$$\rho(t) = \frac{\mathrm{d}a(t)}{\mathrm{d}t} = \begin{cases} \omega^2 A \cos(\omega t + \alpha_0) & 0 \leqslant t < t_{a_1} \\ 0 & t_{a_1} \leqslant t < t_{a_2} \\ \omega^2 A \cos[\omega(t - t_{a_2}) + \alpha_1] & t_{a_2} \leqslant t < t_{a_3} \\ 0 & t_{a_3} \leqslant t < t_{a_4} \\ \omega^2 A \cos[\omega(t - t_{a_3}) + \alpha_2] & t_{a_4} \leqslant t < t_{a_5} \\ 0 & t_{a_5} \leqslant t < t_{a_6} \\ \omega^2 A \cos[\omega(t - t_{a_3}) + \alpha_3] & t_{a_6} \leqslant t < T \end{cases} \tag{3.41}$$

在变加速运行段，加速度变化率 $\rho(t)$ 不再是恒定值，使乘坐舒适感得到改善。正弦速度曲线也是一种理想速度给定曲线。读者可以根据正弦速度曲线计算出各个时段的运行距离。

3.1.6　电梯的分速度曲线

在电梯运行时，由于楼层间距离的限制，使得电梯还没到达稳定运行的额定速度，就要减速准备停靠，这种运行方式被称为分速度运行。例如，在许多高层建筑中安装的高速和超高速电梯，在两层站间电梯的运行达不到额定速度而出现以分速度运行的情况，这时电梯仅处于启动和制动运行状态。下面以抛物线—直线运行速度曲线来说明电梯的分速度运行原理。

图 3.6 为一种高速电梯的分速度运行曲线。根据设定的最大加速度 a_m、加速度变化率 ρ_m 以及停靠楼层间运行距离 H 可以判断分速度运动启动、制动速度曲线是抛物线—直线、抛物线还是不完全抛物线。

如图 3.6 所示，分速度运行的启动、制动速度曲线为抛物线—直线。在加速阶段，$0 \sim t_{a_1}$ 期间为变加速抛物线段、$t_{a_1} \sim t_{a_2}'$ 期间为匀加速直线段、$t_{a_2}' \sim t_a'$ 期间为变减速的抛物线段。这段匀加速直线段的长度在最大加速度 a_m 和加速度变化率 ρ_m 为确定值的情况下，与分速度运行时不同的最大速度 v_m' 对应。设分速度运行的总运行时间为 T'，在 $0 \sim t_a'$ 加速运行期间，其加速度曲线为等腰梯形（见图 3.3），等腰梯形包含的面积即为分速度最大运行速度，因此

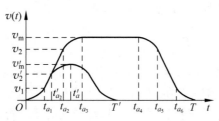

图 3.6　电梯的分速度运行曲线

$$v'_m = \frac{1}{2}\rho_m t_{a_1}^2 + a_m(t'_{a_2} - t_{a_1}) + \frac{1}{2}\rho_m(t'_a - t'_{a_2})^2$$
$$= \frac{1}{2}\rho_m t_{a_1}^2 + a_m(t'_{a_2} - t_{a_1}) + \frac{1}{2}\rho_m t_{a_1}^2 = \rho_m t_{a_1}^2 + a_m(t'_{a_2} - t_{a_1}) \tag{3.42}$$

由于 $t_{a_1} = \dfrac{a_m}{\rho_m}$，$t'_{a_2} = t'_a - (t'_a - t'_{a_2}) = t'_a - t_{a_1} = \dfrac{T'}{2} - t_{a_1}$，因此

$$v'_m = \frac{a_m}{2}T' - \frac{a_m^2}{\rho_m} \tag{3.43}$$

由式(3.35)和式(3.43)可求出分速度运行的距离为：

$$H'_a = \frac{a_m v'_m}{\rho_m} + \frac{(v'_m)^2}{a_m} = \frac{a_m}{4}T'^2 - \frac{a_m^2}{2\rho_m}T' \tag{3.44}$$

由式(3.44)可求出分速度运行的总时间为

$$T' = \frac{a_m}{\rho_m}\left(1 \pm \sqrt{1 + \frac{4\rho_m^2}{a_m^3}H'_a}\right) \tag{3.45}$$

如果分速度运行启动、制动的速度曲线为抛物线形，那么在图 3.6 中，t'_{a_2} 和 t_{a_1} 重合，没有匀加速的线段，这种情况下，t_{a_1} 时刻的速度为

$$v_1 = \frac{1}{2}\rho_m t_1^2 = \frac{1}{2}\frac{a_m^2}{\rho_m} \tag{3.46}$$

最大的运行速度为

$$v''_m = 2v_1 = \frac{a_m^2}{\rho_m} \tag{3.47}$$

由式(3.34)和式(3.36)可以求得这种情况下电梯的启动加速运行距离为

$$H''_a = H_1 + H_2 = \frac{a_m^3}{6\rho_m^2} + \frac{6a_m\rho_m v''_m - a_m^3}{6\rho_m^2} = \frac{a_m v''_m}{\rho_m} = \frac{a_m^3}{\rho_m^2} \tag{3.48}$$

起动、停止的总距离为

$$H'' = 2H''_a = \frac{2a_m^3}{\rho_m^2} \tag{3.49}$$

由式(3.49)可求出最大加速度为

$$a_m = \sqrt[3]{\frac{H''\rho_m^2}{2}} \tag{3.50}$$

把式(3.50)代入式(3.47)，则最大运行速度 v_m 为

$$v_m = \sqrt[3]{\frac{H''^2\rho_m}{4}} \tag{3.51}$$

进一步可求得电梯启动加速、制动减速的总时间为

$$T'' = 4t_{a_1} = 4\,\frac{a_m}{\rho_m} = \sqrt[3]{\frac{32H''}{\rho_m}} \tag{3.52}$$

电梯以抛物线—直线速度曲线运行时，在正常启动加速、制动减速过程中的运行距离是启动加速过程的 2 倍，因此，在最大加速度 a_m 和额定运行速度 v_m 已知时，由式(3.35)的加速过程距离公式可以求得电梯正常启动加速、制动减速的运行距离为

$$H' = 2H_a = \frac{a_m^2 v_m + \rho_m v_m^2}{a_m \rho_m} \tag{3.53}$$

设电梯实际运行的层站间的距离 S，如果 S 小于它的正常启动加速、制动减速的运行距离 H' 时，电梯处于分速度运行状态。

此时，如果实际运行距离介于抛物线速度曲线距离和正常启动加速、制动减速的运行距离之间，即 $H'' < S < H'$ 时，则电梯以抛物线—直线速度曲线方式运行。

如果实际运行距离与以抛物线速度曲线运行的距离相等，即 $S = H''$，则电梯以抛物线速度曲线方式运行。

如果实际运行距离比以抛物线速度曲线运行的距离短，即 $S < H''$，则电梯以不完全抛物线速度曲线方式运行。

读者可以按照本节的计算公式，根据电梯实际运行的层站间的距离，确定其速度运行曲线，如图 3.7 所示，求出各种运行状态下的最大运行速度和运行时间。

对于中速和快速电梯，当判断为分速度运行时，常根据另一种抛物线—直线分速度运行速度给出曲线，如图 3.8 所示，通常以 1/2～2/3 额定速度的中速作为单层分速运行速度。

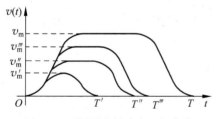

图 3.7　不同距离的速度运行曲线

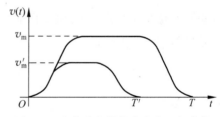

图 3.8　中高速电梯的分速度运行曲线

3.2　电梯拖动系统的分类

电梯的拖动系统为轿厢的上下运动提供动力。电梯在运行过程中是根据给定的速度曲线运行的，由控制系统控制调速过程，调速过程一般遵循着速度曲线，实现电梯的启动加速、匀速运行和制动减速。拖动系统的优劣直接影响电梯的启动、制动加减速度、平层精度、乘坐的舒适感等指标。

电梯的电力拖动系统按照电源形式可分为直流和交流拖动系统两大类。

直流电梯拖动系统通常分为两种：一种是用发电机组构成的晶闸管励磁的发电机—电动机驱动系统，它通过调节发电机的励磁来改变直流电动机的输入电压，以此调节电动机的转速。这种直流电梯拖动系统结构复杂、耗电量大、维修麻烦、效率很低，已被淘汰。另一种是晶闸管直接供电的晶闸管—电动机系统，采用晶闸管把交流电直接整流、滤波、稳压，变成

可控的直流电供给直流电机,以此调节电动机的转速。这种直流电梯拖动系统省去了发电机组,结构紧凑,但需要大功率半导体器件的支持。

直流电梯具有调速性能好、调速范围大的特点,因此,电梯具有速度平稳、启动和制动控制容易实现、平层准确度高、舒适感好等优点。多用于速度较高的电梯。

交流拖动系统可分为三种:交流变极调速系统、交流变压(AC Variable Voltage,ACVV)调速系统和变频变压(Variable Voltage Variable Frequency,VVVF)调速系统。

交流变极调速系统驱动方式采用交流双速异步电动机,由于电动机的转速与它的极对数成反比,因此,只要改变电动机定子绕组的极对数就可改变电动机的同步转速。交流双速异步电动机本身具有快速和慢速两组绕组。启动时用快速绕组进行降压启动,到站平层时由快速绕组切换到慢速绕组限流限速制动,平层精度靠制动器的抱闸松紧来控制。这种系统大多采用开环方式控制,线路比较简单,成本低廉,维修方便,但电梯的舒适感和平层精度不佳,一般用于 1.0m/s 以下的低速电梯。

ACVV 驱动方式采用晶闸管闭环调速方式,它的制动可采用涡流制动、能耗制动、反接制动方式。ACVV 电梯的优点是电梯在加速、匀速和减速过程中能够保持高动力参数。这种驱动方式的电梯乘坐舒适感好,平层精度高,明显优于交流双速拖动系统。交流变压调速系统有三种形式,第一种是电梯运行全过程的调压调速,第二种是电梯的启动过程和制动过程实现自动调速,第三种是只在制动过程实现自动调速。

VVVF 驱动方式采用交流异步电动机提供动力。变频调速通过改变异步电动机供电电源频率来调节电动机的同步转速。变频变压调速是调节电机的供电电压和供电频率来线性地调节电机的输出转速,将交流电动机转速运行曲线的线性段区域扩大。由于系统采用高精度光电编码器和全数字化控制技术,使电梯平层精度达到毫米级,并能保证电动机零速抱闸,所以该电梯乘坐舒适感非常好。另外,系统可采用多台微处理机对电梯的运行进行控制和管理,实现智能化。VVVF 控制的电梯具有高速高性能、运行效率高、节约电能、舒适感好、平层精度高、运行噪声小、安全可靠、维修方便等优点,目前广泛应用在电梯中。

3.3 直流拖动系统

直流电动机调速性能好、调速范围宽,因此很早就被用于电梯上。在 20 世纪 80 年代之前,即交流变频调速在工业中应用之前的 100 多年里,高性能的调速系统几乎为直流调速所垄断。直流电梯具有速度快、舒适感好,平层准确度高的特点,但是同时存在机组结构体积大、耗电大、维护工作量较大、造价高等缺点。

3.3.1 直流拖动系统的调速方法

由图 3.9 可列出直流电梯拖动系统电动机的电势平衡方程式:

$$E_a = U_a - I_a(R_a + R_t) \tag{3.54}$$

$$E_a = C_e \phi n \tag{3.55}$$

式(3.54)和式(3.55)中,E_a 为电动机感应电动势,U_a 为电枢外加电压,I_a 为电枢电流,R_a 为电枢电阻,R_t 为调整电阻,n 为转速,C_e 为电势常数,ϕ 为励磁磁通。则直流电动机的转速为

$$n = \frac{U_a - I_a(R_a + R_t)}{C_e \phi} \tag{3.56}$$

从式(3.56)可以看出,直流电动机的实际转速是与电压、电流、回路总电阻、励磁磁通量等因素有关的,并且与电压成正比,与励磁磁通成反比。因此,为了获得直流电动机的转速变化,一般采用的方法有:

(1) 改变端电压 U_a；

(2) 调节调整电阻 R_t；

(3) 改变励磁磁通 ϕ。

但是,通常很少采用改变电动机励磁磁通量的方法。

在保持电动机励磁磁通量不变的情况下,改变电枢两端的电压 U_a 是较为理想的方法。因为对于直流电机来说,在保持电动机励磁磁通量不变的情况下,不同电压时的特性曲线是平行的,如图 3.10 所示,即所谓"特性硬度"不变,也就是说,在同一电压下,负载变化时,其转速变化不大。在不同电压下,其转速变化量始终保持不变,因此在直流快速电梯中就用这种方法来调节电梯的速度。

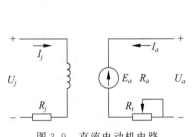

图 3.9　直流电动机电路

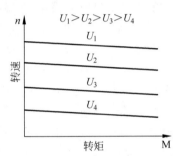

图 3.10　直流电动机机械特性

直流电梯中,基本上都是采用调节电枢端电压的方法实现调速的,按照直流电源的获取方式可以将直流电梯拖动系统分为两类:晶闸管励磁的发电机—电动机的拖动系统和晶闸管直接供电的晶闸管—电动机系统。

晶闸管励磁的发电机—电动机的拖动系统如图 3.11 所示,利用调整直流电动机两端电压 U_a 的方法进行调速,即通过晶闸管整流电路调节发电机的励磁改变发电机的输出电压进行调速,所以称为晶闸管励磁系统。

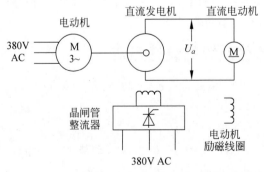

图 3.11　晶闸管励磁的发电机—电动机的拖动系统

晶闸管直接供电的晶闸管—电动机系统如图 3.12 所示,同样是利用调整电动机端电压 U_a 的方法进行调速,它采用三相晶闸管整流器,把交流变为可控直流,供给直流电动机的调速系统,省去了发电机组,因此降低了造价,并使结构更加紧凑。

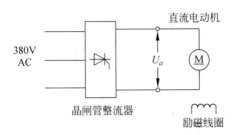

图 3.12　晶闸管直接供电的晶闸管—电动机系统

3.3.2　电梯的直流拖动系统原理

1. 直流发电机—电动机拖动系统

图 3.13 是传统的开环控制直流快速电梯拖动系统原理图。它是由三相交流电动机带动同轴相连的直流发电机,通过调节直流发电机磁场绕组的励磁电流,使得发电机输出可以变化的直流电压给直流电动机,直流电动机再通过蜗轮减速箱带动电梯上下运行。当发电机输出电压逐渐升高时,直流电动机的转速也将逐渐升高,这样使得电梯的速度也从静止逐渐起动、加速到额定速度值。

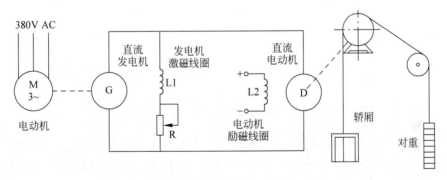

图 3.13　开环控制直流快速电梯拖动系统原理图

由于直流发电机的电压可以任意调节,不仅可以提供电梯按额定速度所需的电压值,而且也可以获得电梯平层时较低速度所需的电压值,这两个电压值之比,也就是直流电动机的高低转速之比,通常称为直流电动机的调速范围

$$D = \frac{n_1}{n_2} \tag{3.57}$$

式中,n_1 为电梯额定转速(高速),n_2 为电梯平层停车时的转速(低速)。

对于一般直流发电机—电动机系统,调速范围 D 约为 10 或大于 10,直流快速电梯的运行性能虽然比交流电梯好,但当负荷或其他因素发生变化时,不能把变化的转速信号反馈到控制输入端,从而导致对由于载荷变化而引起的速度变化不能进行有效控制,使电梯的使用效率及其停层精度均将难以控制。所以现在这种传统的开环直流电梯已被闭环的、由静止元件供电的直流快速电梯取代。

2. 晶闸管励磁的发电机—电动机拖动系统

图 3.14 是一种快速直流电梯速度调节系统原理图。系统中有给定的信号(亦称指令信号),一般是典型的串联型稳压电源。给定电源经分压电阻后给出的是阶跃信号,再经积分转换变成了软化处理后圆滑的梯形信号。测速发电机可以取得与电梯速度成正比的电压信号。速度给定信号与测速机电压比较后得到的误差信号,加到具有比例积分的速度调节器进行放大调节。要求调节环节的响应过程既快又稳,不能引起响应信号的振荡,然后输出加到反并联的两组触发器上,使两组触发器同时得到两个符号相反、大小相等的控制信号,控制两组触发器的输出脉冲同时向相反方向做相等角度的移动,用以控制晶闸管整流器的输出电压的大小和极性。晶闸管整流器的输出电压控制直流发电机的励磁磁通,使发电机电枢输出电压随之变化,电机转速随发电机输出电压而变化,最终使速度跟随给定的速度曲线变化,达到速度自动调节的目的。

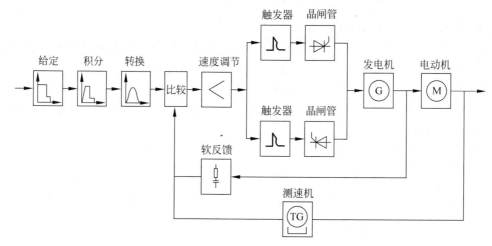

图 3.14　快速直流电梯速度调节系统原理图

在该系统中,当转换器输出一个正电压时,与测速发电机电压比较后,加给速度调节器一个正的速度误差信号,速度调节器输出一个负电压,使正向组触发器的输出脉冲前移,正向组晶闸管整流组工作在整流状态。与此同时,反向组触发器的输出脉冲后移,反向组晶闸管整流器工作在待逆变状态。结果供给发电机正的励磁电流使其输出正电压,电动机正转,电梯上升运行。反之,则电动机反转,电梯下行。

图 3.15 为高速电梯速度自动调节系统原理图。与快速梯相比较增加了电流调节器、电流检测、预负载信号和电平检测等环节。电流调节器可以提高系统的动态品质,使电梯启动、制动过程中主回路电流的丰满度较好。另外,在调节器的同相输入端还加进了轿厢的预负载信号(此信号可由称量装置检测得到,并把重量信号转换成电信号,以反映轿厢内的重量),使主回路产生一个预负载力矩,以避免抱闸打开的瞬间产生溜车的现象。

3. 晶闸管直接供电的直流拖动系统

图 3.16 是一种由晶闸管直接供电的直流快速电梯拖动系统原理图,它主要由两组晶闸管取代了传统驱动系统中的直流发电机组。两组晶闸管可以进行相位控制,或处于整流或处于逆变状态。当控制电路对给定的速度指令信号与速度反馈信号、电流反馈信号进行比

较运算后,就决定了两组晶闸管整流装置中哪一组应该投入运行,并根据运算结果,控制晶闸管整流装置的输出电压,即曳引电动机的电枢电压,使电梯跟随速度指令信号运行。

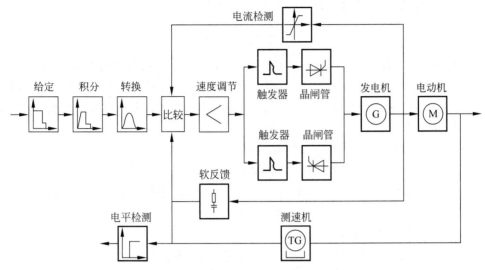

图 3.15 高速电梯速度自动调节系统原理图

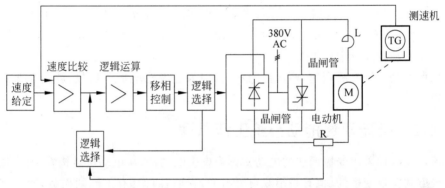

图 3.16 晶闸管供电的直流高速电梯的拖动系统的原理图

常用的晶闸管整流电路是将电源变压器接成三角形——星形,副边有中心抽头。正反向晶闸管分别把电源变压器三相的正半波或负半波换成直流电,正向或反向加于直流电动机的电枢端,使电动机正转或反转。而电枢端电压的大小变化,则由控制晶闸管的脉冲相位移动所决定。

3.4 交流双速拖动系统

交流电动机具有结构紧凑、维护简单的特点。交流双速拖动系统采用开环方式控制,结构和技术简单,价格较低,因此目前这种拖动方式在电梯中仍有使用。但这类电梯运行舒适度较差,额定速度一般在 $1.0\mathrm{m/s}$ 以下。交流双速拖动系统交流电动机的调速方法主要是通过改变极对数而得到不同的速度。

3.4.1　交流双速电梯调速原理

由电机学原理可知,交流感应电动机的转速公式如下:

$$n = \frac{60f}{p}(1-s) \tag{3.58}$$

式中,n 为交流感应电动机的转速,f 为交流感应电动机定子的供电电源频率,p 为交流感应电动机定子的极对数,s 为转差率。由式(3.58)可知,交流异步电动机的转速是与其极对数成反比的。改变电动机的极对数就可以改变电动机的转速,因此,改变电动机的极对数是最简单的变速方法。

电梯用的交流电动机有单速、双速及三速。

单速交流电动机仅用于速度较低的杂物梯。

双速交流电动机定子的绕组一般为 4/16 极、6/24 极,少数也有 4/24 极或 6/36 极;极数少的绕组称为快速绕组,极数多的绕组称为慢速绕组。

三速电动机的磁场极数一般有两种。

(1) 6/8/24 极。它比双速电动机多一组 8 极绕组(同步转速为 750r/min),这一绕组主要用于电梯在制动减速时的附加制动绕组,使减速开始的瞬间具有较好的舒适感,有了 8 极绕组就可以不用在减速时串入附加的电阻或电抗器。

(2) 6/4/18 极。6 极绕组作为启动绕组以限制启动电流,使启动电流小于 2.5 倍额定电流,待电动机转速达到 650r/min 时自动切换到 4 极绕组,4 极绕组用于正常稳速运行,18 极绕组用于制动减速和平层停车。

变极调速是一种有级调速,调速范围不大,因为过大地增加电极数,就会显著地增大电机的外形尺寸。

3.4.2　交流双速拖动系统工作原理

交流双速电梯采用变极调速的电动机作为曳引电动机,从电动机结构看,有采用单绕组改变接线方式实现变极的,也有采用双组绕组的,它们各自具有不同的极数,通过接通不同的绕组来实现不同的转速。

在电梯控制线路中,快速绕组用于启动。启动时为了减小(限制)启动电流,减小电网电压的波动以及启动时的加速度,改善启动舒适感并防止机械冲击,一般在定子绕组中串入电阻或电抗进行启动,通过减小串联在快速绕组中的电阻或电抗、最后短路该电阻或电抗而使电动机达到额定速度。

慢速绕组用于低速运行,当电梯减速时,切断快速绕组电源,同时给慢速绕组供电。为了防止减速时制动电流和减速度冲击过大,通常在慢速绕组中也串入电阻或电抗。在减速时逐级短接电阻或电抗。

图 3.17 是交流双速电梯的拖动系统的结构原理图。图 3.17 中的三相交流感应电动机定子内共有两个不同极对数的绕组:6 极和 24 极。快速绕组(6 极)用作启动和稳速,而慢速绕组(24 极)用作制动减速和慢速平层停车。另外,图 3.17 中电路采用一级串电抗启动,二级串电抗电阻减速。电梯启动时,上行或下行接触器 KMS 和 KMX 主触点吸合,同时,快速接触器 KKC 主触点吸合,串入电抗 LH1,电动机降压启动,经一段时间后接触器 KM1 吸

合,短接电抗 LH1,电动机转入自然特性运转,电梯以额定速度运行。电梯减速制动时,快速接触器 KKC 主触点释放,慢速接触器 KMC 主触点吸合。电动机慢速绕组首先串入电抗 LH2 和电阻 R2 运行,延时一段时间后,KM2 吸合,短接电阻 R2,电动机仅串入电抗 LH2 运行,再延时一段时间,使 KM3 主触点吸合,短接电抗 LH2,电动机在慢速自然特性上运行,直至上行接触器 KMS 或下行接触器 KMX 释放,电动机停止运转。

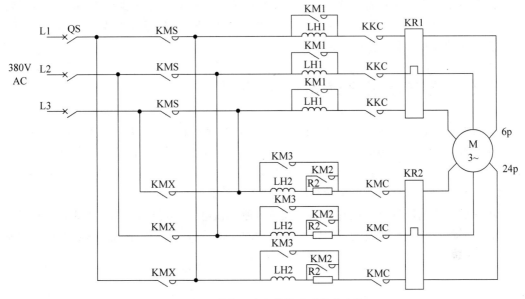

图 3.17 交流双速电梯拖动系统主电路

交流双速电梯运行时的速度曲线如图 3.18 所示。在电梯控制线路中,快速绕组用于启动,电梯启动过程为抛物线—直线形速度曲线。首先,在 $0 \sim t_{a_1}$ 时间段,在电动机定子绕组中串入电阻、电抗或电阻和电抗组合,进行降压启动。启动时在快速绕组中串接电抗(电阻、感抗、电抗等),可以限制启动电流、减小电网电压的波动并减小启动时的加

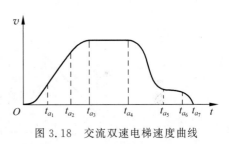

图 3.18 交流双速电梯速度曲线

速度,改善乘坐的舒适感和防止机械冲击。由于电动机的转速不能突变,因此,在 t_{a_1} 之后,电梯保持一段匀加速运动以提高运行效率;随着电动机转速升高,逐级短接切除电阻或电抗,使电梯逐步加速,如图 3.18 中 $t_{a_2} \sim t_{a_3}$ 时间段,一段时间后,到 t_{a_3} 时刻,电动机达到了额定转速,电梯从此进入匀速运行阶段。在启动过程中常采用一级或两级切除电阻、电抗。

慢速绕组用于低速运行,当电梯减速时,先通过快速绕组进行反向加速度比较大的减速,如图 3.18 中 $t_{a_4} \sim t_{a_5}$ 时间段;随着电动机转速降低,电动机由快速绕组转换到慢速绕组,为了限制其制动电流及减速速度,防止冲击过大,通常也在慢速绕组中串入电阻或电抗,逐级短接切除电阻、电抗,电梯进入低速运行段,如图 3.18 中 $t_{a_5} \sim t_{a_6}$ 时间段;电梯继续做减速运动,准确停靠,同时提高了舒适度,如图 3.18 中 $t_{a_6} \sim t_{a_7}$ 时间段。

通过调整串接电阻或电抗的大小,以及控制逐级切除电阻或电抗的时间,改变其加速度和减速度,以满足加减速度和舒适感的要求。

　　交流双速电梯的特点是,在停车前有一个短时间的低速运行,这是为了提高平层精确度而设置的,因为在双速电梯中不采用速度闭环控制,如果由高速直接停梯,轿厢就将冲过一段较大的距离,而这段距离又因电梯的负载情况、运行方向等原因差距很大,例如重载上升(或轻载下降)时冲过的距离相对较小,而重载下降(或轻载上升)时冲过的距离较大,这样会造成平层准确度较差,设置一个低速运行段后,停梯前的运行速度大约是额定速度的 1/4,而运动部分的动能与速度的二次方成正比,速度减少到 1/4,动能减少到 1/16,这时再抱闸停车,轿厢冲过的距离将大大减小,在电梯重载上升、轻载下降、重载下降、轻载上升等状况下的差别也将减小,可以保证需要的平层准确度。

3.5　交流调压调速拖动系统

　　交流调速电梯是指在启动加速、稳速运行和减速制动的三个阶段对交流感应曳引电动机进行速度自动调节控制的电梯。这种电梯由于对交流感应电动机在启动、制动过程(尤其是制动过程)进行了速度的自动调节控制,使得到的调速范围 D 值达到 20 以上,这种电梯的速度可超过 1m/s,最大速度可达 5m/s。广泛用于中速运行的电梯。

　　电梯的交流调压调速系统有三种形式:一种是在电梯运行全过程中的调压调速,另一种是在电梯的启动过程和制动过程中实现自动调速,第三种是只在制动过程实现自动调速,如图 3.19 所示。

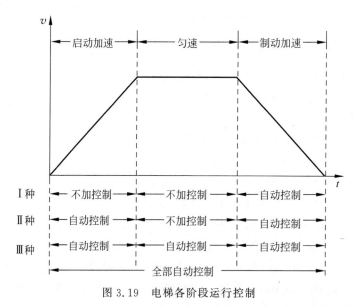

图 3.19　电梯各阶段运行控制

　　不管哪种控制形式的交流调速系统,其制动过程总是要加以控制的。而就其制动过程的控制而言,其制动原理有能耗制动、涡流制动、反接制动等,不论采用哪一种制动原理,其制动原则均按距离(或模拟按距离)制动,直接停靠层楼平面,因此,电梯的平层精确度较高。由于无低速爬行时间,从而大大缩短了电梯的运行时间,提高了电梯的输送能力。

3.5.1　电梯运行全过程的调压调速原理

图 3.20 所示的是电梯运行全过程的调压调速系统,系统的电动机采用单绕组单速交流异步电动机。电动机要求具有较硬的机械特性和恒力矩输出特性,使用晶闸管调压下的非正弦波调速和能耗制动。在图 3.20 中,系统按照基准时间产生完整的速度模型电压,即给定电压(包括启动加速、满速运行,减速制动),另一方面,电梯轿厢的实际速度由速度传感器检测获得,速度传感器一般与电动机同轴安装。速度控制装置将这两个电压进行比较,通过主放大器、触发器控制晶闸管的触发角,这些晶闸管与电梯电动机的主绕组串接,因而就可对电动机的端电压,即电动机转矩进行控制。

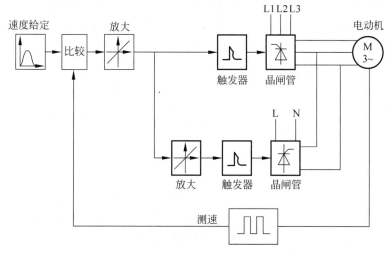

图 3.20　电梯运行全过程的调压调速系统

电梯载荷条件有两种类型:正载荷和负载荷。正载荷时,系统控制电动机产生驱动转矩,负载荷时,系统控制电动机产生动态制动转矩。当控制系统给出减速信号后,模型电压按基准时间下降,半波整流直流电连续流入电动机主绕组,以产生能耗制动,直到电机停止为止。

另外,交流双速电梯也可以用晶闸管取代启动、制动电阻和电抗,这样可以控制电动机的启动和制动电流,实现拖动系统的闭环控制,是交流调压调速的另一种形式。这种系统仍采用交流双速电动机,在系统中增加速度反馈装置,电梯运行中实时地检测其运行速度是否符合理想的速度曲线,可以改善交流双速电梯在运行过程中的舒适度。

3.5.2　对制动过程进行调速控制的交流调压调速电梯

按电梯的制动方式,交流调压调速电梯可分为能耗制动型、涡流制动型和反接制动型。

1. 能耗制动的交流调速电梯拖动系统

这种系统采用晶闸管调压调速,再加上直流能耗制动组成。能耗制动是为了使运转中的电动机按要求停止,在定子两相绕组中通以直流电流,在定子内形成一个固定磁场。当转子由于惯性仍在旋转时,其导体切割此磁场,在转子中产生感应电势及转子电流,使定子电流产生制动转矩。

交流双速电梯的最大缺点是舒适感较差,特别在1m/s的双速电梯上,减速舒适感差是一个尤为突出的问题,采用能耗制动可以较好地解决这个问题。这种系统采用开环启动、运行。而减速时断开交流电源,在定子绕组某两相中通入直流电,利用晶闸管控制电流的大小,同时将系统接成闭环,根据轿厢距离平层位置的距离及速度调节制动电流直至平层。其电路原理如图3.21所示,启动运行时KKC吸合,快速绕组通入三相交流电源,减速时KKC释放,KMC吸合,经晶闸管半控桥式整流线路,使电动机慢速绕组通入直流电进行能耗制动,调速系统原理图如图3.22所示。有轿内指令或厅外呼梯时,控制装置使主开关接触器接通,电动机运转,电梯开始运行。轿厢到达减速位置时,根据轿厢与平层位置的距离得出速度指令曲线,这种方式称为按位置控制。控制装置使速度指令开始工作。速度指令与测速机的反馈速度做比较后,按其差值,移相器触发晶闸管,调节能耗制动电流的大小,反馈速度越高,与指令的偏差越大,制动电流也越大。最后轿厢平稳地平层。速度零检测装置测得电梯速度为零时,控制装置将主电路接触器释放,断开电动机电源,同时制动器抱闸。

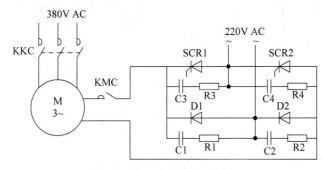

图 3.21　能耗制动原理电路

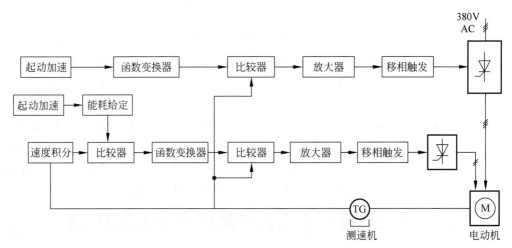

图 3.22　能耗制动交流调速系统原理

2. 涡流制动的交流调速电梯拖动系统

涡流制动器通常由电枢和定子两部分组成。电枢和异步电动机的转子相似,其结构可以是笼型,也可以是简单的实心转子。定子绕组是由直流励磁的。涡流制动器在电梯中使用时,或与电梯的主电机共为一体,或与电动机分离,但两者的转子是同轴相连的。因而它具有可调节制动转矩的特性。当电梯运行中需要减速时,则断开主电机电源,而给同轴的涡流制动器的定子绕组输入直流电源以产生一个直角坐标磁场。由于此时涡流制动器转子仍以电动机的转速旋转,并切割定子产生磁力线,这样在转子中产生与定子磁场相关的涡流电流,而这个涡流电流所产生的磁力线与定子的磁力线相互作用,产生一个与其转向相反的涡流制动转矩。按照给定的规律输给涡流制动器定子绕组直流电流,就可控制涡流制动器转矩的大小,从而也就控制了电梯的制动减速过程。

图 3.23 是一种利用涡流制动器控制的交流调速系统的原理图。该系统开环分级启动,开环稳定运行至减速位置时,由井道内每层的永磁体与轿厢顶上的双稳态开关相互作用而发出减速信号,一方面使曳引电动机撤除三相电源,另一方面给与电动机同轴的涡流制动器绕组输入可控的直流电流,使其产生相应的制动力矩,从而令电梯按距离制动减速直至停靠,准确停靠在所需的层站。

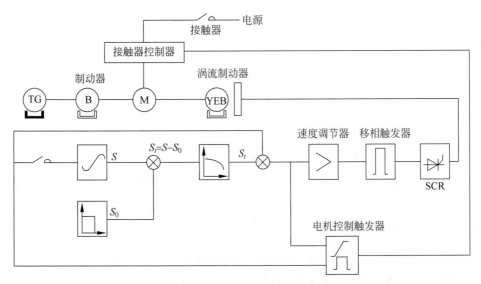

图 3.23 利用涡流制动控制的交流调速拖动系统原理

按距离制动减速的原理如下:根据不同电梯的额定速度,有一个事先设定的减速距离 S_0,则电梯瞬时距楼层平面处的距离 S 应为预定距离 S_0 减去正在进行的路程 S_1,即

$$S = S_0 - S_1 = S_0 - \int v(\tau)\mathrm{d}\tau \tag{3.59}$$

而现在需要的是速度量,因此将所得到的 S 进行均方根处理,即 $v=\sqrt{2aS}$,其中 a 为设定的平均减速度值。将这一瞬时速度量作为涡流制动器的给定量。随着距离 S 的减小,其制动强度也相应减小,直到准确停车为止。制动减速过程不仅随距离的减小而减弱,而且这一过程是转速反馈的闭环系统控制过程,从而可改善控制的质量和精度。

这种系统结构简单、可靠性高。由于控制是通过控制涡流制动器内的电流来实现的,因此,被控量只是一个电流。这样的控制不仅容易做到,而且其稳定性好。另外,在制动减速时电动机撤出电网,借涡流制动器把系统所具有的动能消耗在涡流制动器转子的发热上。因此电梯系统从电网获得的能量低于其他系统,一般减少 20% 左右。但由于是开环启动的,因此启动的舒适感不理想,其额定速度也只能限制在 2m/s 以下。

3. 反接制动的交流调速电梯拖动系统

反接制动也是电梯的一种制动调速方法。只要在一般交流双速感应电动机中，电梯在减速时，把定子绕组中的两相交叉改变其相序，使定子磁场的旋转方向发生改变，而转子的转向仍未改变，这样，电动机转子逆磁场旋转方向旋转，产生制动力矩，使转速逐渐降低，此时电动机以反相序运转于第Ⅱ象限。当转速下降到零时，需立即切断电动机电源，抱闸制动，否则电动机会自动反转。

图 3.24 是一种反接制动的交流调速电梯的拖动系统原理图。该系统的电动机仍可用交流双速感应电动机。起动加速至稳速以及制动减速均是闭环调压调速，且高低速分别控制。但在制动减速时，将慢速绕组接成与快速绕组相序相反的状态，使之产生制动转矩亦即反接制动。与此同时，快速绕组的转矩也在逐渐减弱，从而使电梯按距离制动并减速直至停靠。

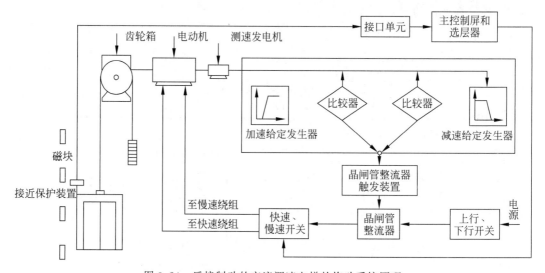

图 3.24　反接制动的交流调速电梯的拖动系统原理

这种系统是全闭环调压调速系统，运行性能良好。由于采用反接制动方式使电梯减速，因此，对电梯系统的惯性矩要求不高，不像前面的涡流制动或能耗制动系统那样，要求电梯有一定数量级的惯性矩，这样使得机械传动系统结构简单。另外在制动减速时，快速绕组不断开，而仅在慢速绕组上施加反相序电压（即反接制动），因此该系统的动能全部消耗在了电动机转子的发热上，能量消耗较前述几个系统都大，故电动机必须要有强迫风冷装置，这也是该系统的主要缺点。虽然这种反接制动的交流调速电梯有能耗大的不足，但其运行性能良好，较多地应用于额定速度不大于 2m/s 的电梯上。

3.6　交流变频调速电梯拖动系统

由于交流变频变压调速的技术日趋成熟和完善、故障率低、价格便宜，目前，交流变频变压调速已在电梯上普遍应用，它的各方面技术要求和性能指标均比交流双速和交流调压调速优越。

根据交流电动机的转速公式(3.58)可知，如果均匀改变交流感应电动机定子供电频率 f，则可平滑地改变电动机的转速。在许多场合，为了保持调速时电动机的最大转矩不变，需要维持磁通恒定,这时就要求定子供电电压做相应调整,因此,电动机的变频器一般都要求兼有调压和调频两种功能。变频变压调速(VVVF)就是通过改变交流感应电动机供电电源的频率而调节电动机的转速,使转速无级调节。这种变频变压调速方法的调速范围较大,是较合理的交流电动机调速方法。也就是说是通过改变施加于电动机进线端的电压和电源频率来调节电动机的转速的。使用变频器进行调速的电梯称为 VVVF 型电梯。

根据电梯曳引电动机的恒转矩负载要求,电梯的变频变压调速系统在变频调速时需保持电机的最大转矩不变,维持磁通恒定,这就要求定子绕组供电电压也要做相应的调节。因此,其电动机的供电电源的驱动系统应能同时改变电压和频率,即对电动机供电的变频器要求有调压和调频两种功能。

变频器一般采用的是交—直—交工作原理,即先将三相交流电源电压整流得到幅值可变的直流电压,然后经开关元器件(大功率晶体管或 IGBT)轮流切换导通,即可获得幅值和频率均可变化的交流输出电压,其幅值由整流器输出的直流电压所决定,其频率由逆变器的开关元件的切换频率所决定。为了提高电网的功率因数,一般采用带有脉宽调制(PWM)功能的逆变器来调频、调压。

图 3.25 是一个中、低速电梯驱动系统的结构原理图。其 VVVF 驱动控制部分由三个单元组成:第一单元是根据来自速度控制部分的转矩指令信号,对应供给电动机的电流进行运算,产生出电流指令运算信号;第二单元是将经数/模转换后的电流指令和实际流向电动机的电流进行比较,从而控制主回路转换器的 PWM 控制器;第三单元是将来自 PWM 控制部分的指令电流供给电动机的主回路控制部分。

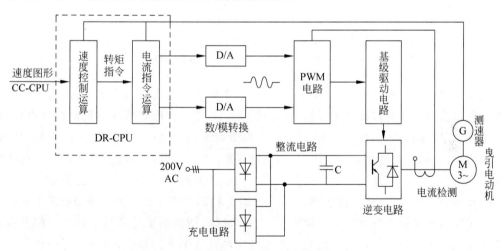

图 3.25　中、低速 VVVF 电梯拖动系统结构框图

主回路部分由下列部分构成。

(1) 将三相交流电变换成直流的整流器部分。

(2) 平滑直流电压的电解电容器。

(3) 电动机制动时,再生发电的处理装置以及将直流转变成交流的大功率逆变器部分。

当电梯减速时以及电梯在较重的负荷下(如空载上行或重载下行)运行时,电机将有再生电能返回逆变器,然后用电阻将其消耗,这就是电阻耗能式再生电处理装置。高速电梯的 VVVF 装置大多具有再生电返回装置,因为其再生能量较大,若用电阻消耗能量的办法来处理,势必将使再生电处理装置变得很庞大。

基极驱动电路的作用是放大来自正弦波 PWM 控制电路的脉冲列信号,再输送至逆变器的大功率晶体管的基极,使晶体管导通。另外,在减速再生控制时,先将主回路大电容的电压和充电回路输出电压与基极驱动电路比较,经信号放大,再来驱动再生回路中大功率晶体管的导通以及主回路部分的安全回路检测。

图 3.26 是一种高速电梯的 VVVF 控制装置原理图。三相交流电压被大功率晶体管 GTR 整流器及输入侧的交流电抗器变换成直流电压,大功率晶体管 GTR 逆变器再将它变换成可变电压、可变频率的三相交流电压,供给交流感应电动机。整流器和逆变器均采用高压大容量的大功率晶体管模块,由于采用正弦波输出脉冲宽度调制(SPWM),所以其输入电流和输出电流均为正弦波。

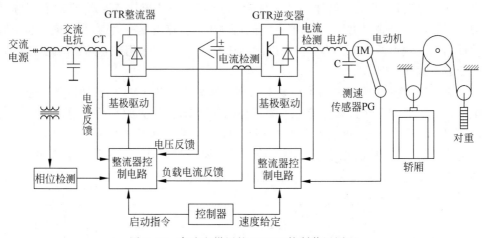

图 3.26 高速电梯用的 VVVF 控制装置原理

交流感应电动机在 VVVF 调速系统中,虽然在保持电动机转矩为常数、磁通为常数的情况下可以获得良好的转速调节性能,但是,这种特性都是在静态情况下理论推导出来的,没有考虑到动态时电磁惯性的影响,尤其是电梯负载在运行过程中受到外来因素扰动的影响,这些都能导致交流电动机转矩的变化,也就是说,能使所引起的转速降低和其相对应的响应时间增加。而在直流电动机中就没有这个问题。因此,人们就设想在交流电动机中尽可能地模拟直流电动机中的电磁转矩产生的规律,这样,就在交流电动机传动技术上提出和应用矢量变换控制调速的概念。一般的 VVVF 电梯的调速系统性能对于高速电梯系统来说仍不能满足动态或运行过程中受到外来因素扰动等情况下的要求,例如运行中遇到导轨的接头台阶,安全钳动作后的导轨表面拉伤、变形、门刀碰撞门锁滚轮而引起的瞬间冲击等,都有可能导致交流电动机中电磁转矩的变化,从而影响电梯的运行性能。使用带有矢量变换控制的变频变压调速系统能使高速(甚至超高速)电梯充分满足系统的动态调节要求。

图 3.27 是一种把逆变器装置及矢量控制系统应用于高速电梯拖动系统的原理图。图中 ASR 为自动速度调节器,ACR 为自动电流调节器,TA 为电流转换器,L1、L2 为电抗器。

实际使用的逆变器能控制满量程,电机的转矩脉动动量包括了 1Hz 或 1Hz 以下的频率范围,使电梯乘坐舒适,平层精度好。为了减小电动机的电磁噪声,大功率变换器还需用高频载波器控制。

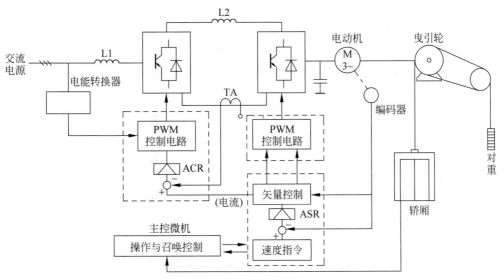

图 3.27　有逆变器及矢量系统的高速 VVVF 电梯拖动系统原理

3.7　永磁同步电梯的拖动系统

20 世纪 70 年代,永磁同步电机开始用于交流变频调速系统,到 80 年代,稀土永磁材料的研究取得了突破性进展,随着新型永磁材料在电动机上的应用,永磁同步电动机的性能有了质的飞越,成为交流调速领域中的一个重要分支。电梯的永磁同步曳引系统出现在 20 世纪 90 年代中期,1996 年,通力公司推出了采用 EcoDisc 永磁盘式无齿曳引机的小机房电梯。随后,奥的斯电梯公司也推出了采用永磁同步无齿轮曳引机及伺服变频控制技术的 GeN2 电梯系统,三菱公司也在高速电梯的曳引机上使用永磁同步电动机。与传统的交流异步电动机曳引系统相比,永磁同步电动机曳引系统具有以下优点:

(1) 传统的交流异步电动机曳引系统采用有齿传动形式,需要采用蜗轮蜗杆或行星齿轮等减速机构,结构复杂、运行噪声较大、维护难度大。永磁同步电动机曳引系统采用无齿传动形式,无需减速装置,运行噪声低,结构简单,维护简便。另外,永磁同步曳引机无须润滑油,又避免了传统曳引机齿轮油可能渗透而造成的环境污染。

(2) 传统曳引系统的传动效率低,如蜗轮蜗杆的传动效率仅为 70% 左右,增大了电梯系统的能耗。由于永磁同步电动机不需要励磁,这减少了定子电流和定子转子电阻的能耗,效率可达 94%～96%。测试表明,与异步电动机相比,永磁同步电动机可节能 30% 以上。

(3) 传统的曳引系统由于有减速装置,体积大,需要单独设置机房。在永磁同步电动机曳引系统中,电动机不需要励磁,没有线圈或鼠笼,无需减速装置,结构简单,体积小,需要的机房面积小,甚至无须机房。

(4) 采用永磁同步电动机的曳引电梯,如果制动器失效,电梯轿厢和对重装置处于自由状态时,利用永磁同步电动机的结构特点,短接三相定子绕组,电机反电动势在定子绕组中产生的电流构成阻碍电机转动的制动转矩,可有效抑制轿厢或对重的溜车速度,防止坠落事故的发生,无须额外的机械装置。

（5）与异步电动机相比，永磁同步电动机的调速范围宽（永磁同步电动机的调速范围可达 1∶1000 以上，异步电动机的调速范围为 1∶100），调速精度高。

（6）永磁同步电动机能在额定转速内保持恒定转矩，有利于提高电梯运行稳定性，尤其是在电动机低频、低压、低速时，可输出足够的转矩，可有效避免电梯缓速启动过程的抖动、改善乘客在电梯制动过程中的体验。

因此，永磁同步电机驱动的无齿轮曳引机是近年来电梯工业领域中发展最快的新技术之一。

3.7.1 用于电梯的永磁同步电动机结构

永磁同步电动机由绕线式同步电动机发展而来，它的基本结构与绕线式同步电动机相似。它的定子由三相绕组和铁芯构成，绕组通常以 Y 形方式连接；而在转子结构上，用永磁体代替了电励磁，无须励磁线圈、滑环和电刷。为了检测转子的磁极位置及实现电子换向，永磁同步电动机通常装有转子永磁体位置检测传感器。另外，永磁同步电动机的定子也采用叠片结构，以减小电动机运行时的铁耗，而转子磁极的结构与永磁材料性能和应用领域有关，因此具有多种不同的形式。由于稀土永磁材料的磁能面积大，矫顽力和剩磁密度高，目前永磁同步电动机多采用稀土永磁材料，下面简单介绍用稀土永磁材料做磁体的永磁同步电动机的结构。

稀土永磁同步电动机的定子为三相对称绕组，与三相异步电动机结构相同。永磁体常做成瓦片式或薄片式，贴在转子的表面或嵌在转子铁芯中；图 3.28(a)为内转子式永磁同步电动机磁极结构，永磁体嵌在铁芯中；图 3.28(b)为外转子式永磁同步电动机磁极结构，永磁体贴在转子的内表面。

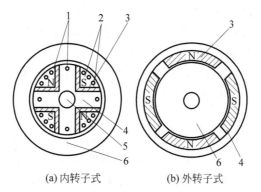

(a)内转子式　　(b)外转子式

图 3.28　永磁体同步电动机转子结构

1—启动笼；2—极靴；3—永磁体；4—转子轭；5—转轴；6—定子

内置式转子结构的永磁体安装在转子铁芯内部，如图 3.29所示，永磁体表面与定子铁芯内圆之间（对外转子磁路结构则为永磁体内表面与转子铁芯外圆之间）有由铁磁材料制成的极靴，极靴中可以放置转子导条，起阻尼和制动作用，这种结构在异步启动永磁同步电动机中应用较多。内置式转子内的永磁体受到极靴的保护，具有较高的机械强度。其转子磁路的不对称性所产生的磁阻转矩有助于提高电机的过载能力和功率密度。

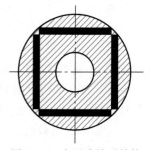

图 3.29　内置式转子结构

表面式转子结构又分为凸出式和插入式,如图 3.30(a)、(b)所示。

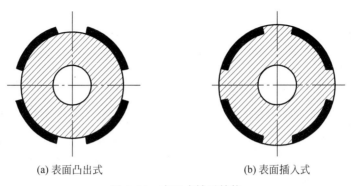

(a) 表面凸出式   (b) 表面插入式

图 3.30 表面式转子结构

表面凸出式转子的纵轴电感与横轴电感相等,且与转子位置无关,该结构的永磁磁极容易实现优化设计,使电动机气隙磁密波形趋近于正弦波。

表面插入式转子的转子磁路结构不对称使电动机产生磁阻转矩,其大小与电动机纵轴电感与横轴电感的差值成正比。这种结构的电动机功率密度较高,动态性能较好,制造工艺相对简单,但是漏磁系数较大,成本较高。

在转子表面安装永久磁体可以获得足够的磁通密度和高矫顽力特性,且转矩/重量比较高。但是,由于转子表面无法安放启动绕组,因此没有异步启动能力。大功率变频器调速的永磁同步电机大多采用稀土永磁材料的表面转子磁路结构。

在相同外形条件下,外转子结构较内转子结构有更大的力臂,有利于提高低速电动机的力矩,且外转子结构更利于磁钢的布置。表面凸出式外转子磁路结构是磁场定向控制永磁同步电动机理想的结构,而插入式结构则优先用于需要进行弱磁控制和扩大动态转矩的场合。这两种转子结构的永磁同步电动机都可用于无齿曳引电梯。

电动机工作时,由变频器输出的频率、电压可变的三相正弦波电压在定子三相绕组中产生对称三相正弦波电流,并在气隙中产生旋转磁场。这个旋转磁场与永磁体磁极作用,驱动转子与旋转磁场同步旋转,并力图使定子、转子磁场轴线对齐。当定子绕组接入由变频器输出的变频变压电源启动运行后,由磁极位置信号控制同步电动机定子绕组的电流相位,确保转子磁场方向与定子绕组电流矢量正交。永久磁体产生的恒定磁场总与定子电流正交,因此,电磁转矩和定子电流具有线性关系。由于转子上没有电流,电动机的发热状况只取决于定子绕组电流的大小。

3.7.2 永磁同步电梯的拖动系统原理

图 3.31 为一个采用永磁同步电动机的曳引电梯拖动系统。主控制器负责与从控制器、轿厢、门系统、层站等之间通信,控制电梯实现其使用功能。从控制器负责拖动系统调速控制,使电梯按照预定的速度曲线运行。主回路采用交—直—交结构为交流永磁同步电动机提供电源。

主回路由整流、滤波和逆变电路构成。三相交流电源流经整流器整流为直流,经 R、C_1、C_2 组成的滤波电路滤波,消除其中的脉动成分。C_1 和 C_2 为 2 个具有相同电容量和耐压值的电容,其作用是在获得滤波器需要的电容量的同时,使滤波器具有较高的耐压值。为了保证两个串联电容器 C_1、C_2 上的压降相同,在 C_1、C_2 上分别并联了 2 个均压电阻 R_1、R_2。

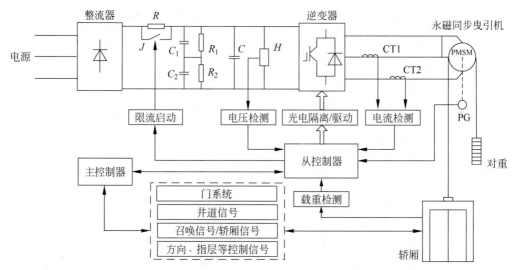

图 3.31　采用永磁同步电动机为曳引电梯拖动系统的原理图

电阻 R 也起限流电阻的作用,它和继电器 J 结合,实现交流永磁同步电动机的限流启动功能。在主回路接入电源的瞬间,如果没有限流电阻,回路的电阻几乎是零,那么,滤波电容的充电电流将很大,过大的冲击电流可能损坏三相整流桥,同时也会使电源电压下降。为减小冲击电流,在主回路接通电源后的一段时间内,继电器 J 常开触点断开,电路串入限流电阻 R,从而将电容的充电电流限定在允许的范围内。当电容器充电到一定程度后,常开触点 J 闭合,将电阻 R 短接,为逆变器正常工作提供足够的驱动电流。

逆变器采用 IGBT 模块,由从控制器输出的 PWM 波经过光电隔离/驱动电路控制逆变器产生可变频率和幅值的三相交流电源,输入永磁同步电动机定子,驱动电动机工作,带动电梯运动。由于逆变器工作时开关频率较高,开关动作时会在主回路的直流环节产生电流突变。由于主回路存在分布电感,在 IGBT 的集电极、发射极,以及直流母线上会产生高频的尖峰电压毛刺,它不但影响逆变器的工作,有时还会损坏 IGBT 模块。因此,通常需要在电路中设置缓冲电路,在图 3.31 中,电容 C 起到此作用。

图 3.31 中电路 H 用于检测直流母线的电压,PG 为旋转编码器,用于检测永磁同步电动机的转速以及提供轿厢的位置信息,电流互感器 CT1 和 CT2 用于测量逆变的电源电流。另外,通过称重传感器检测轿厢的载重量,用来进行曳引机的力矩补偿,改善电梯的运行平稳性。

主控制器收集轿厢中的选层信号、开关门指令信号、厅外召唤信号、电梯井道的检测开关和限位开关信息,同时,通过与从控制器通信获取轿厢的位置信息及拖动系统相关的状态信息,通过执行预先设置的运行模式程序实现指令登记与销号、选层定向、楼层与方向指示、开关门控制、故障检测与报警等。

从控制器实现拖动系统调速控制,通过采集直流母线电压、逆变器输出电流、轿厢负荷、电动机转速等信息,通过调速控制算法计算逆变器的开关状态,通过光电隔离\驱动电路输出PWM波,控制逆变器输出频率和幅值可变的三相交流电源,实现永磁同步电动机的转速控制。

　　目前,用于电梯的永磁同步电动机控制方式主要有 2 种——矢量控制和直接转矩控制。矢量控制利用坐标变换,把实际的三相电流变换成等效的力矩电流分量和励磁电流分量,由上述解耦的电流分量来实现对于同步电动机输出转矩的控制。而直接转矩控制是在保持定子磁链幅值不变的情况下,通过空间电压矢量来控制定子磁链和转子磁链之间的夹角,实现电动机输出转矩的控制。

1. 永磁同步电动机的矢量控制原理

　　取永磁同步电动机的永磁体的磁极轴线为 d 轴,逆时针方向旋转 90°电角度为 q 轴,建立两相旋转 dq 坐标系。永磁同步电动机在 dq 轴坐标系中的数学模型为:

$$\psi_d = L_d i_d + \psi_f \tag{3.60}$$

$$\psi_q = L_q i_q \tag{3.61}$$

$$u_d = R_s i_d + p\psi_d - \omega_r \psi_q \tag{3.62}$$

$$u_q = R_s i_q + p\psi_q - \omega_r \psi_d \tag{3.63}$$

$$T = \frac{3}{2} n_p (\psi_d i_q - \psi_q i_d) \tag{3.64}$$

式中,n_p 为极对数;p 为微分算子;T 为转矩;R_s 为永磁同步电动机定子电阻;ψ_f 为永磁电动机的转子永磁;ω_r 为电动机转速。

　　在隐极式永磁同步电动机中,电感的 d、q 轴分量相等,将式(3.60)和式(3.61)代入式(3.62),并化简可得:

$$T = \frac{3}{2} n_p \psi_f i_q \tag{3.65}$$

　　保持 $i_d = 0$,可以使得转矩与 i_q 成正比,并可以保证用最小的电流幅值得到最大的输出转矩值。

　　图 3.32 为永磁同步电动机的矢量控制原理图。电动机转速给定信号 ω_r^* 与检测到的转子转速信号 ω_r 相比较,转速偏差通过 PI 控制器输出控制转矩的电流分量 i_q^*,把它作为电流给定量与坐标变换得到的电动机实际电流分量 i_q 相比较,其偏差再通过 PI 控制器运算生成反 Park 变换的输入,通过反 Park 变换把转子电流分量转换为定子电流分量,由反 Park 变换生成 PWM 波用来控制 IGBT 输出可变频率和幅值的三相正弦电流,输入电动机定子,驱动电动机工作。

　　在矢量控制算法实现时,需要把检测到的电动机三相定子电流转换到转子坐标系上,通常使用两种变换——Park 变换和 Clarke 变换。

　　(1) Clarke 变换:把定子电流转换到 α-β 坐标系,即把 3 坐标系转换为 2 坐标系。

$$\begin{bmatrix} i_\alpha \\ i_\beta \end{bmatrix} = \sqrt{\frac{2}{3}} \begin{bmatrix} 1 & -\dfrac{1}{2} & -\dfrac{1}{2} \\ 0 & \dfrac{\sqrt{3}}{2} & -\dfrac{\sqrt{3}}{2} \end{bmatrix} \cdot \begin{bmatrix} i_a \\ i_b \\ i_c \end{bmatrix} \tag{3.66}$$

　　(2) Park 变换:把 α-β 坐标系中的电流分量转换到转子坐标系

$$\begin{bmatrix} i_d \\ i_q \end{bmatrix} = \begin{bmatrix} \cos\theta & \sin\theta \\ -\sin\theta & \cos\theta \end{bmatrix} \cdot \begin{bmatrix} i_\alpha \\ i_\beta \end{bmatrix} \tag{3.67}$$

式中,θ 为转子位置与 A 相定子绕组夹角。

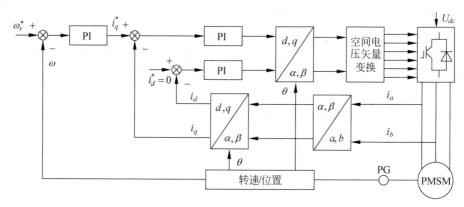

图 3.32 永磁同步电动机的矢量控制原理

2. 永磁同步电动机直接转矩控制原理

与矢量控制不同,直接转矩控制摒弃了解耦的思想,取消了旋转坐标变换,通过检测电动机定子电压和电流,借助瞬时空间矢量理论计算电动机的磁链和转矩,并根据与给定值比较所得的差值,实现磁链和转矩的直接控制。在永磁同步电动机直接转矩控制时,定子磁链与输入电压关系为:

$$\psi_s = \int (u_s - R_s i_s) \mathrm{d}t \tag{3.68}$$

式中,u_s 为定子电压;i_s 为定子电流;ψ_s 为定子磁链。

式(3.68)表明,可以通过控制电动机的输入电压 u_s 来使定子磁链按照一定的轨迹和速度运动,从而达到控制磁链的目的。永磁同步电动机的转矩计算式为:

$$T = \frac{3n_p |\psi_s|}{4L_d L_q} [2\psi_f L_q \sin\delta - |\psi_s|(L_q - L_d)\sin2\delta] \tag{3.69}$$

式中,δ 为定转子磁链之间的夹角。

对于隐极式同步电动机,电感的 d、q 轴分量相等,因此式(3.69)可以化简为:

$$T = \frac{3n_p}{4L_d} |\psi_s| \psi_f \sin\delta \tag{3.70}$$

式(3.70)说明,当定子磁链幅值保持不变时,可以通过控制负载角来控制电动机的电磁转矩。在恒定负载、稳定运行时,定、转子磁链都以同步速旋转,此时 δ 为恒定值;瞬态时,δ则因定、转子旋转速度的不同而不断改变。通常情况下,电动机的电气时间常数远远小于机械时间常数,与转子磁链旋转速度相比,定子磁链的旋转速度更易改变。因此通过对逆变器开关状态的适当选择,保持定子磁链幅值近似恒定,控制定子磁链空间矢量旋转速度,即快速改变定、转子间的磁链夹角,就能控制永磁同步电动机的输出转矩。

图 3.33 为永磁同步电动机直接转矩控制的原理框图。转速误差经过 PI 控制器计算输出作为转矩给定值 T^*,与计算的反馈转矩 T 进行比较,同时将计算的定子磁链 ψ_s 与给定磁链 ψ_s^* 作比较,综合磁链和转矩滞环比较器的输出,同时结合磁链的空间位置,经过电压矢量选择表选择相应的电压矢量来控制电动机的运行。

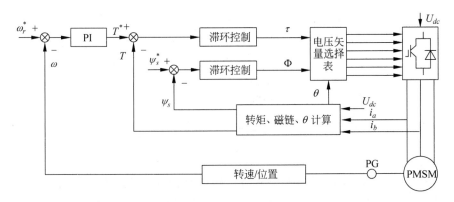

图 3.33　永磁同步电动机直接转矩控制原理

3.7.3　永磁同步电梯的封星制动

从 3.7.1 节可知,永磁同步电动机的定子结构与异步电动机相同,由三相绕组和铁芯构成,绕组通常以 Y 形方式连接,见图 3.34(a);而转子在结构上不同于异步电动机,它用永磁体代替了电励磁。因此,即使在永磁同步电动机定子绕组未通电时,电机内部的磁场依然存在,转子转动时形成旋转磁场,定子绕组产生感应电流,永磁同步电动机工作在发电状态。如果此时将定子的三相绕组短接形成回路,见图 3.4(b),绕组中的感应电流在旋转磁场中切割磁力线,因此而产生电磁力矩,阻止转子转动。因此,永磁同步电动机这种特性可以用于对其实现制动。把 Y 形方式连接的三相定子绕组短接称为封星,这种制动方式在永磁同步电梯中被称为封星制动,这是永磁同步电动机特有的一种制动方式。

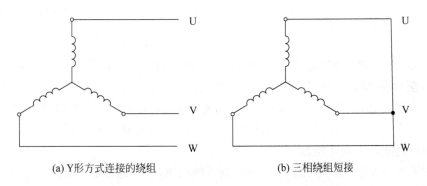

(a) Y形方式连接的绕组　　　　　　　(b) 三相绕组短接

图 3.34　永磁同步电动机定子三相绕组连接形式

图 3.35 为一种电梯中典型的三相永磁同步电动机封星电路。图 3.35 中 KDY 为电源接触器,KFX 为封星接触器。在永磁同步电动机失电时,接触器 KDY 常开触点断开,封星接触器 KFX 常闭触点闭合,使电动机的 U/V/W 端被短接,相互短接,定子绕组被连接成一个独立的电气回路。当曳引机在轿厢、对重不平衡力矩的作用下旋转时,永磁同步电动机内的静止三相绕组线切割旋转的永磁体产生磁场而感应出电动势,由于三相绕组线被短接,在定子绕组回路的感应电流在永磁体磁场作用下产生电磁力矩,这个力矩的反力矩作用于转子的永磁体上形成了制动转矩,阻碍曳引机旋转。

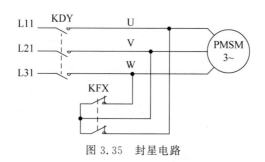

图 3.35　封星电路

图 3.36 为一台永磁同步电动机三相绕组短接时转速与转矩的关系曲线。制动力矩在 A 点达到最大值，当转速高于 A 点的转速时，随着转速的增大，制动力矩将会随之减小，进入非稳定区。由此可见，永磁同步曳引机在低速时三相绕组短接（封星），可以得到稳定的、足够大的制动力矩，当电动机转速较高时，三相绕组短接并不能获得稳定和足够的制动力矩。图 3.37 是一台永磁同步电动机三相绕组短接后的转速和绕组电流之间的关系。三相绕组短接后，转速越高，绕组中的感应电流越大，当转速超过一定值后，感应电流将趋于一个恒定值。

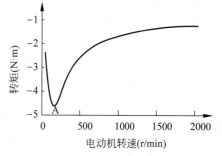

图 3.36　转速与转矩的关系曲线

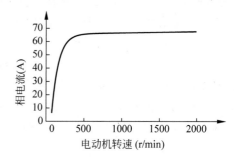

图 3.37　转速和绕组电流之间的关系

图 3.38 为具有封星制动功能的永磁同步电梯的拖动及控制系统。该系统采用一体化控制器，这种控制器把电梯控制和电机驱动集成在一起。图 3.38 中，接触器 KMC、KMY 为电动机电源接触器，接触器 KMB、KMZ 为抱闸控制接触器，KAS 为门联锁继电器，KAY 为封星接触器，SBK2 为抱闸动作检测开关，WK 为电动机温度检测开关，RC1～RC4 为电阻电容串联组成的浪涌抑制器。

电梯系统上电时，安全回路导通，则控制系统供电，如果电梯响应服务，电梯轿门和所有层站的厅门关好之后（KAS 常开触点闭合），即可启动运行，此时，抱闸控制接触器 KMB、KMZ 线圈得电，其常开触点闭合，抱闸控制接触器 KMB、KMZ 线圈得电，制动器线圈得电而松闸；与此同时，接触器 KMB 的常开触点使得封星控制电路的电源接通，接触器 KAY 线圈得电，其闭合触点断开，断开电动机定子三相绕组的短路连接，KAY 的常开触点闭合，使得 KMC、KMY 线圈接通控制电源而得电，它们的常开触点把电动机与一体化控制器的主回路输出端接通，电动机三相绕组供电，电梯启动。

电梯停靠或意外情况中断运行时，KMC、KMY 线圈失电，KMC、KMY 主触点断开，曳引机停止工作，抱闸控制接触器 KMB、KMZ 线圈失电，制动器线圈失电而抱闸制动，另外，受 KMB 控制的 KAY 线圈失电，KAY 常闭触点在 R1 和 C1 的作用下延时闭合，电动机定子的三相绕组在主回路断电后一段时间后被短接,电动机实施封星制动。KAY 常闭触点延时闭合这样避免永磁同步电动机高速运行时短接三相绕组而导致大电流短路的情况发生,另外,KAY 常开触点断开,使得 KMC、KMY 线圈无法得电,保证了在封星制动时主回路不会给电动机供电,电动机的封星制动是电动机断电的情况下进行。

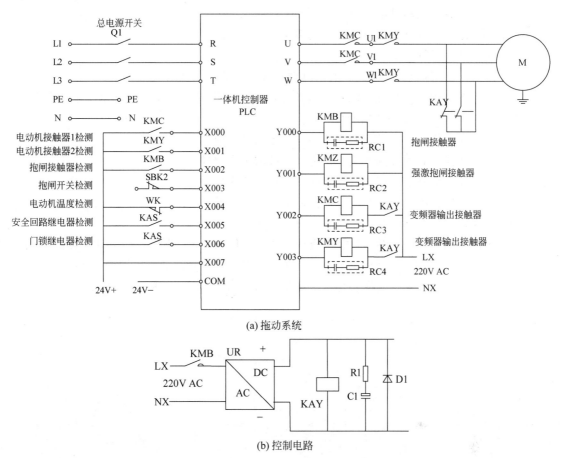

图 3.38　永磁同步电动机封星及控制电路

思考题

(1) 评价电梯运行舒适度的物理量是什么? 这个物理量对电梯的运行效率什么影响?

(2) 电梯速度运行曲线的作用是什么?

(3) 简述三角形速度运行曲线的特点。

(4) 简述梯形速度运行曲线的特点。

(5) 简述抛物线—直线速度运行曲线的特点。说明加速度与舒适度之间的关系。

(6) 当抛物线—直线速度曲线的直线段运行时间为 0 时,这种运行曲线变为抛物线速度运行曲线,抛物线速度运行曲线有哪些优缺点? 要获得最佳的舒适度,加速度如何选择?

(7) 简述正弦速度运行曲线的特点。

(8) 电梯为什么要采用分速度运行? 以抛物线—直线速度曲线为例,简述分速度运行的原理。

（9）简述电梯拖动系统的分类。

（10）直流电梯调速通常采用哪几种方法？

（11）试比较由电动机组供电的直流电梯与晶闸管整流器供电的直流电梯的优缺点？

（12）简述直流电动机电梯拖动系统的工作原理。

（13）简述晶闸管励磁的电动机拖动系统的工作原理。

（14）简述晶闸管直接供电的直流拖动系统的工作原理。

（15）对于交流拖动系统来说，实现电动机转速调节有几种途径？

（16）以图 3.17 为例分析，说明交流双速电梯的工作原理。如果电梯供电电源的相序发生改变，电路工作状态将如何变化？

（17）简述电梯运行全过程的调压调速系统的工作原理。

（18）简述能耗制动交流调速电梯拖动系统的工作原理。

（19）简述涡流制动交流调速电梯拖动系统的工作原理。

（20）简述反接制动交流调速电梯拖动系统的工作原理。

（21）简述图 3.25 的 VVVF 电梯拖动系统的工作原理。

（22）简述图 3.26 的 VVVF 电梯拖动系统的工作原理，它与图 3.25 相比有哪些不同？

（23）以图 3.31 为例，分析说明永磁同步曳引电梯拖动系统的工作原理。

（24）为什么永磁同步电梯要有封星制动电路？如何实现永磁同步电动机的封星制动？

第4章　电梯的电气控制系统

CHAPTER 4

　　电梯的电气拖动控制系统是一个速度调节系统,其目的是保证电梯具有较高的运行效率和良好的乘坐舒适感。电梯的电气控制系统对轿内指令、厅召唤信号和井道信号等多种外来信号按一定逻辑关系自动进行综合处理,并通过拖动控制系统操纵电梯的运行,实现电梯的使用功能。

　　电梯的电气控制系统由逻辑控制装置、操纵装置、平层装置和位置显示装置等部分组成。其中逻辑控制装置是根据电梯的运行逻辑功能的要求,控制电梯的运行,它通常设置在机房中。操纵装置包括两部分:轿厢内的按钮箱和厅门门口的召唤按钮箱,用来操纵电梯的运行;平层装置是发出平层控制信号,使电梯轿厢准确平层的控制装置。所谓平层,是指轿厢在接近某一楼层的停靠站时,使轿厢地坎与厅门地坎达到同一平面的操作。位置显示装置用来显示电梯轿厢所在楼层位置,一般在轿内、厅外或机房设置位置显示装置,另外,厅门除了设置位置指示装置指示层外,还设置电梯运行方向指示装置,用箭头显示电梯的运行方向。

　　虽然电梯的继电器控制系统已基本淘汰,但是,由于其工作原理简单、直观,便于分析、理解电梯的逻辑控制关系,其逻辑控制方法是目前电气控制电梯系统的基础,因此,本章介绍电梯的继电器控制系统工作原理,为电梯逻辑控制的分析与设计奠定基础。

4.1　电气控制系统分类

　　从控制系统的实现方法来看,电梯的控制系统经历了继电器电梯控制、半导体逻辑控制、可编程序控制(PLC)、单片微机控制、多微机控制多种形式。

　　继电器控制系统是20世纪80年代以前使用的一种电梯电气控制系统,系统结构简单,易于理解和掌握。这种系统采用继电器—接触器实现电梯逻辑控制,线路复杂,故障率高,控制柜体积大,系统能耗大,不易维修,已基本被淘汰。

　　半导体逻辑控制系统是20世纪60年代随着半导体技术及其器件的应用而出现的一种电梯控制系统,用半导体逻辑器件替代了继电器—接触器的有触点系统。这种控制技术避免了上述继电器—接触器系统存在的缺点,实现了无触点逻辑控制,没有触点的磨损或接触不良的问题。由于这种系统是以"硬件"逻辑运算为基础的,在控制系统中根据控制算法和要求进行布线,如果控制要求(算法)需要改变时,往往必须改变布线。

PLC即可编程序控制器，它可以实现逻辑运算、顺序控制、定时、计数和算术运算等，并可通过数字式或模拟式输入和输出。PLC控制系统根据电梯的操纵控制方式，采用程序实现了继电器控制逻辑，也可以完全脱离继电器控制电路重新按电梯的控制功能进行设计。这种系统具有可靠性高、稳定性好、编程简单、使用方便、维护检修方便等优点。这种系统以"软件"逻辑运算为基础，如果控制要求（算法）需要改变时，无须改变或重新布线。

电梯的计算机控制系统（微机控制系统）是采用微处理器为核心的控制系统，它采用计算机程序对电梯的轿内指令、厅外召唤、井道信息进行综合管理，实现电梯的运行控制。电梯的计算机控制系统有以下几种形式。

（1）以微控制器（单片机）为核心的控制系统。利用微控制器控制电梯具有成本低、通用性强、灵活性大和易于实现复杂控制等优点。

（2）单梯的计算机控制系统是采用计算机对单台电梯进行控制，每台电梯控制系统可以配以两个或更多个微处理器，例如：一个微处理器负责机房与轿厢的信息交换，另一个微处理器负责轿厢的各类操作控制。在控制系统的工作过程中，主机按顺序采集厅外召唤信号、轿内指令信号，并进行登记和处理，计算机控制系统收集了轿厢内外、井道及机房各种控制、保护及检测信号后，按照事先拟定的控制程序控制电梯运行，实现选层、定向、启动加速、匀速、制动减速、平层停靠、销号、开门等操作。

（3）多台计算机控制的群控系统。为了提高建筑物内多台电梯的运行效率，节省能源，减少乘客的待梯时间，将多台电梯进行集中统一的控制和管理称为群控。群控目前多是采用多台微机控制的系统，梯群控制的任务是：收集层站呼梯信号及各台电梯的工作状态信息，然后按最优决策合理地调度各台电梯，完成群控管理微机与单台梯控制微机的信息交换，对群控系统的故障进行诊断和处理。

电梯电气控制系统按照控制方法可分为：

轿内手柄开关控制电梯的电气控制系统：由电梯司机控制轿内操纵箱的手柄开关，控制电梯运行。

轿内按钮开关控制电梯的电气控制系统：由电梯司机控制系统轿内操纵箱的按钮，控制电梯运行。

轿内外按钮开关控制电梯的电气控制系统：由乘用人员控制层门外召唤箱或轿内操纵箱的按钮，控制电梯运行。

轿外按钮开关控制电梯的电气控制系统：由使用人员控制层门外操纵箱的按钮，控制电梯运行。

信号控制电梯的电气控制系统：将层门外召唤箱发出的外指令信号、轿内操纵箱发出的内指令信号和其他专用信号等加以综合分析判断后，由电梯专职司机控制电梯运行。

集选控制电梯的电气控制系统：将层门外召唤箱发出的外指令信号、轿内操纵箱发出的内指令信号和其他专用信号等加以综合分析判断后，由电梯司机或乘用人员控制电梯运行。

并联控制运行的电梯电气控制系统：两台电梯共用厅外召唤信号，两台电梯控制系统交换信息，调配和确定两台电梯的启动、向上或向下运行。

群控电梯的电气控制系统：对集中排列的多台电梯，共用厅外的召唤信号，由微机按规定顺序自动调配，确定其运行状态。

电梯电气控制系统按照电梯的用途可分为：

载货电梯、病床电梯的电气控制系统：这类电梯的提升高度一般比较低，运送任务不太繁忙，对于运行效率也没有过高的要求，但是对于平层准确度的要求比较高。常采用轿内手柄开关控制和轿内按钮开关控制。

杂物电梯的电气控制系统：杂物电梯的额定载重量为 $100\sim200\text{kg}$，运送对象主要是图书、饭菜、杂货等物品，这类电梯不能用于运送乘客，因此控制电梯上下运行的操纵箱不能设置在轿内，只能在厅外控制电梯的上下运行，常采用轿外按钮开关控制。

乘客或病床电梯电气控制系统：装在多层站、客流量大的宾馆、医院、饭店、写字楼和住宅楼里，常采用信号控制、集选控制、并联控制或者群控方式。

另外，电梯控制系统按驱动系统的类别和控制方式可分为：

交流双速异步电动机变极调速拖动、轿内手柄开关控制电梯的电气控制系统：采用交流双速，控制方式为轿内手柄开关控制。适用于速度低于 0.63m/s 的货梯、病梯的控制系统。

交流双速、轿内按钮开关控制电梯的电气控制系统：采用交流双速，控制方式为轿内按钮开关控制。适用于速度低于 0.63m/s 的货梯、病梯的控制系统。

交流双速、轿内外按钮开关控制电梯的电气控制系统：采用交流双速，控制方式为轿内外按钮开关控制。适用于客流量不大，用作运送乘客或货物、速度低于 0.63m/s 的客货梯的电气控制系统。

交流双速、信号控制电梯的电气控制系统：采用交流双速，控制方式为信号控制，具有比较完善的性能。适用于客流量不大且较为均衡、速度不高于 0.63m/s 的乘客电梯的电气控制系统。

交流双速、集选控制电梯的电气控制系统：采用交流双速，控制方式为集选控制，具有完善的工作性能。适用于速度不高于 0.63m/s、层站不多、客流量变化较大的乘客电梯的电气控制系统。

交流调压调速拖动、集选控制电梯的电气控制系统：采用交流双速电动机作为曳引电动机，设有对曳引电动机进行调压调速的控制装置，控制方式为集选控制，具有完善工作性能。适用于速度低于 1.6m/s、层站较多的乘客电梯的电气控制系统。

直流电动机拖动、集选控制电梯的电气控制系统：采用交流双速电动机作为曳引电动机，设有对曳引电动机进行调压调速的控制装置，控制方式为集选控制，具有完善工作性能。适用于多层站的乘客电梯的电气控制系统。

交流调频调压调速拖动、集选电梯电气控制系统：采用交流单绕组单速电动机作为曳引电动机，设有调频调压调速装置，控制方式为集选控制，具有完善的工作性能。适用于各种使用场合和各种速度的电梯电气控制系统。

交流调频调压调速拖动、并联运行的电梯电气控制系统：采用交流调频调压调速、$2\sim3$ 台集选控制电梯做并联运行。适用于层站比较多、速度大于 1.0m/s 的电梯电气控制系统。

电梯的电气控制系统按电梯的运行管理方式可分为：

有专职司机（有司机）控制的电梯电气控制系统：轿内手柄开关控制电梯的电气控制系统、轿内按钮开关控制电梯的电气控制系统、信号控制电梯的电气控制系统都是需要专职司机进行控制的电梯电气控制系统。

无专职司机(无司机)控制的电梯电气控制系统：轿内外按钮开关控制电梯的电气控制系统、轿外按钮开关控制电梯的电气控制系统、群控电梯的电气控制系统，都是不需要专职司机进行控制的电梯电气控制系统。

有/无专职司机(有/无司机)控制的电梯电气控制系统：集选控制电梯的电气控制系统采用这种管理方式的电梯，轿内操纵箱上设有有司机、无司机、检修三个工作状态的钥匙开关，司机可以根据承载任务的忙、闲以及出现故障的情况，用专用钥匙扭动钥匙开关调节其控制模式，选择不同的任务和状态。

4.2 电梯的运行过程

电梯是一种向上、向下运行的交通工具，它根据轿厢内乘客的指令信号和各个楼层厅外召唤信号的要求选层定向、关门、启动加速、匀速运行，到达目的层站再减速制动至停止，开门放客。电梯的用途不同，控制形式不同，它们的运行过程略有差异。下面介绍几种电梯的运行工艺过程，以便了解各种电梯的运行概况并分析电梯的电气控制系统工作原理。

4.2.1 载货电梯的运行过程

载货电梯为装卸货物用的电梯，由专职司机操作。载货电梯的运行过程如下：

(1) 接通电梯的总电源、控制电源、照明电源；

(2) 打开基站的厅门和轿厢门；

(3) 司机进入轿厢内，闭合轿厢内的操作箱上与运行有关的开关，并打开轿内照明；

(4) 装载货物；

(5) 货物装好后，司机通过操作箱上的手柄开关或按钮关闭电梯的轿门和厅门；

(6) 扳动操作箱上的手柄开关或按下货物要送达的楼层(目的层站)的指令按钮；

(7) 电梯启动并分级加速直至匀速运行；

(8) 电梯接近目的层站时，松开手柄开关或由井道内换速开关的动作而自动分级减速控制；

(9) 自动平层、停车；

(10) 开启电梯的轿门和厅门，把货物移出轿厢；

(11) 装载货物，重复上述过程；

(12) 如果该层没有货物可装，则司机将根据其他楼层的厅外召唤信号，操纵电梯去该召唤的楼层；

(13) 如果各层运送货物相当繁忙，各层均有召唤信号，此时司机按顺序完成各个楼层的召唤任务。

4.2.2 客梯或客货两用梯的运行过程

交流客梯或客货两用梯的运行工艺过程与载货电梯基本相同。交流客梯或客货两用梯可分为有司机信号控制和有/无司机集选或下集选控制两种类型。

1. 信号控制电梯的运行过程

信号控制的电梯是一种有司机操纵的电梯，它的运行过程如下：

(1) 接通电梯的总电源、控制电源、照明电源；

（2）打开基站的厅门和轿厢门；

（3）司机进入轿厢内，闭合轿厢内的操作箱上与运行有关的开关，并打开轿内照明；

（4）根据轿厢内乘客要去的楼层，或在轿厢内无乘客时根据某个楼层的厅外召唤信号，司机选择操作箱上相应的一个楼层或几个楼层数的指令按钮；

（5）控制系统根据司机的选择自动确定电梯的运行方向；

（6）司机按启动开车按钮；

（7）电梯自动关门；

（8）电梯自动启动，分级加速至匀速运行；

（9）电梯在接近目的楼层时，井道内换速开关自动发出减速信号；

（10）电梯自动分级减速制动；

（11）到达目的层站，电梯自动平层停车；

（12）自动开门，让乘客出入电梯轿厢；

（13）司机再次按启动开车按钮，重复（7）～（10）的步骤。如果此时轿厢内无乘客，也没有其他楼层的厅外召唤信号，司机没有选定的指令信号，那么，电梯无运行方向；如果此后某个楼层有厅外召唤信号，则重复上述（4）～（10）的过程。

2. 有/无司机集选控制电梯的运行过程

有/无司机集选控制电梯的运行过程与信号控制电梯运行过程基本相同。它们的主要区别是：信号控制电梯是由专职司机操纵电梯的运行；而有/无司机集选控制电梯可以由专职司机操作，也可以由进入轿厢内的乘客自己操作，也可以由某个或某几个楼层的厅外召唤信号把电梯招来，而且在运行应答完最后一个（即最远一个）召唤信号后，电梯自动换向。楼层厅外召唤信号只有在电梯门关闭后才起作用，也就是说电梯轿厢内的指令信号优先于厅外召唤信号。有/无司机集选控制电梯的运行过程比有司机的信号控制电梯多了一个无司机状态时的运行过程，它的运行过程相对复杂一些。

无司机时，电梯的运行过程如下：正常情况下，电梯无人使用时总是关着门停于底层（基站）或某层。当其他层出现有厅外召唤信号时，电梯即自动启动运行，其后的过程与有司机信号控制时的一样。但当在某一方向运行过程中，在未到达目的楼层的前方出现与电梯运行方向相一致的顺方向厅外召唤信号时，电梯也可以应答停车，把某层厅外乘客捎走，即顺向截车。电梯到达目的层站，停车开门，经一定延时（一般为 6～8s）后自动关门。当电梯停靠楼层有乘客需要乘梯时，只要按下该层厅外任何一个方向的召唤按钮就能使关闭的电梯门自动打开，乘客进入轿厢内即可自行操作电梯运行。如果乘客进入轿厢内没有在操纵箱上选择目的层站指令按钮时，经 6～8s 延时后电梯自动关门，待门完全关闭后，电梯就有响应其他层的召唤信号而自动定向运行，而这一运行方向很可能与进入轿厢乘客欲去的方向相反，因此，进入轿厢内的乘客应在电梯自动关闭好门之前按下要去楼层的指令按钮。

4.2.3　电梯的控制功能

不论是哪种用途的电梯，通常都具有以下基本功能。

（1）轿内指令功能：由司机或乘客在轿内控制电梯的运行方向和到达任一层站。

（2）厅外呼梯功能：由使用人员在厅外呼唤电梯前往该层执行运送任务。

（3）减速平层功能：电梯到达目的层站前的某一位置时，能自动地使电梯开始减速并使电梯停止。

（4）选层、定向功能：当电梯接收到若干个轿内、厅外指令时，能根据电梯目前的状态选择最合理的运行方向及停靠层站。

（5）指示功能：能在各层厅站及轿内指示电梯当前所处位置，能在某按钮信号被响应时，消去其记忆。

（6）保护功能：当电梯出现异常情况如超速、断绳、越限、运行中开门、过载等现象时，控制电梯停车或不能开动。

（7）检修功能：电梯应设置检修开关、检修主令元件，便于检修人员在机房、轿顶或轿内独立控制电梯以检修方式运行。

除上述基本功能外，不同类型电梯的逻辑控制系统还有一些特殊功能，如直驶、消防、顺向截梯等。下面介绍几种电梯的控制功能。

1. 轿内按钮控制电梯

轿内按钮控制电梯是一种有司机操纵的电梯。电梯具有自动开关门功能，当电梯到达预定停靠的层站时，提前自动地把其运行速度切换到慢速，自动平层停车并自动开门。每层层楼设置厅外召唤装置，供乘客在厅外呼叫电梯，乘客按下召唤按钮时，控制系统记忆召唤信息，并由厅外召唤装置用指示灯指示召唤信息已被控制系统记忆。轿厢内设置按钮操纵箱，乘客在某层按下按钮呼叫电梯时，操纵盘上通过指示灯提示召唤人员所在的楼层及电梯前往的运行方向。另外，在厅外有指示电梯运行方向和所在位置的指示装置。召唤被应答后，控制系统自动消除轿内外的召唤指示及要求前往方向的指示。

司机开梯时，只需按动轿内操纵箱上与预定停靠层楼对应的指令按钮，电梯便能自动关门、启动、加速、匀速运行，到达预定停靠层站时，提前自动地把其运行速度切换到慢速，自动平层停靠并把门打开。

2. 轿内外按钮控制电梯

轿内外按钮控制电梯是一种无司机操纵的电梯。电梯具有自动开关门功能，当电梯到达预定停靠的层站时，提前自动地把其运行速度切换到慢速，自动平层停梯，并自动开门。每层层楼厅外设置有召唤装置，乘客点按按钮时，控制系统记忆召唤信息，并由厅外召唤装置用指示灯指示召唤信息已被控制系统记忆。如果电梯在本层时，点按召唤按钮，电梯自动开门；如果不在本层，则电梯自行启动运行，到达本层站时提前自动地把其运行速度切换到慢速，平层时自动停靠开门。轿厢内设置按钮操纵箱，乘客在某层按下按钮呼叫电梯时，操纵盘上通过指示灯提示召唤人员所在的楼层及电梯前往的运行方向。另外，在厅外有指示电梯运行方向和所在位置的指示装置。召唤被应答后，控制系统自动消除轿内外的召唤指示及要求前往方向的指示。

电梯到达召唤人员所在的层站停靠开门，乘客进入轿厢后，点按一下操纵箱上与预定停靠层楼对应的指令按钮，电梯自动关门、启动、加速、匀速运行，到达预定的停靠层站时提前自动切换到慢速运行，平层时自动停靠开门。乘客离开轿厢若干秒后，电梯自动关门，门关好后，就地等待新的指令任务。

3. 轿外按钮控制电梯

轿外按钮控制电梯也是一种无司机操纵的电梯。这种电梯的开关门是手动控制的。各个层站的厅外设置有操纵箱，使用人员通过该操纵箱呼叫电梯或送走电梯；使用人员通过操纵箱召唤和送走电梯时,如果电梯不在本层站,只需要点按操纵箱上对应的本层楼的指令按钮,电梯立即启动向本层站驶来,到达本层后自动平层停靠;如果电梯在本层站,只需点按操纵箱上预定停靠层站对应的指令按钮,电梯便启动驶向预定停靠的层站,到达后自动平层停靠。另外,电梯运行到两端端站平层时,控制系统会强迫电梯停靠。

4. 信号控制电梯

信号控制电梯也是一种有司机操纵的电梯。这种电梯具有自动开关门功能,当电梯到达预定停靠的层站时,提前自动地把其运行速度切换到慢速,自动平层停车、自动开门。每层层楼设置厅外召唤装置,供乘客在厅外呼叫电梯,乘客按下召唤按钮时,控制系统记忆召唤信息,并由厅外召唤装置用指示灯指示召唤信息已被控制系统记忆。轿厢内设置按钮操纵箱,乘客在某层按下按钮呼叫电梯时,操纵盘上通过指示灯提示召唤人员所在的楼层及电梯前往的运行方向。另外,在厅外有指示电梯运行方向和所在位置的指示装置。召唤被应答后,控制系统自动消除轿内外的召唤指示及要求前往方向的指示。

司机在开梯时,可以按照乘客达到不同目的层站的要求登记多个指令,然后,点按操纵箱的启动或关门启动按钮,则电梯启动运行,在预定停靠层站自动平层停靠开门。乘客出入轿厢后,司机仍点按启动或关门启动按钮启动电梯,直到完成运行方向的最后一个内外指令任务为止。如果此时相反方向有内、外指令信号,则电梯自动转换方向,司机点按启动或关门启动按钮,电梯启动运行。在电梯运行前方出现相同方向的召唤信号(即顺向召唤)时,电梯会到达有顺向召唤指令的层站,提前将运行速度切换到慢速,自动平层、停靠、自动开门。在特殊情况下,司机可通过操作操纵箱的直驶按钮,使电梯直接行驶到预定层站,在直驶期间不响应任何外召唤指令。

5. 集选控制电梯

集选控制电梯一般具有有/无司机操纵方式。这种电梯与信号控制电梯一样,具有自动开关门功能,当电梯到达预定停靠的层站时,提前自动地把其运行速度切换到慢速,自动平层停车、自动开门。每层层楼设置厅外召唤装置,供乘客在厅外呼叫电梯,乘客按下召唤按钮时,控制系统记忆召唤信息,并由厅外召唤装置用指示灯指示召唤信息已被控制系统记忆。轿厢内设置按钮操纵箱,乘客在某层按下按钮呼叫电梯时,操纵盘上通过指示灯提示召唤人员所在的楼层及电梯前往的运行方向。另外,在厅外有指示电梯运行方向和所在位置的指示装置。召唤被实现后,控制系统自动消除轿内外的召唤指示及要求前往方向的指示。

在有司机状态下,司机控制电梯的原理与信号控制电梯相同。

在无司机状态下,除了具有轿内外按钮控制电梯的功能外,还增加了轿内多指令登记和厅外召唤信号参与自动定向及顺向召唤指令信号截梯等功能。

另外,集选电梯还有检修和消防运行功能。

集选控制是目前电梯应用最为广泛的控制方式。它把轿内指令与厅外召唤等信号集中进行综合分析处理,然后确定电梯的运行方向和目的层站,以控制电梯高效地为乘客服务。

下集选电梯是集选电梯的一种,这种电梯只在下行时具有集选功能,即除最低层和基站外,电梯仅将其他层站的下方向呼梯信号综合起来进行应答,如果乘客要从较低的层站前往较高的层站,必须乘电梯到底层或基站后再乘电梯到要去的高层站。这种电梯多用于高层住宅。

4.3　电气控制系统的组成

电梯的电气控制系统由逻辑控制装置、操纵装置、平层装置和位置显示装置等部分组成。其中逻辑控制装置是根据电梯的运行逻辑功能的要求,控制电梯的运行,它通常设置在机房中。操纵装置包括两部分:轿厢内的按钮箱和厅门门口的召唤按钮箱,用来操纵电梯的运行;平层装置是发出平层控制信号,使电梯轿厢准确平层的控制装置。位置显示装置用来显示电梯轿厢所在楼层位置,一般在轿内、厅外或机房设置位置显示装置,另外,厅门设置位置指示装置外,还设置电梯运行方向指示装置,用箭头显示电梯的运行方向。下面介绍上述装置的组成与功能。

4.3.1　操纵装置

操纵装置包括两部分:轿厢内的操纵按钮箱和厅门门口的召唤按钮箱。另外,电梯还设置了检修盒,在维修时,可以通过它操纵电梯慢上、慢下。

1. 轿内操纵按钮箱

操纵按钮箱设置在电梯轿厢内靠门的轿壁上,在其操纵盘面上装有与电梯运行功能有关的按钮和开关。下面以普通乘客电梯为例介绍其按钮和开关的功能。

(1) 运行方式开关。普通乘客电梯一般有无司机(自动)、有司机、检修和消防4种运行方式。运行方式开关用于选择电梯的运行方式,常用钥匙开关。

(2) 选层按钮。电梯操纵箱上装有与电梯停站层数相对应的选层按钮,通常为带指示灯的按钮。当乘客按下要前往的层楼按钮后(预选目的层站),若该指令被控制系统登记,则按钮内指示灯被点亮,当电梯到达预选的层楼时,相应的指令被控制系统消除,该指示灯随之熄灭。电梯未到达预选层楼时,乘客预选的层楼按钮的指示灯会保持点亮状态,直到完成该指令之后,指示灯才会熄灭。

(3) 召唤楼层指示灯,在选层按钮旁边或在操纵盘上方,装有召唤楼层指示灯。当有人按下厅外召唤按钮,控制系统使相应召唤楼层指示灯亮,提示轿内司机。当电梯轿厢应答到达召唤层楼时,指示灯熄灭。

(4) 上、下方向按钮,也称方向启动按钮。电梯在有司机状态下,该按钮的作用是确定运行方向及启动运行。当司机按下前往楼层的选层按钮后,再按下其前往的方向(上或下)按钮,电梯轿厢就会关门,启动,驶向预选的楼层。

(5) 开关门按钮。开关门按钮用于控制开启或关闭电梯的轿厢门。

(6) 检修运行开关,也称慢速运行开关,在电梯检修时使用。

(7) 警铃按钮。当电梯在运行中突然发生故障停止,而电梯司机或乘客又无法从轿厢中出来时,可以按下该按钮,通知维修人员及时援救。

(8) 直驶按钮(或开关)。在有司机状态下,按下直驶按钮,电梯只按照轿内指令停层,而不响应厅外召唤信号。当满载时,通过轿厢超载装置,控制系统可自动地把电梯转入直驶状态,也只响应轿厢内指令。

(9) 风扇开关。它用于控制轿厢通风设备。

(10) 召唤蜂鸣器。电梯在有司机状态下,当有人按下厅外召唤按钮,操纵盘上的蜂鸣器发出声音,提醒司机及时应答。

(11)照明开关。照明开关用于控制轿厢内照明设施。照明电源不受电梯电源控制,当电梯故障或检修停电时,轿厢内仍有正常照明。

(12)急停开关。当出现紧急情况时,按下急停开关,电梯立即停止运行。

2. 厅外召唤按钮箱

厅外召唤按钮箱安装在电梯厅门的门口一侧,通常中间层站设置上、下两个召唤按钮,顶端层站设置一个下召唤按钮,下端层站设置一个上召唤按钮。厅外召唤按钮为带灯按钮。乘客按下按钮后,如果该召唤信号被控制系统登记,则按钮的指示灯点亮。当电梯响应该召唤后,指示灯被熄灭,意味着控制系统已消除此次登记。在信号控制电梯和集选电梯中,控制系统到达呼梯层站,只消除与电梯运行方向相同的召唤信号,而相反方向的召唤将被控制系统保持。

另外,在下端站(基站)的召唤按钮盒内,通常设有一个钥匙开关,是用来锁电梯的开关。

3. 检修开关盒

通常在电梯机房控制柜、轿厢内与轿厢顶,设有电梯检修开关盒,盒内一般有检修开关、急停按钮以及慢上、慢下按钮。轿顶检修开关盒还装有电源插座、照明灯及其开关等。

4.3.2　平层装置

所谓平层,是指轿厢在接近某一楼层的停靠站时,使轿厢地坎与厅门地坎达到同一平面的操作。为保证电梯轿厢在各层停靠时准确平层,通常在轿顶设置平层装置,由平层装置发出平层控制信号,控制系统控制电梯制动停靠实现平层。因此,平层装置是发出平层控制信号,使电梯轿厢准确平层的控制装置。

平层装置示意图如图 4.1 所示。它由安装在井道支架上的隔板和安装在轿厢顶部的多个传感器构成。传感器通常为凹槽型光电感应开关、凹槽型接近开关。图 4.1(a)是采用两个传感器的平层装置,它们依次为上平层、下平层传感器。图 4.1(b)是采用三个传感器的平层装置,它们依次为上平层、门区和下平层传感器;电梯平层过程中,安装在轿厢顶部的传感器随着轿厢运动,安装在井道壁支架上静止的隔板插入传感器的凹型槽中,当它完全阻断几个传感器的光路或磁路时,控制系统制动,电梯平层。

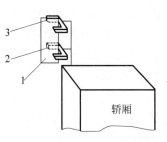
(a) 采用两个传感器的平层装置

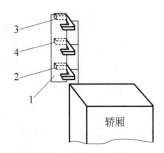
(b) 采用三个传感器的平层装置

图 4.1　平层装置示意图

1—隔板;2—下平层传感器;3—上平层传感器;4—门区传感器

下面介绍几种平层装置的工作原理。

（1）仅具有平层功能的平层装置，如图 4.1(a)所示。当电梯轿厢上行，接近预选的层站时，电梯运行速度由快速（额定梯速）变为慢速后继续运行，装在轿厢顶上的上平层传感器先进入隔板，此时电梯仍继续慢速上行。当下平层传感器进入隔板后，它的输出状态改变预示着电梯已平层，因此，控制系统使上行接触器线圈失电，制动器抱闸停车。

（2）具有提前开门功能的平层装置，如图 4.1(b)所示。它与图 4.1(a)功能相比，多一个提前开门功能。当轿厢慢速向上运行，上平层传感器首先进入隔板，轿厢继续慢速向上运行；接着门区传感器进入隔板，门区传感器的输出状态改变，提前使开门继电器吸合，轿门、厅门提前打开，这时轿厢仍然继续慢速上行，当隔板插入下平层感应器时，上行接触器线圈失电释放，轿厢停在预选层站。

（3）图 4.1(b)也可实现自动再平层功能。当电梯轿厢上行，接近预选的层站时，电梯由快速变成慢速运行，当上平层传感器进入隔板后，使本已慢速运行的电梯进一步减速，当中间开门区传感器进入隔板时，控制电路准备延时断电，当下平层传感器进入隔板时，电梯停止，此时已完全平好层。但是，如果电梯因某种原因超过平层位置时，上平层感应器离开了隔板，控制将使相应的继电器动作，电梯反向平层，以获得较好的平层精度。

4.3.3 位置显示装置

位置显示装置用来显示电梯轿厢所在楼层位置和电梯的运行方向，也称为层楼显示器。电梯经过一个楼层时，会有相应的位置信号传递到控制系统，电梯控制系统根据这个位置信号转换成显示内容传到每个显示装置。通常，电梯在轿厢、每个层楼的厅门或者机房等处设置位置显示装置，以灯光数字的形式显示目前电梯所在的楼层，以箭头形式显示电梯目前的运行方向。

层楼显示器有信号灯、LED 数码管和 LED 点阵等多种形式，目前电梯主要采用后两种显示方式。

信号灯形式的层楼显示器上装有和电梯运行层楼相对应的信号灯，每个信号灯外都有数字表示。当电梯轿厢运行进入某层，该层的层楼指示灯就亮，离开某层后，该层的层楼指示灯熄灭，指示轿厢目前所在的位置。另外，根据电梯选定的方向，通常用符号"▲""▼"指示上、下行方向。

数码管的层楼显示器采用 7 段 LED 数码管显示电梯目前所在的楼层，用符号"▲""▼"指示上、下行方向。也有采用 LED 点阵形式的层楼显示器，用数字的点阵字型提示电梯目前所在的楼层，用动态的上下箭头点阵字型表示电梯目前的运行方向。有的电梯为了提醒乘客和厅外候梯人员电梯已到本层，电梯配有扬声器（俗称到站钟、语音报站），以声音来传达信息。

另外，有的电梯采用无层灯的层楼指示器，除一层（基站）厅门装有层楼指示器外，其他层楼厅门只有上、下方向指示和到站钟的无层灯层楼指示器。

在电梯系统中，常采用下列方法获得指层信息。

（1）通过机械选层器获得。机械选层器是一种机械或电气驱动的装置，模拟电梯轿厢运行状态，及时向控制系统发出所需要的信号，用于控制系统确定运行方向、加速、减速、平层、停止、取消呼梯信号、门操作、位置显示等。在电梯带有机械选层器时，指层信息是通过选层器触点接通层楼显示器的指示灯来实现的。选层器中跟随电梯上下移动的动触点,在不同的位置接通不同的层楼指示灯,其信号是连续的,一个层灯熄灭其相邻的层灯即被点亮。

(2) 通过装在井道中的层楼传感器获得。电梯运行时,安装在轿厢上的隔板插入某层的层楼传感器凹槽时,层楼传感器发出一个开关信号,指示相应的楼层。

(3) 通过微机选层器获得。微机与 PLC 控制的电梯,通过对旋转编码器或光电开关的脉冲计数,可以计算出电梯的运行距离,结合层楼数据,就可以获得电梯所在的位置信号。

4.3.4　选层器

选层器的作用是:根据登记的轿内指令选择、外召唤信号和轿厢的位置关系,确定电梯的运行方向,当电梯将要到达预设的停站楼层时,给曳引电动机减速信号,使其换速,当平层停车后,消去已应答的召唤信号,并指示轿厢目前的位置。

在电梯系统中,选层器有以下三种形式:机械选层器、继电器选层器和数字选层器。

机械选层器放置在机房内,是一种模拟电梯运行状态的机械—电气装置,通常用钢带与电梯轿厢连接,能指示轿厢位置、选层、消号、确定运行方向、发出限速信号等作用,如图 4.2 所示。

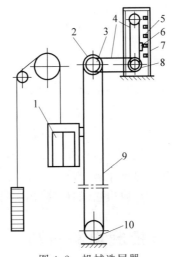

图 4.2　机械选层器

1—轿厢;2—链轮;3—刚带轮;4—钢带;5—层站静触头;6—动滑板;7—机架;
8—减速器;9—穿孔钢带;10—涨紧轮

当电梯上、下运行时,带动钢带运行,钢带牙轮带动链条,经减速箱又经链条传动,带动选层器上的动滑板运行,把轿厢运行模拟到动滑板上。根据运行情况,动滑板与选层器机架上各层站静触头接触和离开,完成电气触点的通断,起到电气开关作用。每个层楼对应一块定滑板,其功能通常有轿厢位置指示,上、下行换速,上、下行定向,轿内指令消号,上、下厅外召唤指令消号等。机械选层器结构复杂,目前已被淘汰。

继电器选层器是一种电气选层器。在与电梯位置有关的井道信号作用下,这种电气选层器需要完成楼层指示、轿内指令和厅外召唤指令登记与消号、换速及终端层站的电气安全保护等功能。继电器选层器由井道信号传感器和相应逻辑控制电路组成,它没有与轿厢同步运动的机械部件,它是以电气选层步进信号的形式来反映轿厢在井道中的位置的。通常采用双稳态磁开关产生井道信号,并将其产生的与电梯轿厢位置有关的井道信号传递给相应的逻辑控制电路,用以完成电梯的运行逻辑控制。由装在轿厢导轨上各层支架上的圆形永磁铁(磁豆)和装在轿厢上的一组双稳态磁性开关相互作用提供井道信号,各层的选层信号则是由机房内控制柜中的层楼继电器来实现的。

数字选层器采用旋转编码器或光电码盘获取轿厢在井道中的位置信息,然后经微机或PLC处理计算后,完成楼层指示、轿内指令和厅外召唤指令登记与消号、换速等功能。采用这种选层器的电梯,通常在曳引电机的轴端安装一个与曳引电动机一起转动的旋转编码器或光电码盘,曳引电动机旋转时,旋转编码器或光电码盘随之转动并输出脉冲序列,输出脉冲的个数与电梯的运行距离成正比关系。将此脉冲序列输入微机或PLC,微机或PLC可根据该脉冲个数及测量时间,计算出电梯运行距离及速度。在此基础上,根据登记的厅外召唤信号、轿内指令信号,控制系统即可对电梯进行定向、选层、指层、消号、减速等控制。

采用数字选层器,省去了在井道中安装大量的测量轿厢位置的传感器和隔板,由于旋转编码器或光电码盘即使在低速时也不会丢失脉冲,因此,数字选层器测量精度高,可靠性好。但是,在电梯的使用过程中,由于曳引绳打滑、曳引绳变形或其他原因,脉冲数和运行距离的对应关系发生了变化,计算出的运行距离及速度会与实际情况出现偏差。因此,通常需要进行校正。如在电梯到达基站校正点时,将脉冲计数值清零或是置为一个固定的数值。另外,一般在轿顶上还设置平层感应器,对电梯进行同步位置的校正,以保证电梯的平层精度。

4.3.5 逻辑控制装置

逻辑控制装置主要集中于电气控制柜中,其主要作用是完成对电梯电力拖动系统的控制,从而实现对电梯功能的控制。

电气控制柜通常安装在电梯的机房里。另外,在轿厢顶上,还有门电动机及其调速装置、其他电路配线专用的电气装置和接线板,这些元器件和电路,通常装在固定的安装盒内。

电梯的逻辑控制主要由以下几部分组成:轿内指令、厅外召唤信号、定向选层、启动运行、平层、指层、开关门、安全保护及其他功能(如检修、消防、照明)的逻辑控制。

4.4 电梯的继电器控制电路分析

电梯逻辑控制的性能决定着电梯操纵自动化程度的高低。在操纵方式上有按钮控制、信号控制、集选控制、并联控制和群等不同的控制方式。在上述几种操纵方式中,集选控制方式使用最为广泛。在不同的控制方式中,逻辑控制的任务虽然不完全一样,但是,都必须能实现几个基本功能:轿内指令、厅外呼梯、减速平层、选层、定向、指层、安全保护、检修等。因此,本节主要分析说明集选控制的基本功能的实现方法,为读者分析和设计各种操纵方式的逻辑控制电路和程序奠定基础。

集选控制电梯的逻辑控制系统能将各楼层厅外的上召唤及下召唤信号与轿厢内的指令信号综合在一起进行集中控制,从而使电梯自动地选择运行方向和目的层站。为了帮助本节的电路功能分析,把集选控制电梯功能重新具体归纳如下。

(1) 能在有/无司机两种工作状态下使用。

(2) 无司机时可延时自动关门,也可通过关门按钮关门。

（3）平层停靠时自动开门。

（4）根据轿内楼层指令或厅外召唤信号自动定向,自动保持最远层站决定的方向。

（5）可实现顺向截梯及最远层站反向截梯。

（6）可实现轿内指令和厅外召唤的多指令登记。

（7）自动启动运行,减速制动及平层停靠。

（8）具有检修功能。

（9）具有消防运行功能。

下面对集选控制电梯的典型逻辑控制电路和辅助电路的功能进行分析。

4.4.1　厅外召唤控制电路

厅外召唤是指乘客在任意一层厅站上发出的呼梯信号。电梯的厅外召唤信号是通过电梯厅门口的按钮来实现的。除顶层只有下召唤按钮,底层只有上召唤按钮外,其余每层都有上、下召唤按钮。在电气线路上,每个按钮对应一只继电器,下面以 4 层电梯厅外召唤控制为例,介绍厅外召唤信号的登记和消号原理。

4 层 4 站的厅外召唤控制电路如图 4.3 所示,图中 1SSZ～3SSZ 为上召唤按钮,2SXZ～4SXZ 为下召唤按钮,1KHF～4KHF 是 1～4 层层楼继电器（当井道中的层楼检测开关与换速开关合用时,有时也称为换速辅助继电器）的触点,KSF 和 KXF 分别是上行、下行方向继电器的常闭触点,KZ 为直驶继电器常闭触点。当电梯上行时,KSF 常闭触点断开,而电梯下行时,KXF 常闭触点断开。

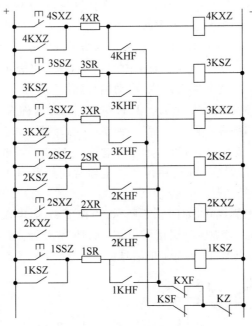

图 4.3　厅外召唤控制电路

例如,乘客在三楼按下上召唤按钮 3SSZ 呼梯,则 3KSZ 线圈得电,3KSZ 常开触点吸合并自锁,三楼上召唤信号被登记。

当电梯上行至三楼时,三楼层楼继电器 3KHF 吸合,这样,电流经 3KHF→KXF→KZ

到达电源一,使继电器3KSZ线圈短接而失电释放,登记信号被消除。

控制电路中,电阻1SR～3SR、2XR～4XR是为限制线圈短接时电流过大而设置限流电阻。

图4.3可用于集选电梯控制,电梯的运行方式是先上行响应厅外上召唤信号,然后再下行响应厅外下召唤信号,如此反复。在上行时应保留厅外下召唤信号,下行时应保留上召唤信号。如图4.3所示,如果电梯目前在一楼,此时三楼有上召唤信号,二楼又有上、下召唤信号,那么,电路中厅外召唤继电器3KSZ、2KSZ、2KXZ线圈得电,其常开触点吸合。电梯上行到达二楼时,层楼继电器2KHF常开触点闭合,二楼上召唤继电器2KSZ的线圈由于下列电路导通而短接释放:2KHF→KXF→KZ→电源一,二楼上召唤信号消除。但是,由于电梯上行时,上方向继电器KSF线圈处于得电状态,其常闭触点KSF断开,使所有下召唤继电器2KXZ～4KXZ都不受影响,因此,使下召唤信号2KXZ得到保留。

另外,在有司机操作时,如果司机不想在某一层停留,可按下操纵箱"直驶"按钮,使直驶继电器KZ线圈得电,则电梯在该层不停留,而该层厅召唤信号继续保留,在图4.3中,电梯处于直驶状态时,KZ线圈得电,KZ常闭触点断开,因此,全部已登记的上、下召唤信号不会被消除。

4.4.2　轿内登记控制电路

轿内指令是指由司机或乘客在轿厢里面对电梯发出向上或向下运行的控制信号。与厅外召唤相同,都是利用主令按钮对电梯发出控制命令,因此,轿内登记与厅外召唤控制环节有着基本相同的形式。

不论任何类型的电梯,在轿厢内部都设有一个操纵箱,在操纵箱上给每一层楼设置一个带按钮的指示灯,称为轿内指令按钮。若按下第i层的轿内指令按钮,只要电梯不在该层,则与按钮iSN相对应的选层继电器iKN(也称轿内指令继电器)就动作,其触点一方面接通其他控制环节使电梯启动,另一方面使按钮内的指示灯亮,以表示轿内指令iSN已被"登记"。在这个指令的控制下,电梯将会响应,启动运行到达第i层停止,这时应使选层继电器iKN释放,按钮灯熄灭,表示轿内指令iSN已被执行完毕。这称为"消号"。

实现上述控制的逻辑线路有两种方案,一种是串联式线路,如图4.4所示。以第i层指令iSN为例,在操纵箱上按下iSN按钮,选层继电器iKN线圈得电并自锁,信号被登记,指示灯iEN亮。当电梯运行到第i层时由层楼继电器常闭触点iKHF打开,于是iKN线圈由于失电而释放,该指令被消号。

另一种形式是并联控制线路,如图4.5所示,当按下iSN,电流经限流电阻iR使iKN线圈通电并自锁,电梯到达第i层时层楼继电器iKHF常开触点闭合,则选层继电器iKN线圈被短接,iKN常开触点断开,从而实现消号。

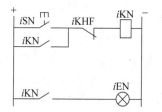

图4.4　串联式轿内指令控制电路

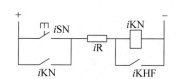

图4.5　并联式轿内指令控制电路

比较串联方式与并联方式控制线路可以看出,串联方式线路是利用串接于选层继电器 iKN 线圈回路中的层楼继电器 iKHF 的常闭触点进行工作的,当该触点出现接触不良的现象时,会影响第 i 层轿内指令的登记,这就要影响电梯到达该层或前往该层的乘客使用电梯的要求。而并联式线路恰好与之相反,如第 i 层层楼继电器 iKHF 的常开触点接触不良,则仅仅影响信号的消除,而不会影响该层信号的登记与记忆,也即不会影响前往该层乘客的使用。并联式线路也有其不足,即每层要有一个限流电阻,这会使各层选层继电器 iKN 线圈的工作电压与电源电压不一致,增加了控制系统中电器的电压品种,同时也因无指令时电阻长期工作而增加了线路的耗能。

4.4.3　层楼信号的获取及显示电路

电梯井道把轿厢与层站隔开,因此,轿厢内及各个层站的乘客都无法直接看到电梯的实际位置,这就需要在轿厢内部及各个层站安装指示装置,当电梯运行到某层时发出相应的楼层信号使指示装置显示出电梯当前所处位置。同时,这些楼层信号还要在其他的逻辑控制环节中起某些控制作用。

对于带有选层器的电路,指层通常是由选层器触点接通层楼灯来实现的,通常要求指层灯不间断。上一层熄灭,下一层灯即亮。对于无选层器的电梯,楼层信号由井道信息传感器产生。所谓井道信息传感器,是电梯换速、平层等信号的发讯装置,它与电梯实际运行位置有关。常见的井道信息传感器是由干簧管传感器或双稳态磁开关构成的。

干簧管传感器结构如图 4.6 所示。它利用磁感应原理使干簧管触点进行切换。当传感器 U 形槽内无铁板插入时,触点 2 受永久磁铁吸引与触点 3 形成通路;当铁板插入 U 形槽时,磁通经铁板短路(称为隔磁板),触点 2 受其弹性恢复与触点 1 接通。这样在触点 1、触点 2、触点 3 之间就形成了信号的切换。利用这种状态的切换,可以产生换速、平层等控制信号。这些隔磁用的铁板称为隔磁板或桥板。

干簧管传感器与隔磁板在电梯上的安装方式通常是一个固定在井道的导轨架上而另一个装在轿厢上随电梯运动,具体的安装位置与相应的逻辑控制电路有关。

图 4.7 是井道信息传感器的一种安装方式示意图,它由安装在轿厢上的平层干簧管 4

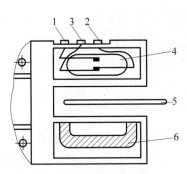

图 4.6　干簧管传感器

1—常闭触点;2—转换触点;3—常开触点;
4—干簧管;5—隔磁板;6—磁铁

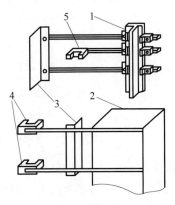

图 4.7　井道传感器安装示意图

1—导轨;2—轿厢;3—隔磁板;
4,5—干簧管传感器

（GSP、GXP）和安装在各层厅站对应位置上的换速干簧管 5（1GH，2GH，…，nGH）组成。当电梯在某层平层时，该层隔磁板应同时插入 GSP 和 GXP，这样就可以产生使电梯停止的控制信号。换速干簧管 5 的作用有两个：如果电梯要在第 i 层停靠，当电梯运行使隔磁板进入 iGH 时就会发出减速控制信号；如果电梯仅仅通过第 i 层而不在该层停靠，隔磁板进入 iGH 时只发出使楼层显示发生变化的楼层转换信号，它表示电梯上行（或下行）到了一个新的层站。

干簧管的安装方式及数量与控制系统及电梯的性能有着密切的关系。例如有些电梯将所有的隔磁板都装在井道中，而将各种作用的干簧管都设于轿厢上。由于当电梯位于各层时，不能在相应的电气线路中反映出信号的变化，因此，楼层转换信号就不可能再由干簧管产生。有的电梯在每一层站都要设两个换速干簧管，即上换速干簧管 GHS 和下换速干簧管 GHX，这种安装方式多用于速度较高的电梯，以获得较准确的换速距离。总之，不同电梯的井道信息传感器的控制过程必须结合具体的控制系统进行分析，但基本作用都是一样的。

双稳态磁开关装置结构如图 4.8 所示，双稳态磁开关装置是由装于轿厢顶部的永久磁体组成的。当轿厢运动时，磁开关与磁体的相对运动产生反映轿厢位置的信号。双稳态磁开关的主要部分是干簧管开关和小磁体，在没有受到外界磁场影响时，干簧管中的触点状态完全取决于其上方的小磁体的磁场强度，在下面两个条件下，触点的状态发生翻转。

（1）受到与当前触点所处磁场方向相反的磁场作用。

（2）开关的运动（即电梯运动）方向与原来触点所处的运动方向相反。

由此可见，这种磁开关并不像干簧管继电器那样，当附近有磁场时，它的触点就动作，磁场一旦撤销，它的触点就立即复位。由于其内部的小磁体起维持作用，因此，当开关状态能够保持，开关具备上述两个条件之一时，才会发生翻转，而在此之前一直保持当前状态，这就是"双稳态"的含义。

双稳态磁开关安装固定在井道中的非导磁材料的槽中，其极性根据与它对应的磁开关的作用不同而不同。

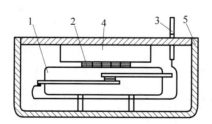

图 4.8　双稳态磁开关

1—干簧管；2—维持状态磁块；3—引出线；4—定位弹性体；5—壳体

另外，采用光电开关也可以获取层楼信号信息。其检测原理与干簧管相似。

下面以干簧管传感器为例说明层楼信号获取及指层原理。图 4.9 为一种层楼信号控制电路。由于各层干簧管 GH 的作用不只限于楼层信号的指示，因此，用中间继电器将信号扩展以分别用在不同的控制环节中。这种电路原理简单，但层楼信号是不连续的。例如，电梯运行到二层时，隔磁板通过干簧管传感器 2GH 时，使磁路隔断，干簧管 2GH 触点复位接通,继电器 2KZJ 线圈得电,其常开触点吸合使层楼指示灯 2 亮,但隔磁板只要离开干簧管 2GH,磁路被接通,则干簧管 2GH 触点处于断开状态,指示灯 2 立即熄灭。只有运行到干簧管 3GH 位置时,层楼指示灯 3 才会亮,在这期间没有任何指示,这对轿内和厅外的乘客来说是不方便的。

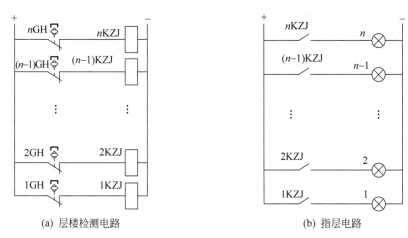

(a) 层楼检测电路　　　　　(b) 指层电路

图 4.9　层楼信号控制电路

图 4.10 的逻辑控制电路可以避免上述缺点。图中增加了与干簧管传感器 GH（或 KZJ）数量相当的层楼继电器 KHF。当电梯运行到二层时,由图 4.9 中的继电器 2KZJ 常开触点闭合使线圈 2KHF 得电并自锁,指示灯 2 亮,当电梯到达三层换速位置时,触点 3KZJ 打开,使 2KHF 线圈失电复位,同时 3KZJ 闭合,使 3KHF 线圈得电,这时指示灯 2 熄灭,同时指示灯 3 亮。显然,电梯(隔磁板)未运行到 3GH 处,就一直显示数码 2,这样就得到了连续变化的楼层指示信号。其他各层的指示可以此类推。

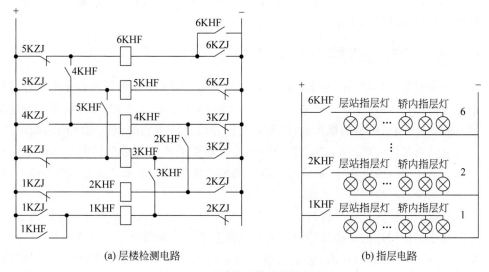

(a)层楼检测电路　　　　　(b)指层电路

图 4.10　连续楼层信号的控制电路

图 4.11 是另一种形式的连续楼层信号控制环节。其特点是设置了单数层楼继电器 KDC 和双数层楼继电器 KSC,这样就可以省去与前面各个干簧管 iGH 对应的中间继电器

iKZJ，其他原理与图 4.10 相同。如电梯到达二层时，干簧管传感器 2GH 复位接通，层楼继电器 2KHF 线圈得电，指层显示灯 2 亮；由于是双数层楼，因此，双数层楼继电器 KSC 线圈也同时得电并自锁，这样，即使隔磁板离开干簧管传感器 2GH，其常闭触点断开，层楼继电器线圈仍然得电，指示灯依旧显示为 2。若电梯向下运行，隔磁板进入 1GH 干簧管传感器槽中时，1GH 由于磁路短接致使其常闭触点闭合，其结果是，一层层楼继电器 1KHF 和单数层楼继电器 KDC 继电器线圈得电，与此同时，由于 KDC 的常闭触点断开，使 KSC 线圈控制回路断开，层楼指示灯 2 熄灭，层楼指示灯 1 被点亮。

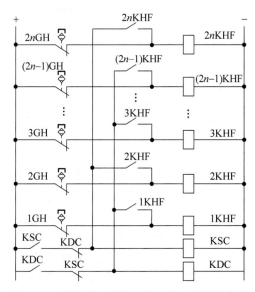

图 4.11　利用单双层继电器获得连续楼层信号

综上所述，楼层信号来源于各层干簧管 iGH 的动作，经转换后以层楼继电器 iKHF 的状态反映电梯运行楼层的变化。

4.4.4　定向与选层控制电路

电梯的定向是指控制系统根据电梯当前位置及由使用者发出的轿内指令或厅外召唤信号所指定的楼层，自动地选择电梯的运行方向。改变电梯的运行方向，实际就是改变电动机的旋转方向，对三相感应电动机来说，改变其旋转方向只需将它的供电电源的两相调换，而对于直流电动机来说，只需改变其电枢绕组的输入极性或改变励磁绕组的输入极性。在采用发电机—电动机组的电梯中，通常改变发电机励磁绕组的极性来改变发电机的输出极性，从而改变了电动机电枢绕组的极性，实现了旋转方向的改变。

选层是指当电梯接到多个轿内或厅外召唤命令时，自动地选择合理的停靠层站。

定向及选层控制是电梯逻辑控制系统中至关重要的组成部分。

图 4.12 是一种电梯的定向、选层典型控制电路，这个电路可以实现有/无司机两种模式。图中，KWS 为无司机继电器，通常由轿内操纵箱上的转换开关或钥匙开关选择，当电梯处于无司机操作时，无司机继电器 KWS 的线圈得电，它的常开触点吸合；有司机操作时，KWS 的线圈失电，它的常开触点断开，常闭触点吸合。

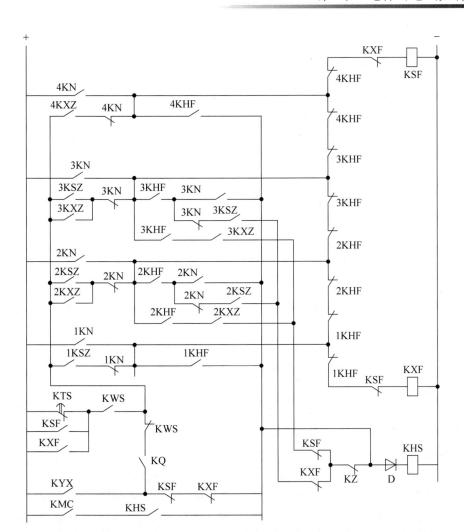

图 4.12　一种定向、选层控制电路

1. 有司机状态下的控制功能

有司机状态下,图 4.12 中的无司机继电器 KWS 常闭触点闭合、常开触点断开,此时电路有以下功能。

1) 定向

当电梯停在某个层站未运行时,那么,启动继电器 KQ 线圈和运行继电器线圈 KYX 处于失电状态,在图 4.12 中,KQ 和 KYX 的常开触点断开,又因 KWS 的常开触点断开,这样,就切断了所有厅外召唤信号 1KSZ～3KSZ、2KXZ～4KXZ 与控制电源"+"之间的联系。在这种情况下,在电梯未启动运行时,只能由司机通过轿内楼层按钮使轿内指令继电器 1KN～4KN 动作而进行定向。例如电梯停在二层,根据前面所述的楼层信号产生原理,层楼继电器 2KHF 常闭触点断开,如果司机要控制电梯前往一层,由轿内指令控制电路可知,层楼一的指令继电器 1KN 常开触点闭合,因此,只有下列控制回路导通,控制电源+→1KN→1KHF→KSF→KXF 继电器线圈→控制电源−,下方向继电器 KXF 线圈才能得电,即自动选择了下行方向。

2）选层

电梯处在有司机状态下时，由司机确定停靠的目的层站。例如：电梯目前停在二层，司机选择目的层站为三层，他发出轿内指令使 3KN 常开触点闭合，由上面定向过程可知电梯必向上运行，当电梯到达三层换速点时，三层层楼继电器 3KHF 线圈得电，其常闭触点断开、常开触点闭合，于是下列换速控制回路导通：控制电源＋→3KN→3KHF→3KN→二极管 D→KHS 继电器线圈→控制电源－，换速继电器 KHS 线圈得电，则电梯会自动减速停靠。

3）方向优先

当电梯接到多个轿内指令时，只有把与当前运行方向一致的那些指令执行完毕后，才会再执行与当前方向相反的指令，这个功能叫方向优先。这样可以提高电梯的运行效率。

例如，电梯目前在二层，司机相继按下了三层和四层的轿内按钮，同时给出了三层、四层的指令，那么，在图 4.12 中，轿内指令继电器的常开触点 3KN、4KN 均闭合，通过下列两条回路使上方向继电器线圈得电：

回路 1：控制电源＋→3KN→3KHF→4KHF→4KHF→KXF→KSF 继电器线圈→控制电源－；

回路 2：控制电源＋→4KN→4KHF→KXF→KSF 继电器线圈→控制电源－。

因此，电梯必然上行且要在三层、四层停靠。由于上方向继电器 KSF 与下方向继电器 KXF 在电气上是互锁的，电梯在四层停靠之前，KSF 是不会释放的，因此，下方向继电器 KXF 线圈没有得电的可能，即司机在电梯已上行启动后，又给出一层指令，电梯也不会下行，只有到达四层后，KSF 才会释放，这时 KXF 才能得电使电梯向下运行。

4）顺向截梯

在有司机状态下，厅外召唤信号不参与选向，但具有顺向截梯功能。

例如，四楼有轿内指令，电梯上行，此时启动继电器 KQ 线圈得电，KQ 常开触点闭合；电梯启动运行，运行继电器 KYX 线圈得电，它的常开触点闭合；因此，使控制电源的"＋"经 KYX 的常开触点、KQ 常开触点以及无司机继电器 KWS 的常闭触点与各个层楼的外召唤信号继电器的常开触点接通，如图 4.12 所示。

如果三楼厅外有乘客按下上召唤按钮，那么，对应的上召唤信号继电器 3KSZ 常开触点吸合；电梯到达三楼时，层楼继电器 3KHF 线圈得电，其常开触点闭合，下列回路导通使得换速继电器线圈 KHS 得电：控制电源＋→KYX→KQ→KWS→3KSZ→3KN→3KHF→3KN→3KSZ→KXF→KZ→二极管 D→KHS 线圈→控制电源－，因此，到达三层时，电梯换速停靠。

上述情况下，如果三层出现的是下召唤信号 3KXZ，就不能截住电梯，因为此时与三层下召唤信号继电器 3KXZ 触点相关的两个回路都不可能接通：

回路 1：控制电源＋→KYX→KQ→KWS→3KXZ→3KN→3KHF→3KN→3KSZ→KXF→KZ→二极管 D→KHS 线圈→控制电源－；

回路 2：控制电源＋→KYX→KQ→KWS→3KXZ→3KN→3KHF→3KXZ→KSF→KZ→二极管 D→KHS 线圈→控制电源－。

回路 1 中，由于三层是下召唤信号，上召唤继电器 3KSZ 线圈处于释放状态，其常开触点 3KSZ 断开状态，电路无法导通。回路 2 中，由于此时电梯处于上行状态，下方向继电器

KSF 吸合而使其常闭触点断开,电路也无法导通。因此,虽然三层下召唤继电器 3KXZ 常开触点闭合,也无法使换速继电器 KHS 线圈得电,电梯不能在三层停靠。

5) 直驶功能

在有司机状态下,如果轿厢已经达到满载状况,或由于其他原因,司机不想让厅外召唤信号使电梯在某层停止时,那么,司机可按下操纵盘上的直驶按钮,使直驶继电器 KZ 线圈得电,在图 4.12 中,KZ 的常闭触点断开,使换速继电器 KHS 线圈不能得电,则电梯就不能换速停止。电梯将会停在司机轿内指令指定的目的层站停靠,由近及远,根据短距离运行线路图运行。

2. 无司机状态下的控制功能

与有司机状态下相反,在无司机状态下,无司机继电器线圈 KWS 得电,其常开触点闭合,常闭触点断开。

此时无司机状态下图 4.12 电路的功能如下。

1) 定向

在无司机状态下,常开触点 KWS 闭合,它与停车时间继电器 KTS 的常闭触点、上下行继电器 KSF、KXF 的常开触点把控制电源的"+"极与各个层楼的召唤信号继电器触点相连,因此,在无司机状态下,厅外召唤和轿内指令都可以参与确定电梯的运行方向。

例如电梯停在一层,三层有下召唤,3KXZ 常开触点闭合,由于停车时间继电器 KTS 线圈在电梯运行时才得电,此时 KTS 常闭触点延时闭合,因此,下列控制回路导通:控制电源+→KTS→KWS→3KXZ→3KN→3KHF→4KHF→4KHF→KXF→KSF 线圈→控制电源−,则上方向继电器 KSF 线圈得电并自锁,电梯上行。

例如电梯停在三层待客,那么层楼继电器 3KHF 常闭触点断开,此时如果乘客进入轿厢后选择前往二层,层楼二的指令继电器 2KN 常开触点闭合,因此,只有下列控制回路导通:控制电源+→2KN→2KHF→1KHF→1KHF→KSF→KXF 继电器线圈→控制电源−,下方向继电器 KXF 线圈才能得电,自动选择了下行方向。

显然,电梯停在某层,对应的层楼继电器常开触点断开,乘客在厅外按下上下召唤按钮或在轿内按下本层指令,KSF 和 KXF 线圈都不可能得电,无法选择方向。

2) 选层和顺向截梯

同样,在无司机状态下,常开触点 KWS 闭合,它与停车时间继电器 KTS 的常闭触点、上下行继电器常开触点把控制电源的"+"极与各个层楼的召唤信号继电器触点相连,厅外召唤和轿内指令都可以参与电梯的自动选层。

无司机状态下的选层、顺向截梯电路原理与有司机状态下的原理相同,读者可自行分析。

3) 最远反向截梯

最远反向截梯是指:电梯在无司机状态下,如果在轿厢内无人乘梯的情况下,出现了若干个反向截梯信号时,电梯应能够优先响应距离它最远的那个召唤信号。

例如,电梯停在一楼,此时,二楼、三楼有厅外下行召唤信号,则召唤继电器 2KXZ、3KXZ 常开触点吸合,这样,下列回路导通:

回路 1:控制电源+→KTS→KWS→3KXZ→3KN→3KHF→4KHF→4KHF→KXF→KSF 线圈→控制电源−;

回路 2：控制电源＋→KTS→KWS→2KXZ→2KN→2KHF→3KHF→3KHF→4KHF→4KHF→KXF→KSF 线圈→控制电源－。

因此，上方向继电器 KSF 线圈得电并自锁，电梯上行。电梯经过二楼时，该层的层楼继电器 2KHF 线圈得电，它的常闭触点断开，尽管 2KXZ 常闭触点闭合，下列回路由于 KSF 常闭触点断开并不导通：控制电源＋→KTS→KWS→2KXZ→2KN→2KHF→2KXZ→KSF→KZ→二极管 D→KHS 线圈→控制电源－，因此，换速继电器 KHS 线圈无法得电，电梯经过二楼时并不停车，电梯依旧上行。

达到三层时，三层的层楼继电器 3KHF 线圈得电，它的常开触点吸合，其常闭触点断开使回路 1 断开，上方向继电器 KSF 线圈失电，其常闭触点闭合，使得下述回路导通：控制电源＋→KTS→KWS→3KXZ→3KN→3KHF→3KXZ→KSF→KZ→二极管 D→KHS 线圈→控制电源－，换速继电器 KHS 线圈得电，电梯在三层停靠。与此同时，由于二层下召唤信号 2KXZ 未被响应，登记状态依然保留，下列定向回路导通：控制电源＋→KTS→KWS→2KXZ→2KN→2KHF→1KHF→1KHF→KSF→KXF 线圈→控制电源－，下方向继电器 KXF 线圈得电，电梯下行。

电梯再次通过二楼时，也就是下行至二楼时，该层的层楼继电器 2KHF 线圈重新得电，它的常开触点吸合、常闭触点断开，则换速回路导通：控制电源＋→KTS→KWS→2KXZ→2KN→2KHF→2KXZ→KSF→KZ→二极管 D→KHS 线圈→控制电源－，换速继电器 KHS 线圈得电，电梯在二楼停车。

4）轿内指令优先

在上述最远端反向截梯过程中，当电梯在三层停靠响应 3KXZ 信号时，由于三层层楼继电器 3KHF 的常闭触点断开，所以上方向继电器 KSF 线圈失电。但由以上分析知道，此时二层下召唤信号 2KXZ 仍处于保持登记状态，所以，电梯在停站时有可能出现下列定向回路导通：控制电源＋→KTS→KWS→2KXZ→2KN→2KHF→1KHF→1KHF→KSF→KXF 线圈→控制电源－，下方向继电器 KXF 线圈得电，从而使电梯立刻启动下行。这时电梯虽然在三楼停靠，但实际上还没有完成运送任务。为了使电梯在停靠期间确保厅外乘客有充分时间进入轿厢并下达轿内指令，防止在此期间，电梯被其他楼层的召唤信号调走，在图 4.12 中设置了停站时间继电器 KTS 的延时闭合触点。其工作过程是：当电梯运行时，KTS 线圈通电使其常开触点断开，当电梯停站并开门后，KTS 线圈失电，但其常闭触点要延时一段时间才能闭合。在延时的这段时间里，所有的召唤信号都不能参与选向，因而电梯不会因为召唤信号而定向，而轿内指令 1KN～4KN 却不受此限制。这就可以确保由厅外进入轿厢的乘客优先确定电梯的方向，这个功能就是所谓的"轿内指令优先"。

在图 4.12 中，在电梯停止时，KTS 常闭触点在开门后延时的若干秒内断开，另外，启动继电器 KQ 在电梯换速时线圈失电，KQ 常开触点断开，两者切断了所有厅外召唤信号继电器触点与控制电源"＋"极接通的可能，因此，在延时的这段时间内，全部的外召唤信号不参与选向，只有轿内指令才能确定电梯的运行方向。如三楼乘客要求往下，电梯在三楼停靠时，三楼乘客进入轿内后可优先选择下行方向，而四层层楼的外召唤信号不会使电梯上行。

5）无方向换速

所谓无方向换速是这样一种特殊情况：如果电梯正在运行，由于故障等原因，所有的内、外指令全部消失。由前面分析知，此时上、下方向继电器 KSF、KXF 的线圈全部失电。

但电梯在主电路的控制下会一直沿着当前方向运行下去,一直到最高(最低)层才会强迫停电。为避免这种不正常状况,图 4.12 中设置了 KSF、KXF 两个常闭触点。当电梯在运行中失去方向时,这两个触点复位,换速控制回路导通:控制电源＋→KYX→KSF→KXF→二极管 D→KHS 线圈→控制电源－,换速继电器 KHS 线圈得电,电梯立刻减速并在最近一层停靠。

4.4.5 换速控制电路

如第 3 章所述,交流双速电梯电动机有两套绕组:快速绕组和慢速绕组。电梯通常以快速绕组启动,而在减速时断开快速绕组,接入慢速绕组。

图 4.13 为一种曳引电动机的接线图,KKC 为快速接触器,KMC 为慢速接触器,虚线部分用于单绕组双速电动机,KKC 与 KKC1 触点同时吸合。

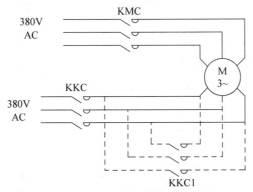

图 4.13 交流电动机的快、慢速绕组

电梯通常设置启动继电器 KQ,如图 4.14 所示,其中 KSF 和 KXF 为上、下方向继电器,KMJ 为门联锁继电器,电梯所有厅门和轿门关好后门联锁继电器 KMJ 线圈得电,其常开触点吸合。KSH 和 KXH 分别为上、下强迫换速开关,当电梯运行越过上、下强迫换速开关时,其常闭触点断开。

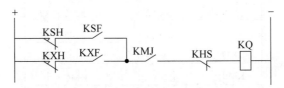

图 4.14 启动控制电路

当电梯所有厅门和轿门关好、运行方向确定后,启动继电器 KQ 线圈得电,它的常开触点吸合,由图 4.15 可知,快速接触器 KKC 线圈得电,KKC 主触点吸合接通快速绕组,电梯启动运行。

当电梯到达某个层站时,换速继电器 KHS 线圈得电而使其常闭触点断开,则启动继电器 KQ 线圈失电,同时,快速接触器 KKC 线圈也因此而失电,它们的常闭触点吸合使慢速接触器线圈 KMC 得电,把电动机的慢速绕组接入,电梯以低速方式运行。在图 4.15 中,KMS 和 KMX 分别为上、下行接触器。

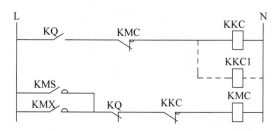

图 4.15　电梯快速、慢速控制电路

　　从图 4.14 可以看出，电梯运行越过上、下强迫换速开关时，将使启动继电器 KQ 线圈失电，自动断开快速接触器 KKC 线圈的控制回路，同时接通慢速接触器 KMC 线圈的控制回路，强制电梯以低速方式运行。

　　下面结合第 3 章图 3.17 的交流双速电梯拖动系统主电路介绍双速电梯速度切换控制的工作原理。图 4.16 为双速电梯快速、慢速控制电路，图中电阻和电容支路用于延时，当线圈断电时，由电阻、电容、线圈构成回路，线圈储存的能量由电阻和电容泄放，这样，接触器的常开触点延时断开，常闭触点延时闭合。

　　通常，图 4.16 控制电路电源接通后，继电器 KA1 线圈立即得电。

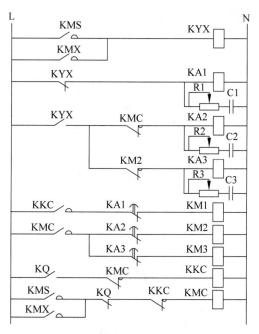

图 4.16　双速电梯快速、慢速控制电路

　　电梯上行时，上行接触器 KMS 常开触点吸合，运行继电器 KYX 线圈得电，同时，启动继电器 KQ 常开触点闭合，快速接触器 KKC 线圈得电；另外，由于 KYX 常开触点吸合，中间继电器 KA2 和 KA3 线圈也得电了。与此同时，在图 3.17 的主电路中，由于 KKC 主触点的吸合，曳引电动机接通快速绕组并串入感抗 LH1 启动运行。由于运行继电器 KYX 线圈得电而使其常闭触点断开，继电器 KA1 控制回路断开，KA1 线圈并不立即失电，延时一段时间后（延时时间由电阻 R1 和电容 C1 确定），KA1 线圈能量泄放殆尽，其常闭触点闭合，

因此,在图 4.16 中,接触器 KM1 线圈的控制回路导通:L→KKC→KA1→KM1 线圈→N, KM1 的常开主触点吸合,在图 3.17 的主电路中将感抗 LH1 短接切除,电梯稍后进入匀速运行阶段。

当电梯运行到减速点时,启动继电器 KQ 线圈和快速接触器 KKC 线圈相继失电,在图 4.16 中,慢速接触器 KMC 线圈控制回路导通:L→KMS→KKC→KMC 线圈→N,KMC 主触点吸合,在图 3.17 的主电路中,曳引电动机的慢速绕组接入、并串入电抗 R2—LH2 运行,电梯进入减速运行阶段。另外,由于 KMC 线圈得电,其常闭触点断开,从而切断了中间继电器 KA2 的通电回路,与 KA1 相同,KA2 线圈也是延时一段时间后失电,它的常闭触点延时闭合,使下列控制回路导通:L→KMC→KA2→KM2 线圈→N,接触器 KM2 线圈得电,在图 3.17 的主电路中,KM2 常开触点闭合使电抗中的电阻 R2 被短路切除了。同时,KM2 常闭触点断开,切了 KA3 线圈的控制回路,KA3 线圈则泄放延时,延时一段时间后 KA3 线圈失电,它的常闭触点闭合使下列回路导通:L→KMC→KA3→KM3 线圈→N,因此,接触器 KM3 线圈得电,其常开触点吸合,此刻在图 3.17 的主电路中,KM3 常开触点闭合使电抗短路被完全切除了,曳引电动机仅以慢速绕组运行。

KA1、KA2、KA3 的延时一般为 0.3～3s,调整时间继电器或改变继电器并联电容数值大小可调整延时。这种控制方式称为时间原则控制。它的优点是控制线路简单,在交流双速电梯中得到了广泛应用。

对于采用闭环连续控制的调速电梯而言,换速过程也是在取得换速继电器 KHS 线圈得电有效的信号后开始的,但这种电梯速度一般较高,在长距离和短距离运行时,换速时的速度不一样,因此应考虑换速点的选择。图 4.17 是调速电梯的运行曲线,其中曲线 1 是长距离的运行特性,曲线 2、3 为短距离的运行特性。显然,在短距离运行时由于速度未达到额定值(满速),因此换速距离应适当缩短,也就是说,电梯在短距离运行时的换速应早于长距离运行换速开始。

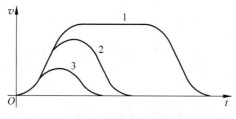

图 4.17　不同距离的运行曲线

4.4.6　平层控制电路

电梯在换速过程进行一段后即进入平层过程,相应的控制系统在取得电梯平层信号后开始进行平层控制。平层信号是由安装在轿顶上的两个干簧管传感器 GSP 和 GXP 产生的,如本章 4.3 节的图 4.1 所示。用 GSP 和 GXP 分别控制两个继电器 KSP 和 KXP,再用 KSP 和 KXP 的触点完成平层控制。典型的平层线路如图 4.18 所示。

假设电梯上行,则上方向继电器 KSF 常开触点吸合,当电梯启动运行后,快速接触器常开触点 KKC 闭合,上行接触器 KMS 线圈控制回路接通:L→KKC→KSF→KMX→KMS 线圈→N,KMS 线圈得电,并通过 KTM→KMS 支路自锁。KTM 是延时断开继电器,电梯切换到慢速运行时,其常开触点延时断开。由换速电路原理可知,电梯换速后快速接触器常开触点 KKC 断开,电梯做慢速运行。此时,则在上行接触器 KMS 的自锁作用下,电梯仍保持原来的运行方向。当电梯开始平层时,常开触点 KTM 将打开,则 KMS 正常自锁通路被切断,电梯运行仅受平层信号 KSP 的控制。在平层过程中,当 KSP 线圈得电而 KXP 线圈未得电时,下列控制回路导通:L→KXP→KHS→KSP→KMX→KMS 线圈→N,这时,轿厢底部在厅门地坎下面,由于 KMS 线圈得电,电梯将继续上行;反之,如果轿厢底部位于厅门地坎之上,下平层继电器 KXP 常开触点吸合,那么,下列控制回路导通:L→KSP→KHS→KXP→KMS→KMX 线圈→N,下行接触器 KMX 线圈得电并自锁,电梯又会自动下行。

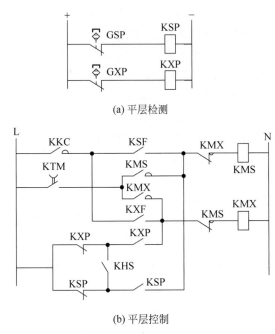

(a) 平层检测

(b) 平层控制

图 4.18　平层检测与控制电路

总之,只有隔板同时位于 GSP 和 GXP 之间(见图 4.1),继电器 KSP 和 KXP 线圈同时得电时,KMS 和 KMX 线圈才能都不通电,这时曳引电动机的电源被切断从而停车,轿门底部正好与厅门地坎平齐。

图 4.19 为一种电梯的平层控制线路,平层传感器由三个干簧感应器构成(见图 4.1),分别为上平层感应器 KSP、门区感应器 KMQ 和下平层感应器 KXP。当电梯上行时,上行方向继电器 KSF 的常开触点闭合,控制电梯的线路有以下 4 条。

(1) 电梯启动并加速时,启动继电器 KQ 和快速继电器 KJ 的常开触点吸合,下列控制回路导通,使 KMS 线圈得电:

$$L→KQ→KJ→KSF→KMX→KMS 线圈→N$$

(2) 电梯启动后,KQ 常开触点断开,切断了(1)所述的控制回路,但是由于 KJ 常开触点延时断开,KMS 线圈通过下列回路依然保持得电状态:

$$L→KJ→KSF→KMX→KMS 线圈→N$$

(3) 当电梯运行到目的层站的换速点后减速制动,此时,KQ 线圈失电,快速接触器 KKC 线圈失电,慢行接触器线圈 KMC 得电,其常开触点 KMC 吸合,则下列回路导通使上行控制接触器 KMS 线圈保持通电状态：

L→KMC→KMQ→KMS→KMX→KMS 线圈→N

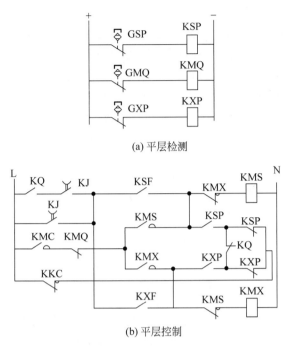

(a) 平层检测

(b) 平层控制

图 4.19　自动平层控制电路

（4）当上平层感应器进入隔磁板时，上平层继电器线圈 KSP 得电，其常开触点吸合，这样，下列控制回路导通使 KMS 线圈持续得电：

L→KKC→KXP→KQ→KSP→KMX→KMS 线圈→N

电路的动作过程为：第（1）回路在减速点时由 KQ 常开触点断开而断路；第（2）回路的作用是为了保证线路正常工作，实现减速；第（3）回路在门区感应器进入隔磁板时，KMQ 常闭触点断开，KMS 线圈断电，电梯停止；第（4）回路在正常情况下在 GXP 进入隔磁板时，XPG 常闭触点断开，KMS 线圈失电，电梯在平层位置停止；当上平层感应器 KSP 的常开触点故障而不能吸合时，电梯也会在门区感应器 KMQ 的常闭触点断开而欠平层停梯。

电路的动作过程为：第一条回路在减速点时由 KQ 常开触点断开而断路；第二条回路的作用是为了保证线路正常工作，实现减速；第三条回路在门区感应器进入隔磁板时，KMQ 常闭触点断开，KMS 线圈断电，电梯停止；第四条回路在正常情况下在 GXP 进入隔磁板时，KXP 常闭触点断开，KMS 线圈失电，电梯在平层位置停止；当上平层感应器 KSP 的常开触点故障而不能吸合时，电梯也会在门区感应器的 KMQ 常闭触点断开而欠平层停梯。

电梯下行时，平层原理与上行相同。另外，当电梯平层时，如果轿厢底部越过地坎平面时，上述电路也具有自动调整功能。请读者自行分析。

4.4.7　门系统控制电路

门系统的电气控制由拖动部分和开关门逻辑控制部分组成。

1. 门机拖动系统

门机拖动系统为门机提供动力，它由电动机及减速电阻构成，控制电动机的正转、反转及调节开关门速度。

图 4.20 是一种典型的直流门机拖动控制线路，直流电动机具有启动力矩大、调速性能好的特点。图 4.20 中直流电动机采用他励方式产生磁场。直流电动机 M 采用电枢控制方式，MDQ 为励磁绕组，KKM 和 KGM 分别为开、关门继电器，用来控制电机 M 的正反转可逆运行，1SKM 为开门限位开关，一般设在传动机构中对应开门行程的 2/3 处；1SGM、2SGM 为关门限位开关，一般设置在对应关门行程的 1/2 和 3/4 处。

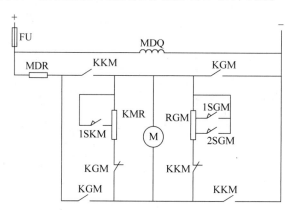

图 4.20　典型直流门机拖动系统

电梯开门时，开门继电器 KKM 得电，它的常开触点吸合，把直流电经电阻 MDR 和开门减速电阻 KMR 分压加到直流电机 M 电枢的两端，如图 4.20 所示，此时电枢两端的极性为上"＋"下"－"，于是，电动机正向旋转带动门机构开门。当门开至 2/3 时，开门机构碰撞限位开关 1SKM 使其闭合而短接了部分 KMR 的电阻，则电动机 M 电枢两端电压降低，开门速度降低以便减小冲击。当门开至极限位置时，会碰撞开门极限开关，从而切断开门继电器 KKM 线圈的控制回路，KKM 线圈失电，其常开触点断开，电动机电枢的电流被切断，开门过程结束。

关门过程和开门原理相同，关门时，关门继电器线圈 KGM 得电，其常开触点闭合使电枢两端所加电压的极性与开门时相反，从而电动机反转关门。在关门至 1/2 和 3/4 处分别由 1SGM、2SGM 动作，依次短接部分关门减速电阻 RGM 的电阻，使电动机两次减速，因此关门末速度比开门时要低，这是为了防止对乘客的冲撞。

另外，图 4.20 中，MDR 为总限流电阻，有时采用可变电阻，改变该电阻的阻值可以调节开关门速度。

2. 开关门控制

图 4.21 为一种开关门控制电路。图中 KY 为安全保护继电器，它受控于反映电梯安全状态的一些元器件，如安全钳开关、安全窗开关、断绳开关、热继电器触点以及相序继电器触点等，一旦出现上述不安全因素，KY 线圈失电，电梯立即停止运行。另外，2SKM 和 3SGM 分别为开、关门极限开关，它们的常闭触点断开时，开、关门到位，开关门过程结束。

1）电气联锁

电梯系统在电气上设置了厅门、轿门电气触点开关，保证厅门、轿门都关好，所有触点开关都接通时电梯才能运行,如图 4.21 所示,五层五站的厅门和轿门开关触点串联在一起驱动门联锁继电器 KMJ 线圈。如前所述,KMJ 触点串联在启动运行的回路,只有在 KMJ 触点吸合时,电梯方能启动。

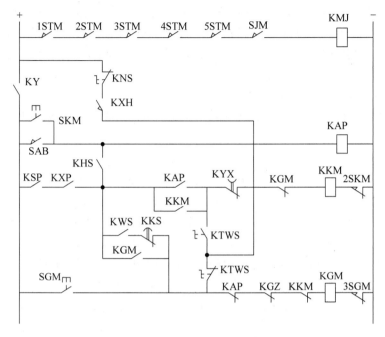

图 4.21　开关门控制电路

门电动机的旋转方向由开、关门继电器触点控制开门接触器 KKM 和关门接触器 KGM 的线圈来实现。为了避免 KKM 和 KGM 常开触点同时吸合造成短路事故,控制电路设计成互相联锁方式。在门关闭到位后,关门极限开关 3SGM 使关门接触器 KGM 释放,电动机停止运转;在门开启后,开门极限开关 2SKM 使开门接触器 KKM 释放,电动机停止运转。

2) 自动开关门

对于乘客电梯,通常要求电梯平层后能自动开门,其原理如图 4.21 所示。电梯到站平层时,换速继电器 KHS 吸合,控制电源经 KSP→KXP→KHS 使开关门控制继电器 KAP 线圈通电,其常开触点吸合,由于电梯停止后运行继电器 KYX 延时释放,则开门接触器 KKM 回路导通:控制电源＋→KY→KSP→KXP→KAP→KYX→KGM→KKM 线圈→开门限位开关 2SKM→控制电源－,则开门接触器 KKM 线圈得电并自锁,电梯开门。在开门过程中,开关门机构碰到限位开关 1SKM 则减速运行(见图 4.20),最后碰到开门极限开关 2SKM,其常闭触点断开切断 KKM 线圈控制回路,KKM 常开触点断开,电动机电源切断(见图 4.20),开门过程结束。另外,电梯换速后,继电器 KAP 线圈失电,它的常开触点断开,但由于开门接触器 KKM 线圈处于通电自锁状态,因此,KAP 的常开触点断开并不中断开门动作。

无司机的乘客电梯,一般具有自动关门的功能,即在开门延时一定时间后自动关门。延时时间通常为 3～10s。无司机状态下时,无司机继电器 KWS 常开触点吸合,在门完全打开后,开门时间继电器 KKS 常闭触点延时闭合,这时,下列关门接触器控制回路导通:控制电源＋→KY→KSP→KXP→KWS→KKS→KAP→KGZ→KKM→KGM 线圈→关门极限开关 3SGM→控制电源－，关门接触器 KGM 得电，电动机反转（见图 4.20），自动关门动作开始。开关门机构依次碰触关门限位开关 1SGM、2SGM，实现 3 级关门速度调节，最后，电梯门关闭到位，开关门机构碰到开门极限开关 3SGM，其常闭触点断开切断了关门接触器 KGM 线圈的控制回路，KGM 常开触点断开切断了电动机的供电电源，关门动作结束。

在上述关门控制回路中，KGZ 为超载继电器，当电梯超载时，由超载传感器动作使其线圈得电，它的常闭触点断开，使关门接触器 KGM 线圈无法得电，此时电梯不能正常关门。

另外，电梯不在平层区或平层不到位时，由于上、下平层继电器 KSP、KXP 常开触点没有同时吸合，电梯门也不会打开或关闭。

当电梯处于有司机操纵状态时，无司机继电器 KWS 线圈失电使其常开触点断开，延时关门回路不起作用。

3）手动指令开关门

通常，电梯还设有开、关门按钮，在有司机操纵情况下，关门由司机按下关门按钮。在无司机情况下，如乘客不想等待延时关门，可以按关门按钮使电梯关门。

如图 4.21 所示，按下按钮 SGM，手动关门控制回路导通：控制电源＋→KY→SGM→KAP→KGZ→KKM→KGM 线圈→关门极限开关 3SGM→控制电源－，关门接触器 KGM 线圈得电并自锁，电梯开始关门，自锁回路为：控制电源＋→KY→KSP→KXP→KGM→KAP→KGZ→KKM→KGM 线圈→关门极限开关 3SGM→控制电源－，没有经过自动关门回路，在延时到来之前 KGM 线圈已得电，KKS 延时闭合触点不起作用。与自动关门相比，手动关门具有优先权。

另外，在关门过程中，手动指令开门也具有优先权。按下开门按钮 SKM，继电器 KAP 线圈得电，其常闭触点断开切断了关门接触器 KGM 线圈的通电回路，使电梯停止关门。与此同时，KAP 常开触点的接通使下列回路导通：控制电源＋→KY→KSP→KXP→KAP→KYX→KGM→KKM 线圈→开门限位开关 2SKM→控制电源－，开门接触器 KKM 线圈得电，电梯开门。但为了安全，电梯只能在平层区内（或低速平层时）才能开门。为此，开门回路上设置有运行继电器 KYX 的常闭触点，只有 KYX 线圈失电时（KYX 控制回路见图 4.16），KYX 常闭触点延时闭合，KKM 才能吸合。上下平层继电器触点 KSP 与 KXP 保证电梯在平层区内开门。

4）门安全回路

在图 4.21 中，SAB 为门安全触板开关，当安全触板开关被碰撞时，SAB 开关接通，其开门过程与手动开门相同。

5）本层开门

乘客电梯具有本层开门功能。例如，电梯在二层正处于即将上行状态，电梯门正在关闭或刚关闭，此时只要按下厅门上召唤按钮电梯即能重新开门。按下二层厅门上召唤按钮 2SSZ 时，则其相应的召唤信号继电器 2KSZ 线圈得电，那么，在图 4.12 中，换速继电器 KHS 线圈因此而得电，在图 4.21 中，下列回路导通：控制电源＋→KY→KSP→KXP→KHS→KAP→控制电源－，KAP 继电器线圈得电，KAP 常开触点的接通，进一步使开门接触器回路导通：控制电源＋→KY→KSP→KXP→KAP→KYX→KGM→KKM 线圈→开门限位开关 2SKM→控制电源－，开门接触器 KKM 线圈得电，电梯开门。如电梯在二层处于下行状态，则按下厅门下召唤按钮即可重开门。

6）启、停用开关门

电梯停用时，通常将电梯开到基站，通过轿内钥匙开关切断电梯控制电源，再通过基站厅门召唤箱上的钥匙开关将电梯门关好。

在图4.21中，旋动钥匙开关KNS，控制电源切断，KNS常闭触点使停用线路通电。电梯在基站时，下换速开关KXH闭合，保证在基站才能实现停用。接着，在厅门召唤箱上旋动钥匙开关KTWS，这样，下列回路导通：控制电源＋→KNS→KXH→KTWS→KAP→KGZ→KKM→KGM线圈→关门极限开关3SGM→控制电源－，关门接触器KGM得电，则电梯关门。

电梯启用时与上述过程正相反。先在厅门旋动KTWS开关，电流经控制电源＋→KNS→KXH→KTWS→KYX→KGM→KKM线圈→开门极限开关2SKM→控制电源－，开门接触器KKM得电，电梯开门。开门到位后，再在轿内旋动KNS开关，切断启用回路，接通控制电源。

7）超载联锁

电梯设有超载装置时，电梯门与超载电路具有联锁电路。如图4.21所示，超载继电器KGZ由超载开关带动，超载时KGZ线圈得电，KGZ常闭触点断开，关门接触器KGM线圈不能得电，使门不能关闭，则轿厢门开关SJM和本层厅门开关的电气触点不能闭合，门锁继电器KMJ线圈不能得电，电梯无法启动运行。

3．具有提前开门功能的开关门控制电路

图4.22是一种具有提前开门功能的开门控制电路。这种电路需要平层装置设置3个传感器——上平层传感器、门区传感器和下平层传感器，如图4.1所示。电梯进入平层区还没有停靠时就开始开门，平层后电梯门打开。图4.22中KTC为停车接触器，这个接触器线圈失电时，其常开触点断开，切断门联锁继电器KMJ线圈的通电回路，电梯立即停车。下面分析图4.22电路的工作原理。

1）启用电梯开门

电梯启用时，在基站转动钥匙开关，则钥匙开关继电器KYS线圈得电，其常开触点闭合接通图4.22所示的开关门控制电路电源。

在有司机操纵方式时，无司机继电器KWS常开触点断开，关门命令继电器KGL线圈无法得电，它的常闭触点闭合。下列控制回路导通：

电源＋→KYS→2SKM→KGL→KYX→KGM→KKM线圈→电源－

则开门继电器KKM线圈得电，电梯开门。

在无司机操纵方式时，无司机继电器KWS常开触点闭合，由于电梯停在基站，停车接触器KTC常开触点闭合，此时，下列回路导通：

电源＋→KYS→KTC→KWS→KSJ→KGZ→KAP→KYX→KGL线圈→电源－

则关门命令继电器KGL线圈得电，其常闭触点断开。此时，在图4.22所示开门继电器KKM线圈中，只有在继电器KAP常开触点闭合时才能得电。因此，在基站按下开门按钮SKM，KAP线圈得电，下列控制回路导通：

电源＋→KYS→2SKM→KAP→KYX→KGM→KKM线圈→电源－

开门继电器KKM线圈得电，电梯开始开门，当开门机构触碰限位开关3SKM时，上述回路被切断，KKM线圈失电，电梯门打开。

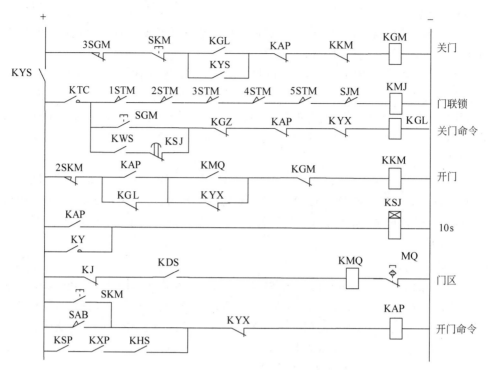

图 4.22　具有提前开门功能的开门控制电路

2）停用电梯关门

电梯停用时，通过轿内指令或厅外召唤指令把电梯召唤至基站，电梯返回基站停车开门放客，在无司机操纵方式时，下列关门控制回路导通：

　　　电源＋→KYS→KTC→KWS→KSJ→KGZ→KAP→KYX→KGL 线圈→电源－

关门命令继电器 KGL 线圈得电，接通关门控制回路：

　　　　　电源＋→3KGM→SKM→KGL→KAP→KKM→KGM 线圈→电源－

关门继电器 KGM 线圈得电，电梯开始关门，当关门机构触碰限位开关 3KGM 时，上述回路被切断，KGM 线圈失电，电梯门关闭。然后，在基站复位钥匙开关，钥匙开关继电器 KYS 线圈失电，电梯控制系统断电。

有司机操纵方式时，电梯返回基站停止运行，如果此时电梯门打开，则下列回路导通：

　　　　　电源＋→3KGM→SKM→KYS→KAP→KKM→KGM 线圈→电源－

关门继电器 KGM 线圈得电，电梯关门。待电梯门关好后，在基站复位钥匙开关，钥匙开关继电器 KYS 线圈失电，电梯控制系统断电。

3）按钮关门

电梯在某一层站开门放客后，乘客或司机在轿内按下关门按钮 SGM，则下列控制回路导通：

　　　　　电源＋→KYS→KTC→SGM→KGZ→KAP→KYX→KGL 线圈→电源－

关门命令继电器 KGL 线圈得电，其常开触点闭合使关门控制回路导通：

　　　　　电源＋→3KGM→SKM→KYS→KAP→KKM→KGM 线圈→电源－

关门继电器 KGM 线圈得电，电梯关门。

电梯关门时,如果轿厢超载,超载继电器 KGZ 常闭触点断开,关门命令继电器 KGL 线圈无法得电,电梯不能关门,将无法启动运行。

在关门过程中,有异物阻碍关门或按下开门按钮 SKM,开门指令继电器 KAP 常闭触点断开,关门过程也会立即中止。另外,运行继电器 KYX 只有在电梯停止时其常闭触点才会闭合,保证了在电梯运行过程中 KAP 线圈不能得电,电梯门不会打开。

4）自动关门

电梯在层站停靠时,运行接触器 KY 线圈失电,其常开触点断开,延时继电器 KSJ 线圈失电,其常闭触点延时若干秒后闭合,在无司机操纵方式时,下列回路导通:

电源＋→KYS→KTC→KWS→KSJ→KGZ→KAP→KYX→KGL 线圈→电源－

关门命令继电器 KGL 线圈得电,接通关门控制回路:

电源＋→3KGM→SKM→KGL→KAP→KKM→KGM 线圈→电源－

电梯自动关门。

5）提前开门

电梯进入平层低速区时,快速继电器 KJ 常闭触点闭合、低速继电器 KDS 常开触点闭合。同时,隔板进入门区传感器 MQ 的凹槽,下列回路导通:

电源＋→KYS→KJ→KDS→KMQ 线圈→MQ→电源－

使门区继电器 KMQ 线圈得电,它的常开触点闭合,下列开门控制回路导通:

电源＋→KYS→2SKM→KGL→KMQ→KGM→KKM 线圈→电源－

KKM 线圈得电,电梯开门。由于 KGL 线圈在电梯运行时不能得电,因此,其常闭触点吸合,也就是说,电梯进入门区后,还没有停靠之前已经开始开门了。

6）按钮开门

电梯停靠在层站时,乘客或司机在轿厢按下开门按钮 SKM,则开门指令继电器 KAP 线圈得电,它的常开触点接通下列开门控制回路:

电源＋→KYS→2SKM→KAP→KYX→KGM→KKM 线圈→电源－

开门继电器 KKM 线圈得电,电梯开门。

7）安全触板开门

电梯停靠在层站时,在关门过程中有人或异物触碰安装在轿门侧的安全触板 SAB 时,也会使开门指令继电器 KAP 线圈得电,它的常闭触点断开使关门指令继电器 KGL 和关门控制继电器 KGM 线圈失电,关门过程中止。同时,它的常开触点闭合,接通了下列开门控制回路:

电源＋→KYS→2SKM→KAP→KYX→KGM→KKM 线圈→电源－

开门继电器 KKM 线圈得电,电梯开门。

8）本层开门

电梯停靠在某个层站时,上下平层继电器 KSP 和 KXP 常开触点闭合。当电梯即将启动运行、门正在关闭或刚关闭时,如果按下与电梯运行方向相同的厅外召唤按钮,则换速继电器 KHS 常开触点闭合,下列回路导通:

电源＋→KYS→KSP→KXP→KYX→KAP 线圈→电源－

KAP 线圈得电,其常开触点接通下列回路:

电源＋→KYS→2SKM→KAP→KYX→KGM→KKM 线圈→电源－

开门继电器 KKM 线圈得电,电梯开门。

4. 具有开关门故障处理功能的开关门控制电路

电梯门系统是电梯最重要的安全保护装置之一,保证厅门和轿门安全有效地打开和闭锁是保障电梯使用者安全的首要条件,因此,有的电梯的开关门控制电路设计了开关门故障处理功能。例如,电梯上行,在某一层站平层后门不能正常打开,那么自动上行一层再开门,如果门能正常打开,则恢复正常运行;否则,再上行一层继续开门。如此处理,逐层再开门,直至到顶端层站。如果到顶端层站还不能正常开门,则电梯换向下行,同上行处理方法一样,逐层再开门,直到返回下行到基站并报警。

图 4.23 是一种具有开关门故障处理功能的开关门控制电路。当轿厢平层后电梯门不能正常打开时,该电路采用的处理方法是原地等待其他楼层的召唤,或由乘客登记其他楼层的轿内指令,使电梯行驶到其他楼层再开门。当关门出现故障时,电梯会自动进行反复地开闭,直到电梯门关闭好。

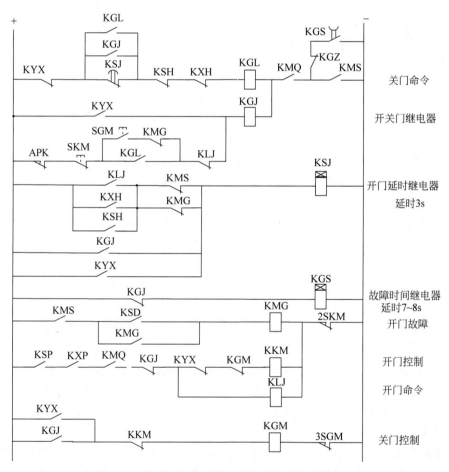

图 4.23　具有开门故障处理功能的开关门控制电路

与图 4.22 电路类似,这种电路也需要平层装置设置 3 个传感器。下面介绍电路的工作原理。

1）自动开门

电梯运行时,运行继电器 KYX 常开触点闭合,这样,延时继电器 KSJ 线圈得电,它的常闭触点是断开的。电梯停止时,KYX 常开触点断开,则关门继电器 KGJ 的线圈失电。此时,如果电梯处于平层位置,上、下平层继电器 KSP、KXP 以及门区继电器 KMQ 常开触点闭合,KGJ 的常闭触点闭合,因此,下列两个回路导通:

回路1:电源＋→KSP→KXP→KMQ→KGJ→KYX→KGM→KKM 线圈→2SKM→电源－

回路2:电源＋→KSP→KXP→KMQ→KGJ→KLJ 线圈→2SKM→电源－

由于开门继电器 KKM 线圈和开门命令继电器 KLJ 线圈得电,电梯开始开门。当开门机构触碰开门限位开关 2SKM,电梯门打开,KKM 线圈和 KLJ 线圈失电。

　　2）自动关门

电梯门打开后,开门命令继电器 KLJ 线圈失电,则 KSJ 线圈控制回路断开,KSJ 的常闭触点延时断开;另外,电梯平层停靠时,运行继电器 KYX 常开触点断开,KGJ 线圈失电,它的常闭触点接通了故障时间继电器 KGS 线圈的控制回路,KGS 常开触点闭合。此时,由于电梯停靠本层,本层外召信号已被消号,故本层上召唤继电器和下召唤继电器 KSH、KXH 的常闭触点也处于闭合状态,因此,关门命令继电器 KGL 控制回路导通:

　　　　电源＋→KYX→KSJ→KSH→KXH→KGL 线圈→KMQ→KGZ→KGS→电源－

关门命令继电器 KGL 线圈得电并自锁,它的常开触点使下述回路导通:

　　　　　电源＋→APK→SKM→KGL→KLJ→KGJ 线圈→KMQ→KGZ→KGS→电源－

因此,开关门继电器 KGJ 线圈得电,它的常开触点接通了下列回路:

　　　　　　　　电源＋→KGJ→KKM→KGM 线圈→3SGM→电源－

关门控制继电器 KGM 线圈得电,电梯关门。

在关门时,如果轿厢超载,超载继电器 KGZ 常闭触点断开,KGL 线圈无法得电,电梯不能关门。

　　3）按钮及安全触板开门

在关门过程中,如果按下开门按钮 SKM,则下列回路断开:

　　　　　电源＋→APK→SKM→KGL→KLJ→KGJ 线圈→KMQ→KGZ→KGS→电源－

开关门继电器 KGJ 线圈失电,它的常开触点断开,关门继电器 KGM 线圈失电,关门动作中止。同时,KGJ 的常闭触点闭合接通了开门控制回路:

回路1:电源＋→KSP→KXP→KMQ→KGJ→KYX→KGM→KKM 线圈→2SKM→电源－

回路2:电源＋→KSP→KXP→KMQ→KGJ→KLJ 线圈→2SKM→电源－

开门继电器 KKM 线圈得电,电梯开门。

当电梯门夹人或异物时,安全触板开关 APK 的常闭触点断开,电梯也会停止关门,其控制过程与按钮开门类似。

　　4）手动关门

电梯在层站平层停靠、门正常打开后,如果按下关门按钮 SGM,则下述回路导通:

　电源＋→APK→SKM→SGM→KMG→KLJ→KGJ 线圈→KMQ→KGZ→KGS→电源－

KGJ 线圈得电,电梯立即关门。回路中,轿厢平层后电梯门正常打开时,门锁继电器 KMS 线圈失电,它的常开触点断开使开门故障继电器 KMG 线圈失电,KMG 的常闭触点闭合。

　　5）关门故障处理

由上述的开关门电路分析过程可以看出,电梯开关门主要由继电器 KGJ 控制,KGJ 线

圈得电,电梯关门,KGJ 线圈失电,电梯开门。KGJ 线圈通电控制回路如下:

电源＋→APK→SKM→KGL→KLJ→KGJ 线圈→KMQ→KGZ→KGS→电源－

在这个回路中,延时继电器 KGS 的常开触点在 KGJ 线圈得电一段时间后延时断开,关门必须在这一给定的时间内完成,如果在给定的时间内门没有关闭到位,KGS 常开触点延时断开,切断了 KGJ 线圈通电回路,电梯门将重新打开。门打开后,限位开关 2SKM 常闭触点断开,切断了继电器 KLJ 和 KKM 线圈的通电回路,延时继电器 KSJ 线圈失电,若干秒后,它的常闭触点闭合,再一次接通关门指令继电器 KGL 和开关门继电器的控制回路:

电源＋→KYX→KSJ→KSH→KXH→KGL 线圈→KMQ→KGZ→KGS→电源－

电源＋→APK→SKM→KGL→KLJ→KGJ 线圈→KMQ→KGZ→KGS→电源－

电梯重新关门,如此不断重复。

如果电梯门正常关闭,则门联锁继电器 KMS 常开触点闭合,下述回路导通:

电源＋→APK→SKM→KGL→KLJ→KGJ 线圈→KMQ→KMS→电源－

使 KGJ 线圈保持得电状态。电梯启动运行后,运行继电器 KYX 常开触点闭合,在运行过程中下述回路保持导通:

电源＋→KYX→KGJ 线圈→KMQ→KMS→电源－

因此,KGJ 线圈保持得电状态,确保电梯门在上、下行时保持关闭状态。

6） 开门故障处理

在图 4.23 所示电路中,KSD 为速度继电器,当电梯启动后运行速度达到设定值后,KSD 速度继电器线圈得电,常开触点吸合。因此,电梯在运行过程中,厅门轿门已关闭,门锁继电器 KMS 的常开触点处于吸合状态,下列回路是导通的:

电源＋→KMS→KDS→KMG 线圈→2SKM→电源－

KMG 线圈得电并自锁,KMG 线圈处于得电状态。轿厢平层停靠后,当门因故障不能正常打开时,门联锁继电器 KMS 线圈依然保持通得电状态。由于 KMS 和 KMG 的常闭触点断开,开门延时继电器 KSJ 线圈无法得电。若干秒后,如果 KSJ 线圈仍然不能得电,它的常闭触点闭合,使线圈 KGL 和 KGJ 得电,电梯执行并保持关门动作。如果此时其他层楼有召唤信号或乘客在轿厢内部按下轿内指令,由于厅门和轿门业已关闭到位,电梯将会启动运行,下次平层停靠后,重新执行图 4.23 的自动开门控制逻辑。以此类推。

7） 本层开门

当电梯即将启动运行、门正在关闭或刚关闭好时,如果按下与电梯运行方向相同的厅外召唤按钮,相应的本层有上召唤继电器 KSH 或下召唤继电器 KXH 线圈得电,其常闭触点断开,断开了关门命令继电器 KGL 线圈控制回路。继电器 KGL 常开触点断开使得开关门继电器 KGJ 线圈失电,它的常闭触点闭合,则 KKM 线圈得电,电梯开门。

4.4.8 消防运行控制电路

当建筑物发生火灾时,电梯井道会形成一个风道加速火势恶化和蔓延,因此,发生火灾时,应尽快封闭电梯的井道、关闭厅门,同时为了保证乘客的安全,应将乘客送往基站（或指定层站）,脱离现场;在消防人员到达时能够借助电梯进行救援和灭火工作。

消防功能是现代建筑中的电梯必须具备的一个功能。我国消防部门规定:一幢高层建筑大楼内所设置的电梯中,至少要有一台能供消防人员灭火专用,因此对于作为消防电梯的电梯,在控制系统中必须考虑有火灾时供消防人员专用控制的情况。另外,发生火情时,如何借助电梯疏散和救援乘客,也是电梯控制系统必备的功能。

对于普通电梯来说,在火灾情况下,电梯的响应原则是使轿厢返回到指定层站并允许所有的乘客离开电梯。当控制系统接收到由火灾自动探测和报警系统或手动消防开关触发的火情信号时,电梯应具有下列响应。

(1) 所有厅外召唤和轿内指令控制(包括重开门按钮)均应变为无效。

(2) 所有已登记的召唤都应被取消。

(3) 电梯控制系统接收到火情触发信号时,正在运行的电梯按下列要求响应。

① 电梯控制系统接收到火情触发信号时,对于具有自动关门功能的电梯,如果此时轿厢刚好停在某个层站,则立即关门启动,中间不停层,直接运行到指定层站。对于那些非自动关门的电梯,如果此时轿厢开门停在某个层站,那么,应在该层站保持原状态;如果电梯门已关闭,则立即启动、中间不停层,直接运行到指定层站。

② 正在驶离指定层站的电梯,则在最近可停靠的楼层正常停止,但不开门,然后立即改变方向,返回指定层站。如果电梯已经开始向非指定层减速,则可正常停层,但是也不开门,然后立即驶向指定层站且中间不停层。

③ 正在驶向指定层站的电梯,则继续运行并且中间不停层,直接驶向指定层站。

④ 如果电梯因安全装置动作而停止运行,电梯应保持原状态。

(4) 为了避免电梯由于火灾热辐射或烟雾影响而使门保护装置(如安全触板)失效(门保护装置在此种情况下不起作用),电梯门可以关闭而不受其影响。

(5) 对于具有自动关门功能的电梯,轿厢抵达指定层站后停车并打开轿门和厅门,电梯退出正常的服务状态。对于非自动关门的电梯,轿厢抵达指定层站后,电梯门解锁,并且电梯退出正常的服务状态。

对于群控电梯来说,同一电梯组中的一台发生故障不影响其他电梯向指定层站的运行。如果电梯因故障停止,电梯控制系统接收到火情触发信号时,电梯应保持原状态不能启动运行;另外,在检修运行状态和紧急电动控制运行状态下的电梯此时也不应该受到影响。

对于承担消防电梯功能的电梯,可使用消防电梯钥匙开关(或称消防员钥匙开关)使电梯转换为消防员服务的有效状态。此种状态分两个阶段实现。

第一个阶段为消防电梯优先召回,这个阶段可以由消防开关或火灾自动探测和报警系统联动触发。一旦触发,电梯进入消防电梯优先召回状态,此时:

(1) 所有层站召唤和消防电梯的轿厢内的选层指令都不起作用,所有已登记的厅外召唤信号都被取消。

(2) 开门和紧急报警的按钮保持有效。

(3) 为了避免电梯由于火灾热辐射或烟雾影响电梯门关闭(在此种情况下使门保护装置在关门过程中不起作用),电梯门可以关闭而不受其影响。

(4) 在群控电梯中,作为消防电梯的电梯脱离同一群组中的其他电梯而独立运行。

(5) 到达消防人员入口指定层站后,电梯停在该层,并且轿门、厅门保持完全打开状态;消防人员入口指定层站是指建筑物中预定让消防人员在发生火灾时进入电梯的入口层站,如基站。

(6) 正在离开消防人员入口指定层站的电梯,则在可以正常停层的最近楼层做一次正常的停止，但不开门，然后返回到消防人员入口指定层站。

（7）在消防电梯开关启动后，井道和机房的照明自动点亮。

第二个阶段是消防专用状态，即在消防人员控制之下的消防电梯的使用，此时电梯处于消防专用状态，电梯由进入轿厢内的消防人员轿内指令控制。在这种状态下，电梯的特性如下。

（1）如果电梯是由外部信号触发而被应急召回时（如火灾自动探测和报警系统或手动消防开关），消防电梯开关未被设置到有效位置，电梯不能启动运行。

（2）电梯不能同时登记一个以上的轿内选层指令。

（3）当轿厢正在运行时，登记一个新的轿内指令，原来登记的指令则被取消，轿厢应在最短的时间内抵达新登记的层站。

（4）一个登记的指令将使电梯运行到所选的层站后停止，并保持门关闭。

（5）当电梯停在某个层站，通过持续按压开门按钮才能把门打开，一旦松开开门按钮，电梯门会自动关闭。当门完全打开后，保持打开状态直到有新的指令被登记。

（6）为了避免电梯由于火灾热辐射或烟雾影响电梯门关闭（在此种情况下使门保护装置在关门过程中不起作用），电梯门可以关闭而不受其影响。但门保护装置（如安全触板）和开门按钮依然起作用，可以打开电梯门。

（7）如果没有登记新的轿内指令，电梯会停留在目的层站。已登记的轿内指令应该显示在轿内操纵箱上；在正常或应急电源有效时，在轿内和消防人员入口层站显示轿厢的位置。

另外，在出现火情的情况下，消防电梯的轿内通信系统（轿厢内部设置的麦克风、扬声器等）应保持有效。另外，电梯作为消防电梯使用时，电梯各类重要的安全保护环节都应该正常有效。

在消防电梯开关被操作转换到正常服务位置时，只有当电梯返回到消防人员入口层站时，电梯控制系统才会从消防服务状态恢复到原来的正常服务状态，乘客才能正常使用。

由于火灾情况的电梯功能与电梯转为消防电梯的第一阶段的功能基本相同，因此，本节仅介绍消防电梯的控制电路及其原理。

图 4.24 为一种消防运行电路，图中 KXY 为消防运行继电器，它由消防开关 SXF 控制，KXZY 为消防员专用继电器，它由消防开关和消防专用钥匙开关 SXFY 共同控制，即在消防状态下，电梯回到基站后，用消防专用钥匙开关 SXFY 使消防员专用继电器 KXZY 线圈得电自锁。

当发生火警时，消防开关 SXF 按下，消防运行继电器 KXY 线圈得电，其常闭触点断开，切断了轿内指令、厅外召唤电路，使已登记的厅外召唤和轿内指令失效，同时，KXY 常开触点闭合，关门命令继电器 KGL 线圈得电，KGL 的常开触点吸合，使关门接触器 KGM 线圈得电，电梯强行关门。另外，KXY 常开触点闭合与 KXZY 常闭触点结合接通了选层定向电路中的消防返回基站电路，使电梯驶往基站；而 KXY 常闭触点断开使轿内手动开门不起作用，但此时安全触板依然可以使电梯门打开。

在消防返回基站过程中，由于轿内指令、厅外召唤均被消除，因而上行中的电梯处于无信号运行状态，自然在最近层换速停车（其原理与无方向换速类似）。此时自动、手动开门都不起作用，电梯在返站信号（KXY 常开触点）作用下返回基站。在此过程中，由于 KXY

常闭触点断开,切断了开门接触器 KKM 线圈的供电回路,使电梯在所有层站停靠时都不能开门。

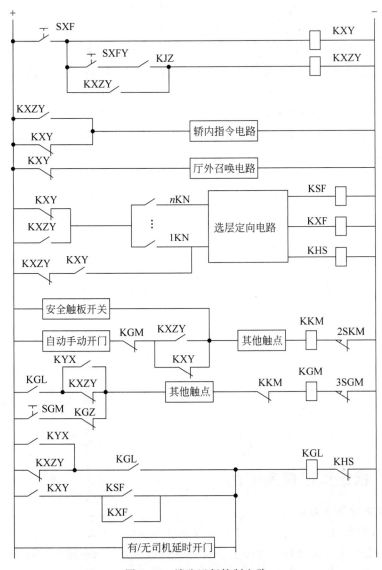

图 4.24　消防运行控制电路

在消防召回状态结束、电梯到达基站后,基站继电器 KJZ 得电,此时用消防专用钥匙开关 SXFY 使消防员专用继电器 KXZY 线圈得电自锁,其常开触点闭合,使开门接触器 KKM 线圈得电,电梯开门。电梯由此转为消防人员专用电梯。

在消防人员专用电梯模式下,电梯返回到基站,换速继电器 KHS 线圈得电,它的常闭触点断开,切断了关门命令继电器 KGL 线圈的通电回路,而它的常开触点在图 4.21 中接通了继电器 KAP 的控制回路,此时,只有通过关门按钮 SGM 手动关门(在未超载的情况下,KGZ 为超载继电器),但在关门过程中 SGM 按钮一旦释放,由于 KXZY 常开触点吸合,通过自动/手动开门电路,开门接触器 KKM 线圈得电,电梯门会立即转换为开启状态。

电梯运行后,KGL 线圈得电,KGL 常开触点接通,运行继电器 KYX 常开触点吸合,则关门接触器 KGM 线圈得电,关门状态得以保持。

电梯转为消防人员专用电梯模式后,消防员专用继电器 KXZY 常开触点吸合,接通了轿内指令选层定向电路的控制电源,消防人员可使用轿内指令操纵电梯。

图 4.25 为轿内指令一次有效控制电路,在消防员专用状态,继电器 KXZY 常开触点闭合,电梯停止时,运行继电器 KYX 常开触点恢复常开状态,轿内指令均无保持,必须在运行后才能自保。因此,消防员应按紧 nSN,直到电梯启动,如果在运行中按了多层指令按钮,电梯停止时,KYX 常开触点断开,使轿内登记的指令全部消除。另外,当火灾发生时,消防运行继电器 KXY 线圈得电,KXY 的常闭触点断开,切断轿内指令 1SN-nSN 登记回路的电源,继电器 1KN~nKN 的线圈不能得电,轿内指令无法登记。

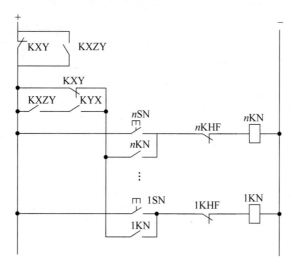

图 4.25　轿内指令一次有效控制电路

4.4.9　检修运行控制电路

1. 检修控制的基本要求

（1）电梯在轿厢顶和轿厢内操纵盘上分别设置有检修开关：轿顶检修开关 SJXD 和轿厢检修开关 SJXN,并且在两处分别设上、下检修按钮：轿顶上、下检修按钮 SSAD、SXAD,轿厢上、下检修按钮 SSAN、SXAN。

（2）按下这些按钮只能实现点动运行。

（3）检修速度不应超过 0.63m/s。

（4）为了保证轿顶检修人员安全,要求检修时具备"轿顶优先"功能,即在选择轿顶检修时,只有在轿顶按动上、下检修按钮才能使电梯运行,而在轿内按动检修按钮不能启动电梯运行。如果没有选择轿顶检修模式,在轿厢内操纵箱上选择检修模式时,可以在轿顶和轿内操纵电梯运行。

（5）一般情况下,只有当轿门及各层厅门全都关闭的情况下方可实现检修运行,若需要开门进行检修运行时,应设置专用的主令元件。

（6）检修时应切断轿内指令、厅外召唤、选层平层等正常运行控制环节。

2. 检修状态控制电路

下面以双速电梯为例,介绍检修状态下电梯的逻辑控制原理。如图 4.26 所示是简化后的检修方式控制电路,其中 KJX 是检修继电器,KSF、KXF 分别为上、下方向继电器,用来控制检修时电梯的方向。KMJ 是门锁继电器,如前所述,它受轿门开关 SJM 和各层厅门开关 1STM~nSTM 的控制。SYJ 为应急按钮,用于在检修状态下的开门运行。

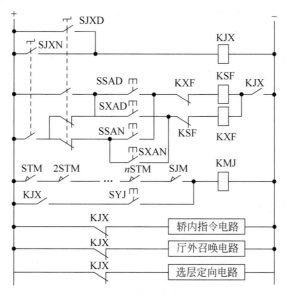

图 4.26　检修方式控制电路

图 4.27 是拖动系统的控制线路简化原理图,图中 KMS、KMX 分别是上、下方向接触器,KKC、KMC 分别是快、慢速接触器。SSW 和 SXW 为井道中的上、下终端限位开关,它们设置在井道中的两个极限端,以保证检修人员在轿顶和底坑检修时的安全。

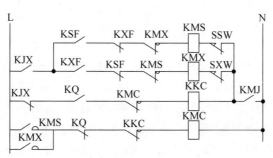

图 4.27　主电路控制线路

1) 轿顶优先

在图 4.26 中,当扳动轿顶检修开关 SJXD 时,其常闭触点使轿内上、下检修按钮 SSAN 和 SXAN 与控制电源正极断开而失去作用,此时,即使轿内检修开关 SJXN 闭合,轿内检修按钮依然不起作用,这就是轿顶检修优先的功能。但是,当在轿顶检修开关 SJXD 复位断开时,选择轿内检修方式,此时,在轿顶点动上、下检修按钮 SSAD、SXAD,或在轿厢内点动上、下检修按钮 SSAN、SXAN 都可以操纵电梯运行。

2）点动慢行

在轿顶扳动轿顶检修开关 SJXD 或在轿内扳动检修开关 SJXN,都可以使检修继电器 KJX 线圈得电,其常闭触点切断了轿内指令、厅外召唤指令以及定向选层电路的供电回路,因此,检修运行时,所有的外召唤指令、轿内指令均失效,电梯不能自动定向和选层,另外,KJX 的常闭触点断开使快速接触器 KKC 的线圈在检修状态下无法得电,如图 4.27 所示。此时,如果在轿顶点动上检修按钮 SSAD,上方向继电器 KSF 线圈得电,则在图 4.27 中下列控制回路导通：L→KJX→KSF→KXF→KMX→KMS 线圈→极限开关 SSW→门联锁继电器 KMJ→N,上行接触器线圈 KMS 得电,它的常开触点使慢速接触器 KMC 线圈通电导通,电梯上行。松开按钮 SSAD,电梯立即停止。点动下行与上行原理相同,读者自行分析。

3）开门检修

正常情况下,只有门全部关好时才可能使门联锁继电器 KMJ 的常开触点闭合,电梯才可能在检修状态下点动上、下行。按下应急按钮 SYJ,其触点和检修继电器 KJX 常开触点相连短接了轿门和厅门开关串联电路,使它们在电路中失去作用,门联锁继电器 KMJ 线圈因此而得电,因此,电梯可以开门运行。

4.4.10　安全回路

电梯电气回路上一般都设有安全保护继电器——安全继电器。一旦发生某种危险,保护电路中对应的安全动作开关,则安全保护继电器线圈失电,其触点切断电梯控制电源,使电梯急停,如图 4.28 所示。

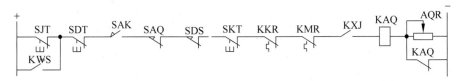

图 4.28　安全回路

1）急停开关

在图 4.28 中,SJT、SDT 和 SKT 是由检修人员操作的开关。其中,SJT 为轿内急停开关,设在操纵箱上。SJT 采用非自动复位开关,按下该开关,安全保护继电器 KAQ 线圈失电,电梯急停。在无司机状态下,为了防止乘客误按此按钮,造成不必要的急停,通常与无司机继电器 KWS 的常开触头并联,使 SJT 不起作用。SDT 是轿顶急停开关。由轿顶检修人员操作。SKT 设在井道底坑。底坑工作人员可按下此按钮,使电梯不能运行。

2）安全运行开关

安全窗是为应急营救而设的。电梯运行时必须关好安全窗,使安全窗开关 SAK 闭合,安全保护继电器 KAQ 线圈得电,电梯才能运行。

安全钳动作时,安全钳开关 SAQ 断开,使安全保护继电器 KAQ 线圈失电,其触点切断控制电源,电梯不能启动运行。

为了限制限速器因钢丝绳断裂及过度伸长造成超速保护失灵,电梯设置限速器断绳开关 SDS,断绳开关 SDS 动作使电梯急停。有的限速器上设有超速开关,开关触点串在 KAQ 回路上,当电梯超速时,超速开关先动作,使继电器 KAQ 线圈失电,如果这时速度继续上升,则安全钳动作。

在带有选层器的电梯上,还设有选层器断带开关 SXD,它的触点也可串在 KAQ 回路上。

3) 电力拖动系统保护

图 4.28 中,KKR 为快速绕组热保护继电器;KMR 为慢速绕组热保护继电器;KXJ 为相序保护继电器。

电动机电流过载超过允许值,经延时一定时间后仍继续过载时,KKR 或 KMR 动作,切断电源,以免电动机烧毁。相序错误会使电动机反转造成危险;断相运行会使电动机过热,以致烧毁。KXJ 相序继电器可以起到保护这两者的作用。

4) 防止电压波动

如图 4.28 所示,安全回路正常的情况下,通电时安全保护继电器 KAQ 线圈得电,KAQ 的常闭触点断开,把串联电阻 AQR 接入安全回路,以防控制电源电压波动使其他继电器动作。当电源电压向下波动时,继电器 KAQ 线圈因串了电阻而最先释放,使电梯急停。

4.4.11 终端越位保护

为了防止终端越位造成事故,在井道顶端、底端设置了强迫换速开关、终端限位开关和终端极限开关。

强迫换速开关在电路中的设置一般采用如图 4.29 所示的方式,图中 SSH、SXH 为强迫换速开关。当上、下强迫换速开关动作时,其常闭触点断开使启动继电器或换速继电器线圈失电,进而上、下行接触器失电,电梯将会制动停车。

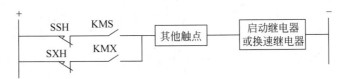

图 4.29 强迫换速开关在电路中位置

上、下终端限位开关在控制电路中常采用如图 4.30 的方式,图中 SSW、SXW 为上、下限位开关。当上、下限位开关动作时,其常闭触点断开使电梯的控制回路电源断开,电梯将会制动停车。另一种方法是把 SSW、SXW 串联在安全继电器 KAQ 回路中,当上、下限位开关动作时,其常闭触点断开使安全继电器 KAQ 线圈失电,KAQ 触点将切断电梯控制回路的电源。

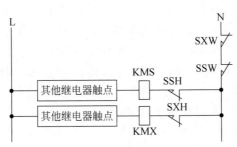

图 4.30 终端限位开关在电路中的位置

终端极限开关通常用于切断电梯供电电源(照明及报警装置除外),使曳引电动机停止工作,以防止电梯轿厢冲顶或蹲底。机械式终端极限开关通过联动装置驱动主回路开关动作,切断电梯供电电源。电气式开关的触点通常串接在安全回路,或上下行接触器控制电路中以切断曳引电动机供电电源。

4.4.12 其他回路

1. 照明回路

电梯的照明用电与动力用电分开设置,在电力电源停止供电时,照明仍可继续供电。有些电梯设置应急电源,正常照明停电时,应急电源可立即供电。电话电源也可取自照明供电。图 4.31 为一般照明电路。该电路包括两部分,一部分为电器供电电路,工作电压为 220V 交流电,这些电器包括:风扇(风扇开关 SFS、风扇 FS),轿厢照明(照明开关 JZKN、照明光源 JZDN),报警装置(报警开关 SBJ、报警器 BJQ),同时轿厢设置了插座 2JCZ。另一部分是轿顶电器供电电路,采用 36V 安全电压,其中 JZKD、JZKK 为安全照明开关,JZDD、JZDK 为安全照明光源,2DCZ 为插座。

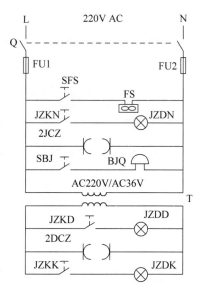

图 4.31　照明控制电路

2. 报警系统

当电梯发生故障或遇到危险情况时,乘客可以通过报警系统通知值班人员。轿厢操纵箱上可设置警铃按钮,按下按钮可使值班室的报警系统工作。一种方式是在轿内设置对讲机,平时值班人员可通过听筒得知电梯情况,遇到危险时,只需按下对讲机按钮,操纵箱上的固定话筒便可将声音传到值班室直接对话。

3. 应急电源

尽管电梯中设置了不少安全保护设施,但如果停电,电梯将失去动力,还会使乘客困在轿厢。随着电梯技术的发展,应急动力电源已逐步被应用于电梯上,一旦停电,应急电源应立即投入工作,使不在平层位置停止的电梯驶往最近层站,开门放客,然后才停止电梯使用。

思考题

(1) 电梯按照控制方式可以分成哪几种形式？说明各种形式的特点。

(2) 电梯的电气控制系统按照用途可以分成哪几种形式？说明各种形式的特点。

(3) 电梯的电气控制系统按运行管理方式可以分成哪几种形式？说明各种形式的特点。

(4) 客梯与货梯的运行过程有哪些不同？

(5) 简述有/无司机集选电梯的运行过程。

(6) 电梯有哪些基本功能？

(7) 通常电梯的电气控制系统包括哪些部分？它们各起什么作用？

(8) 简述平层装置的工作原理。

（9）选层器在电梯电气控制系统中起什么作用？

（10）请说明图 4.3 电路是如何实现"在上行时应保留厅下召唤信号,下行时应保留上召唤信号"的要求的？

（11）在图 4.3 电路中,当选择直驶方式操作时,是否可以实现厅外召唤登记？为什么？

（12）说明图 4.4 串联式和图 4.5 并联式轿内指令控制电路的优缺点。

（13）根据图 4.10 说明电梯控制系统中获取连续楼层信号的原理。

（14）什么是顺向截梯？用图 4.12 说明有司机和无司机方式在实现顺向截梯的过程中有什么不同？

（15）在图 4.12 中,有司机和无司机方式时,是如何实现定向的？

（16）什么是最远端反向？试用图 4.12 说明该功能的实现过程。

（17）在图 4.12 中,轿内指令优先是如何实现的？

（18）什么是无方向换速？在图 4.12 中是如何实现无方向换速的？

（19）在图 4.16 中,曳引电动机的减速制动是怎样实现的？

（20）简述图 4.18 实现平层的控制原理。如果电梯平层时,出现了轿厢底部低于厅门地坎的情况,电路如何工作？

（21）在图 4.20 中,MDR 起什么作用？改变 MDR 阻值对开关门速度有什么影响？

（22）图 4.21 是如何实现平层自动开门的？

（23）在电梯关门的过程中,通过指令或控制逻辑使其中止关门动作而转为开门,有时把这种操作称为反开门。图 4.21 可以实现哪几种反开门？

（24）图 4.22 所示电路是怎样实现提前开门的？

（25）电梯在发生火灾时是怎样运行的？

（26）简述消防专用电梯的运行原理。

（27）简述图 4.25 中轿内指令操作一次有效的控制原理。

（28）什么是轿顶优先原则？图 4.26 电路是如何实现该原则的？

（29）开门检修是如何实现的？

（30）安全回路的作用是什么？安全回路中应该包含哪些安全装置或器件？简述图 4.28 的工作原理？

（31）在电梯控制系统中,强迫换速开关和终端限位保护起什么作用？在控制电路设计时,它们如何连接？

（32）电梯照明电路设置有什么要求？电梯系统中设置应急电源的目的是什么？

第 5 章

电梯的 PLC 控制系统

可编程序控制器(Programmable Logical Controller,PLC)是一种以微处理器为核心,把自动化技术、计算机技术、通信技术等融为一体的、通用的自动化控制装置,不仅可以完成逻辑运算与控制,而且可以进行算术运算、模拟量检测与控制,被广泛地应用于各个工业控制领域。20 世纪 90 年代,出现了 PLC 控制的电梯,它取代了以前的继电器控制系统,用程序替代了继电器的逻辑控制电路,使电梯的布线、电气元器件的数量大幅度地减少,有效地提高了系统的可靠性。目前,大多数品牌电梯通常采用它们自己的专用控制器,其硬件结构从原理上来说与通用 PLC 相似,这些电梯的程序通常无法读出或得到,但它们的功能与同类型 PLC 电梯的功能是相同的。因此,本章以 PLC 控制电梯为主,分析和介绍电气系统的构成原理及程序设计原理。首先,介绍一种 5 层 5 站 PLC 控制的集选电梯电气系统,包括拖动系统、门机控制、电气控制、照明等电路,另外,详细分析各个功能的程序实现方法。其次,介绍一种 PLC 控制的 VVVF 电梯的工作原理,对测速和测距原理进行分析说明,并对这种电梯的程序进行分析说明。

5.1 PLC 控制的交流双速集选电梯

5.1.1 5 层 5 站集选电梯的功能

本节介绍的 5 层 5 站集选电梯具有三种工作模式:有司机、无司机(也称自动模式)和检修。

1. 有司机工作模式

有司机工作模式下,电梯由专职人员(司机)在轿内操纵电梯运行,主要功能如下:

(1) 厅外召唤信号的登记与消号;

(2) 轿内指令的登记与消号;

(3) 在厅外和轿内指示电梯运行方向及其所在位置;

(4) 自动开关门,手动开关门,安全触板在关门过程中反开门;

(5) 当电梯到达预定停靠的层站时,自动地把其运行速度切换到慢速,自动平层停梯、自动开门;

(6) 由司机在轿内登记指令选层,点按关门启动按钮,则电梯启动运行,在预定停靠层站自动平层停靠开门,如果是登记多个指令,依次服务响应,直到完成运行方向的最后一个指令任务为止；

(7) 顺向截梯；

(8) 直驶；

(9) 司机强迫换速。

2. 无司机自动工作模式

无司机自动工作模式即集选控制模式，电梯在控制系统的干预下自动运行，主要功能如下：

(1) 厅外召唤信号的登记与消号；

(2) 轿内指令的登记与消号；

(3) 在厅外和轿内指示电梯运行方向及其所在位置；

(4) 自动开关门，手动开关门，安全触板在关门过程中反开门；

(5) 顺向截梯；

(6) 最远端反向截梯；

(7) 满载直驶；

(8) 满载关门，超载开门；

(9) 本层开门；

(10) 根据轿内楼层指令或厅外召唤信号自动定向，自动保持最远层站决定的方向；

(11) 自动启动运行，减速制动及平层停靠。

3. 检修工作模式

在检修工作模式，电梯的主要功能如下：

(1) 点动慢速上下行；

(2) 轿顶操作优先；

(3) 可以通过轿内指令操纵电梯运行。

5.1.2　5层5站集选电梯的基本结构

为了说明电气系统中检测、控制和操纵使用的元器件的作用，本节主要介绍与电气系统相关的部分的结构。图5.1为5层5站电梯的井道结构和层站门厅示意图，图5.2为轿厢及其轿内操纵箱的示意图。

如图5.1所示，在井道上、下两端分别设置了极限开关(3SXK,3XXK)、终端限位开关(2SXK,2XXK)和强迫换速开关(1SXK,1XXK)。上述开关由安装在轿厢上的打板触碰而动作。上、下极限开关是通过联动机构与机房的联动装置相连的，当其动作时触发联动装置动作，切断电梯系统的供电电源。为了防止在电梯失控时轿厢越过顶层层站或底层层站而不停梯，此时，强迫换速开关动作迫使电梯减速停车，也称为强迫减速开关。当强迫减速开关未能使电梯减速停驶，轿厢越出顶层或底层位置后，上终端限位开关或下终端限位开关动作，切断控制电路，使曳引机断电并使制动器动作，迫使电梯停止运行。

如图5.1所示，为了检测轿厢的位置，在井道中设置了上、下换速开关(2THGS～5THGS、1THGX～4THGX)及平层隔板(图5.1中换速开关、平层隔板等位置仅示意其功能，并不表示它们在井道中的实际位置)，在轿厢上设置了平层开关(SPG、XPG)和换速隔板。

在本节所述的电梯中，电梯加速采用时间控制，减速采用按距离控制的方法，即电梯启动后,经过一定时间的加速后达到额定速度运行;减速时,只有当轿厢越过预先设置的换速点后减速过程才开始,最后平层隔板行进入平层开关凹槽后,电梯轿厢达到本层,曳引电动机断电停转并抱闸制动,电梯平层开门。

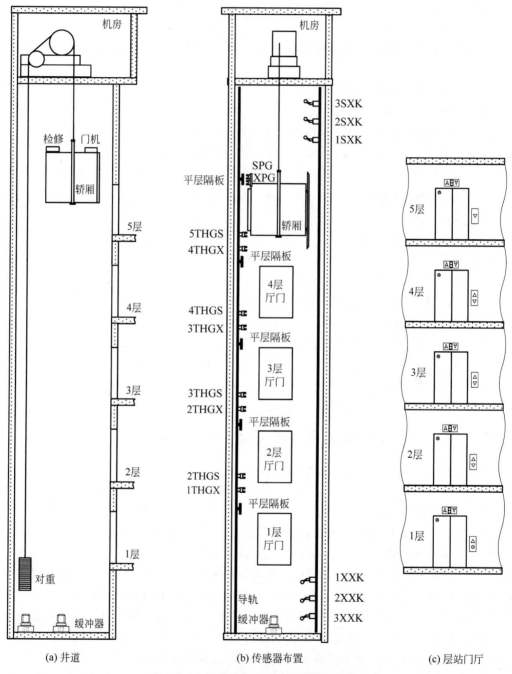

图 5.1　5 层 5 站电梯井道和门厅示意图

在图 5.1 的井道中,中间层站分别设置了两个换速点:上行换速点和下行换速点,最顶端层站设置了一个上行换速点,最低端层站设置了一个下行换速点。轿厢上行时,当安装在轿厢的换速隔板进入某一层的上换速开关的凹槽中时,指层装置切换楼层显示,如果此时该层已登记为目的层站,则电梯开始执行减速过程,轿厢继续前行,当该层井道中的隔板同时隔断装在轿厢上的上、下行平层开关的磁路时,则曳引电动机断电并抱闸,轿厢平层;否则,电梯不减速继续前行。轿厢下行时,越过下行换速点时下换速开关动作使楼层显示切换或减速运行。

在图5.1中,每个层站在厅门的上方设置有指层和方向指示装置,厅门侧设置了厅外召唤装置,2～4中间层站设置上、下召唤按钮及指示灯,最顶端层站设置下召唤按钮及指示灯,最低端层站设置上召唤按钮及指示灯。另外,在一层召唤盒和每层厅门的左上方分别设置有钥匙开关,其中一层召唤盒上的钥匙开关用于打开电梯,而每层厅门的左上方设置的钥匙开关用于在非正常状态下打开厅门。

图5.2为轿厢的示意图。轿厢上设置了上、下平层传感器SPG和XPG、换速隔板、开关打板、称重开关等。另外,在轿厢顶部还有轿顶检修、开门机构及其控制装置,该电梯采用直流门机系统,轿顶检修盒上设置有检修开关、上行、下行、开门、关门等操作开关或按钮。

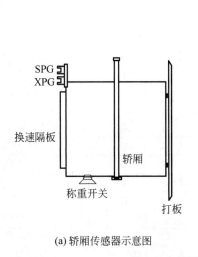

(a) 轿厢传感器示意图   (b) 轿内操纵箱

图5.2 轿厢示意图

如图5.2所示,在轿厢内的操纵箱上,设置了1～5层站的指令按钮及指示灯、方向及指层装置、开门按钮、关门按钮等。另外,还设置有急停、超载指示灯、蜂鸣器及轿内检修盒等。

5.1.3 5层5站集选电梯的电气系统原理

表5.1列出了电气系统的主要元件及其代号。

表 5.1　电气元件及符号表

序号	代号	名称	序号	代号	名称
1	TYK	电梯开放钥匙开关	39	JXK	强制式极限开关
2	GYJ	基站送断电继电器	40	XJ	相序继电器
3	FSK	风扇开关	41	KC	快速运行接触器
4	FS	风扇	42	MC	慢速运行接触器
5	KGK	基站开关	43	SC	上行接触器
6	JZDN	轿内照明灯	44	XC	下行接触器
7	BJK	报警开关	45	KJC	快加速接触器
8	BJQ	蜂鸣器	46	1MJC～3MJC	1～3 级慢速接触器
9	SYK	司机控制开关	47	KRJ	快速热继电器
10	1～5TSK	1～5 层层门锁开关	48	MRJ	慢速热继电器
11	JSK	轿门锁开关	49	TAD	轿顶急停按钮
12	1XXK	下端站强迫换速开关	50	TAK	底坑急停按钮
13	2XXK	下端站限位开关	51	TAF	机房急停按钮
14	3XXK	下端站极限开关	52	AQK	安全钳开关
15	1SXK	上端站强迫换速开关	53	DSK	限速器断绳开关
16	2SXK	上端站限位开关	54	XSK	限速器开关
17	3SXK	上端站极限开关	55	GMJ	关门接触器
18	2THGS～5THGS	2～5 层上行换速传感器	56	KMJ	开门接触器
19	1THGX～4THGX	1～4 层下行换速传感器	57	ZCQ	制动器线圈
20	SPG	上平层传感器	58	ZXR	制动器消耗电阻
21	XPG	下平层传感器	59	ZJR	制动回路电阻
22	CZK	超载开关	60	MDQ	门机励磁线圈
23	1ABK,2ABK	安全触板开关	61	MDR	开关门调速总电阻
24	1SZA～4SZA	1～4 层上召唤按钮	62	KMR	开门调速电阻
25	2XZA～5XZA	2～5 层下召唤按钮	63	MD	门机
26	1～4SZD	1～4 层上召唤指示灯	64	1KMK	开门到位开关
27	2～5XZD	2～5 层下召唤指示灯	65	2KMK	2 级开门限位开关
28	1～5NLA	1～5 层轿内指令登记按钮	66	1GMK	关门到位开关
29	1～5NLD	1～5 层轿内指令登记指示灯	67	2GMK	2 级关门限位开关
30	KMAN	轿内开门按钮	68	3GMK	3 级关门限位开关
31	GMAN	轿内关门按钮	69	JZKD	轿顶照明开关
32	KMAD	轿顶开门按钮	70	JZKK	底坑照明开关
33	GMAD	轿顶关门按钮	71	JZDD	轿顶照明灯
34	JA	开轿门检修开关	72	JZDK	底坑照明灯
35	1-5CLT	1～5 层方向和层楼显示器	73	2CZZK,3DCZK	底坑电源插座
36	CLJN	轿内方向和层楼显示器	74	2CZZD,3DCZD	轿顶电源插座
37	JHKD	轿顶、轿内检修转换开关	75	TE1,TE2	双控开关
38	DK1～DK3	电抗	76	BK,TB	控制变压器

1. 电气拖动系统

图 5.3～图 5.11 为 5 层 5 站交流双速 PLC 控制电梯的电气原理图,下面分别介绍这些电路的工作原理。

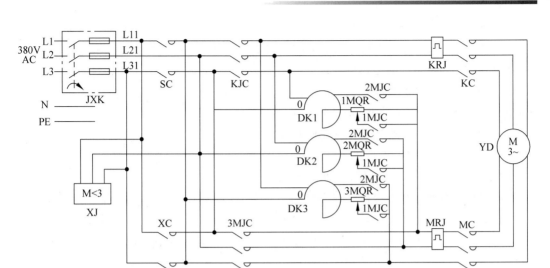

图 5.3　拖动系统原理图

以电梯上行为例,简要介绍拖动系统的工作原理。

电梯上行启动时,在图 5.3 中上行接触器 SC 常开触点吸合,快速接触器 KC 常开触点吸合,曳引电动机 YD 接入快速绕组,并串入电抗器 DK1～DK3 的部分感抗(电抗器接线端 0 与接线端 1 之间的感抗,见图 5.4)降压启动,经过一段时间后,快加速接触器 KJC 常开触点吸合,把之前接入的电抗短接,电梯以额定速度运行。

图 5.4　电抗器接线示意图

电梯将要达到目的层站时,当轿厢越过换速点,则快速接触器 KC 和快加速接触器 KJC 常开触点断开,同时,慢速接触器 MC 的常开触点吸合,曳引电动机 YD 接入慢速绕组,为了抑制电流的冲击,曳引电动机首先串入电阻 1MQR～3MQR 和电抗(电抗器接线端 0 与接线端 3 之间的感抗,见图 5.4),新的旋转磁场建立。由于运动系统的惯性,此时曳引电动机 YD 的转速远大于其内部旋转磁场的转速,因此,在其转子内产生了一个再生制动力矩,在此力矩的作用下,曳引电动机 YD 平稳地减速。

经过短暂的延时后,一级慢减速接触器 1MJC 常开触点吸合,切除 1MQR～3MQR 的部分电阻。随着曳引电动机 YD 转速的下降,其慢速绕组上的电压逐渐升高,制动转矩也逐渐减弱。再运行一段时间后,二级慢减速接触器 2MJC 常开触点吸合,从曳引电动机 YD 的供电回路中切除了电阻 1MQR～3MQR 和部分电抗(电抗器接线端 2 与接线端 3 之间的感抗,见图 5.4),此时,曳引电动机 YD 绕组仍然串接了部分电抗:电抗器接线端 0 与接线端 2 之间的感抗,见图 5.4,此状态维持一段时间,将高速运行时积累的能量回馈消耗殆尽,三级慢减速接触器 3MJC 常开触点吸合,此时,完全切除供电回路中的电抗,曳引电动机 YD 接入慢速绕组在全电压状态下运行,直至平层停梯。

供电回路中,JXK 为系统电源总开关,它与井道中的上、下极限开关联动,在电梯运行过程中,如果电梯轿厢越过上、下端站无法停梯时,上、下极限开关动作使 JXK 联动断开,切断电梯供电回路,使拖动系统和控制系统断电。

2. 电梯系统的供电电路

图 5.5 是 5 层 5 站电梯系统的供电电源电路,由控制变压器 BK 提供电气控制系统所

需的电源。当总电源开关 JXK 闭合后，拖动系统电源接通，电梯具备了运行的基本条件；同时，由于 JXK 闭合，控制变压器 BK 一次绕组电源接通，它的多组二次绕组输出为 PLC、门机控制及拖动电路、方向及层楼显示电路等提供了工作电源。

在图 5.5 中，控制变压器 BK 输出的 220V 交流电源为 PLC、PLC 输出回路的交流接触器线圈提供工作电源。控制变压器 BK 输出的另一路交流电源经整流电路 GZ1 整流后提供 110V 直流电源，为安全回路、抱闸控制电路、门机控制及拖动电路等提供工作电源。另外，另一路由控制变压器 BK 输出、经 GZ2 整流得到的 24V 直流电源作为以下控制电路的工作电源：PLC 输入回路、PLC 输出回路中的某些电器元件、方向及层楼指示电路等。

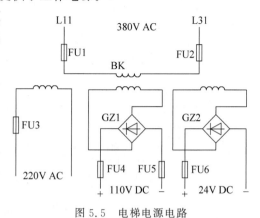

图 5.5 电梯电源电路

3. PLC 控制电路

图 5.6 为 5 层 5 站电梯的 PLC 控制系统原理图。控制器为 OMRON 的 C60P，继电器输出形式。由于其本身仅有 32 个输入点和 24 个输出点，因此，系统配置了一个扩展模块以满足 5 层 5 站电梯控制的需要。表 5.2 和表 5.3 为 PLC 的输入、输出点分配表。

表 5.2 PLC 输入点分配表

序号	名　称	连接器件代号	输入点	序号	名　称	连接器件代号	输入点
1	检修	SYK	0000	15	1 层下换速传感器	1THGX	0014
2	司机	SYK	0001		下端站强迫换速开关	1XXK	
3	满载开关	MZK	0002	16	轿内检修上行按钮	MSAN	0015
4	1～5 层站层门锁开关、轿门锁开关	1～5TSK，JSK	0003		轿顶检修上行按钮	MSAD	
5	开轿门检修开关	JA	0004	17	轿内检修下行按钮	MXAN	0100
6	安全触板开关	1ABK，2ABK	0005		轿顶检修下行按钮	MXAD	
7	轿顶开门按钮	KMAD	0006	18	直驶开关	ZA	0101
	轿内开门按钮	KMAN		19	1 层轿内指令按钮	1NLA	0102
8	超载开关	CZK	0007	20	2 层轿内指令按钮	2NLA	0103
9	轿顶关门按钮	GMAD	0008	21	3 层轿内指令按钮	3NLA	0104
	轿内关门按钮	GMAN		22	4 层轿内指令按钮	4NLA	0105
10	上平层传感器	SPG	0009	23	5 层轿内指令按钮	5NLA	0106
	下平层传感器	XPG		24	1 层上行召唤按钮	1SZA	0107
11	上强迫换速开关	1SXK	0010	25	2 层上行召唤按钮	2SZA	0108
	5 层上换速传感器	5THGS		26	3 层上行召唤按钮	3SZA	0109
12	4 层上换速传感器	4THGS	0011	27	4 层上行召唤按钮	4SZA	0110
	4 层下换速传感器	4THGX		28	2 层下行召唤按钮	2XZA	0111
13	3 层上换速传感器	3THGS	0012	29	3 层下行召唤按钮	3XZA	0112
	3 层下换速传感器	3THGX		30	4 层下行召唤按钮	4XZA	0113
14	2 层上换速传感器	2THGS	0013	31	5 层下行召唤按钮	5XZA	0114
	2 层下换速传感器	2THGX					

表 5.3　PLC 输出点分配表

序　号	名　称	连接器件代号	输　出　点
1	关门控制		0500
2	开门控制		0501
3	超载指示灯	CZD	0502
4	蜂鸣器控制		0503
5	上行接触器	SC	0504
6	下行接触器	XC	0505
7	快加速接触器	KJC	0506
8	快速接触器	KC	0507
9	慢速接触器	MC	0508
10	1 级慢加速接触器	1MJC	0509
11	2 级慢加速接触器	2MJC	0510
12	3 级慢加速接触器	3MJC	0511
13	方向/层楼显示器—A	1～5CLT,CLJN	0600
14	方向/层楼显示器—B	1～5CLT,CLJN	0601
15	方向/层楼显示器—C	1～5CLT,CLJN	0602
16	1 层轿内指令登记灯	1NLD	0603
17	2 层轿内指令登记灯	2NLD	0604
18	3 层轿内指令登记灯	3NLD	0605
19	4 层轿内指令登记灯	4NLD	0606
20	5 层轿内指令登记灯	5NLD	0607
21	1 层上行召唤登记灯	1SZD	0608
22	2 层上行召唤登记灯	2SZD	0609
23	3 层上行召唤登记灯	3SZD	0610
24	4 层上行召唤登记灯	4SZD	0611
25	2 层下行召唤登记灯	2XZD	0612
26	3 层下行召唤登记灯	3XZD	0613
27	4 层下行召唤登记灯	4XZD	0614
28	5 层下行召唤登记灯	5XZD	0615

电梯系统上电后,如果安全回路正常,则安全继电器 YJ 常开触点吸合,这样,PLC 电源接通,输出回路电源接通,控制系统处于工作状态。此时,可通过钥匙开关 SYK 选择工作模式:检修、无司机或司机。

在 PLC 输入回路中,有以下几点值得注意。

(1) 上、下平层开关 SPG、XPG 采用串联的方式接入 PLC,这意味着只有两者同时有效时,电梯才能达到平层要求。

(2) 上、下行换速开关的作用。如图 5.6 所示,上行换速点的换速开关(2THGS～5THGS)与下行接触器 XC 的常闭触点串联,下行换速点的换速开关(1THGX～4THGX)与上行接触器 SC 的常闭触点串联,因此,保证了轿厢上行时,只有轿厢上的隔板进入上行换速点的换速开关时,层楼显示才会切换,或者上行到达目的层站时开始换速,同理,轿厢下行时,下行换速点的换速开关起作用。在有的电梯系统中,也有设置一个换速点的,这种情况下,对换速点位置或隔板的形状有一定的要求,保证电梯上行和下行时的换速位置能够同时满足上行、下行制动减速和平层控制的要求。

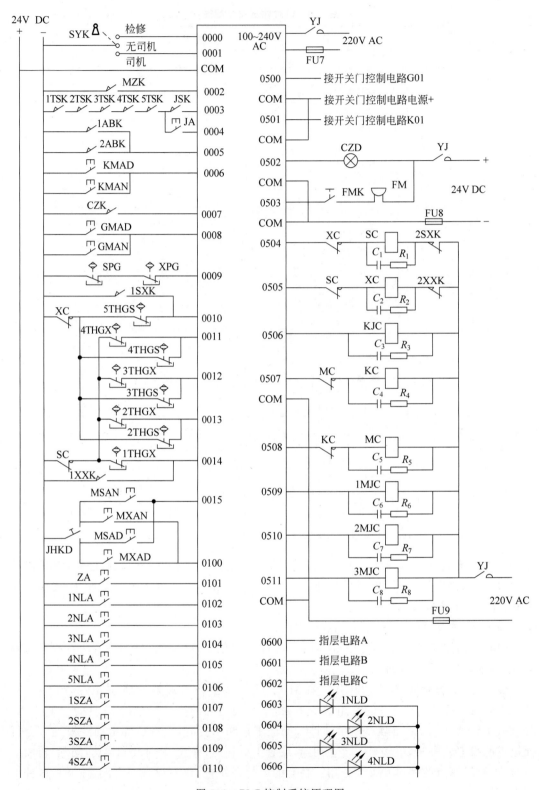

图 5.6 PLC 控制系统原理图

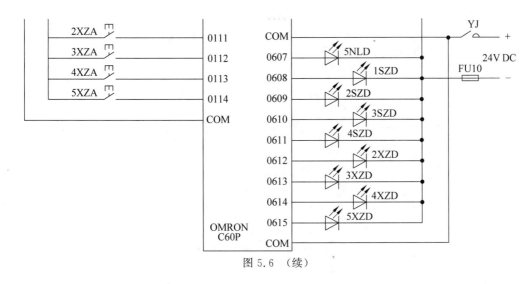

图 5.6　(续)

（3）上、下强迫换速开关分别与上下端站的换速开关并联接入 PLC，但不受电梯运行方向的制约，只要强迫换速开关闭合，电梯将强制换速。

（4）轿顶检修优先。在图 5.6 中，轿顶的检修开关 JHKD 采用单刀双掷式开关，通常开关置于图中所示状态，接通轿内点动上行按钮 MSAN 和下行按钮 MXAN，在轿顶检修时，扳动开关 JHKD，使其与轿顶点动上行按钮 MSAD 和下行按钮 MXAD 接通，同时断开了轿内检修操作回路，从电气上保证轿顶操作的优先权。

在 PLC 输出回路中，只有当安全回路正常时，安全继电器 YJ 常开触点吸合，所有的输出回路电源才能接通，以防止出现误动作。另外，与曳引电动机供电主回路相关的接触器均采用交流电压接触器，为了吸收输出回路断开时线圈中产生的电势，为每个接触器线圈并联了由电阻电容构成的浪涌抑制电路（电阻：$510\Omega/3W$，电容：$0.047\mu F/470V$）。

另外，输出点 0500 和 0501 用于控制开关门，它们连接在开关门控制电路中，其中 PLC 的 0500 端连接在关门控制回路中，0501 端连接在开门控制回路中，两个端点的公共端 COM 连接到门机控制电源的正极，这样，当 PLC 中相应的输出点内部线圈得电时，通过输出端点接通门机控制电路，实现门机的控制。

4. 方向及层楼指示电路

图 5.7 为方向及层楼指示电路。该电路包括 5 个层站的门厅和轿厢内部的方向及层楼显示器，它们以并联的形式连接，因此，在每一时刻，6 个显示器同步显示，显示的内容总是相同的。每个显示器上含有上、下方向指示符号和一个用于指示层楼的 7 段 LED 数码管。

方向指示并不由 PLC 控制，而是由上行接触器 SC 和下行接触器 XC 的常开触点控制。当电梯上行时，上行接触器 SC 常开触点吸合，接通显示器中上行方向的 LED 供电回路，该 LED 被点亮，显示器显示上行方向符号。同理，电梯下行，由下行接触器 XC 常开触点吸合接通下行方向的 LED 供电回路，显示器显示下行方向符号。

层楼信息是以 7 段 LED 数码形式显示的。在图 5.7 中，显示器内部具有译码功能，它把输入端 C、B、A 输入的信息转换为 7 段字型编码，用来控制驱动显示器内部的 LED 字段，在显示器上显示出字型信息。输入信息与显示字型的对应关系见表 5.4，表中的 1 表示给该输入端施加控制电源，0 表示断开该输入端的控制电源。

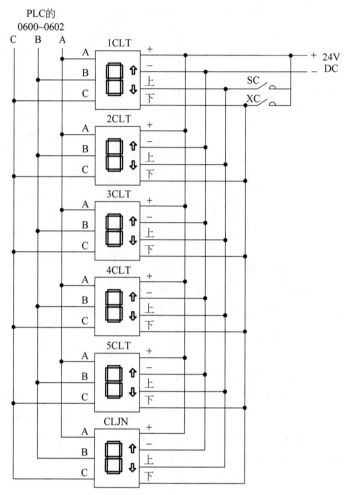

图 5.7 方向及层楼指示电路

表 5.4 输入信息与显示字型的对应关系

C	B	A	显 示 字 型
0	0	0	0
0	0	1	1
0	1	0	2
0	1	1	3
1	0	0	4
1	0	1	5
1	1	0	6
1	1	1	7

5．安全及门机控制电路

图 5.8 电路包括 4 个部分：安全回路、开关门控制回路、制动控制回路和门机拖动回路。

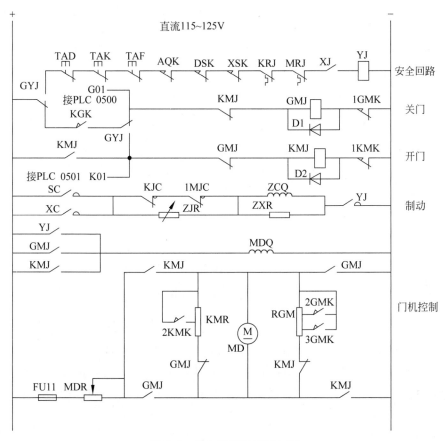

图 5.8　安全及门机控制电路

1) 安全回路

在图 5.8 中 YJ 为安全继电器，如果下列情况出现，将会使安全继电器 YJ 线圈失电，它的常开触点将会切断电梯的 PLC 控制系统电源，拖动系统由此而断电，抱闸控制回路断电而抱闸制动，电梯将停止运行。

① 轿顶急停按钮 TAD、底坑急停开关 TAK、机房急停开关 TAF 等被按下；

② 电梯运行速度超过规定阈值，限速器开关 XSK 动作；

③ 电梯运行速度超过规定阈值，限速器断绳开关 DSK 或安全钳开关 AQK 动作；

④ 供电电源的相序发生变化，相序继电器 XJ 常开触点断开；

⑤ 曳引电动机过载，快速热继电器 KRJ 或慢速热继电器 MRJ 常闭触点断开。

有的电梯的安全回路中还包含安全窗开关、涨紧轮开关、轿厢缓冲器开关、对重缓冲器开关、上/下终端限位开关等，有的还把控制器和变频器正常状态的触点串入安全回路中。

2) 开关门控制回路

在图 5.8 中，开门控制由开门接触器 KMJ 和关门接触器 GMJ 实现，其中 D1、D2 为续流二极管。开关门控制回路可以实现以下功能。

（1）锁梯关门。

当电梯完成最后一次服务返回基站后,基站开关KGK常开触点闭合,常闭触点断开,操作人员把专用钥匙TYK复位,则图5.9中的基站开关梯继电器GYJ线圈失电,同时,轿顶照明JZDN熄灭。在图5.8中,锁梯关门回路导通:控制电源＋→GYJ→KGK→GYJ→KMJ→GMJ线圈→1GMK→控制电源-,这样,GMJ线圈得电,电梯自动关门。

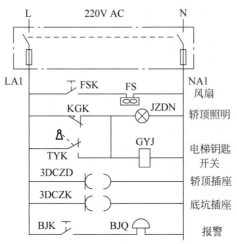

图5.9　轿厢照明及报警电路

（2）开梯。

开梯时,操作人员旋转专用钥匙TYK,则基站开关梯继电器GYJ线圈得电,同时JZDN得电,打开轿内照明。在图5.9中,GYJ的常开触点接通安全回路,同时断开了锁梯关门回路。安全回路导通,YJ继电器得电,控制系统上电运行,把门打开,门控制的具体原理在以后的程序分析中介绍。

（3）PLC控制开关门。

前面提到,PLC输出点0500和0501用于控制开关门,如图5.8所示,其中PLC的0500端连接到关门控制回路中,0501端连接到开门控制回路中,两个端点的公共端COM连接到门机控制电源的正极,形成了如下开关门PLC控制回路:

关门控制回路:门机控制电源＋→PLC的COM→PLC的输出点0500→KMJ→GMJ线圈→1GMK→控制电源-;

开门控制回路:门机控制电源＋→PLC的COM→PLC的输出点0501→GMJ→KMJ线圈→1KMK→控制电源-。

这样,当PLC中输出点0500或0501的内部线圈得电时,通过输出端点接通门机控制电路,实现对门机的控制。

3）制动控制回路

曳引电动机的停车制动是通过制动电路对制动线圈ZCQ控制实现的,如图5.8所示。线圈通电时,抱闸松开,电动机正常运转。线圈断电时,抱闸将电动机输出轴抱紧而停车,在停车时能可靠地抱紧闸片,使电梯轿厢不因载重而自行下坠。

当电梯启动运行时,上行接触器SC或下行接触器XC常开触点吸合,制动器线圈ZCQ通过快加速接触器KJC和一级慢减速接触器1MJC的常闭触点吸合,制动器松开。在加速过程中,快加速接触器 KJC 的常闭触点断开,电阻 ZJR 串入制动线圈 ZCQ 的控制电路,此时,通过制动器线圈 ZCQ 的电流减小到使其不松闸所需的电流。电梯进入制动减速阶段,一级慢减速接触器 1MJC 常闭触点断开,重新使电阻 ZJR 串入制动线圈 ZCQ,使制动器线圈 ZCQ 维持不松闸的较小电流,当电梯平层时,接触器 SC 或 XC 常开触点断开,制动线圈 ZCQ 失电,并通过电阻 ZXR 放电,随着放电电流的减小,制动力矩逐渐增大,最后完全抱闸使曳引电动机 YD 停转。放电回路的设置是为了减缓制动时的冲击,因此,改变 ZXR 的阻值可以改变放电电流的衰减过程,改变制动的快慢。

4)门机拖动回路

门机拖动回路包含两部分,一部分为励磁线圈回路,它产生直流电动机工作所需的磁场。另一部分为直流电动机拖动回路,实现开门和关门动作。图 5.8 的门机拖动回路与第 4 章介绍的门机控制电路相同,因此,在此不再进一步分析。

6. 照明及其他辅助电路

图 5.9 是 5 层 5 站电梯的轿厢、轿顶供电及用电设备的电路,包括轿厢的照明、风扇、报警等,其中,TYK 为专用钥匙开关,用于开梯和关梯。开梯时,旋转 TYK 使其常开触点闭合,轿内照明打开,同时,继电器 GYJ 线圈得电,其常开触点吸合使安全回路接通,安全继电器 YJ 线圈得电,电梯处于可用状态。关梯时,电梯返回基站,开关 KGK 常开触点闭合、常闭触点断开,操作人员把钥匙开关 TYK 复位,则轿内照明关闭,继电器 GYJ 线圈失电,它的常闭触点吸合使电梯自动关门,而它的常开触点断开使安全继电器 YJ 的线圈失电,这样,PLC 控制系统断电。

图 5.10 是供维修使用的安全供电电路,用于轿顶和底坑的照明及维修设备。

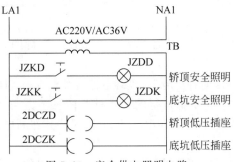

图 5.10　安全供电照明电路

值得一提的是,图 5.9 和图 5.10 的供电与曳引电动机及其控制系统的供电是分开设置的,在电梯系统供电电源停止供电时,上述回路要求能够继续供电。

有些电梯设置应急电源,在正常照明停电时,应急电源可立即供电。轿厢内部设置应急通信装置时(如电话,对讲机),其电源也可取自于轿厢照明供电电路。

电梯制造安装规范和民用建筑电气设计规范中规定,井道应设置永久性的电气照明装置,即使在所有的门关闭时,在轿顶面以上和底坑地面以上 1m 处的照度至少为 50lx。照明设置方法为距井道最高和最低点 0.50 m 以内各装设一盏照明灯,再装设中间照明灯,中间每隔不超过 7m 的距离应装设一盏照明灯,并应分别在机房和底坑设置控制开关;轿顶及井道照明电源宜为 36V;当采用 220V 时,应装设剩余电流动作保护器;在高层建筑中井道长度超过 50m、接近或超过 100m 时,为减小电压损失,井道照明电压可采用 220V。

图 5.11 为电梯的井道照明电路,图中 TE1 和 TE2 为安装在机房和底坑的双控开关,$DZ_1 \sim DZ_n$ 为井道照明灯具。假设 36V 交流电源取自于一个隔离变压器的输出端,该变压器的供电电源与曳引电动机及其控制系统分开设置,在电梯系统供电电源停止供电时,图 5.11 电路能继续工作。

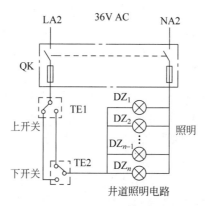

图 5.11　井道照明电路

5.1.4　5 层 5 站集选电梯的控制程序分析

图 5.12 为 5 层 5 站电梯的 PLC 控制程序。该电梯有无司机(自动)、有司机和检修三种工作模式,工作模式的选择由操纵箱内的 SYK 开关控制。下面根据各个工作模式中的功能分析程序的工作原理。为了方便分析说明,本节在解释程序块功能时,对图 5.12 程序中的支路位置做了相应的调整。在程序中用到了 OMRON PLC 的一些特殊功能继电器,它们的编号和功能如下。

1815:First scan Flag,该继电器常开触点仅在程序执行的第一个扫描周期闭合,之后常开触点断开。

1902:1-second Pulse,1s 时钟继电器,该继电器常开触点 1s 时间内闭合 0.5s,断开 0.5s。

另外,为了使系统停电时,电梯运行的某些重要信息不丢失,程序中使用了具有掉电保护功能的保持继电器 HR,它们可以在 PLC 断电时保持其在断电瞬间的状态。

1. 层楼信息获取

图 5.13 为层楼信息获取程序。如图 5.6 所示,1~5 层的换速开关(上、下行换速开关)分别与 PLC 的输入点 0014~0010 相连,电梯上行时,上行换速点起作用,下行时下行换速点起作用,在中间层站的每层上、下行换速开关共用一个输入点。图 5.13 程序的作用是把换速开关提供的轿厢位置信息转换为连续的层楼信息。

假设电梯从 1 楼上行至 3 楼,在这种情况下,图 5.13 中的上行换速开关 2THGS~3THGS 提供轿厢的位置信息。轿厢在 1 楼停靠时,轿厢上的换速隔板插入下行换速开关 1THGX 凹槽中,则输入点 0014 常开触点闭合,1 楼的层楼继电器 HR001 线圈得电,并且通过 HR001→HR002 支路自锁。

当电梯上行到 2 楼的上行换速点时,2 楼的上行换速开关 2THGS 有效,输入点 0013 常开触点闭合使得 2 楼的层楼继电器 HR002 线圈得电,此时,1 楼的层楼继电器 HR001 的自锁回路因为 HR002 常闭触点的断开而失电;同时,2 楼的层楼继电器 HR002 通过下列支路而自锁:HR002→HR001→HR003。

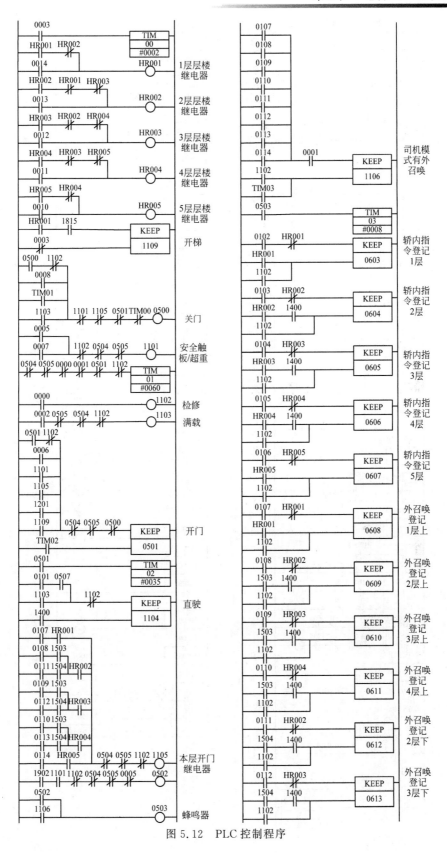

图 5.12 PLC 控制程序

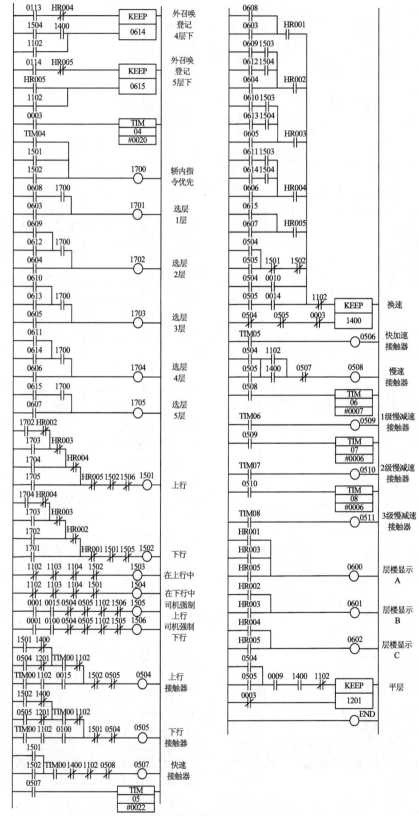

图 5.12 （续）

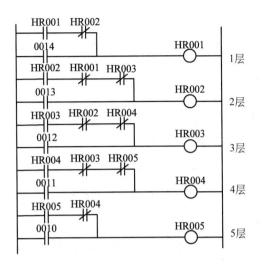

图 5.13　层楼信息获取程序

当电梯上行到 3 楼的上行换速点时,3 楼的上行换速开关 3THGS 有效,输入点 0012 常开触点闭合,使得 3 楼的层楼继电器 HR003 线圈得电,同样地,2 楼的层楼继电器 HR002 的自锁回路因为 HR003 常闭触点的断开而失电;同时,3 楼的层楼继电器 HR003 通过下列支路自锁：HR003→HR002→HR004。

以此类推,电梯在上行过程中得到了连续的层楼信息。

在下行过程中,下行换速开关起作用,程序运行的原理与电梯上行是一样的。由于在硬件上已经由上行接触器 SC 和下行接触器 XC 的触点限定了上、下换速开关的作用,因此,在程序中没有必要判断是哪一个开关提供的轿厢位置信息。

2. 层楼显示

由图 5.6 和图 5.7 可知,电梯的层楼显示是由输出点 0600、0601 和 0602 控制的,层楼信息是以 7 段 LED 数码形式显示的。显示器内部具有译码功能,它把输入端 C、B、A 输入的信息转换为 7 段字型编码。由于本节所述的电梯只有 5 个层站,因此采用了一个数码管,输出点状态与显示字型的关系见表 5.5。表中 0 表示线圈失电,1 表示线圈得电。

表 5.5　输出点状态与显示字型的关系

0602	0601	0600	显 示 字 型
0	0	1	1
0	1	0	2
0	1	1	3
1	0	0	4
1	0	1	5

层楼显示程序如图 5.14 所示,图中,HR001～HR005 分别为 1～5 层的层楼继电器。例如,电梯下行驶过 3 楼下行换速点,那么 HR003 线圈得电,其常开触点吸合使输出点 0600 和 0601 线圈得电,由表 5.5 可知,显示器显示"3"。

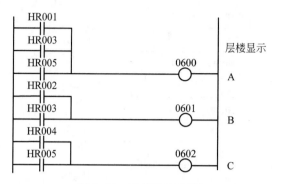

图 5.14 层楼显示程序

3. 轿内指令信号登记与消号

图 5.15 为轿内指令登记与消号程序,1～5 层的轿内按钮指示灯 1NLD～5NLD 分别与输出点 0603～0607 相连,因此,在程序中轿内指令登记的继电器由相应的输出点继电器承担。轿内按钮 1NLA～5NLA 分别连接输入点 0102～0106。在图 5.15 的程序中,1400 为换速继电器。下面说明图 5.15 程序的工作原理。

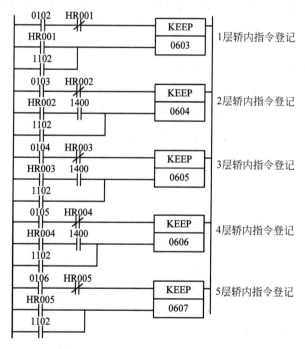

图 5.15 轿内指令登记与销号程序

现在,电梯停靠在 4 层,乘客按下目的层按钮 2NLA 时,输入点 0103 的常开触点闭合,由于电梯未在 2 层,因此 2 层楼继电器 HR002 的常闭触点为闭合状态,这样,输出线圈 0604 得电,指示灯 2NLD 亮,完成轿内指令的登记;当轿厢抵达目的层站 2 层的换速点时,层楼继电器 HR002 得电,同时使得换速继电器 1400 的线圈得电,两者的常开触点闭合使输出线圈 0604 失电,指示灯 2NLD 灭,实现消号功能。

如果电梯在 2 层,乘客按下按钮 2NLA,层楼继电器 HR002 常闭触点为断开状态,输出线圈0604无法得电,指令不被登记,也就是本层不能登记。

另外,检修模式时,检修继电器1102常开触点闭合,使输出线圈0604处于复位状态而无法得电,轿内登记也不起作用,因此,在检修模式下,所有轿内指令都不能登记。

4. 厅外召唤信号的登记与消号

图5.16为厅外召唤信号的登记与消号程序。为了便于分析说明,把上下召唤信号的登记和消号程序分开列出。

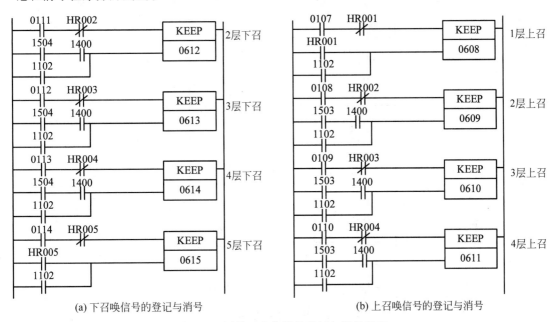

(a) 下召唤信号的登记与消号　　　　　　　(b) 上召唤信号的登记与消号

图5.16　厅外召唤信号的登记与消号程序

在图5.6的控制电路中,2~5层的下召唤按钮分别与PLC输入点0111~0114相连,而它们的按钮指示灯分别与PLC输出点0612~0615相连,1~4层的上召唤按钮分别与PLC输入点0107~0110相接,它们的按钮指示灯分别连接到PLC输出点0608~0611。

如果电梯停靠在5层,乘客在3层按下召唤按钮3XZA,则输入点0112的常开触点闭合,线圈0613得电并保持,指示灯3XZD亮,该召唤被登记。当轿厢向下运行时,下行方向继电器1504常开触点闭合,行驶到3层的换速点时,层楼继电器HR003线圈得电,使得换速继电器1400线圈得电,它的常开触点闭合,因此,在图5.16(a)中,输出点线圈0613的复位支路导通,线圈0613失电,指示灯3XZD熄灭,该召唤被消号。

同轿内指令登记一样,电梯停在本层时,由于本层层楼继电器线圈失电,使得输出点线圈无法得电,因此,召唤信号不能被登记,即本层不能登记。

检修模式下,由于检修继电器线圈1102得电,其常开触点吸合,使召唤信号无法登记。因此,在检修模式时,所有的厅外召唤不起作用。

图5.16(b)的上召唤登记和消号原理与下召唤的处理完全相同,在此不再赘述。

5. 自动选层

图5.17为自动选层程序,其中继电器0608~0611为1~4层上召唤信号,继电器0612~0615为2~5层的下召唤信号,继电器0603~607为轿内指令信号。继电器1701~1705为

1～5 层的选层继电器。

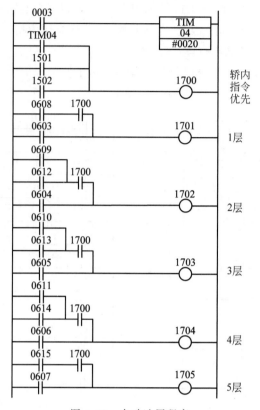

图 5.17　自动选层程序

　　图 5.17 程序具有轿内指令优先登记的功能。当厅门和轿门关闭到位时,PLC 的输入点 0003 的常开触点闭合,定时器 TIM04 启动(TIM 的计时基准为 0.1s),2s 之后继电器线圈 1700 才会得电,在这 2s 时间内,继电器 1700 的常开触点使所有的厅外召唤信号与选层继电器线圈连接断开,因此,无法参与选层,只有轿内指令信号可以使选层继电器得电,决定电梯前行的目的层站。例如:若电梯在 3 层关好门准备启动运行时,4 层有上外召唤,乘客在轿厢按下了 2NLA 按钮登记了 2 层轿内指令,那么,4 层上召唤继电器(输出点继电器)0611 常开触点闭合,2 层轿内指令继电器(输出点继电器)0604 常开触点闭合,由于继电器1700 的常开触点在 2s 之后才闭合,所以,4 层选层继电器 1704 无法得电,而 2 层选层继电器 1702 由于 0604 常开触点闭合而得电,因此,电梯将下行。

　　2s 之后,TIM04 的常开触点闭合,由于继电器 1700 的常开触点闭合,厅外召唤信号的常开触点与选层继电器的线圈接通,它们可以和轿内指令信号共同参与选层。

　　6. 自动定向

　　图 5.18 为自动定向程序。图中 1102 是检修状态继电器。在图 5.16 中,当电梯钥匙开关 SYK 设为检修状态时,输入点 0000 的常开触点闭合将使继电器 1102 的线圈得电(见图 5.18)。当 SYK 设置为司机状态时,输入点 0001 常开触点闭合,此时,按下上行按钮 MSAN,输入点 0015 常开触点接通使下列逻辑支路导通:0001→0015→0504→0505→1102→1506→1505 线圈,则继电器 1505 线圈得电,因此,继电器 1505 是司机工作模式时的上行指

令继电器,在电梯未启动时,该继电器线圈得电,意味着电梯将上行。同理,继电器1506是司机工作模式时的下行指令继电器。

假设电梯停在4层,选层程序指出2层为目的层站,即2层的选层继电器1702常开触点闭合。图5.18中,由于电梯处于4层,其层楼继电器HR004的常闭触点断开,上方向继电器1501线圈无法得电。而下方向继电器1502的线圈由于1702常开触点闭合接通下列支路而得电:1702→HR002→HR001→1501→1505→1502线圈,电梯因此而下行。

假设电梯停在4层,选层程序指出5层为目的层站,即5层的选层继电器1705常开触点闭合。图5.18中,由于4层层楼继电器HR004的常闭触点断开,此时,只有下列支路通电:1705→HR005→1502→1506→1501线圈,上方向继电器1501线圈得电,电梯才会上行。

图5.18也可实现最远端自动反向的功能。假设电梯由轿内指令使其上行,最后服务的层站为4层,此时2层有向下的厅外召唤,电梯到4层开门放客后,电梯自动关门启动下行去响应2层的下召唤。电梯到4层停靠时,HR004的常闭触点断开,此时在其上方再没有召唤信号,则上方向继电器1501线圈失电,由于2层的选层继电器1702常开触点闭合,接通了下方向继电器1502,电梯因此启动下行。

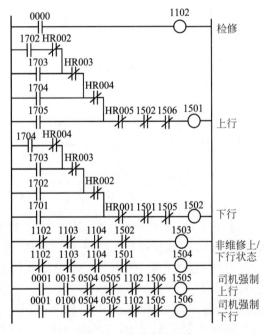

图5.18 自动定向程序

7. 换速控制程序

图5.19为换速控制程序。程序具有以下功能。

1）自动换速

乘客前往2层,在轿内按下2NLA,该指令被登记后,0604常开触点闭合,在电梯到达2层时,2层的层楼继电器HR002线圈得电,则下列程序支路导通:0604→HR002→1102→1400线圈,换速继电器1400线圈得电,电梯将减速平层。

2）顺向截梯

顺向截梯是指在自动运行模式(无司机模式)时、在目的层站已经登记的情况下,出现其他层站的召唤信号,并且这些召唤信号与电梯的行驶方向相同,这些截梯层站指令被登记后,轿厢驶过这些层站的换速点时,将会在这些层站换速停梯;但是,如果轿厢已驶过了该层换速点,电梯不会响应该层的截梯。

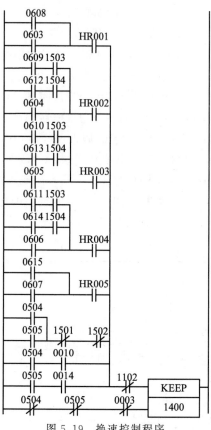

图 5.19　换速控制程序

例如一名乘客要从 1 层上到 5 层,按下 5NLA 后,线圈 1705 得电,上方向继电器 1501 的线圈得电和上行状态继电器 1503 的线圈得电;在下一个程序执行周期,线圈 1700 得电,如果此时 2 层按下 2SZA,上召唤被登记,输出点线圈 0609 得电,继而 2 层的选层继电器线圈 1702 得电,轿厢在未驶过 2 层换速点时,HR002 常闭触点为闭合状态,当轿厢行驶到 2 层换速点时,换速开关使输入点 0013 常开触点闭合,则 2 楼层楼继电器 HR002 线圈得电,其常开触点闭合,则下列程序支路导通:0609→1503→HR002→1102→1400 线圈,换速使继电器 1400 线圈得电,电梯将减速平层。

3）无方向换速

电梯在运行过程中,如果丢失方向,即上、下方向继电器 1501 和 1502 线圈失电,其常闭触点闭合,则上行时(0504 线圈得电,接触器 SC 主触点吸合),下列程序支路导通:0504→1501→1502→1102→1400 线圈,下行时(0505 线圈得电,接触器 XC 主触点吸合),下列程序支路导通:0505→1501→1502→1102→1400 线圈,使继电器 1400 线圈得电,电梯将减速平层,这就是所谓的无方向换速。

4）强迫换速

电梯下行时,轿厢越过下强迫开关 1XXK,则输入点 0014 常开触点闭合,下列程序支路导通：0505→0014→1102→1400 线圈,换速继电器 1400 线圈得电,电梯强迫减速。

同理,上行时,越过上强迫开关 1SXK,输入点 0010 常开触点闭合,下列程序支路导通：0504→0010→1102→1400 线圈,换速继电器 1400 线圈得电,电梯强迫减速。

8. 曳引电动机控制程序

图 5.20 为电梯的加减速控制程序。电梯在自动或者司机工作模式下,完成自动定向后,轿门和层门关闭,输入点 0003 的触点闭合,延时 0.2s 后,曳引电机快速运行,到达目的楼层换速点时,相关楼层的换速保持继电器得电,换速继电器线圈 1400 得电,该楼层的外召指令被取消,电梯转换为慢速运行。

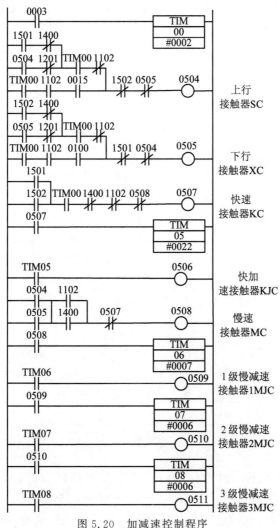

图 5.20 加减速控制程序

下面以轿厢从 1 层到 4 层为例分析程序的执行过程。

电梯停在 1 层,此时 1 楼层楼继电器 HR001 线圈得电,层楼显示器显示"1",在 4 层的外召指令被登记后,通过定向程序使 1501 得电,在图 5.20 中,下列程序支路导通：1501→1400→TIM00→1102→1502→0505→0504 线圈,输出点 0504 得电使上行接触器 SC 线圈得电并自锁,电梯选择上行。

厅门轿门关闭好 0.2s 之后，TIM00 常开触点闭合，下列程序支路导通：1501→TIM00→1400→1102→0508→0507 线圈。输出点 0507 线圈得电，这样快速接触器 KC 线圈得电，其主触点吸合使曳引电动机接入电抗启动运行，再过 2.2s，TIM05 的常开触点吸合，输出点 0506 线圈得电，使快加速接触器 KJC 的线圈得电，在主回路中 KJC 的常开触点吸合短接了之前接入的电抗，电梯以额定速度运行。

在没有顺向截梯和直驶的情况下，电梯从 1 层出发前往 4 层的过程中，位于轿顶的换速隔板先后插入轿厢导轨上的上行换速传感器 2THGS、3THGS、4THGS。

当换速隔板插入 2THGS 时，该层的层楼继电器 HR002 线圈得电，楼层显示器上显示"2"；由于该层没有厅外召唤和轿内指令，因此在电梯经过 2 层时，换速继电器 1400 无法得电（见图 5.19），电梯继续前行。

换速隔板插入 3THGS 时，3 层的层楼继电器 HR003 线圈得电，楼层显示装置上显示"3"；同样，由于该层没有厅外召唤和轿内指令，换速继电器 1400 无法得电（见图 5.19），电梯仍继续前行。

电梯将要达到 4 层、隔板插入 4THGS 时，输入点 0011 的常开触点闭合，线圈 HR004 得电，线圈 HR003 失电，电梯层楼显示器显示"4"。线圈 1501 失电，换速继电器 1400 得电，这样，输出点线圈 0507 失电、0508 得电（支路：0504→1400→0507→0508 线圈），快速接触器 KC 线圈失电，慢速接触器 MC 线圈得电，曳引电动机串入电阻和电抗运行，电梯进入制动减速阶段，TIM06 延时 0.7s 后，输出点线圈 0509 得电，1 级减速接触器 1MJC 得电，短接部分电阻，再经 TIM07 延时 0.6s 后，输出点线圈 0510 得电使得 2 级减速接触器 2MJC 得电，短接了部分电抗和全部的电阻，再过 0.6s 后（TIM08 延时），输出点线圈 0511 得电，3 级减速接触器 3MJC 得电，在主回路中切除所有电抗，电梯以慢速运行。

平层时，上、下平层开关 SPG 和 XPG 同时插入隔板，输入点 0009 常闭触点闭合，在图 5.21 中，继电器 1201 线圈得电，其常闭触点断开，使得图 5.20 中输入点线圈的自锁支路断开：0504→1201→TIM00→1102→1502→0505→0504 线圈，则上行接触器 SC 线圈失电，电梯平层停车。

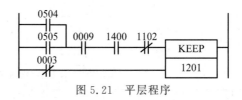

图 5.21 平层程序

另外，检修工作模式下，检修继电器 1102 常开触点闭合，按动轿顶 MSAD 和轿厢 MSAN 按钮，下列程序支路导通：TIM00→1102→0015→1502→0505→0504 线圈，0504 线圈得电使得 SC 线圈得电，电梯选择上行，松开按钮，0504 线圈失电，曳引电动机停转，电梯停止运行。

电梯下行时加减速和平层控制与上行原理相同，在此不再分析。

9. 开门控制程序

图 5.22 为开门控制程序，它可实现上班开梯开门、自动开门、按钮开门、安全触板开门、超载开门、本层开门等功能。下面介绍开门控制程序的工作原理。

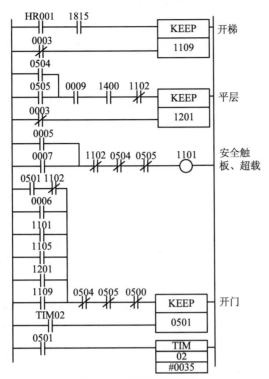

图 5.22 开门控制程序

1）上班开梯开门

操作人员用专用钥匙扭动钥匙开关 TYK，在图 5.9 中，轿内照明打开，同时继电器 GYJ 线圈得电，它的常开触点把控制电源"＋"极与安全回路接通（见图 5.8），如果此时与安全回路有关的各种装置正常，则安全继电器 YJ 线圈得电，其常开触点接通 PLC 控制系统的电源，同时，把制动线圈 ZCQ 与控制电源"－"极接通。由于 YJ 的常开触点闭合，PLC 上电运行，在其执行程序的第一个扫描周期内，继电器 1815 常开触点吸合；另外，电梯此时停在一楼，则一楼的层楼继电器 HR001 常开触点吸合，层楼显示器显示"1"；进一步，在图 5.22 中，继电器 1109 线圈得电并保持。此时，在图 5.22 中，由于继电器 1109 常开触点闭合，下列支路导通：1109→0504→0505→0500→0501 线圈，输出点 0501 线圈得电并自锁，使图 5.8 的开门接触器 KMJ 线圈得电并自锁，当开门限位开关 1KMK 断开时，开门到位，KMJ 线圈失电，开门动作结束，实现上班开门。

程序执行第二个扫描周期以后继电器 1815 常开触点断开，但并不影响继电器 1109 的状态，只有当电梯所有厅门及轿厢门关门到位时，继电器 1109 线圈才失电，这种情况下，电梯处于关门启动或运行状态。

2）平层开门

平层时，上、下平层开关 SPG 和 XPG 同时插入隔板，输入点 0009 常闭触点闭合，在图 5.22 中，继电器 1201 线圈得电，其常开触点闭合，下列程序支路接通：1201→0504→0505→0500→0501 线圈，输出点 0501 线圈得电，电梯门打开。

3）按钮开门

当轿顶或轿厢开门按钮 KMAD、KMAN 按下时，输入点 0006 触点闭合，下列程序支路接通：0006→0504→0505→0500→0501 线圈，输出点 0501 线圈得电，电梯门打开。

在检修方式下，由于检修状态继电器 1102 的常闭触点断开，切断输出点 0501 线圈的自锁支路，按下开门按钮，输入点 0006 触点闭合，输出点 0501 线圈得电，电梯开门，松开按钮，输出点 0501 线圈失电，开门动作停止。

4）超载及安全触板开门

如图 5.6 所示，当电梯门夹住异物，安全触板 1ABK、2ABK 触点接通，输入点 0005 触点闭合；另外，当电梯超载时，超载开关 CZK 触点接通，输入点 0007 触点闭合；电梯在司机和无司机工作模式时，只要上述情况发生，在图 5.22 中继电器 1101 线圈得电，其常开触点闭合，那么，下列程序支路接通：1101→0504→0505→0500→0501 线圈，输出点 0501 线圈得电，电梯门打开。

5）本层开门

图 5.23 为本层开门控制程序。本层开门是指：当轿厢停在某楼层时，轿门已经关闭，但电梯还未启动的情况下，厅外还有乘客要乘用电梯，如果此时乘客按下的召唤信号方向与电梯的运行方向相同，电梯门自动打开。如电梯停在 3 层准备下行，此时 3 层厅外有乘客按下下召唤按钮 3XZA，输入点 0112 触点闭合，在图 5.23 中，下列程序支路导通：0112→1504→HR003→0504→0505→1102→1105 线圈，继电器 1105 线圈得电，它的常开触点闭合，使图 5.22 中的下列程序支路接通：1105→0504→0505→0500→0501 线圈，输出点 0501 线圈得电，电梯门重新打开。

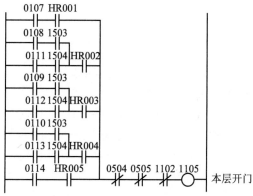

图 5.23　本层开门程序

检修运行模式下，由于 1102 常闭触点断开，不能实现本层开门。

另外，在司机和无司机工作模式下，如果开门指令下达后 3.5s 内门还没打开，输出点 0501 线圈失电，停止开门动作。

10. 关门控制程序

图 5.24 为电梯的关门控制程序。该程序可实现按钮关门、延时自动关门和满载关门等功能。

1）延时自动关门

在无司机模式下，检修继电器 1102 常闭触点闭合，电梯停靠开门后 6s，TIM01 触点闭合，则下列程序支路接通：TIM01→1101→1105→0501→TIM00→0500 线圈，输出点 0500 线圈得电并自锁，关门继电器 GMJ 得电，电梯门开始关闭，当关门限位开关 1GMK 断开时，关门到位，GMJ 线圈失电，关门动作结束。当厅门和轿厢门关闭好后，输入点 0003 触点闭合，0.2s 之后，TIM00 常闭触点断开（见图 5.20），0500 线圈失电。

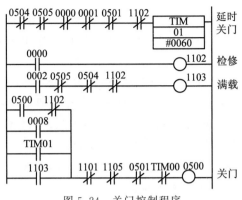

图 5.24　关门控制程序

2）满载关门

在司机和无司机模式下（即在非检修状态），如果轿厢满载，满载开关 MZK 闭合，0002
常开触点闭合，1103 线圈得电，下列程序支路接通：1103→1101→1105→0501→TIM00→
0500 线圈，使输出点 0500 线圈得电，电梯自动关门。

3）按钮关门

当轿顶或轿厢关门按钮 GMAD、GMAN 按下时，输入点 0008 触点闭合，使下列程序支路
接通：0008→1101→1105→0501→TIM00→0500 线圈，输出点 0500 线圈得电，电梯自动关门。

11．蜂鸣控制程序

图 5.25 为蜂鸣器控制程序，程序的控制功能如下：

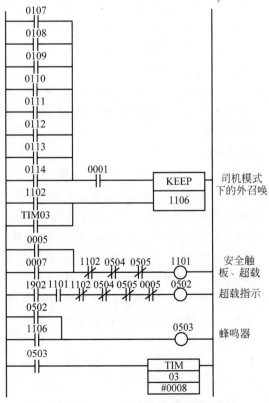

图 5.25　蜂鸣器控制程序

　　司机模式下,0001 触点闭合,此时如果有厅外召唤,继电器 1106 线圈得电,其常开触点闭合使输入点 0503 线圈得电,如果 FMK 开关闭合,则轿厢内的蜂鸣器 FM 鸣叫,告知司机有厅外召唤。

　　在司机模式和无司机模式下,如果轿厢超载,超载开关 CZK 闭合,输入点 0007 常开触点闭合,线圈 1101 得电,因为继电器 1902 为特殊功能继电器,它发出周期性的信号使 0502 和 0503 线圈周期性地通电和断电,超载指示灯 CZD 闪烁,蜂鸣器断续地鸣叫。

　　另外,在司机模式和无司机模式下,当轿门夹到异物时,安全触板开关 1ABK 或 2ABK 开关闭合,也会使 1101 线圈得电,则 0502 和 0503 线圈周期性地通电和断电,超载指示灯 CZD 闪烁,蜂鸣器断续地鸣叫,即超载报警。

12. 直驶控制程序

图 5.26 为直驶控制程序,它可以实现司机模式下的直驶操作和电梯满载直驶功能。

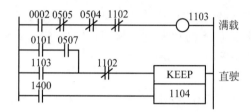

图 5.26　直驶控制程序

　　在司机模式下,电梯在启动运行过程中(0507 触点使快速接触器线圈得电),若司机按下操纵箱下方暗盒内的直驶按钮 ZA 时,常开触点 0101 闭合,线圈 1104 得电,在图 5.18 中,继电器 1503 和 1504 线圈断电,这样,图 5.19 中,与电梯运行同方向的外召唤信号不能接通换速继电器 1400 的线圈,电梯直驶到有轿内指令登记信号的层站,实现直驶功能。

　　满载直驶是指轿厢内的乘员达到满载时,位于轿底的满载开关 MZK 动作,常开触点 0002 闭合,1103 线圈得电,1104 线圈得电,图 5.18 中继电器 1503 和 1504 的线圈断电,图 5.19 中换速继电器 1400 的线圈不会得电,电梯一直行驶至有轿内指令登记信号的层站换速平层停靠开门,直至满载信号消失。

13. 司机强制换向控制程序

　　在司机模式下,可以强制改变电梯的运行方向,控制程序见图 5.27。例如电梯上行到 3 层,并在 3 层停靠开门状态下,若此时 4、5 层站还有外召唤登记指令,PLC 内的上行方向继电器 1501 仍然得电,电梯仍然定向为上行,这时若司机为执行特殊任务需控制电梯前往 1 层,按下 1NLA 按钮,输入点 0102 常开触点闭合,输出点 0603 线圈得电,该信号被登记,同时,1 层选层继电器 1701 线圈得电。司机在轿内操纵箱的暗盒里,按动下行按钮 MXAN,输入点 0100 常开触点闭合,则继电器 1506 的线圈得电,其常闭触点断开使上方向继电器 1501 线圈失电,这样,由于上方向继电器 1501 常闭触点闭合,下方向继电器线圈 1502 自动得电,电梯改为下行,4、5 层原外召指令仍被保存。

14. 检修

　　在图 5.6 中,钥匙开关 SYK 置于检修位置时,常开触点 0000 闭合,在图 5.24 中,检修继电器 1102 线圈得电,其常闭触点断开,这样,在图 5.19 中换速继电器 1400 的线圈会一直处于失电状态。电梯进入检修模式。扳动轿顶检修箱内的轿内/轿顶检修转换开关 JHKD,

可以通过点动 MSAD 和 MXAD,或 MSAN 和 MXAN 控制电梯慢上和慢下运行。

按下关门按钮 GMAD,输入点 0008 的常开触点闭合,在图 5.24 中,输出点 0500 线圈得电,电梯关门。厅门和轿门关闭到位后,输入点 0003 的常开触点闭合,经 TIM00 延时 0.2s 后,就可以控制电梯的慢上和慢下了。

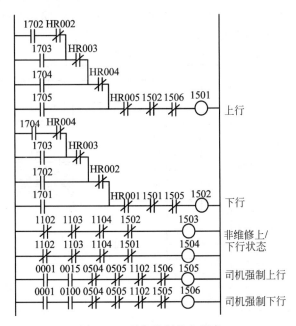

图 5.27　司机强制换向程序

5.2　VVVF 电梯控制系统

本节介绍一种 4 层 4 站的变频变压变速 PLC 控制的集选电梯。除了少一个层站之外,电梯的基本结构与 5.1 节的电梯基本相同,因此,在此不再说明其井道、轿厢、操纵箱、指层器等的构成。由于在其控制系统中采用旋转编码器测速和测距,这台电梯在井道中没有换速传感器,轿厢上也没有设置换速隔板。但平层传感器依然存在。下面主要介绍这种电梯的电气系统的工作原理。

5.2.1　VVVF 电梯的电气系统

图 5.28～图 5.36 是 PLC 控制的 4 层 4 站 VVVF 电梯。表 5.6 为其电气元件符号表,在这个电梯电气控制系统中,PLC 的功能是实现电梯运行过程中的逻辑控制,电梯运行速度的控制则是由变频器来实现的。下面介绍 PLC 控制的 VVVF 电梯电气工作原理。

1. VVVF 电梯的电气拖动系统

图 5.28 是电梯拖动系统的原理图。图中 INV 为安川的 VARISPEED-616G5(VR-616G5) 通用变频器,PG 为旋转编码器,PGC 为速度控制卡。变频器 INV 的作用是控制和调节曳引电动机 YD 的转速,从而实现对电梯运行速度的控制。旋转编码器 PG 与曳引电动机 YD 同轴安装,把电动机 YD 的旋转运动转换为一系列脉冲信号,用来检测曳引电动机的转速和

旋转方向。速度控制卡 PGC 则是把旋转编码器测量得到的转速和旋转方向信息转换为变频器需要的形式，即把曳引电动机的转速和转向信息反馈给变频器，以实现对转速的闭环控制；同时，PGC 输出曳引电动机的转轴旋转脉冲序列信息，它可用于确定轿厢在井道中的位置。图 5.28 中仅画出了与速度控制相关的输入输出点，此处 PLC 的作用是发出控制信号控制变频器 INV 实现曳引电动机的启停、正反转、给定速度曲线的选择等；同时，接收变频器输出的运行状态信息，以监控变频器的工作正常与否。

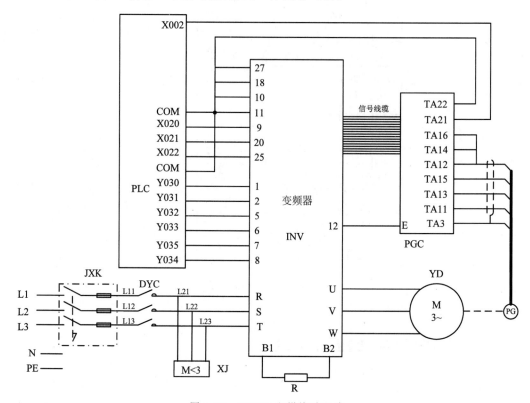

图 5.28　VVVF 电梯拖动电路

表 5.6　电气元件符号表

序号	代号	名称	序号	代号	名称
1	1SZA	1 层上行召唤按钮	13	MSAG	机房检修上行按钮
2	2SZA	2 层上行召唤按钮	14	MXAN	轿内检修下行按钮
3	3SZA	3 层上行召唤按钮	15	MXAD	轿顶检修下行按钮
4	2XZA	2 层下行召唤按钮	16	MXAG	机房检修下行按钮
5	3XZA	3 层下行召唤按钮	17	1SXK	上端站强迫换速开关
6	4XZA	4 层下行召唤按钮	18	2SXK	上端站限位控制开关
7	1NLA	1 层轿内指令按钮	19	1XXK	下端站强迫换速开关
8	2NLA	2 层轿内指令按钮	20	2XXK	下端站限位控制开关
9	3NLA	3 层轿内指令按钮	21	GDK	光电开关
10	4NLA	4 层轿内指令按钮	22	MSJ	门锁继电器
11	MSAN	轿内检修上行按钮	23	YJ	安全继电器
12	MSAD	轿顶检修上行按钮	24	CZK	超载开关

续表

序号	代号	名称	序号	代号	名称
25	ADJ	基站送断电继电器	56	1NLD	1层轿内指令登记灯
26	ZC	制动器接触器	57	2NLD	2层轿内指令登记灯
27	SK	有无司机转换开关	58	3NLD	3层轿内指令登记灯
28	JZKG	机房正常/检修开关	59	4NLD	4层轿内指令登记灯
29	JZKN	轿内正常/检修开关	60	1~4CLT	厅门方向、层楼显示器
30	JZKD	轿顶正常/检修开关	61	CLJN	轿厢方向、层楼显示器
31	ABK	安全触板开关	62	KMJ	开门继电器
32	KMAD	轿顶开门按钮	63	1KMK	开门到位开关
33	KMAN	轿内开门按钮	64	GMJ	关门继电器
34	GMAD	轿顶关门按钮	65	1GMK	关门到位开关
35	GMAN	轿内关门按钮	66	ZA	直驶按钮
36	JXK	强制式极限开关	67	XJK	下行极限开关
37	DYC	电源接触器	68	YXC	运行接触器
38	XJ	相序继电器	69	CZJ	超载继电器
39	BK	变压器	70	FMK	蜂鸣器开关
40	YD	曳引电动机	71	KFS	风扇开关
41	PG	编码器	72	SJK	上行极限开关
42	TAD	轿顶急停按钮	73	ZMK	照明控制开关
43	TAK	轿底急停按钮	74	JMKN	轿内照明开关
44	TAG	轿内急停按钮	75	JMDN	轿内照明等
45	ACK	安全窗开关	76	TYK	基站厅外钥匙开关
46	AQK	安全钳开关	77	FSK	风扇开关
47	DSK	限速器断绳开关	78	FS	风扇
48	XSK	限速器开关	79	MKD	轿顶检修照明开关
49	JSK	轿门门锁开关	80	MDD	轿顶检修照明灯
50	1SZD	1层上行召唤登记灯	81	MKK	底坑检修照明开关
51	2SZD	2层上行召唤登记灯	82	MDK	底坑检修照明灯
52	3SZD	3层上行召唤登记灯	83	3CZD	轿顶检修插座
53	2XZD	2层下行召唤登记灯	84	3CZK	底坑检修插座
54	3XZD	3层下行召唤登记灯	85	1TSK~4TSK	厅门门锁开关
55	4XZD	4层下行召唤登记灯			

1) 变频器

VR-616G5 系列通用变频器,其主回路采用 IGBT 作为开关元件,最高调制频率为 400Hz。它对电机的参数具有自学习、自整定功能,可实现最优磁通矢量控制,具有高精度的力矩控制功能,零速度时能实现 150% 额定转矩输出,确保电梯启动和制动时皆具有较好的舒适感,高速磁通矢量控制保证了在不同的载荷下速度变化的稳定性,具有高载波的正弦波 PWM 功能使电动机在低速运行时也可以保持低噪声;其次,可通过它的外部控制端子实现起、停、正反转、S 曲线加减速及多段速度控制,还能根据变频器容量,配以相应制动单元和制动电阻,能在 4 个象限内准确地对电动机进行转速控制,在电梯调速系统中被广泛应用。另外,它还具有过流、过载、电动机过热、过压及欠压、超速及失速等保护功能,还可以提供变频器的运行中止信号、零速信号、速度到达信号及运行准备信号等输出信号。

VR-616G5 具有 4 种工作模式：电流矢量开环、电流矢量闭环、V/F（电压/频率）开环和 V/F 闭环。另外，VR-616G5 变频器可自行设置速度曲线。在电梯系统中，常选用电流矢量闭环工作模式，变频器可以通过自学习功能对各种电动机的参数进行测试，也可以通过速度控制卡对电动机的运行进行精确的反馈测试。

在图 5.28 中，电梯系统选择的是有旋转编码器速度反馈的矢量控制，为了使变频器工作在最佳状态，在完成变频器参数设置后，需要使变频器对所驱动的电动机进行自学习。先将电机铭牌上提供的额定电压、额定电流、额定频率、额定转数、速度控制卡脉冲数及电机极数输入至变频器，然后，将曳引机制动轮与电机轴脱离，使电动机处于空载后再起动电动机，让变频器自动识别并存储电动机的有关参数。变频器将根据识别到的结果调整控制算法中的有关参数，以实现平稳操作和精确控制，使乘客在乘坐电梯时更加舒适。

为了能够更加清楚地说明图 5.28 中变频器的作用，表 5.7 和表 5.8 分别给出了图中所用的控制回路接线端和主回路接线端的说明。

表 5.7 VR616G5 变频器控制回路接线端定义表

端子号	作　用	备　注
1	正转运转/停止	输入端，接通：正转；断开：停止
2	反转运转/停止	输入端，接通：正转；断开：停止
3	外部故障输入	输入端，接通：故障；断开：正常
4	故障复位	输入端，接通：复位
5	多级速度指令 1	输入端，接通：多段速度设定 1 有效
6	多级速度指令 2	输入端，接通：多段速度设定 2 有效
7	点动指令	输入端，接通：点动运行
8	外部基极封锁指令	输入端，接通：变频器输出停止
9	多功能接点输出端	输出，常开触点，变频器运行时 9、10 端接通
10	多功能接点公共端	输出常开触点的公共端
11	公共端	1～8 端输入信号公共端
12	屏蔽层接地端	输入端信号屏蔽线公共接地端
13	外部频率设定指令	外部电压设定频率的输入端−10～＋10V
14	外部频率设定指令	外部电流设定频率的输入端 4～20mA
15	频率设定用电源＋	电源输出，正电源（15V，20mA）
16	外部频率设定指令	外部电压设定频率的输入端（−10～＋10V）
17	接地端，0V	控制用公共端
18	故障接点输出端 1	常开触点输出端，变频器故障时，18、20 端接通
19	故障接点输出端 2	常闭触点输出端，变频器故障时，19、20 端断开
20	故障接点输出公共端	18、19 端的公共端
21	多功能模拟量输出＋端 1	模拟量输出，频率表输出（0～＋10V/100%）
22	多功能模拟量输出−端	模拟量输出公共端
23	多功能模拟量输出＋端 2	模拟量输出，电流监视，0～5V/0～变频器的额定电流值
25	零速检测输出	集电极开路输出 2，转速低于零速值时接通
26	速度一致检测输出	集电极开路输出 1，转速在设定频率的±2Hz 以内时接通
27	集电极开路公共端	集电极开路输出的公共端
33	频率设定用电源	电源输出，负电源（−15V，20mA）

表 5.8　VR616G5 变频器主回路接线端定义表

端　子　号	作　　用	备　　注
R	电源输入 L1	380V 交流电源的 L1
S	电源输入 L2	380V 交流电源的 L2
T	电源输入 L3	380V 交流电源的 L3
U	电机输出端	交流异步电动机的 U
V	电机输出端	交流异步电动机的 V
W	电机输出端	交流异步电动机的 W
B1	制动电阻(＋)	制动电阻接线端
B2	制动电阻(一)	制动电阻接线端

在图 5.28 中,三相电源经 R、S、T 接线端进入变频器为其主回路和控制回路供电,输出端 U、V、W 接曳引电动机的绕组,B1 和 B2 端之间连接一个电阻,用来消耗电梯减速运行时电动机再生发电所产生的能量,以减少制动时间,加快制动过程。

在控制回路中,PLC 输出的信号分别与变频器的相关输入端相连。

① 正转运行/停止(1 端),PLC 通过输出点 Y030 发出控制电机正转信号和停止的指令,当 PLC 输出点 Y030 线圈得电时,控制变频器使电动机正转,电梯上行;当 PLC 输出点 Y030 线圈失电时,控制变频器使电动机停止运行,电梯停运。

② 反转运行/停止(2 端),PLC 通过输出点 Y031 发出控制电机反转信号和停止的指令,当 PLC 输出点 Y031 线圈得电时,控制变频器使电动机反转,电梯下行;当 PLC 输出点 Y031 线圈失电时,控制变频器使电动机的停止运行,电梯停运。

③ 多级速度指令 1(5 端),PLC 通过输出点 Y032 发出控制指令使变频器按照加速段速度设定运行。

④ 多级速度指令 2(6 端),PLC 通过输出点 Y033 发出控制指令使变频器按照减速段速度设定运行。

⑤ 点动指令(7 端),PLC 通过输出点 Y035 发出控制指令使电梯点动慢行等功能。

⑥ 外部基极封锁指令(8 端),PLC 通过输出点 Y034 发出指令使变频器在急停等状态下切断电源输出,同时 PLC 控制抱闸装置动作。

另一方面,变频器输出的状态信号通过输入点进入 PLC,接入 PLC 的信号有:

① 变频器在运行中的信号(9 端)。当变频器正常运行时,它控制回路端 9 端和 10 端接通,使 PLC 的输入点 X020 的常开触点闭合,告知 PLC 变频器工作正常。

② 零速检测信号(25 端)。当电动机转速为零时,变频器的 25 端和 27 端输出的集电极开路信号使 PLC 的输入点 X022 的常开触点闭合,以此告知 PLC 曳引电动机停止运转,PLC 控制制动器完成抱闸、停车等动作。

③ 变频器故障信号(18 端)。当变频器出现故障时,它的控制回路输出端 18 端和 20 端的常开触点闭合,使 PLC 输入点 X021 的常开触点闭合,以此告知变频器出现故障,则 PLC 做出响应,断开变频器的供电电源。

2) 旋转编码器

旋转编码器是一种角度(角速度)检测装置,它把输入给轴的角度量利用光电转换原理转换成相应的电脉冲或数字量。光电编码器按编码方式分为两类:增量式与绝对式。

　　增量式编码器转轴旋转时,有相应的脉冲输出,其计数起点任意设定,可实现多圈无限累加和测量。编码器轴转一圈会输出固定数目的脉冲,脉冲数由编码器光栅的线数决定。

　　绝对式编码器有与位置相对应的编码输出,通常为二进制码或 BCD 码。从编码数大小的变化可以判别正反方向和角位移所处的位置,绝对零位编码还可以用于停电位置记忆。绝对式编码器的测量范围常规为 $0 \sim 360°$。

　　速度、长度测量一般采用增量式旋转编码器。图 5.28 中的旋转编码器为增量式编码器,光栅线数为 600,即电动机旋转一圈编码器输出 600 个脉冲。下面简单介绍增量式旋转编码器的工作原理。

　　增量式旋转编码器的特点是每产生一个输出脉冲信号就对应于一个增量角位移,但是不能通过输出脉冲区别出在哪个位置上的增量。它能够产生与角位移增量等值的脉冲信号,它是相对于某个基准点的相对位置增量,不能够直接检测出轴的绝对位置信息。一般来说,增量式光电编码器输出 A、B 相位互差 90°电度角的脉冲信号,它们是两组正交输出信号,从而可方便地判断出旋转方向。此外,它还有用作参考零位的 Z 相标志脉冲信号,旋转码盘每旋转一周,只发出一个标志信号。标志脉冲通常用来指示机械位置或对积累量清零。

　　增量式光电编码器主要由光源、码盘、检测光栅、光电检测器件和转换电路组成,如图 5.29 所示。码盘上刻有节距相等的辐射状透光缝隙,相邻两个透光缝隙之间代表一个增量间隔;检测光栅上刻有 A、B 两组与码盘相对应的透光缝隙,用以通过或阻挡光源和光电检测器件之间的光线。它们的节距和码盘上的节距相等,并且两组透光缝隙错开 1/4 节距,使得光电检测器件输出的信号在相位上相差 90°。当码盘随着被测转轴转动时,光栅不动,光线透过码盘和检测光栅上的透过缝隙照射到光电检测器件上,光电检测器件就输出两组相位相差 90°的近似于正弦波的电信号,该信号经过转换电路的整形处理后,得到了被测轴的转角的脉冲序列信号。增量式光电编码器输出信号波形如图 5.30 所示。

图 5.29　增量式旋转编码器组成

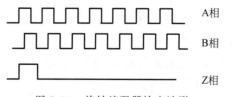

图 5.30　旋转编码器输出波形

　　检测速度时,旋转编码器与电动机同轴连接,旋转编码器输出 A、B 两相脉冲,由 A、B 脉冲的频率(单位时间内脉冲的个数)可以测得电动机的转速。根据 A、B 脉冲的相序,可以判断电动机转动方向,正向时 A 相超前于 B 相 90°,反向时 B 相超前于 A 相 90°,方向检测原理请查阅相关参考资料。

另外,脉冲的个数也可以用来表示距离和电梯的位置,如层间距、层楼位置、换速点、平层点等,如在电梯行进过程中,轿厢上行时,A相超前于B相90°,计数脉冲增加,下行时,B相超前于A相90°,计数脉冲减少,当计数脉冲达到换速点设置值时,减速停车。

3)速度控制卡

速度控制卡(Pulse Generation Card,PGC)用于接收旋转编码器PG输出的A、B相脉冲信号,通过这两路检测信号计算曳引电动机的转速、判断曳引电动机的转向以及累计旋转编码器输出的脉冲个数,并把这些检测信息反馈给变频器。另外,速度控制卡由其输出端TA21输出1路计数脉冲信号,可以作为井道位置信息。部分PGC卡的控制端定义见表5.9。

表 5.9　速度控制卡接线端定义

序　号	端 子 号	作　　用
1	TA11	旋转编码器电源＋
2	TA12	旋转编码器电源－
3	TA13	旋转编码器A相脉冲输出端
4	TA14	旋转编码器A相脉冲输出公共端
5	TA15	旋转编码器B相脉冲输出端
6	TA16	旋转编码器B相脉冲输出公共端
7	TA21	旋转编码器A相脉冲监视输出端
8	TA22	旋转编码器A相脉冲监视输出公共端
9	TA23	旋转编码器B相脉冲监视输出端
10	TA24	旋转编码器B相脉冲监视输出公共端
11	TA3E	屏蔽线接线端子

电梯运行的楼层距离可以用旋转编码器的脉冲数来表示,电梯在运行过程中,旋转编码器输出的脉冲频率较高,所以,通过速度控制卡和变频器的分频比参数设定对脉冲数进行分频,因此,由输出端TA21传递给PLC的计数信息是分频后的计数值,本节所述的控制系统使用它来表示楼层的位置信息。

4)拖动系统的工作原理

图5.28的电梯拖动系统工作原理如下:旋转编码器PG与曳引电动机同轴连接,对曳引电动机进行测速。旋转编码器输出A、B两相脉冲,一方面,由A、B脉冲相序可判断曳引电动机旋转方向,另一方面,A、B脉冲频率反映了曳引电动机的转速。旋转编码器将这两路脉冲输出给速度控制卡PGC,速度控制卡PGC把检测得到的速度、方向等信息反馈给变频器,变频器把测量信息与设定的速度曲线的给定值进行比较,然后调节其输出的电压、频率等,使电梯运行预先设定的速度曲线实现了速度的闭环控制。

由于电梯在运行过程中频繁起动和制动,因此,变频器必须配置制动电阻,当电梯减速运行时,电梯处于发电状态,向变频器回馈电能,这时同步转速下降,变频器的直流部分电压升高,制动电阻的作用就是消耗回馈电能,抑制直流电压升高。

在图5.28中,PLC的作用主要是实现逻辑控制功能,为变频器提供上行、下行、起动、制动、停车等命令,指挥变频器按照事先设置的速度曲线运行。当PLC完成定向后,向变频器发出方向和速度信号,变频器依据设定的速度及加速度起动电动机,达到最大速度后匀速运行,接近目标层时,PLC发出低速信号,此时变频器以设定的减速度将最大速度减至慢速速度,变频器在加减速的过程中,以设定的曲线减速,收到平层信号后立即停止。电梯的启动制动速度曲线通过616G5变频器的设置命令实现。

2. VVVF 电梯的电源电路

图 5.31 为 VVVF 电梯的电气控制系统电源电路。电源电路采用一个控制变压器为 VVVF 电梯的控制系统提供电源。控制变压器 BK 的供电电源从主回路的电源接触器 DYC 之后引出,当操作人员旋转专用钥匙 TYK(见图 5.36)接通基站送断电继电器 ADJ 线圈时,其常开触点使电源接触器 DYC 线圈得电,它的常开触点闭合使控制变压器电源接通。图 5.31 电源电路提供 4 组电源,它们分别是:

(1) 220V 交流电源,为 PLC 提供工作电源;

(2) 110V 交流电源,为安全回路和门联锁回路提供工作电源;

(3) 110V 直流电源,为门机系统和制动器提供工作电源;

(4) 24V 直流电源,为轿内、厅外按钮指示灯、方向与指层电路、蜂鸣器等提供工作电源。

需要指出的是,在本节的 VVVF 电梯系统中,PLC 输出回路交流接触器线圈的供电电源取自总电源开关 JXK 之后,这保证了在基站断送电继电器 ADJ 线圈得电之后能够使电源接触器 DYC 得电,从而接通主回路变频器的电源;另一方面,当电梯系统出现故障时,也可由 PLC 切断 DYC 线圈的通电回路,使主回路断电,曳引电动机停止工作。

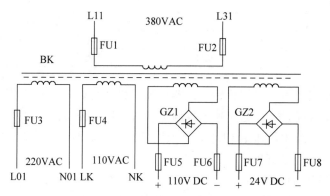

图 5.31　电气控制系统电源电路

3. PLC 电气控制系统

图 5.32 为 VVVF 电梯的 PLC 电气控制系统原理图。电梯系统采用三菱 FX2N 系列 PLC,输出点为继电器输出方式,表 5.10 和表 5.11 为 PLC 输入输出点分配表。在这个系统中,PLC 的作用是采集轿内指令、厅外召唤信号以及层楼信息,在此基础上进行选层、定向,向变频器发出上行或下行启动等指令,由变频器控制和驱动电梯按照预定的速度曲线运行;当电梯到达换速点时,PLC 向变频器发出换速指令,使电梯减速制动;当电梯到达平层位置时,由 PLC 向变频器发出停止命令,并控制制动器抱闸制动、电梯平层停靠、开门放客和关门等动作。在本节所述的 VVVF 电梯中,PLC 主要负责处理各种信号的逻辑关系,实现电梯的使用功能。

图 5.32 输入回路和输出回路电气元器件的连接方法与 5.1 节的基本相同,因此,在此仅对不同之处进行说明。

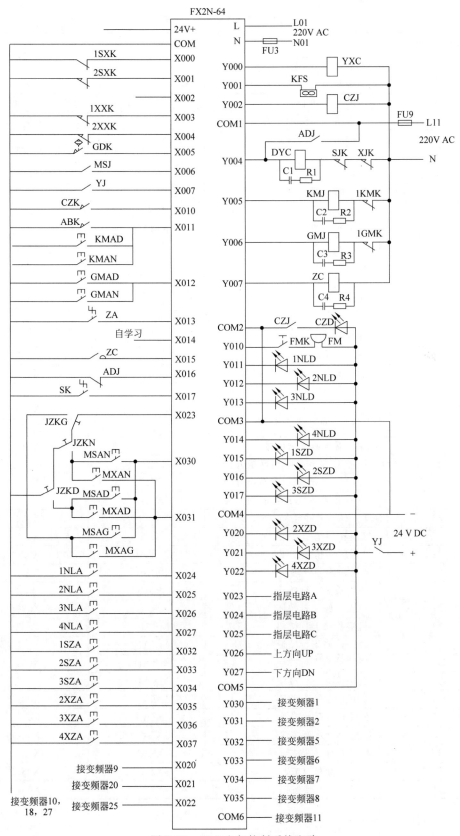

图 5.32 PLC 电气控制系统电路

表 5.10　PLC 输入点分配表

序　号	连接器件名称	连接器件代号	输　入　点
1	上端站强迫换速开关	1SXK	X000
2	上端站限位控制开关	2SXK	X001
3	PGC 卡脉冲输入		X002
4	下端站强迫换速开关	1XXK	X003
5	下端站限位控制开关	2XXK	X004
6	光电开关	GDK	X005
7	门锁继电器	MSJ	X006
8	安全继电器	YJ	X007
9	超载开关	CZK	X010
10	轿顶开门按钮	KMAD	
11	轿内开门按钮	KMAN	X011
12	安全触板开关	ABK	
13	轿顶关门按钮	GMAD	
14	轿内关门按钮	GMAN	X012
15	直驶按钮	ZA	X013
16	自学习		X014
17	制动器接触器	ZC	X015
18	基站上下班送断电继电器	ADJ	X016
19	有无司机转换开关	SK	X017
20	变频器运行正常		X020
21	变频器故障信号		X021
22	变频器零速检测信号		X022
23	机房正常/检修运行转换开关	JZKG	
24	轿内正常/检修运行转换开关	JZKN	X023
25	轿顶正常/检修运行转换开关	JZKD	
26	1 层轿内指令按钮	1NLA	X024
27	2 层轿内指令按钮	2NLA	X025
28	3 层轿内指令按钮	3NLA	X026
29	4 层轿内指令按钮	4NLA	X027
30	轿内检修上行按钮	MSAN	
31	轿顶检修上行按钮	MSAD	X030
32	机房检修上行按钮	MSAG	
33	轿内检修下行按钮	MXAN	
34	轿顶检修下行按钮	MXAD	X031
35	机房检修下行按钮	MXAG	
36	1 层上行召唤按钮	1SZA	X032
37	2 层上行召唤按钮	2SZA	X033
38	3 层上行召唤按钮	3SZA	X034
39	2 层下行召唤按钮	2XZA	X035
40	3 层下行召唤按钮	3XZA	X036
41	4 层下行召唤按钮	4XZA	X037

表 5.11　PLC 输出点分配表

序　号	连接器件名称	连接器件代号	输　出　点
1	运行接触器	YXC	Y000
2	冷却风扇	KFS	Y001
3	超载继电器	CZJ	Y002
4	电源接触器	DYC	Y004
5	开门继电器	KMJ	Y005
6	关门继电器	GMJ	Y006
7	制动器接触器	ZC	Y007
8	蜂鸣器开关	FMK	Y010
9	1 层轿内指令登记灯	1NLD	Y011
10	2 层轿内指令登记灯	2NLD	Y012
11	3 层轿内指令登记灯	3NLD	Y013
12	4 层轿内指令登记灯	4NLD	Y014
13	1 层上行召唤登记灯	1SZD	Y015
14	2 层上行召唤登记灯	2SZD	Y016
15	3 层上行召唤登记灯	3SZD	Y017
16	2 层下行召唤登记灯	2XZD	Y020
17	3 层下行召唤登记灯	3XZD	Y021
18	4 层下行召唤登记灯	4XZD	Y022
19	层楼显示器 A		Y023
20	层楼显示器 B		Y024
21	层楼显示器 C		Y025
22	上方向显示		Y026
23	下方向显示		Y027
24	变频器输入端 1：正转/停止		Y030
25	变频器输入端 2：反转/停止		Y031
26	变频器输入端 5：多级速度指令 1		Y032
27	变频器输入端 6：多级速度指令 2		Y033
28	变频器输入端 7：点动指令		Y034
29	变频器输入端 8：外部基极封锁指令		Y035

（1）在图 5.32 中的检修方式下分别在机房、轿厢、轿顶设置了 3 处操纵装置，它们的操纵优先级是轿顶优先，其次轿内，机房操作的优先级最低，在任何情况下，只要轿顶的维修开关 JZKD 设置为维修工作模式，其他两处不能对轿厢进行点动操纵。

（2）与 5.1 节的方向显示模式不同，图 5.32 中采用 PLC 输出点（Y026，Y027）来驱动方向指示的发光二极管。方向与层楼显示电路见图 5.33。

（3）变频器控制回路的输出接点与 PLC 输入点相接时，需要将其公共端与 PLC 输入点的 COM 端连接，PLC 通过其输出点输出的控制信号与变频器控制回路的输入端相连时，PLC 输出节点的公共端（COM6）也需要连接变频器输入回路的公共端，以保证信号传递的有效性。

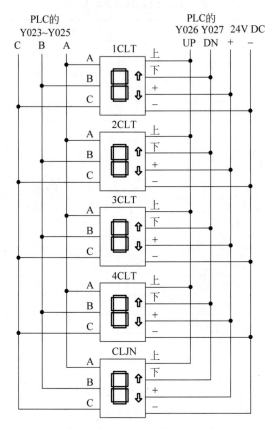

图 5.33 方向及层楼指示电路

4. 其他电路

图 5.34 是 VVVF 电梯的制动与门机控制电路。

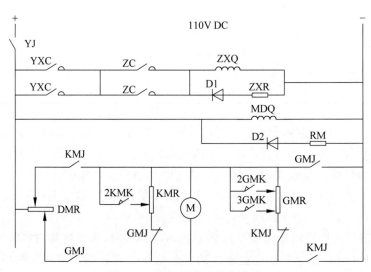

图 5.34 制动及门机控制电路

我国电梯制造安装规范规定,电梯正常运行时,制动器应在持续通电下保持松开状态;制动时,切断制动器电流至少应用两个独立的电气装置来实现,不论这些装置与用来切断电梯驱动主机电流的电气装置是否为一体;当电梯停止时,如果其中一个接触器的主触点未打开,最迟到下一次运行方向改变时,应防止电梯再运行。图 5.34 中,ZXQ 为制动器线圈,电路中使用了两个独立控制的接触器——运行接触器 YXC 和制动器控制接触器 ZC 触点来切断线圈的控制回路。由电阻 ZXR 和二极管 D1 构成制动器线圈的放电回路以减缓制动时的冲击,另外,调节 ZXR 的阻值可以改变制动的快慢。

图 5.34 中的门机控制原理与 5.1 节相同,在此不再分析。

图 5.35 是 VVVF 电梯的安全及门联锁电路。在安全回路中包含了下列电气安全开关或装置的触点:轿顶、底坑和机房 3 处的急停开关 TAD、TAK、TAG,安全钳开关 AQK,安全窗开关 ACK,限速器断绳开关 DSK,限速器开关 XSK,相序继电器 XJ,当有急停按钮以及安全设施开关被触发时,安全继电器 YJ 线圈失电,电梯系统断电而停止工作。

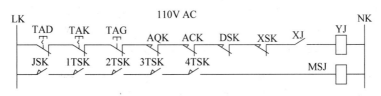

图 5.35 安全及门联锁电路

图 5.35 电路设置了门联锁回路,当 4 个层厅门开关以及轿门开关闭合时,也就是当所有厅门和轿门关闭好时,门锁继电器 MSJ 线圈得电,轿厢才可以上下运行。

图 5.36 是 VVVF 电梯的照明电路,这个电路的供电电源与主回路独立设置。该电路一部分为轿厢的照明、风扇以及维修用插座电路,另一部分为轿顶、底坑照明用电和维修用电电路,另外,电梯系统的送断电控制也包含在此电路中。操纵人员把电梯投入运行时,首先

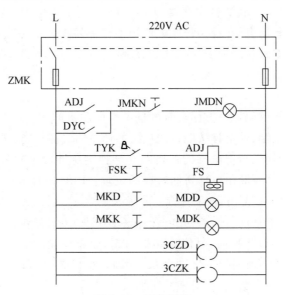

图 5.36 照明回路

旋转钥匙开关 TYK 使送断电继电器 ADJ 线圈得电,这样 ADJ 常开触点闭合,在图 5.32 中,电源接触器 DYC 线圈得电,它的常开触点吸合使变频器及控制系统上电,电梯处于可使用状态。下班停梯时,电梯返回基站,复位钥匙开关 TYK 使送断电继电器 ADJ 线圈失电,则 DYC 线圈断电,它的常开触点断开切断了电梯拖动系统和控制系统的电源,电梯停止运行。

5.2.2　VVVF 电梯的程序分析

图 5.37 是 4 层 4 站 VVVF 电梯的 PLC 控制程序。该 4 层 4 站电梯有无司机(自动)、司机和检修三种工作模式,当司机开关 SK 闭合时,输入点 X017 常开触点闭合,电梯工作在司机操纵模式;当轿顶检修开关 JZKD、轿内检修开关 JZKN、机房的检修开关 JZKG 中有一个设置到检修状态,输入点 X023 的常开触点断开,电梯处于检修模式,此时,轿顶操纵优先。如果 SK 断开、检修开关(JZKD、JZKN、JZKG)不在检修位置,则电梯处于无司机模式。下面根据各种模式中的功能分析程序的工作原理。为了分析说明方便,在解释程序块功能时对图 5.37 程序中的支路位置做了相应的调整。

在图 5.37 的控制程序中,用到 FX2N 系列 PLC 的一些特殊功能继电器,这些继电器的编号和功能如下。

M8000:PLC 运行监视继电器,该继电器在 PLC 运行时接通。

M8002:PLC 初始脉冲,该继电器常开触点仅在程序执行的第一个扫描周期闭合,之后常开触点断开。

C237:32 位的可逆高速计数器,用来累计输入点 X002 输入的脉冲个数,具有掉电保护功能。

M8237:高速计数器 C237 的控制继电器,当 M8237 常开触点闭合,C237 为减法计数器,当 M8237 常开触点断开,C237 为加法计数器。

FX2N 系列 PLC 的 16 位数据寄存器 D200～D511 具有掉电保护功能,为了使系统停电能够保持停电前的运行信息,在控制程序中使用了这一区域的部分数据寄存器。另外,它的定时器 T1～T199 的定时基准为 100ms,定时范围为 0.1～3276.7s,在 PLC 控制程序中使用了这一区域的定时器。

1. 层间距的测量

在图 5.28 中,旋转编码器一方面实时测量曳引电动机的转速,在变频器的控制下完成电梯运行速度的闭环控制,使电梯按照事先设定的速度曲线运行,实现电梯高效舒适的运行要求。另一方面,旋转编码器把电梯的运行距离转换为脉冲的个数,PLC 通过其计数器计量脉冲的个数,通过计算判断出电梯轿厢所在的位置。PLC 的计数脉冲信号是通过速度控制卡 PGC 对旋转编码器信号分频得到的。由输入点 X002 引入 PLC,由高速计数器 C237 计数。另外,设置了一个平层传感器(光电开关)GDK(见图 5.32),在隔板进入 GDK 时,更新层楼信息,当隔板离开 GDK 时,复位计数器 C237,重新设置计数常数值,该计数常数值为电梯即将运行的层间距离所对应的脉冲个数。因此,在程序中,C237 计量的是两个层间的距离,当它计量到设置的常数值时,电梯换速平层、层楼显示切换。那么,层间距离是如何获得的呢? 在本节,这个距离是通过电梯控制系统自学习得到的,图 5.32 预留了输入点 X014 用于选择自学习模式。下面介绍自学习程序的工作原理。

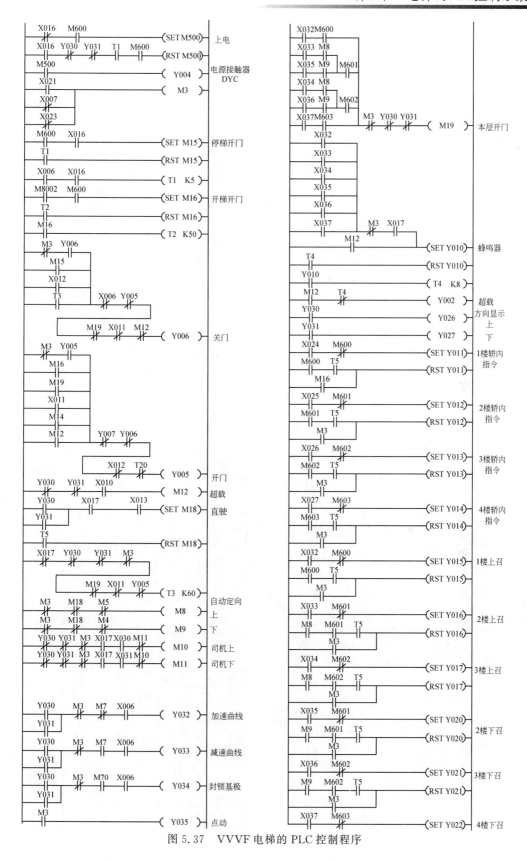

图 5.37　VVVF 电梯的 PLC 控制程序

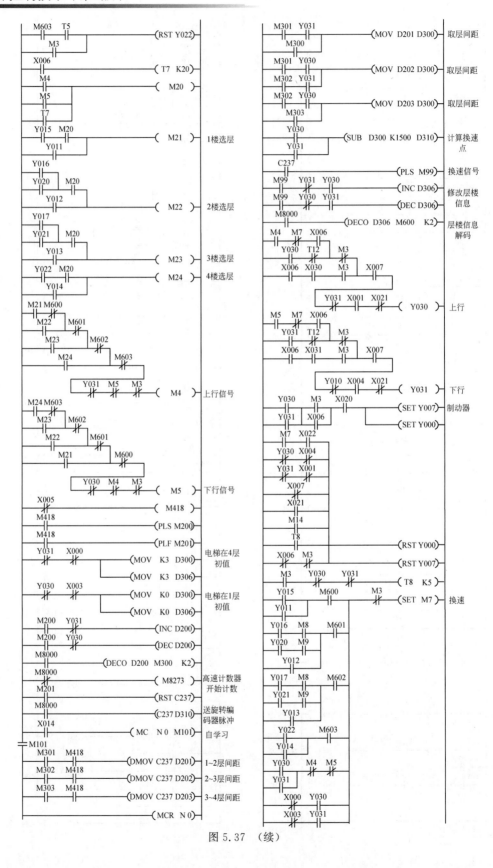

图 5.37 （续）

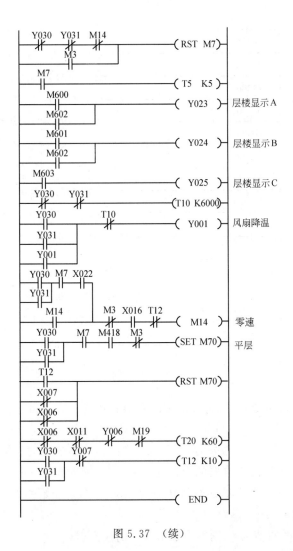

图 5.37 （续）

　　所谓自学习是指电梯以慢速方式运行,测量楼层之间的距离,这个距离实际上是电梯由一个层楼运行到相邻层楼时所对应的脉冲数。由于楼层间距是电梯正常启动、制动运行的基础及楼层显示的依据,因此,本节所述的 VVVF 电梯运行之前,必须首先进行楼层间距的自学习运行,为了保证测量结果的准确性,通常经过几次自学习运行后,取其中重复性较好的一组数据作为最终的层间距离参数。

　　图 5.38 为自学习程序。在介绍程序原理之前,首先对程序中使用的命令功能予以说明。

　　(1) PLS 为微分前沿指令,当驱动信号有效时,这个指令之后的继电器线圈保持得电一个扫描周期。

　　(2) PLF 为微分后沿指令,当驱动信号失效后,这个指令之后的继电器线圈保持得电一个扫描周期。

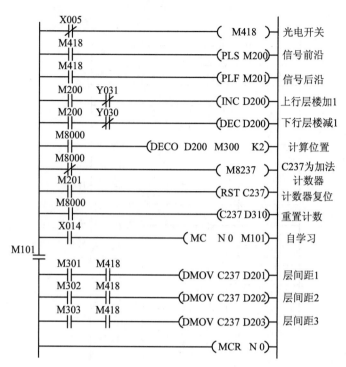

图 5.38　自学习程序

（3）DECO 为译码指令，它把寄存器中的数值转换为一系列继电器的状态。如

$$DECO \quad D200 \quad M300 \quad K2$$

指令中的 D200 为待译码的 16 位寄存器，M300 为被转换继电器的起始继电器，K 为常数标志，K2 表示转换继电器区的继电器的个数为 $2^2 = 4$ 个，即 M300～M303。因此，上述指令执行后把 16 位寄存器 D200 所存储的数值转换为 M300～303 开始的 4 个连续寄存器的状态，转换过程如下：

如果 D200 存储的数值为 0，则继电器 M300 的线圈得电；

如果 D200 存储的数值为 1，则继电器 M301 的线圈得电；

如果 D200 存储的数值为 2，则继电器 M302 的线圈得电；

如果 D200 存储的数值为 3，则继电器 M303 的线圈得电。

（4）子模块指令 MC 及子模块返回 MCR 指令

例如：MC　N0　M100

执行该指令后，程序的母线移至 M100 常开触点之后，N0 为子母线的编号。

PLC 执行 MCR N0 时，子模块执行完毕，从子母线 N0 返回。

（5）MOV 和 DMOV 指令都为传送指令，MOV 用于传送 16 位二进制数，DMOV 用于传送 32 位二进制数。

下面介绍程序的设计原理。

当轿厢上的隔板插入 GDK 凹槽时，隔板切断了光电开关 GDK 的光路，GDK 输出开关断开，输入点 X005 常闭触点闭合，继电器 M418 线圈得电，M200 线圈在下一个程序扫描周期得电。如果电梯上行，M200 线圈得电，层间距数寄存器 D200 加 1，如果电梯下行，M200

线圈得电,则 D200 减 1。当插板离开 GDK 凹槽时,M201 线圈在随后的一个扫描周期得电,使计数器 C237 计数器复位到 0。

PLC 上电运行后,M8000 的常闭触点断开,M8237 线圈失电,这样 C237 被设置为加法计数器。同时,M8000 的常开触点闭合,使 C237 处于工作状态,这样,X002 每输入一个脉冲,C237 自动加 1。由于 M8000 的常开触点在 PLC 运行期间始终闭合,因此,继电器 M201 常开触点使 C237 复位后,它立即从 0 开始计数。

在 PLC 运行程序期间,M8000 的常开触点始终闭合,因此,在每个扫描周期,程序对寄存器 D200 所存储的数据进行解码,以获得轿厢的位置,M300 线圈得电时,电梯在一层,M301 线圈得电时,电梯运行到 2 层,M302 线圈得电时,电梯运行到 3 层,M303 线圈得电时,电梯运行到 4 层。

自学习时,把 PLC 的输入点 X014 接线端与输入点公共端 COM 相连,电梯系统处于自学习状态,此时电梯处于慢行状态。输入点 X014 与 COM 端相连后,在程序中 X014 常开触点闭合,则 PLC 会执行 MC/MCR 之间的程序。

假设电梯轿厢处在 1 层,PLC 上电后,寄存器 D200 的存储值为 0。电梯轿厢驶离 1 层时,隔板离开光电开关 GDK,输入点 X005 常闭触点断开,使 M201 常开触点闭合一个扫描周期,M201 常开触点闭合使得 C237 计数器清零并开始重新计数。

电梯从 1 层上行到 2 层,2 层井道中的插板进入光电开关 GDK 的凹槽,输入点 X005 常闭触点闭合,继电器 M418 线圈得电,同时,M200 线圈也得电并保持一个扫描周期。

电梯上行,下行控制触点 Y031 常闭触点闭合,因此,程序支路 Y031 常闭触点、M200 常开触点接通,使得寄存器 D200 加 1,D200 的存储值变为 1。解码指令 DECO 执行后,M301 线圈得电,其他继电器线圈没有得电。因此,在自学习模块中,第 1 条支路导通:M301→M418→DMOV,把当前 C237 的 32 位计数值传送给 D201 和 D202,其中,寄存器 D201 存储低 16 位,它就是 1 层到 2 层的层间距离。

电梯轿厢驶离 2 层,光电开关 GDK 驶离隔板,M418 线圈失电,随后继电器 M201 常开触点接通一个扫描周期使计数器 C237 复位清零,C237 重新开始计数。

电梯到达第 3 层时,光电开关 GDK 又一次被 3 层井道中的隔板隔断光路,输入点 X005 常闭触点闭合,程序处理过程与 2 层相同,这样,寄存器 D200 加 1 后的存储值变为 2,经 DECO 指令解码后,M302 线圈得电,则自学习模块中,第 2 条支路导通:M302→M418→DMOV,把当前 C237 的 32 位计数值传送给 D202 和 D203,其中,寄存器 D202 存储的是 2 层到 3 层的层间距离。

以此类推,电梯到达第 4 层时,寄存器 D203 存储的是 3 层到 4 层的层间距离。这样,得到了所有的层间距离。

需要指出的是,电梯自上而下自学习时,D200 初值为 3,光电开关 GDK 每遮挡一次,D200 存储值减 1,其他过程与上行没有区别。

自学习结束后,断开 X014 与 COM 端的连线,电梯在正常工作时不再执行 MC/MCR 之间的程序。

2. 层楼信息处理程序

图 5.39 为层楼信息处理程序。这个程序根据自学习得到的层间距离来计算换速点,然后通过解码获得层楼信息。寄存器 D201~D203 分别存储 3 个层间距离值,换速距离信息

存储在寄存器 D310 中,层楼信息存储在寄存器 D306 中,层楼继电器分配如下：1 层层楼继电器 M600,2 层层楼继电器 M601,3 层层楼继电器 M602,4 层层楼继电器 M603。

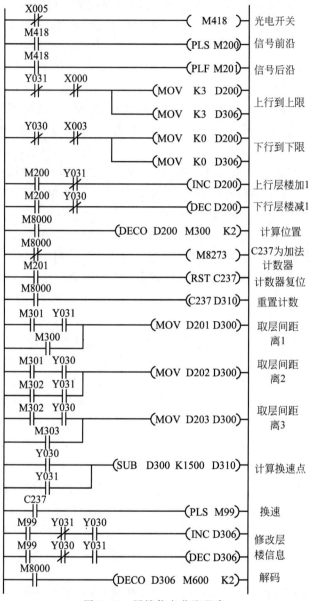

图 5.39　层楼信息获取程序

电梯上行碰到上强迫换速开关 1SXK 时停车,1SXK 常闭触点断开,输入点 X000 常闭触点闭合,图 5.39 程序中,由下行控制触点 Y031 和 X000 的常闭触点闭合触发了传送指令,层楼信息寄存器 D200 和 D306 被置初值为 3,表明电梯已处于 4 层。

电梯下行碰到下强迫换速开关 1XXK 时停车,1XXK 常闭触点断开,输入点 X003 常闭触点闭合,图 5.39 程序中,由上行控制触点 Y031 和 X003 的常闭触点闭合触发了传送指令,层楼信息寄存器 D200 和 D306 被置初值为 0,表明电梯已处于 1 层。

设电梯停在 1 层,以电梯上行为例,介绍层楼信息处理原理。

电梯在1层停靠时,寄存器D200和D306的存储值为0,1层的井道中隔板插入光电开关GDK凹槽中,则X005常闭触点闭合,M418线圈得电,D200存储值经解码指令DECO解码,使得M300线圈得电,其常开触点闭合使得PLC执行传送指令MOV,把1层到2层的层间距离传送给寄存器D300。同时,寄存器D306的存储值经解码指令DECO解码,使得M600线圈得电,表明电梯正处于1层。

电梯启动运行后,上行控制触点Y030常开触点闭合,减法指令SUB被执行,计算出本次运行的换速距离并存储在寄存器D310中:换速距离等于1层层间距减去常数1500。当轿厢驶离1层时,1层的井道中隔板离开光电开关GDK凹槽,X005常闭触点断开,继电器M201线圈得电并保持一个扫描周期,其常开触点闭合使计数器C237复位清零,由于M8000在程序执行时,它的常开触点始终闭合,计数器C237即刻启动计数。当C237达到预设计数值时,其常开触点闭合使得继电器M99得电并保持一个扫描周期,这样,下列程序支路导通:M99→Y031→Y030→INC,寄存器D306的存储值加1,它的存储值变为1,经DECO指令解码后,继电器M601线圈得电,这样,获得2层的层楼信息。

电梯继续前行,当2层井道的平层隔板进入GDK凹槽时,寄存器D200被加1,解码之后,继电器M301线圈得电,下列程序支路导通:M301→Y030→MOV,把2层至3层的层间距离(D202)传送到寄存器D300中,并由减法指令SUB计算出下一次的换速距离并存储在寄存器D310中。当轿厢驶离2层时,2层井道中的隔板离开光电开关GDK凹槽,X005常闭触点断开,继电器M201线圈得电并保持一个扫描周期,其常开触点闭合使计数器C237复位清零并启动新的计数。当C237达到本次预设计数值时,下列程序支路导通:M99→Y031→Y030→INC,寄存器D306的存储值再加1,它的存储值变为2,经DECO指令解码后,继电器M602线圈得电,由此获得3层的层楼信息。

由3层上行时,下列程序支路导通:M302→Y030→MOV,把3层至4层的层间距离(D203)传送到寄存器D300中,其他处理过程与前面1层、2层相同。

电梯下行时,层楼信息处理原理与上行相同,不再进一步解释。

3. 方向和层楼显示程序

由图5.32和图5.33可知,VVVF电梯的层楼显示与5.1节所述的电梯相同,不同的是在本节方向显示采用PLC输出点驱动。方向和层楼显示程序如图5.40所示,层楼显示字符与PLC输出控制端的编码关系见表5.12。表中1表示输出点线圈得电,0表示输出点线圈失电或未用。

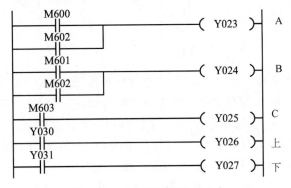

图5.40　方向和层楼显示程序

表 5.12　层楼显示字符与 PLC 输出控制端的编码关系

Y025	Y024	Y023	显示字符
C	B	A	（7 段码）
0	0	1	¦
0	1	0	2
0	1	1	3
1	0	0	4

例如：电梯通过 3 层换速点时，3 层的层楼继电器 M602 常开触点闭合，输出点 Y023、Y024 线圈得电，显示器显示 3。

电梯上行时，Y030 常开触点闭合，Y026 线圈得电，显示器的上行标识↑点亮；电梯下行时，Y031 常开触点闭合，Y027 线圈得电，显示器的下行标识↓点亮。

4. 轿内指令信号登记与消号

图 5.41 是轿内指令信号登记和消号程序。程序中 M3 为检修及故障状态继电器，M7 为换速继电器。输入点 X024～X027 连接轿内指令按钮 1NLA～4NLA。输出点 Y011～Y014 连接轿内指令按钮 1NLA～4NLA 的指示灯 1NLD～4NLD。

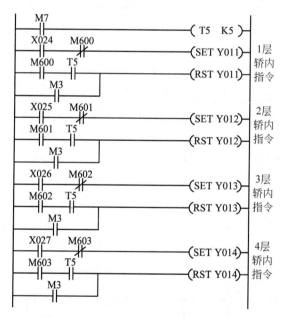

图 5.41　轿内指令信号登记和消号程序

设电梯在 2 层，当乘客欲前往 3 层时，在电梯轿厢内按下 3NLA，输入点 X026 常开触点闭合，由于电梯未在 3 层，3 层层楼继电器 M602 常闭触点闭合，因此，输出点 Y013 线圈得电并自锁，3NLD 指示灯亮，轿内指令 3NLA 被登记。如果此时按下 2NLA，输入点 X025 常开触点闭合，由于电梯此时在 2 层，2 层层楼继电器 M601 常闭触点断开，因此，输出点 Y012 无法得电，该轿内指令无法登记，也就是本层不能登记。

当电梯行至 3 层时，3 层的层楼继电器 M602 线圈得电，它的常开触点闭合，同时，换速继电器 M7 常开触点闭合,0.5s 后,T5 常开触点闭合,输出点 Y013 线圈被复位,3NLD 指示灯熄灭,轿内指令 3NLA 被消号。

在检修和故障状态时,继电器 M3 常开触点吸合,输出点 Y011～Y014 线圈无法得电,轿内指令无效。

5. 厅外召唤信号登记与消号程序

图 5.42 为厅外召唤信号登记与消号程序。程序中 M3 为检修及故障状态继电器,M7 为换速继电器,M4、M5 为上、下方向继电器,M8、M9 分别为自动(无司机)模式下的上、下方向继电器,M18 为司机直驶继电器。输入点 X032～X034 分别连接上召唤按钮 1SZA～3SZA,输出点 Y015～Y017 分别连接轿内指令按钮 1SZA～3SZA 的指示灯 1SZD～3SZD。输入点 X035～X037 分别连接下召唤按钮 2XZA～4XZA,输出点 Y020～Y022 分别连接轿内指令按钮 2XZA～4XZA 的指示灯 2XZD～4XZD。

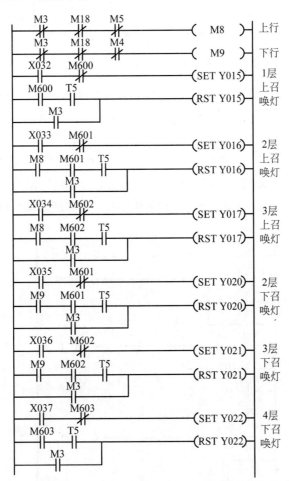

图 5.42　厅外召唤信号的登记与销号程序

在自动模式下,厅外召唤指令的登记与轿内指令登记相同,因此,不再介绍。但消号过程不同,消号时,只消除与电梯运行方向相同的登记信号,而保留与其运行方向相反的登记信号。如电梯从 4 层下行,3 层登记了上、下召唤指令,在这种情况下,下方向继电器 M9 常开触点吸合,输出点 Y017 和 Y021 的线圈得电保持,指示灯 3SZD 和 3XZD 被点亮。当电梯轿厢行至3层时，M602常开触点吸合，0.5s后，T5常开触点闭合，下列程序复位支路导通：M9→M602→T5→RST Y021，则输出点Y021线圈失电，指示灯3XZD熄灭，3层的下召唤指令被销号。但是，由于此时上方向继电器M8的常开触点断开，因此，下列输出点Y017的线圈程序复位支路不能导通：M8→M602→T5→RST Y017，它的输出点线圈依然保持得电状态，3SZD不会熄灭。

司机操纵时，SK开关闭合，输入点X017常开触点吸合，电梯在行驶过程中（Y030为上行指令触点、Y031为下行指令触点），按下直驶开关ZA，X013常开触点闭合，则继电器M18线圈得电（见图5.43），它的常闭触点断开，使继电器M8和M9线圈失电（见图5.42），M8和M9的常开触点切断了厅外召唤信号的登记支路，厅外召唤信号失效。

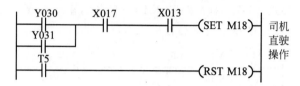

图5.43　司机直驶控制程序

与轿内指令登记和消号相同，厅外召唤信号在本层也不能登记，另外，在检修和故障状态时，继电器M3常开触点吸合，厅外召唤指令无效。

6. 自动选层

图5.44为选层控制程序。程序中，输入点X006与门联锁继电器MSJ的常开触点相连，轿门和1～4层厅门关闭好后，MSJ常开触点闭合，输入点X006常开触点闭合。M4、M5分别为上、下方向继电器。M21～M24分别为1～4层的选层继电器。选层控制程序实现的功能如下。

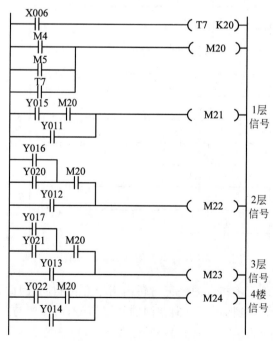

图5.44　选层控制程序

1）轿内指令优先

厅门和轿门关闭好后,输入点 X006 常开触点闭合启动定时器 T7 延时 2s。在关门后的 2s 内(未启动运行之前),继电器 M20 线圈无法得电,它的常开触点断开切断了外召唤登记信号与选层继电器线圈之间的通路,使厅外召唤信号不能选层。在此期间只有轿内指令登记信号可使选层继电器线圈得电。电梯关好门在 3 层准备启动,此时,2 层有上外召唤信号,轿厢有乘客按下 4 层轿内指令,则 4 层选层继电器 M24 线圈得电,电梯会选择上行;2s 之后,M20 线圈、2 层选层继电器 M22 线圈得电,即轿内指令优先。

2）自动选层

电梯在向上运行的过程中,上方向继电器 M4 常开触点闭合,M20 线圈得电,这样在电梯上行过程中,厅外召唤信号和轿内指令都可以同时参与选层。同样地,电梯在向上运行的过程中,上方向继电器 M5 常开触点闭合,M20 线圈得电,也允许厅外召唤信号和轿内指令同时参与选层。

7. 自动定向程序

图 5.45 为 VVVF 电梯的自动定向程序。图中,Y030、Y031 分别为电梯的上、下行指令触点,M600～M603 为 1～4 层的层楼继电器,M21～M24 为 1～4 层的选层继电器,M3 为检修与故障状态继电器。

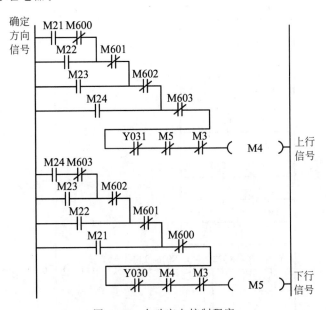

图 5.45　自动定向控制程序

假设电梯在 3 层,则 3 层的层楼继电器 M602 常闭触点断开,如果乘客在轿内或厅外呼梯使 1 层的选层继电器 M21 线圈得电,则 M21 常开触点闭合。这样,只有下列程序支路导通：M21→M600→Y030→M4→M3→M5 线圈,继电器 M5 线圈才能得电,电梯选择下行。

假设电梯在 1 层,如果乘客在 4 层按下下召唤 4XZA,如果该信号被登记,则 4 层的选层继电器 M24 得电,图 5.45 中,只有下列程序支路导通：M24→M603→Y031→M5→M3→M4 线圈,继电器 M4 线圈才能得电,电梯选择上行。

图 5.45 还具有最远端反向的功能。如电梯从 2 层前往 3 层,在此过程中,1 层有上召

唤并被登记。电梯上行过程中，下列程序支路保持导通：M23→M602→M603→Y031→M5→M3→M4线圈，电梯到达3层后，M602常闭触点断开，M4线圈失电。由于1层登记的上召唤，因此M21常开触点闭合，则下列程序支路导通：M21→M600→Y030→M4→M3→M5线圈，继电器M5线圈得电，电梯转换方向下行。

另外，当电梯处于检修或出现故障时，继电器M3常闭触点断开，不能自动选向。

8. 换速控制程序

图5.46为换速控制程序。图中，M3为检修与故障状态继电器，M4、M5分别为上、下方向继电器，M18为司机直驶继电器。这个程序具有以下功能：

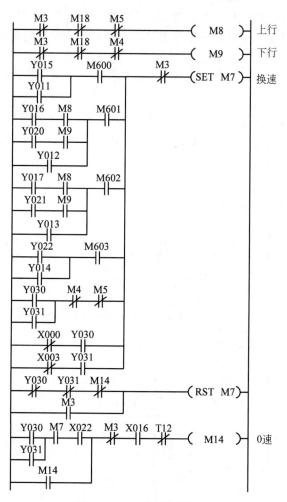

图5.46　换速控制程序

1）自动换速

假设电梯上行，轿内登记了3层的指令，则Y013常开触点闭合，电梯行至3层时，3层的层楼继电器M602常开触点闭合，下列程序支路导通：Y013→M602→M3→M7线圈，换速继电器M7线圈得电，电梯换速停靠3层。

2）顺向截梯

假设电梯由1层上行至4层，此时，3层有上召唤被登记，2层有下召唤被登记。电梯为司机和无司机模式下上行时,上方向继电器 M4 的常开触点闭合,常闭触点断开、下方向继电器 M5 常闭触点闭合,使图 5.46 的 M8 线圈得电、M9 线圈失电。3 层上召唤被登记时 Y017 常开触点吸合,2 层下召唤被登记时 Y020 常开触点吸合。电梯通过 2 层时,2 层楼继电器 M601 常开触点闭合,但由于 M9 常开触点断开,换速继电器 M7 线圈无法得电,电梯继续前行并不换速停靠。行至 3 层换速点时,3 层的层楼继电器 M602 常开触点闭合,此时下列程序支路导通: Y017→M8→M602→M3→M7 线圈,换速继电器 M7 线圈得电,电梯换速停靠在 3 层。

3) 无方向换速

电梯在运行过程中,如果丢失方向,即上、下方向继电器 M4 和 M5 线圈失电,其常闭触点闭合,则上行时下列程序支路导通: Y030→M4→M5→M3→M7 线圈,下行时下列程序支路导通: Y031→M4→M5→M3→M7 线圈,使继电器 M7 线圈得电,电梯将减速平层。

4) 强迫换速

电梯上行时,触碰下限位开关 1SXK,输入点 X000 常开触点闭合,换速继电器 M7 线圈得电,电梯强迫减速。电梯下行时,触碰下限位开关 1XXK,输入点 X003 常开触点闭合,换速继电器 M7 线圈得电,电梯强迫减速。

9. 速度控制程序

图 5.47 为电梯的速度控制程序。电梯的速度控制实质上是 PLC 控制变频器使变频器控制电梯按照事先拟定的速度曲线运行,包括曳引电动机的启停控制、正反转控制、加减速曲线的切换、点动、控制封锁驱动器件基极、松闸、抱闸制动等。图 5.47 中,输入点 X006 连接门联锁继电器 MSJ 的常开触点,当轿门与所有厅门关闭好后,X006 常开触点闭合。X007 连接安全回路的安全继电器 YJ 的常开触点,安全回路正常时,X007 常开触点闭合。X020 为变频器输出的运行状态正常信号,当变频器工作正常时,X020 常开触点闭合;X021 为变频器输出的变频器故障信号,当变频器故障时,X021 常开触点闭合;X022 为变频器输出的 0 速检测信号,曳引电机转速为 0 时,X022 常闭触点闭合。M4、M5 分别为上、下方向继电器,M7 为换速继电器,M70 为平层继电器。下面介绍程序实现的功能。

假设电梯停在某个层站准备上行,M4 常开触点闭合,当轿门和所有厅门关闭好且安全回路正常时,下列程序支路导通: M4→M7→X006→M3→X007→Y031→X001→X021→Y030 线圈,则输出点 Y030 线圈得电并自锁,接通变频器控制回路的 1 端回路,变频器控制曳引电机正转。与此同时,制动控制支路导通: Y030→X006→X020→Y007 和 Y000 线圈,运行接触器 YXC 和制动器接触器 ZC 线圈得电(见图 5.32),制动线圈 ZXQ 得电(见图 5.34),制动器松闸。另一方面,下列程序支路也导通: Y030→M3→M7→X006 和 Y032 线圈,Y032 线圈得电,接通频器控制回路的 5 端回路,以给定曲线 1 启动运行。

接近目的层站时,换速继电器 M7 常开触点闭合,断开 Y032 线圈所在的程序支路,同时,接通下列程序支路: Y030→M3→M7→X006 和 Y033 线圈,Y033 线圈得电,接通变频器控制回路的 6 端回路,以给定曲线 2 减速运行。当轿厢上的平层隔板进入光电开关 GDK 时,输入点 X005 的常闭触点闭合,M418 得电,电梯准备平层,继电器 M70 得电,它的常开触点使下列回路导通: Y030→M3→M70→X006 和 Y034 线圈,Y034 线圈得电,接通变频器控制回路中的 8 端回路,使变频器基极被封锁,这样,变频器主回路驱动输出停止。当变频器检测到曳引电动机输出转速为 0 时,输出 0 速检测信号使 PLC 的输入点 X022 常开触点闭合,同时也使 M14 得电自锁见图 5.46,则输入点 Y000 和 Y007 线圈复位断电,接触器 YXC 和 ZC 线圈失电,在图 5.34 中,制动器线圈 ZXQ 失电,制动器抱闸制动。

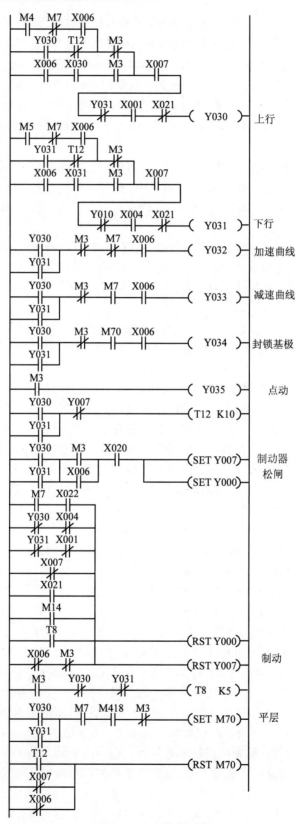

图 5.47　速度控制程序

Y007 线圈失电后 1s,定时器 T12 常闭触点断开,切断了 Y030 线圈的自锁回路,Y030 线圈失电,进一步,Y033 和 Y034 线圈也失电,电梯停止运行。同时,M70 线圈失电,电梯实现平层。

在检修状态时,维修与故障继电器 M3 常开触点闭合,使 Y035 线圈得电,接通变频器控制回路的 7 端回路,使变频器工作在点动控制方式。此时,如果 X030 常开触点闭合,Y030 线圈得电,控制电梯上行;如果 X031 常开触点闭合,Y031 线圈得电,控制电梯下行。

另外,还有以下情况能使电梯停机抱闸制动:

(1) 电梯下行,触碰下端限位开关 2XXK,则 X004 常闭触点闭合,使 Y007 和 Y000 线圈相继失电;

(2) 电梯上行,触碰上端限位开关 2SXK,则 X001 常闭触点闭合,使 Y007 和 Y000 线圈失电;

(3) 安全回路存在问题,安全继电器 YJ 线圈失电,X007 常闭触点吸合,使 Y007 和 Y000 线圈失电;

(4) 变频器出现故障,X021 常开触点闭合,使 Y007 和 Y000 线圈失电;

(5) 检修状态下,电梯停车超过 0.5s,T8 常开触点闭合,使 Y007 和 Y000 线圈失电;

(6) 在司机和无司机模式时,如果厅门或轿门未关闭好,MSJ 继电器线圈无法得电,则输入点 X006 常闭触点闭合,使 Y007 和 Y000 线圈失电。

10. 开门控制程序

图 5.48 为 VVVF 电梯的开门控制程序。其中输出点 Y005 连接开门继电器。开门控制程序可实现以下功能。

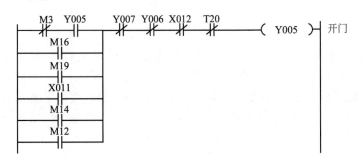

图 5.48　开门控制程序

1) 系统上电开梯开门

开梯开门是由继电器 M16 控制的。如图 5.49 所示,系统上电后,M8002 常开触点闭合并保持一个扫描周期,因为电梯停在 1 层,1 层的层楼继电器 M600 常开触点闭合,因此 M16 得电,这样,在图 5.48 中,下列开门控制支路导通:M16→Y007→Y006→X012→T20→Y005 线圈,使得 Y005 线圈得电并自锁,KMJ 线圈得电,电梯开门。5s 之后,T2 常开触点闭合,使 M16 线圈失电,撤除开门指令。

2) 按钮开门

当轿内开门按钮 KMAN、轿顶开门按钮 KMAD 按下,或者在关门被异物阻挡(安全触板 ABK 闭合)时,输入点 X011 常开触点会闭合,下列开门控制支路导通:X011→Y007→Y006→X012→T20→Y005 线圈,使得 Y005 线圈得电并自锁,KMJ 线圈得电,电梯开门。

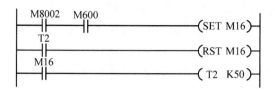

图 5.49　上电开梯开门程序

3）自动开门

电梯平层后，继电器 M14 线圈得电并自锁，如图 5.50 所示，图中输入点 X006 连接 MSJ 的常开触点，X006 常开触点闭合，表示厅门和轿门已关闭到位。X022 常开触点闭合表示曳引电动机转速为 0，因此，M14 线圈得电意味着电梯正在平层。继电器 M14 常开触点闭合，图 5.48 中开门控制支路导通：M14→Y007→Y006→X012→T20→Y005 线圈，使得 Y005 线圈得电并自锁，KMJ 线圈得电，电梯开门。在电梯抱闸制动 1s 之后，T12 常开触点闭合，M14 线圈失电，撤除开门指令。

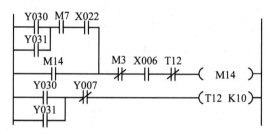

图 5.50　平层检测程序

4）超载开门

超载检测程序如图 5.51 所示。电梯轿厢超载时，超载开关 CZK 闭合，输入点 X010 得电，使得 M12 线圈得电，其常开触点闭合使输出点 Y002 线圈得电，进而使其外接的继电器 CZJ 线圈得电，接通指示灯 CZD 报警。同时，图 5.48 中 M12 的常开触点闭合使下列开门控制支路导通：M12→Y007→Y006→X012→T20→Y005 线圈，Y005 线圈得电并自锁，KMJ 线圈得电，电梯开门。

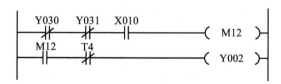

图 5.51　超载检测程序

5）本层开门

图 5.52 为本层开门控制程序。假设电梯运行方向为上行，目前停靠在 2 层接送乘客，服务完成后尚未启动运行，此时，2 层厅外有乘客按下上召唤指令按钮 2SZA，则 X033 常开触点闭合，使下列控制支路导通：X033→M8→M601→M3→Y030→Y031→M19 线圈，M19 线圈得电，在图 5.48 中，下列控制支路导通：M19→Y007→Y006→X012→T20→Y005 线圈，Y005 线圈得电，KMJ 线圈得电，电梯开门。

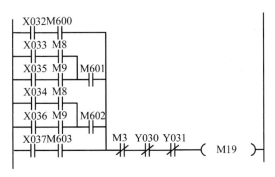

图 5.52　本层开门控制程序

11. 关门控制程序

图 5.53 为关门控制程序。输出点 Y006 外接关门继电器 GMJ 的线圈。关门控制程序可实现下列功能：

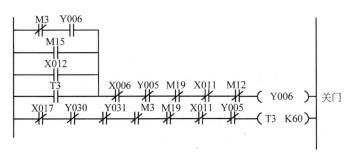

图 5.53　关门控制程序

1）自动关门

电梯在某层停靠开门放客，延时 6s 后，T3 常开触点闭合，下列控制支路导通：T3→X006→Y005→M19→X011→M12→Y006 线圈，Y006 线圈得电，GMJ 线圈得电，电梯关门。

2）按钮关门

当轿内开门按钮 GMAN、轿顶开门按钮 GMAD 按下，则输入点 X012 常开触点闭合，下列开门控制支路导通：X012→X006→Y005→M19→X011→M12→Y006 线圈，Y006 线圈得电，GMJ 线圈得电，电梯关门。

3）停梯关门

图 5.54 为停梯关门程序。停梯时，电梯已停在 1 层基站，图 5.36 中，旋转断开钥匙开关 TYK，ADJ 继电器线圈失电，其常闭触点 ADJ 吸合，输入点 X016 常开触点得电，则继电器 M15 线圈得电保持，在图 5.53 中，下列开门控制支路导通：X012→X006→Y005→M19→X011→M12→Y006 线圈，Y006 线圈得电，GMJ 线圈得电，电梯关门。0.5s 之后，关门指令解除。

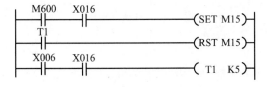

图 5.54　停梯关门控制程序

12. 蜂鸣器控制程序

图 5.55 是蜂鸣器控制程序，输出点 Y010 连接蜂鸣器 FM。蜂鸣器起提示和报警作用。

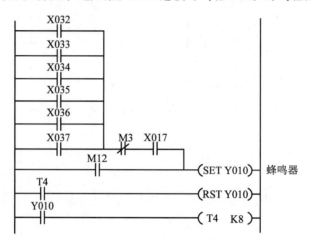

图 5.55　蜂鸣器控制程序

当司机开关 SK 闭合，输入点 X017 常开触点得电时，电梯处于司机操纵模式。在这种模式下，当乘客在厅外呼梯时，蜂鸣器鸣叫，提示司机有厅外召唤。如 3 层有下召唤时，乘客按下 3XZA，则 X036 常开触点得电，使输出点 Y010 线圈得电保持，如果 FMK 闭合，蜂鸣器鸣叫。另外，Y010 常闭触点启动定时器 T4 延时，0.8s 后，Y010 线圈复位而失电，蜂鸣器停止鸣叫。

当轿厢超载时，在图 5.51 中，M12 线圈得电，也会使输出点 Y010 线圈得电保持，如果 FMK 闭合，蜂鸣器鸣叫 0.8s。同时，超载继电器 CZJ 的常开触点会接通超载指示灯 CZD 的电路，CZD 点亮 0.8s。

13. 直驶控制程序

图 5.56 为直驶控制程序。在司机操纵方式下，司机开关 SK 闭合，因此，X017 常开触点闭合，此时，如果闭合直驶开关 ZA，输入点 X013 常开触点闭合，则司机直驶继电器 M18 线圈得电，电梯运行在直驶方式，电梯运行过程中厅外召唤不再有效（见图 5.42），当换速信号有效后，即换速继电器 M7 线圈得电，再过 0.5s，直驶状态解除，电梯可以响应厅外召唤信号。

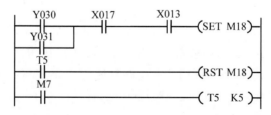

图 5.56　直驶方式程序

14. 风扇控制程序

图 5.57 为降温风扇控制程序。输出点 Y001 外接降温风扇 KFS，曳引电动机运转时，Y001 线圈得电并自锁，风扇 KFS 运转，电梯停运 10min 后，T10 常闭触点断开，Y001 线圈

失电,风扇 KFS 停止工作。

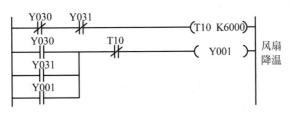

图 5.57 降温风扇控制程序

15．检修与故障检测程序

图 5.58 为检修与故障检测程序。检修选择开关连接在输入点 X023 上,当轿顶、轿内或机房检修开关中的一个置于检修方式时,如果 X023 常闭触点闭合,检修与故障状态继电器 M3 线圈得电,电梯处于检修工作模式。

另外,当安全回路的安全装置动作时,继电器 YJ 线圈失电,它的常开触点断开致使输入点 X007 常闭触点闭合,也会使 M3 线圈得电。变频器出现故障时,它输出的状态信号使输入点 X021 的常开触点闭合,也会使 M3 线圈得电。

M3 线圈得电,意味着电梯运行在慢速方式,轿内指令、厅外召唤均不起作用。

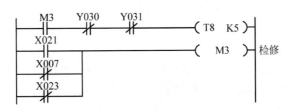

图 5.58 检修与故障检测程序

16．系统供电控制程序

图 5.59 为系统的供电控制程序。上班时,电梯管理人员旋转钥匙开关 TYK,使送断电继电器 ADJ 线圈得电(见图 5.36),ADJ 的常开触点接通轿内照明回路,轿厢照明打开。同时,ADJ 接通了电源接触器 DYC 的线圈回路,把供电电源接入电梯系统,PLC 上电运行。由于电梯停在 1 层,ADJ 常闭触点断开使输入点 X016 的常闭触点闭合,这样 M500 线圈得电并保持,同时它的常开触点使输出点 Y004 线圈得电,这样,便为电源接触器 DYC 线圈提供了另一条导通回路(见图 5.32),保证了系统用电的安全性。至此,完成了电梯系统的上电过程。

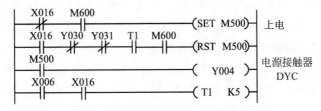

图 5.59 系统供电控制程序

下班时，电梯被调回到 1 层，1 层层楼继电器 M600 常开触点闭合，这时，电梯管理人员通过 TYK 断开送断电继电器 ADJ 线圈的控制回路（见图 5.36），ADJ 继电器线圈失电，在轿门和所有厅门关闭好后，MSJ 线圈得电，则输入点 X006 常开触点闭合；由于 ADJ 线圈失电，它的常闭触点使 X016 常开触点闭合，这样，T1 被启动延时，0.5s 后，T1 的常开触点闭合，接通了继电器 M500 的复位支路，M500 线圈失电。M500 常开触点断开使输出点 Y004 线圈失电，它使电源接触器 DYC 线圈失电，其主触点断开了电梯系统的供电电源；同时，在图 5.36 中，接触器 DYC 的常开触点也切断了轿厢照明回路，轿厢照明熄灭。至此，除了照明回路及控制回路几个接触器的电源之外，其他装置的电源均被切除。

5.3 交流变频门机的 PLC 控制系统

5.3.1 交流变频门机的控制方式

目前，交流变频门机在电梯系统中广泛使用。变频门机系统由控制器、变频器、电动机及机械传动等部分组成，完成门机的控制、驱动和故障检测，实现开关门，并给电梯控制系统提供开、关门状态等。门电机通常为三相异步电动机或永磁同步电动机。有的门机系统把控制器和变频器集成在一起，构成一体化集成控制器。

变频门机系统通常采用两种控制方式：距离控制方式和速度控制方式。

1）距离控制方式

距离控制方式是一种位置和速度闭环控制方式，采用旋转编码器测量门电机旋转的脉冲个数。旋转编码器通过联轴器与门电机的转轴相连，既能检测轿门的位置与运动方向，还能检测轿门的运行速度。另外，在开关门机构上还设置有检测开、关门行程的极限开关。

在门机系统调试时，通过自学习方式获取电梯门宽度，然后根据门机的工作要求，设置开关门时间、换速点、各区间速度等。

在工作过程中，轿厢平层后，门机系统接收到电梯控制系统的开门指令，变频器便以预设速度控制门电机启动开门过程，根据轿门位置和运动方向，按照预设换速点和开门速度曲线驱动门电机开门。当开门极限开关有效时，开门过程结束，门电机停转。同时，门机系统向电梯控制系统发出开门到位信息，以告知厅门和轿门已打开。

关门时，门机系统接收到电梯控制系统的关门指令后，按照预设的减速点和速度控制门电机启动关门过程，门电机按照预设的速度曲线运行。当关门极限开关有效时，门电机停转。同时，门机系统向电梯控制系统发出关门到位信息，以告知厅门和轿门已关闭。

2）速度控制方式

速度控制方式是一种开环控制方式，通常在轿门上坎设置 4 个检测开关，分别为开门减速开关、开门极限开关、关门减速开关、关门极限开关。门机系统根据这些开关来检测速度切换点，实现开关门速度切换和开关门到位控制。

在工作过程中，轿厢平层后，门机系统接收到电梯控制系统的开门指令，以预设速度控制门电机启动开门过程。当开门减速开关有效时，门电机以预设速度曲线减速运行。当开门极限开关有效时，门电机停转，并向电梯控制系统发出开门到位信息，以告知厅门和轿门已打开。

关门时，门机系统接收到电梯控制系统的关门指令，以预设速度控制门电机启动关门过程。当关门减速开关有效时,门电机按照预设速度曲线减速运行;当关门极限开关有效时,门电机停转,并向电梯控制系统发出关门到位信息,以告知厅门和轿门已关闭。

5.3.2　变频门机的控制程序分析

1. 变频门机的结构与组成

图 5.60 是一种采用速度控制方式的变频门机示意图,变频器控制门电机按预设的速度旋转,通过皮带 1 减速后带动驱动轮旋转,驱动轮带动皮带 2 运行,皮带夹板带动轿门挂板沿着门导轨水平移动,并带动轿门门扇打开或关闭。轿门上的系合装置带动厅门门扇运动。开、关门极限开关安装在轿门上坎,用于检测轿门的开、关门极限位置,开、关门换速开关用于检测门电机的换速。

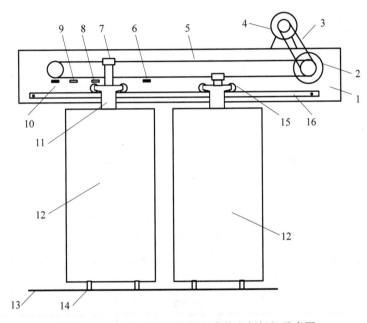

图 5.60　一种采用速度控制方式的变频门机示意图

1—轿门上坎;2—驱动轮;3—皮带 1;4—电动机;5—皮带 2;6—关门极限开关;7—皮带夹板;8—开门换速开关;9—关门换速开关;10—开门极限开关;11—轿门挂板;12—轿门门扇;13—轿门地坎;14—门滑块;15—轿门挂轮;16—门导轨

2. 变频门机控制系统原理

图 5.61 是变频门机控制系统原理图。图中控制器采用松下 FP 系列 PLC,INV 为变频器,XK1～XK4 为双稳态磁开关,安装在开门机构上的小磁体 S 极面向双稳态磁开关,其安装位置和动作时序如图 5.62 所示,On 表示开关的常开触点闭合,Off 表示开关的常开触点断开。PLC 输入和输出点分配分别见表 5.13 和表 5.14。

第 4 章在介绍双稳态磁开关工作原理时提到,双稳态磁开关内部有一对磁性较小的磁体,因磁场强度较弱,在无外部磁场作用时,双稳态磁开关内的干簧管触点状态保持不变。图 5.63 为双稳态磁开关内部干簧管触点动作原理。假设双稳态磁开关的干簧管触点处于断开状态时,在图 5.63(a)中,S 极小磁体自左向右接近双稳态磁开关,首先与双稳态磁开关的 S 极相遇,由于开关内、外的磁场方向相同,磁场强度增强,双稳态磁开关的干簧管触点吸合；在图 5.63(b)中，S 极小磁体自右向左接近双稳态磁开关，先与双稳态磁开关的 N 极相遇，由于其磁场方向相反，磁场强度减弱，双稳态磁开关保持断开状态。

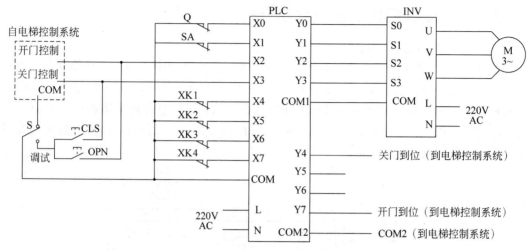

图 5.61　变频门机控制系统原理图

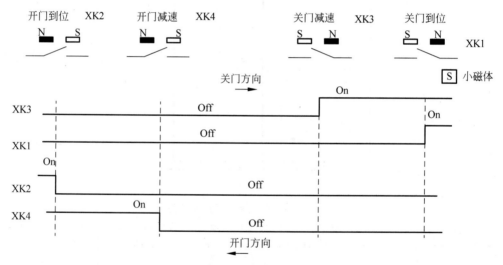

图 5.62　双稳态磁开关位置与动作时序图

表 5.13　PLC 输入点分配表

序号	输入点	连接器件名称	连接器件代号
1	X0	力矩保持信号	Q
2	X1	光幕、触板信号	SA
3	X2	开门信号	开门控制信号/OPN
4	X3	关门信号	关门控制信号/CLS
5	X4	关门到位信号	XK1
6	X5	开门到位信号	XK2
7	X6	关门减速信号	XK3
8	X7	开门减速信号	XK4

表 5.14 PLC 输出点分配表

序号	输出点	信号含义	连接器件名称
1	Y0	开门控制	变频器正转端子
2	Y1	关门控制	变频器反转端子
3	Y2	开关门变速 1	变频器速度 1 端子
4	Y3	开关门变速 2	变频器速度 2 端子
5	Y4	关门到位状态	给电梯控制系统
6	Y5	—	未用
7	Y6	—	未用
8	Y7	开门到位状态	给电梯控制系统

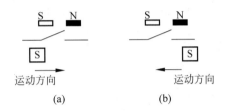

图 5.63 双稳态磁开关的干簧管触点动作原理

3. 变频门机的控制程序

图 5.64 是变频门机的控制程序。程序中,门机开门起始区用时间设定(设定为 1s),没有采用磁开关的位置。其中,指令 DF 为上升沿微分指令,当检测到触发信号的上升沿时,仅将输出触点闭合一个扫描周期;TMX 为 0.1s 时间继电器;TMY 为 1s 时间继电器。力矩保持开关 Q 用于门机切换力矩保持状态。下面分析门机控制程序的设计思路。

1) 关门控制

图 5.65 为关门控制程序,图中,R0 为开门继电器,R1 为关门继电器,R10 为安全触板继电器。由图 5.63 可知,在门完全打开时,XK1 处于 Off 状态,其常闭触点闭合,则输入点 X4 的常开触点闭合。如果门没有被异物阻挡时,继电器 R10 常闭触点处于闭合状态。当电梯控制系统发出关门指令时,PLC 输入点 X3 的常开触点闭合,则下列程序支路导通:X3→X4→R10→X2→R1 线圈,关门继电器 R1 线圈得电,R1 的常开触点闭合接通下列程序支路:R1→R0→Y1 线圈,输出点 Y1 线圈得电,控制变频器驱动门电机转动,开始关门。关门到位时,XK1 处于 On 状态,其常闭触点断开,则输入点 X4 常开触点断开,R1 线圈失电,使得 Y1 线圈失电,变频器控制电机停转,关门过程结束。

一旦关门继电器 R1 线圈得电,在 R1 常开触点闭合的同时关门状态继电器 R12 线圈也得电,表示关门动作正在进行。在关门过程中,出现意外情况,关门中止并反向开门,电梯门打开后,磁开关 XK2 处于 On 状态,则输入点 X5 的常闭触点闭合,使得关门状态继电器 R12 线圈失电,门已重新打开。

图 5.66 为关门过程中的夹人/夹物检测程序。在关门过程中,磁开关 XK2 处于 On 状态,其常闭触点闭合(见图 5.63),则与之相连的输入点 X5 的常开触点闭合。如果有异物阻碍关门,光幕被异物隔断,光幕开关 SA 常闭触点断开,那么输入点 X1 的常闭触点闭合,在

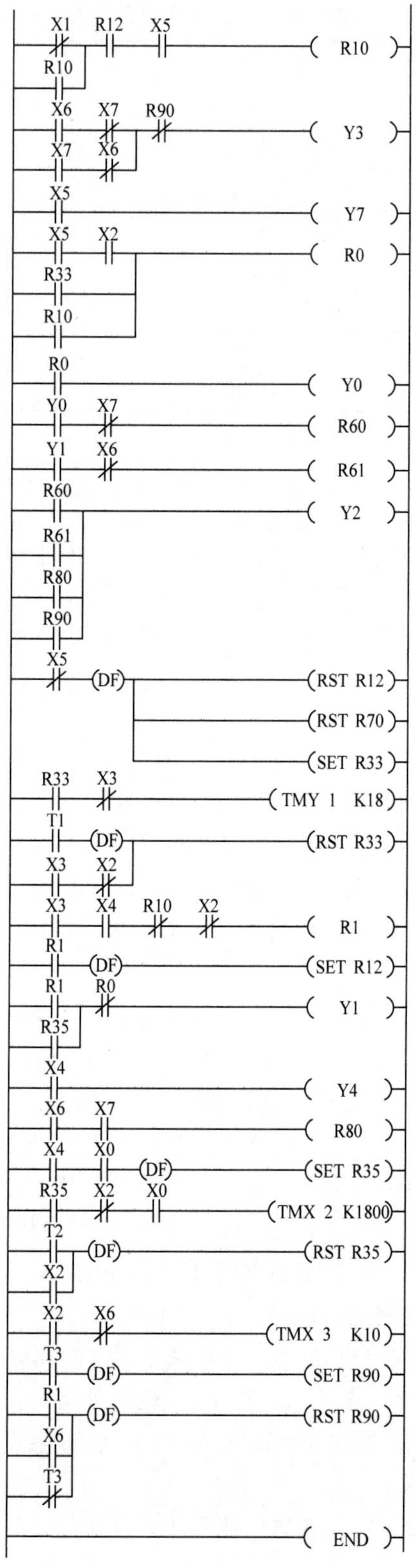

图 5.64　变频门机的控制程序

图 5.66 中继电器 R10 线圈得电并自锁。R10 的常闭触点断开使关门继电器 R1 线圈失电，输出点 Y1 线圈也失电，则变频器控制门电机停转，关门动作立即终止。

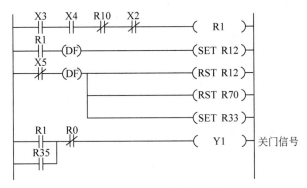

图 5.65　关门控制程序

图 5.66　夹人/夹物检测程序

图 5.67 为力矩保持关门控制程序。在门关闭过程中但未关闭到位时，由图 5.63 可知，磁开关 XK1 处于 Off 状态，此过程中，与之相连的输入点 X4 的常开触点是闭合的，一旦检测到力矩保持信号（Q 开关闭合），则下述支路导通：X4→X0→R35 线圈，力矩保持继电器 R35 线圈保持得电状态，它的常开触点闭合，使输出点 Y1 线圈也保持得电状态，门机继续关门。若电梯控制系统没有发出开门指令，输入点 X2 常闭触点处于闭合状态，180s 之后，定时器 TMX 2 定时时间到，它的常开触点闭合，使力矩保持继电器线圈 R35 失电，R35 的常开触点断开使输出点 Y1 线圈失电，停止关门动作。

在力矩保持关门阶段，只要电梯控制系统发出开门命令，X2 的常开触点就会闭合，使 R35 线圈失电，Y1 线圈失电，也会终止关门动作。

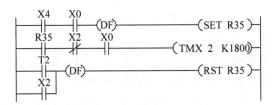

图 5.67　力矩保持关门控制程序

2）开门控制

开门控制程序如图 5.68 所示。从图 5.68 可以看出，有 3 条程序支路可以实现开门控制。

（1）开门指令开门。

如图 5.63 所示，门关闭到位后，在图 5.63 中磁开关 XK2 处于 Off 状态，其常闭触点闭合，此时，与之相连的输入点 X5 常开触点闭合。

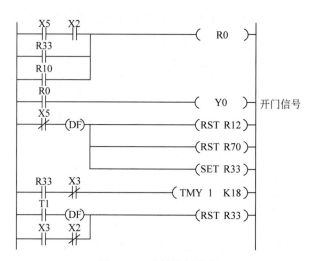

图 5.68　开门控制程序

当电梯控制系统发出的开门指令时，输入点 X2 常开触点闭合，下列程序支路导通：X5→X2→R0 线圈，则开门继电器 R0 线圈得电，其常开触点闭合，使 PLC 输出点 Y0 输出开门控制信号，变频器驱动门机开门。

（2）光幕或安全触板开门。

如前所述，如果关门过程中遇到异物阻碍时，在图 5.66 中，继电器 R10 线圈得电并自锁，它的常闭触点断开，使关门继电器 R1 线圈失电，进而使得输出点 Y1 线圈失电，关门动作中止。同时，在图 5.68 中，R10 的常开触点闭合，使开门继电器 R0 线圈得电，输出点 Y0 输出开门控制信号，门机开门。

（3）开门保持。

电梯门完全打开时，在图 5.63 中磁开关 XK2 处于 On 状态，输入点 X5 的常闭触点闭合，使开门保持继电器 R33 线圈得电。

若没有关门指令，18s 之后，K18 线圈得电，其常开触点 T1 闭合使开门保持继电器 R33 线圈失电，解除开门保持状态。在此期间，如果关门指令到达，则输入点 X3 的常开触点闭合，使得 R33 线圈失电，提前解除开门保持状态。

3）开关门速度控制

图 5.69 为开关门速度控制程序。

在开门过程中，当磁开关 XK4 处于 On 状态时（见图 5.63），则开门速度降低，需要变频器按照预设的频率驱动门机电机减速运行；XK4 的常闭触点断开，则输入点 X7 常闭触点闭合，在图 5.69 中，下列程序支路导通：Y0→X7→R60 线圈，开门减速继电器 R60 线圈得电，它的常开触点闭合，使得输出点 Y2 线圈得电，控制变频器按照指定的频率驱动电机减速开门。

在关门过程中，当磁开关 XK3 处于 On 状态时（见图 5.63），降低关门速度。XK3 的常闭触点断开，输入点 X6 常闭触点闭合，在图 5.69 中，下列程序支路导通：Y1→X6→R61 线圈，关门减速继电器 R61 线圈得电，它的常开触点闭合使输出点 Y2 线圈得电，控制变频器按照指定速度 1 驱动电机减速关门。

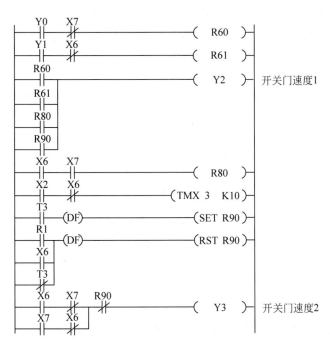

图 5.69   开关门速度控制程序

在开门过程中,如图 5.63 所示,当电梯门在没有到达 XK4 处时,或在关门过程中电梯门在没有到达 XK3 处时,XK3 和 XK4 处于 Off 状态,因此,X6 和 X7 的常开触点闭合,使得继电器 R80 线圈得电,它的常开触点闭合使输出点 Y2 线圈得电,仍然以指定速度 1 开关门。

在 PLC 接收到开门指令 1s 之后,继电器 R90 线圈得电,它的常开触点闭合使输出点 Y2 线圈得电,以指定速度 1 开门。

综上所述,开门时,在 PLC 接收到开门指令后,以指定速度 1 开门,直到开门减速点 XK4。关门时,电梯门以指定速度 1 运行,直到关门减速点 XK3。

如图 5.63 所示,门将要完全关闭时(接近关门到位开关 XK1),XK3 处于 On 状态、XK4 处于 Off 状态,则输入点 X6 的常闭触点接通、输入点 X7 的常开触点闭合,下列程序支路导通:X7→X6→R90→Y3 线圈,Y3 线圈得电,电梯门以指定速度 2 关门,直到关门完成。

同样,根据图 5.63 时序可知,门将要完全打开时(接近开门到位开关 XK2),XK3 处于 Off 状态、XK4 处于 On 状态,使得输入点 X6 的常开触点闭合、输入点 X7 的常闭触点闭合,下列程序支路导通:X6→X7→R90→Y3 线圈,Y3 线圈得电,电梯门以指定速度 2 开门,直到开门完成。

4)开门、关门到位检测

图 5.70 是开门、关门到位检测程序,它是门机控制系统为电梯控制系统提供的开关门动作完成的状态信号。

如图 5.63 所示,门机系统把厅门、轿门完全打开后,磁开关 XK2 处于 On 状态,则输入点 X5 的常开触点断开,输出点 Y7 线圈失电,其常闭触点闭合,表示电梯门已完全打开。

如图 5.63 所示,门机系统把厅门、轿门关闭好以后,磁开关 XK1 处于 On 状态,则输入点 X4 的常开触点断开,输出点 Y4 线圈失电,其常闭触点闭合,表示电梯门已关闭好。

上述两个触点提供门机开关门到位的状态信息,可接入电梯控制系统。

图 5.70　开、关门到位检测程序

思考题

（1）简述图 5.3 交流双速电梯拖动系统的工作原理。图 5.3 中的电抗起什么作用?

（2）相序继电器在电梯控制系统中起什么作用? 如果不用相序继电器,会出现什么问题?

（3）在图 5.6 中电阻 R_1 和 C_1 起什么作用?

（4）图 5.6 中换速传感器电路有什么特点?

（5）简述 5.1 节电梯是如何实现开梯和锁梯的?

（6）简述图 5.11 井道照明电路的工作原理。

（7）在图 5.8 中,PLC 是如何电梯控制开关门的?

（8）在图 5.8 中,安全回路起什么作用? 它对电梯控制系统的作用与上/下端站强迫换速开关、上/下端站限位开关、上/下端站极限开关有什么不同?

（9）简述图 5.8 中制动器抱闸的工作原理。其中电阻 ZJR 和 ZXR 各起什么作用?

（10）图 5.13 的程序是如何获得连续层楼信息的? 系统如果掉电,层楼信息需要保存吗? 为什么?

（11）5.1 节中,电梯的层楼和方向信息是如何指示的?

（12）简述 5.1 节轿内指令登记与消号原理。

（13）简述 5.1 节厅外召唤指令登记与消号原理。

（14）在图 5.17 中,自动选层是怎样实现的? 如何保证轿内指令优先选层?

（15）简述 5.1 节电梯的自动定向原理。

（16）举例说明 5.1 节电梯是如何实现自动换速的?

（17）结合图 5.3 和图 5.20,说明电梯启动加速运行的工作过程。

（18）结合图 5.3 和图 5.20,说明电梯换速、制动、减速、平层的工作过程。

（19）简述 5.1 节电梯的直驶和满载直驶的控制过程。

（20）简述 5.1 节电梯的司机强制换向的控制过程。

（21）在图 5.32 中是如何实现轿顶优先原则的?

（22）简述 5.2 节中电梯的层间距离测量原理。

（23）简述图 5.39 中层楼信息获取的原理。

（24）在图 5.43 中,司机直驶功能是怎样实现的?

（25）简述图 5.47 中电梯运行速度的控制原理。

（26）分析图 5.55 程序,说明蜂鸣器控制程序可实现哪几种功能?

(27) 分析图 5.57 控制程序,说明程序可实现哪几种情况的风扇控制?

(28) 5.2 节的电梯是怎样实现系统上电和断电的?

(29) 交流变频门机通常有哪几种控制方式?

(30) 在图 5.61 中,变频器起什么作用?

(31) 图 5.63 的控制程序是如何实现电梯关门控制的?

(32) 图 5.63 的控制程序是如何实现电梯开门控制的?

第 6 章

电梯的串行控制系统

从控制系统的构成形式来看,电梯控制系统可分为集中式控制和分布式控制。

采用集中式控制方式的电梯,它的整个控制系统安装在控制柜中,控制柜设置在机房或其他某个指定的地方,所有的检测信号都要用导线从检测器件引入控制柜中相对应的接线端子上,同样,所有由控制系统发出的控制信号也都必须用导线由控制柜的接线端子连接到对应的器件上。以厅外召唤信号为例,一部具有 20 个层站的电梯,除了 20 层、1 层站各设置 1 个按钮之外,2~19 层各设置上、下 2 个召唤按钮,这样共有(18×2+1+1=)38 个按钮,另外,还有同样数量的召唤指令登记指示灯。假设每个厅外召唤器件(含按钮和指示灯)需要 4 根导线,则仅召唤信号的导线数为(4×38=)152 根,随着层站数的增加,导线数目会很大。因此,传统的集中式控制系统布线繁杂,尤其是高层电梯,信号线数目庞大,井道中电缆纵横交错,从而导致安装维修困难、可靠性较低、故障率高问题。

采用分布式控制方式的电梯,电梯控制系统分成若干功能模块,由多个控制器分别承担不同的控制任务,各个控制器之间采用通信方式进行信息交换和信息传递,由主控制器协调管理,构成一个分散控制、分工协作、统一管理的电梯控制系统。各控制器之间的信息通信采用串行方式。串行通信时,通信双方之间的数据传递根据约定的速率和通信标准按一位一位的方式传送,其最大优点是可以在较远的距离、用最少的线路传送大量的数据。21 世纪初,串行通信技术应用到电梯控制系统中,它极大地减少了井道电缆和信号控制线的数目,降低布线工作量及维护成本,由于分工协作使主控制器有足够的时间处理信息,改善了电梯运行的可靠性。另外,采用串行通信技术可使多部独立运行的电梯容易实现并联和群控。

本章首先介绍电梯串行控制系统的基本结构,然后简要说明目前电梯系统中常用的RS-485 总线、CAN 总线等几种串行通信总线标准及协议,最后,分别介绍了典型的串行总线电梯控制系统工作原理。

6.1 电梯串行控制系统的结构

电梯串行控制系统根据电梯的结构和功能,把控制系统分成若干功能相对独立的模块,控制系统通常采用主从式结构,设置一个主控制器,其余为从控制器,它们通过串行总线与主控制器相连,构成了一个串行控制网络。为了区分控制网络中不同的从控制器,给每个从控制器分配了唯一的编号(即地址)。所有的从控制器在主控制器的协调管理下工作。

　　为了确保信息交换的实时性、有效性和可靠性,电梯串行网络控制系统的各个控制器遵从事先制定的网络协议。电梯运行时,由主控器接收串行总线上的数据信息,通过不同的地址号识别数据信息的发送者,解析信息的含义并进行处理,然后控制电梯的运行,同时把运行的结果发送到总线上,以备从控制器接收,完成指令登记、方向指示、层楼显示、开关门等功能。从控制器不断地把采集的检测信息以及自身状态发送到总线网络上,并接收它所需要的信息,使控制网络中的各个控制器始终保持最新的工作状态,并协调工作。

　　目前,电梯制造厂商和控制系统开发商开发了一系列电梯串行控制系统,但是这些系统的功能模块设置各不相同,没有统一的标准,因此控制器的功能和数目也各不相同。另外,构建控制网络时,采用的串行总线也不一样,如 RS-485、CAN、MODBUS 等,有的采用自己定义的串行总线,如 OTIS 公司的 RSL(Remote Serial Link)总线。串行控制系统是一种基于串行总线的网络控制系统,一般来说,针对一部电梯的控制系统主要设置以下控制器:主控制器、轿厢控制器、指令控制器、厅外召唤控制器、方向及层楼指示器、语音报站器等,系统结构如图 6.1 所示。

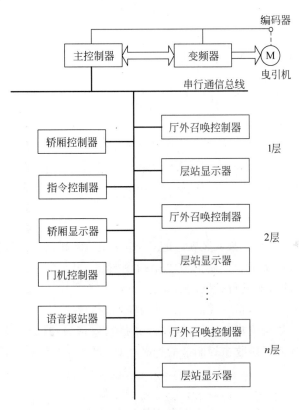

图 6.1　电梯串行控制系统

　　下面说明各个控制器的作用及功能。

1. 主控制器

　　主控制器完成电梯运行控制、模式选择、故障诊断等操作,管理串行通信网络,并与其他从控制器进行信息交换。主控制器通常安装在控制柜中,它主要包括以下功能。

　　(1) 控制变频器按照预设的速度曲线驱动曳引电动机运转(下行控制、上行控制、多段速度给定控制等），检测变频器工作状态；

（2）检测安全回路的状态，如安全回路、轿厢门锁、厅门门锁、电源监控等；

（3）控制主回路的接触器、抱闸接触器，输出开关门信号以及消防联动控制信号；

（4）检测上、下限位开关以及上、下强迫换速开关的状态等；

（5）管理通信网络，作为通信主机与其他从机（从控制器）进行信息交换；

（6）检测轿厢载荷（超载、满载、轻载）状况等；

（7）运行模式转换（检修、司机、消防等）。

目前，有的主控制器集成了曳引电动机变频调速及控制功能，构成了集电梯运行控制、通信管理、变频调速等功能一体化的控制器。

2. 轿厢控制器

轿厢控制器安装在轿厢上，它主要采集轿顶、轿内与轿底的部分开关量信号，并将这些信号状态通过通信总线传输到主控制器。这些开关量信号有开关门指令、开关门到位状态、安全触板状态、司机模式选择开关、直驶开关、轿厢超载、轿厢满载等。同时，轿厢控制器接受主控制器的控制与管理信息，完成指令登记及消号、到站提示、超载报警、照明控制等。它具有以下功能：

（1）轿内指令检测与登记；

（2）开门及关门控制；

（3）司机模式选择及操纵控制（司机上行、司机下行）；

（4）直驶和专用模式操作；

（5）采集门状态信号（开门限位、关门限位、安全触板、超载、满载、轻载等）；

（6）轿厢照明控制；

（7）到站钟控制；

（8）超载蜂鸣器、语音控制。

3. 指令控制器

指令控制器与轿厢的操纵盘安装在一起，其作用是检测轿内指令按钮的信号，实现指令的登记及消号。通常，一块指令控制器有多个指令按钮（如 8 个、16 个），当楼层较多时，指令控制器可以用级联的方式进行扩展。

在多数串行控制系统中，指令控制器通常与轿厢控制器相连，并直接挂在串行总线网络上，通过轿厢控制器采集轿内指令按钮的状态，经过它处理后，再通过总线把信息传递给主控制器，然后由轿厢控制器接收主控制器的控制信息，再把控制信息传递给指令控制器以实现登记与消号。

4. 门机控制器

门机控制器位于轿厢顶部，它接收来自主控制器的开、关门指令，控制门电机按照设定的开、关门速度曲线动作，把开门到位、关门到位信号通过通信总线发送给主控制器，同时具有门机系统的故障诊断功能，当开关门过程中出现异常情况时，把故障信息发送给主控制器。它具有以下功能：

（1）门电机驱动和控制；

（2）开、关门速度曲线设定；

（3）开、关门速度检测与控制；

（4）开、关门到位检测；

（5）门电机的过载、过电流、过电压、欠电压保护；

（6）过电压、过电流失速保护；

（7）门机系统工作异常检测等。

在一些控制系统中，门机控制器的功能被集成在轿厢控制器中。

5. 轿厢显示器

轿厢显示器安装在轿厢的操作盘上，从串行总线网络上接收电梯当前的运行方向和位置，用于给乘客提示电梯轿厢当前的运行方向和所在层楼位置。目前，方向和层楼位置显示器常采用数码管、点阵、液晶三种类型。

6. 厅外召唤控制器

厅外召唤控制器安放于各个楼层厅门侧的呼梯按钮盒中，用于采集各层的呼梯信号，并把呼梯信号信息传送到串行总线网络上，同时从串行总线网络上获取登记信息，驱动点亮相应的指示灯。设置在基站的厅外召唤控制器，还可以采集锁梯和消防信号。它具有以下功能：

（1）采集每个楼层的上、下呼梯信号并登记；

（2）采集消防联动信号及锁梯信号。

有的系统还把层楼和方向显示功能置于厅外召唤控制器中。

7. 层站显示器

层站显示器安放于各个楼层厅门侧的呼梯按钮盒的上方，它从串行总线网络上接收电梯当前的运行方向和位置，用来实时显示电梯的运行方向和所在层楼位置。

轿厢显示器与层站指示器功能相同，一些控制系统中采用相同的模块，用在厅外、轿内或机房等处的方向和轿厢位置显示；用作厅外和轿内显示时，提示当前楼层、运行方向，还可提示检修、满载、故障、消防等信息。

在许多串行控制系统中，把厅外召唤控制器和层站指示器集成在一起。

8. 语音报站器

语音报站器放置在轿厢上，它从串行总线网络上接收电梯当前的运行方向和位置，在电梯到站平层或起动运行时，进行语音提示。如电梯关门上行时提示"电梯上行"、电梯关门下行时提示"电梯下行"、电梯到达某一楼层开门时提示"X楼到了，请走好！"等。另外，还可以提示开关门状态、超载、火警、故障、背景音乐等信息。

采用串行总线的电梯控制系统，一方面减少了系统的布线，降低了维护成本，提高了系统的可靠性；另一方面，也使系统功能柔性化，控制系统功能提升和改造时，不需要更新控制系统硬件，只需要把符合系统串行总线协议的模块接入控制网络，升级主控制器程序即可，不会影响网络中原有的其他控制器工作。

6.2 电梯控制系统常用的串行通信总线

6.2.1 RS-485 总线

1. RS-485 总线标准

RS-485 总线标准是由电子工业协会制定并发布的一种串行通信接口的电气特性标准，不涉及接口插接件形式、尺寸以及引脚定义，也不涉及通信电缆和通信协议等，用户可以在该标准的基础上建立自己的通信协议。RS-485 总线广泛应用在工业领域。

RS-485 总线标准的数据信号采用差分传输方式（Differential Driver Mode），也称作平衡传输，它用一对双绞线，将其中一线定义为 A，另一线定义为 B，如图 6.2 所示。

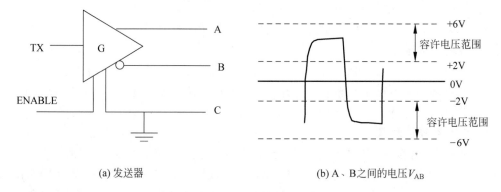

(a) 发送器 (b) A、B之间的电压 V_{AB}

图 6.2 差分发送

通常情况下，发送器 A、B 之间的正电平为 +2～+6V，为逻辑状态"1"；负电平为 -2～-6V，为逻辑状态"0"；另外，C 为信号地。RS-485 发送器/接收器器件一般还有一个"ENABLE"控制信号，用于控制发送器与传输线的切断与连接，当"ENABLE"端有效时，发送器处于高阻状态。

数据通信时，发送器、接收器通过平衡双绞线将 A-A 与 B-B 对应相连，如图 6.3 所示。当在接收器端 A、B 之间电压大于 +200mV 时，输出为逻辑电平"1"，小于 -200mV 时，输出为逻辑电平"0"；输入共模电压 V_{CM} 容许范围为 -7～+7V，如图 6.4 所示。在接收器 A、B 两端的电压为 -6～+6V。

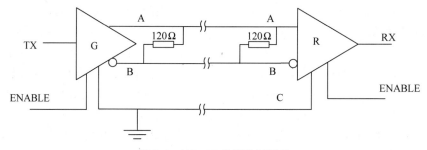

图 6.3 RS-485 总线数据通信

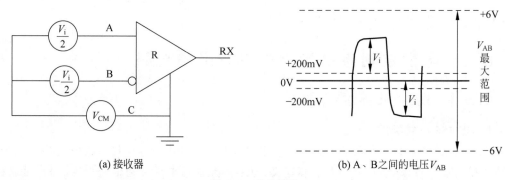

(a) 接收器 (b) A、B之间的电压 V_{AB}

图 6.4 差分接收

表 6.1 为 RS-485 总线标准的主要性能指标。RS-485 总线标准的最大传输距离约为
1200m,最大传输速率为 10Mb/s。通常,RS-485 网络采用平衡双绞线作为传输介质。平衡
双绞线的长度与传输速率成反比。

表 6.1　RS-485 总线标准的主要性能指标

序号	规　　格	指　　标
1	传输模式	差分平衡
2	最大传输电缆长度/m	1200(90kb/s 时),15(10Mb/s 时)
3	最大传输速率/(Mb·s^{-1})	10
4	最大差动输出电压/V	±6
5	最小差动输出电压/V	±1.5
6	接收器敏感度/V	±0.2
7	发送器负载/Ω	60
8	最大接收器数量	32
9	最大发送器数量	32

RS-485 总线是一种多发送器的电路标准,允许双绞线上一个发送器驱动 32 个负载设
备。总线网络采用总线型拓扑结构,需要配置 2 个终端匹配电阻,电阻值要求与传输电缆的
特性阻抗相等(一般取值为 120Ω)。终端匹配电阻安装在 RS-485 总线网络的两个端点,并
联连接在 A、B 引脚之间。RS-485 总线一般最多能连接 32 个发送器和 32 个接收器,即最
多支持 32 个节点,并且,网络在任意时刻只允许一个节点的发送器发送数据,网络中其他节
点的接收器处于接收数据的状态。如果使用特制的 RS-485 接口电路芯片,通信节点可以
达到 128 个或者 256 个节点。

2. RS-485 总线网络

RS-485 总线是一种多发送器的通信电路标准,总线设备可以是被动发送器、接收器或
收发器(发送器和接收器的组合)。电路结构是在平衡连接的双绞线两端有终端匹配电阻,
发送器、接收器及组合收发器接口电路芯片连接到平衡双绞线上。RS-485 总线采用平衡差
分电路以半双工通信方式进行信息传输,即任何时候网络只能有一个节点处于发送状态,因
此,在多节点互联网络中可通过控制发送器的使能控制信号"ENABLE"来选择发送器。当
发送器处于发送状态时,发送器被连接到总线上;当发送器处于不发送状态时,发送器发送
端与总线处于高阻状态。

由于 RS-485 总线接口电路具有三态功能,因此,可以采用一对双绞线以半双工通信方
式分时实现发送和接收,如图 6.5 所示。例如,在图 6.5 中,主机(Master)需要发送数据,先
通过控制总线接口芯片的"ENABLE"端发送器 G 把来自 TX 端的信号转换成 RS-485 总线
标准,同时使接收器 R 与总线处于高阻状态,RX 端与 RS-485 总线网络隔离。在从机
(Slave)端,由于主机处于发送状态,则从机此时为接收状态,从机控制它的总线接口芯片的
"ENABLE"端使其发送器 G 与总线隔离,接收器 R 转换接收到的信号,从机通过 RX 端接
收。某个从机给主机发送的过程与之相反。采用一对双绞线实现 RS-485 总线通信可以降
低布线成本。需要指出的是,主机和从机必须有共地连接,可以采用屏蔽双绞线实现。

图 6.6 是采用 2 对双绞线构成的 RS-485 总线网络,主机发送-从机接收、从机发送-主
机接收分别采用一对双绞线,主机发送和接收也是分时进行。这种电路形式可以把接收器

的共模电压保持在安全的范围内,提高了抗干扰性。采用这种形式,主机和从机也应有共地连接。有时主机和从机也可以不用共地,但可能会影响通信的可靠性和抗干扰性。

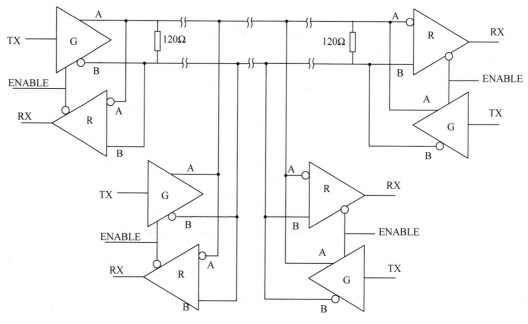

图 6.5　采用 1 对双绞线构成的 RS-485 总线网络

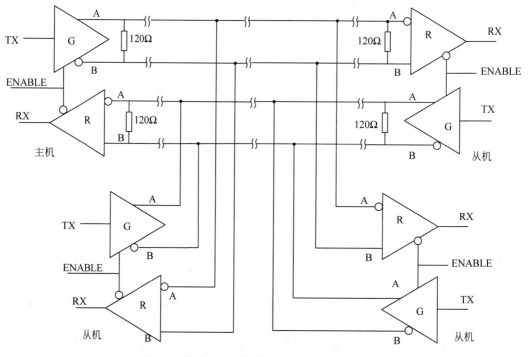

图 6.6　采用 2 对双绞线构成的 RS-485 总线网络

3. 采用 RS-485 总线的电梯控制系统

图 6.7 显示了一种采用 RS-485 总线的电梯控制系统原理。该系统是由主控制器、轿内指令控制器、外召及显示控制器以及若干个模块构成的主从式控制网络,在该系统中主控制器为主机,其他控制器和模块为从机,主控制器负责 RS-485 总线通信网络的信息交换,调度和管理各个从站的工作,各个从站按照主控制器的指令工作,并回送主控制器所需的信息。主控制器可以选择任意一个从站进行信息交换;从站一旦被选中,既可以接收主控制器发送的信息,也可以向主控制器回送其需要的信息。

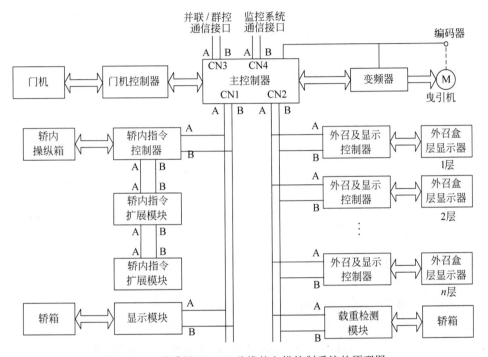

图 6.7 一种采用 RS-485 总线的电梯控制系统的原理图

主控制器承担电梯运行控制任务,主要包括:

(1) 选择设置电梯的运行模式。

(2) 采集电梯井道传感器的信息。

(3) 实现电梯的启停控制和速度控制。

(4) 控制门机开关门。

(5) 采集及处理轿内指令、厅外召唤信号,控制电梯选层定向,输出楼层显示、运行方向、电梯到站等信息。

(6) 故障报警和处理。

(7) 实时记录电梯运行状态。

(8) 在控制网络中作为主机,协调与网络中的各个从控制器(如轿内指令控制器、外召及显示控制器、载重检测模块、扩展模块等)的通信。

主控制器具有 4 个 RS-485 总线接口(CN1~CN4)用于主控制器与从控制器或模块之间的连接。CN1 用于收集及发送轿内操纵箱相关的信号。CN2 用于收集及传递厅外召唤盒相关的信息。CN3 用于两台电梯并联或多台电梯群控的通信连接。CN4 用于为电梯远程监控提供信息。

轿内指令控制器负责采集轿内指令按钮的状态，完成指令登记和销号。当楼层的层站数较多时，可采用轿内指令扩展模块，扩展模块与轿内指令控制器也采用 RS-485 总线连接。另外，用于轿厢的显示模块为轿内乘客提供楼层、方向显示、超载提示等信息。

外召及显示控制器主要实现厅外召唤信号的采集、登记及销号处理，为乘客显示轿厢的位置、运行方向以及运行状态（如超载、检修等）。每一层站设置一个外召及显示控制器，为了区分层站的不同，需要预先设置外召及显示控制器的地址拨码开关来为其分配地址。这样，电梯运行时，如果该层站设置为停靠层站，它将会采集召唤按钮信号，并将按钮输入信号传送给主控制器。如果设置为不停靠层站，它将不采集召唤按钮输入信号，也不会输出登记信号。另外，对于停靠层站，若召唤按钮按下后被卡住而无法恢复原位，无法复位的超过一定时间(20s)后，它将自动忽略该召唤信号，以保证电梯的正常运行。

载重检测模块连接载重传感器，用于检测轿厢的载荷。

6.2.2　CAN 总线

CAN(Control Area Network，控制局域网络)是 20 世纪 80 年代初由德国 BOSCH 公司推出的用于汽车电气系统的一种串行总线。CAN 总线是一种多主式的串行通信总线，有较高的通信速率，当传输距离达到 10km 时，CAN 总线仍可提供高达 5kb/s 的数据传输速率。另外，CAN 总线具有高抗电磁干扰性和可靠性，在汽车内部的强干扰环境下能够保证正确、有效的数据通信。

1991 年，CAN 技术规范(CAN Specification version 2.0)制定并正式公开发布，完善了通信协议，描述了基于物理层和数据链路层的协议架构的报文标准和扩展格式等。由此，CAN 总线被广泛地应用到各种领域的自动化控制系统。

1992 年，一个由研究机构和 CAN 应用用户的 CiA(CAN in Automation)联盟成立，其任务之一就是制定 CAN 的应用层以适应各个控制领域的应用需求。1992 年，CiA 发布了用于过程控制系统检测与控制单元网络的 CAN 应用层协议。1993 年，由 Bosch 公司主导的欧洲联合团队开发了自动控制系统中检测及控制单元互联的 CAN 应用层的协议原型，1995 年，CiA 在此基础上颁布了完整的基于 CAN 通信管理的 CAN open 协议，随后逐步改进和完善，先后颁布了一系列子协议。到 2000 年前后，CAN open 协议已成为欧洲工业领域最重要的嵌入式网络标准之一。目前，CAN 广泛地应用于汽车、过程控制、工厂自动化、医疗设备、建筑设备、交通运输设备、楼宇自动化等领域。据统计，2000 年以后，90% 以上的电梯厂家的产品采用 CAN 总线。

目前，CAN 总线的应用可以分成 2 个范畴，一种是基于 CAN 技术规范的应用，另一种是基于 CAN Open 协议的应用。由于 CAN 2.0 只定义了物理层和数据链路层，因此，在第一种系统中需要确定针对具体对象的应用层协议，这种自定义的协议是私有协议，目前，我国电梯厂家普遍采用此种方式。CAN Open 协议在 CAN 协议的基础上定义了标准化的应用层协议，因此，采用 CAN Open 协议的设备即使来自于不同的厂家也可以实现互联互通。但是，使用 CAN Open 协议需要通过 CiA 的认证体系，欧洲的电梯制造厂家基本采用这种方式。下面简要介绍 CAN 总线协议和 CAN Open 协议。

1. CAN 总线协议

CAN 总线是一种串行通信协议,它是一种多主总线,通信介质可以采用双绞线、同轴电缆或光纤。CAN 网络模型只定义了 OSI 七层参考模型的物理层和数据链路层。这种总线的直接传输距离最远可达 10km(传输速率为 5k/s),最高通信速率可达 10Mb/s(最远距离40m),在总线上最多可以连接 110 个具有 CAN 通信接口的设备。

在电梯控制系统中,通常采用双绞线的总线型网络拓扑结构,图 6.8 是 ISO11898-2 标准中采用双绞线的 CAN 网络系统拓扑结构图。图 6.8 中的 CAN_H 和 CAN_L 线传输介质的两条线连接在总线上的设备称为节点,节点的功能逻辑层结构如图 6.9 所示,为了抑制信号在端点的反射,在总线的两个端点上分别连接 120Ω 终端电阻。CAN 总线有 2 种典型的通信方式——多主式和主从式。

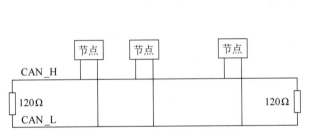

图 6.8　CAN 网络系统拓扑结构图

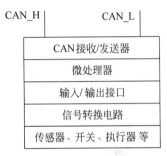

图 6.9　控制系统中节点的功能逻辑层结构

CAN 总线采用双线差分传送方式,两根信号线分别定义为 CAN_H 和 CAN_L。设 $V_{\text{CAN\_G}}$ 和 $V_{\text{CAN\_L}}$ 分别表示 CAN_H 和 CAN_L 线上的电压,CAN 总线上的信号电平是它们之间的差分电压:

$$V_{\text{diff}} = V_{\text{CAN\_H}} - V_{\text{CAN\_L}}$$

CAN 总线定义了两种逻辑状态:显性态和隐性态,如图 6.10 所示。在传输一个显性位时,总线上呈现显性状态。在传输一个隐性位时,总线上呈现隐性状态。隐性状态时,CAN_H 和 CAN_L 线之间的差分电压 V_{diff} 近似为 0;显性状态时,两条线之间的差分电压 V_{diff} 一般为 2~3V,明显高于隐性状态时的差分电压值。显性位可以改写隐性位。当总线上两个不同节点在同一位时间分别强加显性和隐性位时,总线上呈现显性位,即显性位覆盖了隐性位。

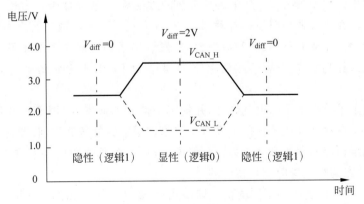

图 6.10　CAN 总线的位电平

数据串行传输时，"显性"表示逻辑"0"，"隐性"表示逻辑"1"。CAN 协议中并未定义代表逻辑电平的物理状态，在 ISO11898-2 标准中，对采用双绞线的 CAN 网络，总线空闲时，CAN_H 和 CAN_L 上的电压为 2.5V（电位差为 0V）；数据传输时，显性电平（逻辑 0）：CAN_H 为 3.5V、CAN_L 为 1.5V（电位差为 2.0V）；隐性电平（逻辑 1）：CAN_H 为 2.5V、CAN_L 为 2.5V（电位差为 0V）。

图 6.11 为 CAN 总线的网络模型。CAN 只包含了 OSI 参考模型中的数据链路层和物理层。它的数据链路层又分为逻辑链路控制子层 LLC（Logic Link Control）和介质访问控制子层 MAC（Medium Access Control）。

数据链路层	逻辑链路子层LLC 　接收滤波 　超载通知 　恢复管理
	介质访问控制子层MAC 　数据封装/拆装 　帧编码（填充/解除填充） 　介质访问管理 　错误监测 　出错标定 　应答 　串行化/解除串行化
物理层	位编码/解码 　位定时 　同步 　发送器/接收器特性 　连接器

图 6.11　CAN 总线模型的分层结构

LLC 的主要功能是对传送的报文实行接收过滤，判断总线上传送的报文是否与本节点有关，哪些报文应该为本节点所接收，对报文的接收予以确认，为数据传送和远程数据请求提供服务，当丢失仲裁或被出错干扰时 LLC 具有自动重发的恢复管理功能；当接收器出现超载而要求推迟下一个数据帧或远程帧时，则通过 LLC 发送超载核查，以推迟接收下一个数据帧。

MAC 子层是 CAN 协议的核心，它负责执行总线仲裁、报文成帧、出错检测、错误标定等传输控制规则。MAC 子层要为开始一次新的发送确定总线是否可占用，在确认总线空闲后开始发送。在丢失仲裁时退出仲裁，转入接收方式。对发送数据实行串行化，对接收数据实行反串行化。完成 CRC 校验和应答校验，发送出错帧。确认超载条件，激活并发送超载帧。添加或卸除起始位、远程传送请求位、保留位、CRC 校验和应答码等，即完成报文的打包和拆包。

物理层规定了节点的全部电气特性，并规定了信号如何发送，因而涉及位定时、位编码和同步的描述。在这部分技术规范中没有规定物理层中的发送器/接收器特性，允许用户根据具体应用规定相应的发送驱动能力。一般说来，在一个总线段内要实现不同节点间的数据传输，所有节点的物理层应该是相同的。

CAN 有标准和扩展两种不同的报文帧格式，主要区别在于标识符的长度。标准格式具有 11 位标识符,扩展格式具有 29 位标识符。因此,CAN 报文帧分为标准帧和扩展帧两大类。根据 CAN 报文帧的不同用途,还可以把 CAN 报文帧划分为四种类型:数据帧、远程帧、出错帧和超载帧。数据帧用于从发送器到接收器之间传送所携带的数据;远程帧用于请求其他节点为它发送具有规定标识符的数据帧;出错帧由检测出总线错误的节点发出,用于向总线通知出现了错误;超载帧由出现超载的接收器发出,用于在当前和后续的数据帧之间增加附加迟延,以推迟接收下一个数据帧。

当 CAN 总线上的一个节点发送数据时,它以报文形式广播给网络中所有节点。对每个节点来说,无论数据是否是发给自己的,都对其进行接收。每组报文开头的 11 位字符为标识符,定义了报文的优先级,这种报文格式称为面向内容的编址方案。在同一系统中的标识符是唯一的,不可能有两个站发送具有相同标识符的报文,以防止多个节点同时竞争总线。当一个节点要向其他节点发送数据时,该节点将要发送的数据和自己的标识符传送给CAN 发送器,并处于准备状态;当它收到总线分配时,转为发送报文状态。发送器将这些数据根据协议组织成一定的报文格式发出,这时总线上的其他节点处于接收状态。每个处于接收状态的节点对接收到的报文进行检测,判断这些报文是否是发给自己的,以确定是否接收。

在数据传输时,总线上任意一个节点都可以在任意时刻主动地向其他节点发起通信。通过报文滤波可实现点对点、一点对多点及全局广播等几种方式传送接收数据。可将 CAN总线上的节点信息按对实时性要求的紧急程度分成不同的优先级,CAN 采用载波监听多路访问、逐位仲裁的非破坏性总线仲裁技术,先接收再发送,当多个节点同时向总线发送报文而引起冲突时,优先级较低的节点会主动地退出发送,而最高优先级的节点可不受影响地继续传输数据。

CAN 节点中均设有出错检测、标定和自检的强有力措施。出错检测的措施包括发送自检、循环冗余校验、位填充和报文格式检查。CAN 节点在错误严重的情况下具有自动关闭输出功能,以使总线上其他节点的运行不受影响。

CAN 总线是一种面向内容的编址方案,因此容易建立灵活的、柔性化的控制系统结构,在系统中增加或删除节点时,无须改造系统的硬件或软件。

图 6.12 为一种采用 CAN 总线的电梯控制系统。它由一体化控制器作为主控制器,通过 CAN 总线把轿顶控制器、轿厢控制器以及召唤/显示控制器连接起来,构成 CAN 总线控制系统。

主控制器为一体化驱动控制器,它把电梯运行控制、调度管理、驱动控制集成在一起,取代了电梯专用控制器和变频器。一体化控制器主要任务包括:

(1) 电梯运行方式的选择;

(2) 电梯的启停控制和速度控制;

(3) 主回路、抱闸回路接触器触点监测;

(4) 检测井道中的上/下强迫换速开关、上/下极限开关的状态;

(5) 消防开关/火灾返回开关的监测;

(6) CAN 总线网络的通信管理与调度;

(7) 轿厢的位置检测,平层检测;

(8) 收集轿内登记、厅外召唤信息,为电梯定向选层,产生开关门命令。

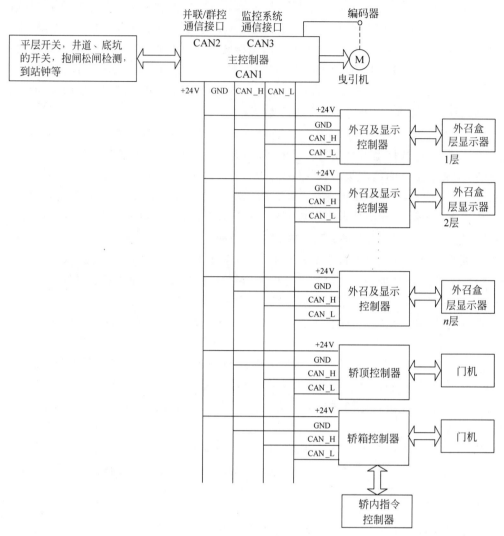

图 6.12 一种采用 CAN 总线的电梯控制系统

　　轿顶控制器主要采集轿顶、轿底的部分开关量信号，并将这些信号状态通过 CAN 总线传输到主控制器。这些开关量信号包括开关门开关指令、开关门到位、安全触板、超载、满员等。另外，轿厢控制器根据主控制器通过 CAN 总线传达的信号控制到站钟继电器、照明继电器等线圈，实现到站预报、节能照明等功能。

　　轿厢控制器采集并处理轿厢信息以及其他相关信息。轿厢控制器连接轿内指令控制器，获取轿内指令登记的信息，同时采集轿内开关的开关量信号，并将这些信号状态通过 CAN 总线传输到主控制器，这些信号包括指令开关、开关门、司机、直驶等。另一方面，轿厢控制器根据主控制器由 CAN 总线下达的控制信息，通过指令控制器控制轿内按钮指示灯。

　　指令控制器安装于轿内操纵箱，用来采集轿内按钮的状态、控制轿内按钮指示灯。

　　召唤/显示控制器用于采集厅外召唤信号，通过 CAN 总线把召唤信号信息传递给主控制器，接收主控制器发来的登记/销号信息、轿厢位置信息、运行方向等，控制召唤按钮指示灯更新状态，控制显示器显示轿厢的位置和运行方向。

2. CANopen 协议

2002 年,德国的一些电梯制造商决定在 CAN 的基础上制定标准的应用层协议,他们以 CANopen 作为该应用层协议的基础,制定一种公开的标准协议,实现"即插即用"或"开箱即用"的电梯控制系统,由此诞生了 CANopen 的 CiA DSP 417 电梯设备子协议。2003 年,在德国奥克斯堡国际电梯展览会上推出了首款基于 CANopen DSP 417 的电梯控制器样机。原型样机由多家制造商制造,电梯控制器、门控制器、输入面板、显示面板以及其他控制部件之间的所有通信及数据交换都由 CANopen 网络完成,这些部件即 CANopen 定义的设备,通过 CANopen 网络把电梯控制系统中来自不同的制造商的部件集成在一起。因此,对于设计电梯控制系统来说,不需要依赖特定的电梯部件供应商,选用支持 CANopen 的电梯部件就可构成控制系统。

CANopen 协议是基于 CAN 总线系统和应用层的高层协议,为 CAN 总线设备控制系统提供必要的应用方法,主要包括:CAN 设备之间的互操作性、互换性,标准化、统一的系统通信模式,设备描述方式和网络功能以及网络节点功能的扩展等。

CANopen 协议以通信规范 CiA DS-301 为基础,制定了一系列的设备规范,如电梯控制系统应用规范 CiA DSP-417,以提供配置通信参数和数据的方法,规定了设备之间的通信及特定设备的特定行为(如开关量 I/O,模拟量 I/O 等),并定义了标准化的应用对象、基本功能及网络功能。

电梯应用规范 CiA DSP-417 描述了一种电梯控制系统的应用,规定了电梯控制系统 CAN 网络的物理参数、节点标识符 ID(identifier)分配、电梯虚拟设备定义、对象目录以及系统错误处理等,它包括 4 部分:基本定义和物理层规范、虚拟设备定义和分配的应用对象、预定义的通信对象和过程数据对象(Process Data Object,PDO)及应用数据对象的描述。使用该标准协议,单台电梯的最高楼层为 254 层,电梯群控数量最多为 8 台,通信速率支持 20kb/s、50kb/s、125kb/s 和 250kb/s。

CiA DSP-417 子协议包括 4 部分。

1) 基本定义和物理层规范

它主要包括应用子协议时应同时参考的标准规范,如 CiA301、CiA302 等;子协议中的缩略词及其定义,如 COB-ID、SDO 等;应用子协议时,对 CAN 收发器模型、波特率、接插件等的基本要求,如总线节点号的分配(由设备硬件或制造厂商设定)、系统错误处理、系统出现硬件设备故障时,总线将优先处理系统故障信息,而且处理方法可选,如停止设备运行或保持运行状态等。

2) 电梯虚拟设备定义及其应用对象分配

虚拟设备可以视为实际设备中的一个功能模块,每个虚拟设备包括必选(Mandatory)的和可选的(Optional)应用对象,其访问属性为 RO(Read Only)、WO(Write Only)和 RW(Read/Write)。一个物理设备可以包含多个虚拟设备,但一个虚拟设备不能同时分配给几个物理设备,这是虚拟设备和物理设备之间的包含关系。每个虚拟设备支持若干个应用对象。

CiA DSP 417 电梯设备子协议定义了 11 个虚拟设备:召唤控制器、输入面板、输出面板、轿门控制器、轿门、光幕、轿厢位置、轿厢驱动控制器、轿厢驱动、载荷测量、传感器,它们是电梯设备子协议应用的基础。表 6.2 和表 6.3 仅列出了其中几个虚拟设备支持的应用对象表,其他虚拟设备读者可查阅 CANopen 的 CiA 417 系列协议文件。

　　召唤控制器(Call controller)虚拟设备单元用于接收从输入面板虚拟设备传来的所有呼梯请求，并发送响应信息给输出面板虚拟设备；召唤控制器根据呼梯的请求，发送命令给轿厢拖动控制器和轿门控制器，使轿厢移动至相应的楼层，并控制轿门的开启。当呼梯请求控制器、轿厢拖动控制器和轿门控制器在同一硬件平台时，它们之间的通信由硬件平台内部处理。表6.2是召唤控制器虚拟设备支持的应用对象。

表 6.2　召唤控制器虚拟设备支持的应用对象表

序号	索引	对象名称	类型	属性
1	6001H	电梯编号	必选	RW
2	6010H	输入面板	必选	RW
3	6011H	输出面板	必选	RO
4	6012H	传感器	可选	RW
5	6302H	门位置	可选	RW
6	6383H	电梯位置	必选	RW
7	6390H	电梯速度	可选	RW
8	6391H	电梯加速度	可选	RW

　　输入面板(Input panel unit)虚拟设备单元可作为轿内呼梯面板或者楼层呼梯面板，这个虚拟设备用于传送用户的呼梯请求。表6.3是输入面板虚拟设备支持的应用对象。最多可定义32个输入组对象，每个对象有4个参数。

表 6.3　输入面板虚拟设备支持的应用对象

序号	索引	对象名称	类型	属性
1	6100H	输入组 1	必选	RO
2	6101H	输入组 2	可选	RO
⋮	⋮	⋮	⋮	⋮
32	611FH	输入组 32	可选	RO
33	6120H	输入组 1 参数 1	必选	RW
34	6121H	输入组 2 参数 1	可选	RW
⋮	⋮	⋮	⋮	⋮
64	613FH	输入组 32 参数 1	可选	RW
65	6140H	输入组 1 参数 2	必选	RW
66	6141H	输入组 2 参数 2	可选	RW
⋮	⋮	⋮	⋮	⋮
96	615FH	输入组 32 参数 2	可选	RW
97	6160H	输入组 1 参数 3	必选	RW
98	6161H	输入组 2 参数 3	可选	RW
⋮	⋮	⋮	⋮	⋮
128	617FH	输入组 32 参数 3	可选	RW
129	6180H	输入组 1 参数 4	必选	RW
130	6181H	输入组 2 参数 4	可选	RW
⋮	⋮	⋮	⋮	⋮
160	619FH	输入组 32 参数 4	可选	RW

输出面板(Output panel unit)虚拟设备单元可作为轿内显示或者楼层显示,该单元用于显示轿厢运行位置和方向,并且可以通过语音提示"轿厢即将停靠"。表 6.4 是输出面板虚拟设备支持的应用对象。

表 6.4 输出面板虚拟设备支持的应用对象

序号	索引	对象名称	类型	属性
1	6200H	输出组 1	必选	RO
2	6201H	输出组 2	可选	RO
⋮	⋮	⋮	⋮	⋮
32	621FH	输出组 32	可选	RO
33	6220H	输出组 1 参数 1	必选	RW
34	6221H	输出组 2 参数 1	可选	RW
⋮	⋮	⋮	⋮	⋮
64	623FH	输出组 32 参数 1	可选	RW
65	6240H	输出组 1 参数 2	必选	RW
66	6241H	输出组 2 参数 2	可选	RW
⋮	⋮	⋮	⋮	⋮
96	625FH	输出组 32 参数 2	可选	RW
97	6260H	输出组 1 参数 3	必选	RW
98	6261H	输出组 2 参数 3	可选	RW
⋮	⋮	⋮	⋮	⋮
128	627FH	输出组 32 参数 3	可选	RW
129	6280H	输出组 1 参数 4	必选	RW
130	6281H	输出组 2 参数 4	可选	RW
⋮	⋮	⋮	⋮	⋮
160	629FH	输出组 32 参数 4	可选	RW

轿门控制器(Car door controller)虚拟设备单元传送命令给轿门虚拟设备单元,并接收轿门虚拟设备单元发送的状态信息和光幕检测信息。表 6.5 为轿门控制器的应用对象表。

表 6.5 轿门控制器的应用对象表

序号	索引	对象名称	类型	属性
1	6001H	电梯编号	必选	RW
2	6300H	门控制字	必选	RO
3	6301H	门状态字	必选	RW
4	6302H	门位置	可选	RW
5	6310H	光幕状态	可选	RW

轿门(Car door unit)虚拟设备单元用于控制门的开启和关闭。表 6.6 为轿门的应用对象表。

表 6.6 轿门的应用对象表

序号	索引	对象名称	类型	属性
1	6001H	电梯编号	必选	RW
2	6300H	门控制字	必选	RO
3	6301H	门状态字	必选	RW
4	6302H	门位置	可选	RW
5	6303H	门配置	必选	RW
6	6310H	光幕状态	可选	RW

光幕(Light barrier unit)虚拟设备单元用于检测是否有物体进入轿门的保护区域。光幕的应用对象见表 6.7。

表 6.7 光幕的应用对象表

序号	索引	对象名称	类型	属性
1	6001H	电梯编号	必选	RW
2	6310H	光幕状态	可选	RW

3) 预定义的通信对象和过程数据对象

CiA DSP-417 协议描述了电梯控制系统中所要用到的功能，并根据功能规定了虚拟设备；电梯控制系统可以根据实际需要选取虚拟设备组合。实际的控制系统中控制器可以由一个或者多个虚拟设备组成。

PDO 是 CAN 的一种通信对象，在电梯控制系统中，它主要传输电梯运行中的实时控制数据。预定义 PDO 通信对象包括两个方面：PDO 通信参数和 PDO 映射参数。PDO 通信参数是接收或发送 PDO 对象时的通信控制参数，如该 PDO 发送时的通信对象标识(Communication Object Identifier, COB-ID)、发送该 PDO 时是否有禁止时间，PDO 发送方式是异步还是同步等。PDO 映射参数是指发送该 PDO 的应用对象值，例如，召唤控制器虚拟设备，当该虚拟设备要设置数据输出时，就要发送一个 PDO。

CiA DSP-417 定义了虚拟电梯设备的过程数据对象(Process Data Object, PDO)的通信对象。每个虚拟设备的 PDO 包括：发送 PDO(Receive-PDO, RPDO)和接收 PDO(Transmit-PDO, TPDO)。CiA DSP-417 协议中，虚拟电梯设备的 PDO 作为 MPDO(Multiplexor PDO)，允许一个 PDO 传输大量的变量。

4) 应用数据对象的描述——对象字典

对象字典(Objection dictionary)是所有数据结构的集合，这些数据涉及设备的应用程序、通信以及状态机，对象字典利用对象来描述 CANopen 设备的全部功能，并且它也是通信接口与应用程度之间的接口。CANopen 协议已经将对象字典进行分配，用户可以通过同一个索引和子索引获得所有设备中的通信对象，以及用于某种设备类别的对象。

CiA DSP 417 协议可描述 8 台电梯的应用对象，对象索引号为 6000H～9FFFH。所有虚拟设备涉及的应用对象都被详细说明。对象字典是 CiA DSP 417 电梯设备子协议的核心，电梯控制所需的应用参数都反映在对象字典中。

CANopen 软件通过固定的索引/子索引来访问对象列表中的条目，对象列表提供一个指向存储器中某个变量的指针，应用程序可直接通过变量名称来访问所需的条目。对象字典列表就构成了索引/子索引与对应变量名称之间的接口。

CiA DSP 417 协议文件中给出所有电梯的应用对象的对象字典,读者可查阅相关资料进一步了解。

下面以电梯召唤为例说明电梯设备子协议通信原理,通信流程图如图 6.13 所示。电梯 CAN 分布式网络系统上电后,进行网络节点(主控制器节点、外召控制器节点)初始化,即节点复位,包括硬件复位、应用程序复位、通信参数复位。

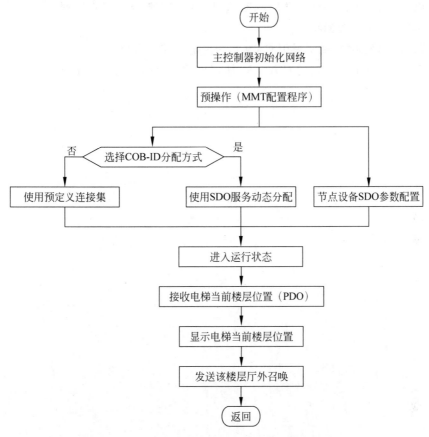

图 6.13　电梯厅外召唤 CAN 总线通信流程图

在预操作状态,完成电梯实时过程数据 PDO 的 COB-ID 分配,使用预定义连接集分配 COB-ID 简便且效率高,但缺乏灵活性;使用 SDO(Service Data Object)服务动态分配可以优化标识符分配。在预操作状态还要进行节点虚拟设备参数配置,如电梯号(lift1～4)、电梯门号(如 door1～4)、节点通信参数。完成 COB-ID 分配和节点虚拟设备参数配置由配置应用程序完成。CAN 网络进入运行状态后,网络的任务主要是传输电梯控制实时数据和网络状态监控(节点和通信状态)。主控制器获取外召控制器信息(如召唤信息),通过向各外召控制器发送远程帧来启动外召控制器发送 PDO,以传输召唤信息。主控制器通过内部事件可主动发送电梯状态信息数据 PDO 给各外召控制器节点。由于 PDO 是预先定义的,因此主控制器接收到该 PDO 时也能解释这些数据并执行呼叫登记。

思考题

（1）电梯串行控制系统在结构上与传统电梯控制系统有什么不同？

（2）简述电梯串行控制系统各个控制器的功能。

（3）RS-485 总线有哪些特点？

（4）以图 6.7 为例，说明采用 RS-485 总线的电梯控制系统工作原理。

（5）简述 CAN 总线的特点。

（6）以图 6.12 为例，说明采用 CAN 总线的电梯控制系统工作原理。

（7）简述 CANopen 协议的 CiA DSP 协议构成及各部分的主要作用。

第 7 章

电梯的群控系统

电梯是建筑物内的主要运输工具,往往一个建筑物内设置数台,如果它们各自独立运行,会导致一些电梯满载运行,而另外一些电梯闲置,运行效率低,造成浪费。因此,为了提高电梯的运行效率,通常对建筑物内多台电梯分组或集中进行管理,根据建筑物内的客流量、疏散乘客的时间要求或者缩短乘客候梯时间等诸因素综合调度。常见到的有两台电梯为一组的并联控制形式和三台或三台以上电梯为一组的群控形式。本章主要介绍并联控制和群控的原理。

并联控制是两台电梯共用厅外召唤信号,并按预先设定的调配原则,自动地调配某台电梯去应答某层的厅外召唤信号,其最直观的感觉是两台或多台电梯并排设置并且共享各个层楼的厅外召唤信号,并能按预定的规律进行各电梯的自动调度工作。

群控是针对排列位置比较集中的共用一个信号系统的电梯组而言的,根据电梯组层站召唤和每台电梯负载情况按某种调度策略自动调度,从而使每台电梯都处于最合理的服务状态,以提高输送能力。群控多用于具有多台电梯、客流量大的高层建筑物中,把电梯分为若干组,将几台电梯集中控制,综合管理,对乘客需要电梯情况进行自动分析后,选派最适宜的电梯及时应答召唤信号。它的主要目标是提高对乘客的服务质量和降低系统的能耗。

7.1 电梯的交通模式

电梯是建筑物中运输乘客的垂直运输工具,它的调度和配置与建筑物中的乘客人数分布(客流)以及乘客流动状况(交通流)的关系很大。不同用途的建筑物,客流和交通流差别较大;对于同一种用途的建筑物,由于所在地区不同、乘客生活习惯不同,作息制度也不同;另外,季节变换、气候变化等因素都会使建筑物内部的客流情况产生变化。因此,建筑物中客流、交通流的变化具有非线性和不确定性。有关研究发现,对于一幢建筑物来说,客流和交通流在不同的季节和一天中不同的时段具有不同的特点,但却存在着一定的规律性。

电梯的交通流是由乘客数量、乘客出现的周期以及乘客的分布情况来描述的,高峰期的交通流决定着电梯的参数配置,不同时段的交通模式决定着调度方法的选用。建筑物的性质和用途不同,则交通流的状况差别很大,比如医院楼、办公楼、商务楼、酒店等建筑。根据交通流的不同性质,通常,将电梯的交通模式分为:上行高峰交通模式、下行高峰交通模式、层间交通模式、两路交通模式、四路交通模式和空闲交通模式。

例如，办公楼内，在早晨上班时间段内，乘客需要在规定的时刻前到达办公室，因此，大多数或全部乘客在大楼的底层层楼进入电梯，然后上行到各自的目的层楼，客流的方向基本都是上行的，是客流密度比较大的阶段。此时，电梯为上行高峰交通模式。

在下班时间段内，大多数或者全部乘客从办公楼层乘电梯下行到底层楼层，然后离开电梯，客流的方向基本都是下行，也是客流密度比较大的阶段，此时，电梯为下行高峰交通模式。

在正常工作期间内，各层之间的交通需求达到平衡状态，上行和下行的人员数量差不多，此时，电梯为层间交通模式。在办公大楼内，除上下班时间段，其余大部分时间，电梯处于层间交通模式。

两路交通模式是指客流主要来自某层站或去往某层站，且该层站不是门厅。这种状况产生多是因为在建筑物某层设有餐厅、茶点或者会议室，所以经常发生在上午及下午休息或会议期间。

四路交通模式指客流主要来自某两个特定层站或去往某两个层站，且其中一个层站可能是门厅。该状况多发生在午休时间。

一般在夜间休息时间及午休时间，办公楼在节假日或休息日的白天，会存在不同程度的空闲交通模式。大楼里的客流很少的时候，如果将全部电梯投入运行，则设备的使用率很低，会造成能源不必要的消耗。为了降低能耗，可以只使用1或2部电梯服务乘客，照样能满足客流的需要，这种交通模式即为空闲交通模式。

多台电梯群控时，群控系统根据交通模式的变化采用适宜的派梯策略对电梯进行控制和调度。

7.2　电梯并联控制

一座建筑物往往需要安装两台或两台以上的电梯。但如果只装两台或两台以上各自独立运行的电梯并不能提高运行效率。例如，某一建筑物中并排设置了 A、B 两台电梯，两台电梯均独自运行，各自应答其厅外召唤信号，如果某一层有乘客需要下至底层（或基站），分别按下两台电梯在这一层的下召唤按钮，这样，有可能两台电梯都会同时应答而到达该层站。此时，可能其中一台先行已把乘客接走，而另外一台电梯后到已无乘客，使该电梯空运行了一次。如果有两个邻层的向上召唤信号，本来可由其中一台电梯顺向应答载客停靠即可，但如果两台电梯均有向上召唤信号，则另一台电梯也会因为有召唤信号而上行。显然，这种运行模式是不合理的。所以，在并排设置两台以上电梯时，在电梯控制系统中必须考虑电梯的合理调配问题。

电梯并联控制共用一套厅外召唤装置，把两台规格相同的电梯并联起来控制。无乘客使用电梯时，经常有一台电梯停靠在基站待命，称为基梯；另一台电梯则停靠在行程中间预先选定的层站，称为自由梯。当基站有乘客使用电梯并启动后，自由梯即刻启动前往基站充当基梯待命。当有除基站外的其他层站的厅外召唤时，自由梯就近先行应答，并在运行过程中应答与其运行方向相同的所有厅外召唤信号。如果自由梯运行时出现与其运行方向相反的厅外召唤信号，则在基站待命的电梯就启动前往应答。先完成应答任务的电梯就近返回基站或车间中选定的层站待命。它是按预先设定的调配原则，自动地调配某台电梯去应答某层的厅外召唤信号的,从而提高了电梯的运行效率。并联控制就是按预先设定的调配原则,自动调配某台电梯去应答某层的厅外召唤信号。

下面介绍并联调度原则及其继电器控制电路,以便了解其逻辑控制原理。

7.2.1 电梯并联梯调度原则

并联控制时,两台电梯共享层站的厅外召唤信号。两台电梯相互通信、相互协调,根据各自所处的层楼位置和其他相关的信息,确定一台合适的电梯去应答某一个层站的召唤信号。为了说明电梯的运行状态,本节采用图示的方式,两台电梯分别为 A 梯和 B 梯,用实线箭头表示电梯正在运行,虚线箭头表示电梯准备启动运行,空三角形符号表示厅外召唤信号,三角形顶点向上表示用向上的厅外召唤信号,反之,为向下的厅外召唤信号。通常,A、B两梯其中一台停靠在基站,被设置为基梯,基站是指轿厢无运行指令时停靠的层站,一般为乘客进出最多、且方便撤离的建筑物大厅或底层端站;另一台电梯则停靠在中间预先选定的层站,称为自由梯。

并联控制的调度原则如下。

(1) 在正常情况下,一台电梯在底层(或基站)待命,另一台电梯作为自由梯(或忙梯)停留在最后停靠的层站。当某层站有召唤信号时,自由梯立即启动运行去接该层站的乘客,而基站梯不予应答。图 7.1 表示了 A、B 梯为基梯和自由梯的状况。

(2) 当两台电梯因轿内指令都到达基站后关门待命时,则应执行"先到先行"原则,即先到基站的电梯应该首先出发去响应外召唤。如图 7.2 所示,A 梯先到基站而 B 梯后到,则经一定延时后,A 梯立即启动运行至预先指定的中间层站待命,因此成为自由梯,而 B 梯停在基站成为基梯。

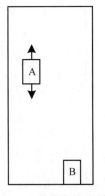

图 7.1 基梯与自由梯

图 7.2 先到先行

(3) 当 A 梯正在上行时,如图 7.3(a)所示,其上方出现任何方向的召唤信号或是其下方出现向下的召唤信号,则均由 A 梯在一周行程中去完成,而 B 梯留在基站不予应答。但如果在 A 梯的下方出现向上召唤信号,如图 7.3(b)所示,则由在基站的 B 梯应答上行接客,此时 B 梯也成为自由梯。

(4) 当 A 梯正在向下运行时,其上方出现的任何向上或向下召唤信号,则由在基站的 B 梯应答上行接客,如图 7.4(a)所示。但如 A 梯下方出现任何方向的召唤信号,则 B 梯不予应答而由 A 梯去完成,如图 7.4(b)所示。

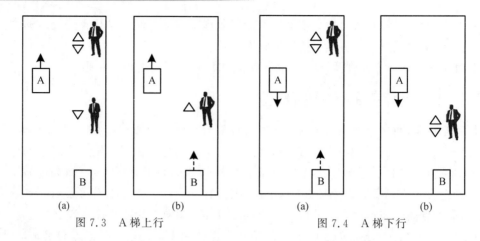

图 7.3　A 梯上行　　　　　　　　　图 7.4　A 梯下行

（5）当 A 梯正在运行，其他各层站的厅外召唤信号又很多，但在基站的 B 梯又不具备发车条件并且在 30～60s 后召唤信号依然存在时，则通过延误发车时间继电器令 B 梯发车运行，如图 7.5 所示。

（6）另外，如本应由 A 梯前去响应的厅外召唤信号，但由于某种故障而 A 梯不能运行时，则也经过时间继电器延时 30～60s 后令 B 梯（基梯）启动去响应厅外召唤，如图 7.6 所示。

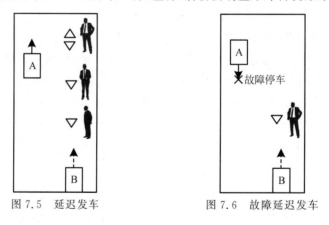

图 7.5　延迟发车　　　　　　图 7.6　故障延迟发车

同样，在 B 梯控制系统中，B 梯的调度调配也按照（1）～（6）的原则进行。

7.2.2　并联控制电路

并联首先是两台电梯可共享厅外召唤信号。有的并联电梯只设一组外召唤按钮，即使 A、B 梯各设一组按钮，其召唤信号也是共通的，图 7.7 为第 i 层上召唤电路，iSSZ（A）和 iSSZ（B）分别为 A、B 梯第 i 层站的上召唤按钮，iKSZ（A）和 iKSZ（B）分别为 A、B 梯的上召继电器，iKHF（A）和 iKHF（B）分别为 A、B 梯第 i 层的层楼继电器。A、B 梯的召唤继电器触点相互串接在召唤继电器的控制回路中。如第 i 层有上召唤时 iSSZ（B），A 梯的上召继电器 iKSZ（A）和 B 梯的上召继电器 iKSZ

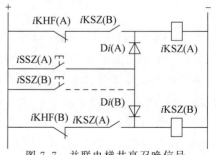

图 7.7　并联电梯共享召唤信号

(B)线圈同时得电,触点吸合,完成上召唤登记。如果 A 梯轿厢达到第 i 层站时,iKHF(A)常闭触点断开,则 iKSZ(A)线圈失电,它的常开触点断开,也使得 iKSZ(B)线圈失电,第 i 层站的上召唤被消号。同理,如果是 B 轿厢达到第 i 层站,iKHF(B)常闭触点断开,首先 iKSZ(B)线圈失电,它的常开触点断开,使得 iKSZ(A)线圈失电,同样也能实现消号。

　　并联电梯的厅外召唤信号共享,轿内指令信号是各自独立的。对于某一层的召唤信号应由哪台电梯响应召唤由并联调配电路决定,通常调配电路设置在定向电路中。无论是交流电梯还是直流电梯,都可以通过上下行接触器(继电器)改变电梯的运行方向。图 7.8 的并联电梯定向电路和图 7.9 的并联电梯调配电路为一种直流电梯的并联控制电路,采用首尾相接原则调配,它可以实现并联调度原则。

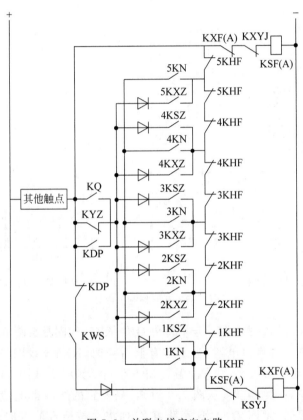

图 7.8　并联电梯定向电路

　　图 7.8 是 A 梯的定向线路(以 5 层为例),图中 iKSZ、iKXZ 是上、下召唤信号,iKHF 是第 i 层的层楼继电器,它的触点除了用于指层外,还用于选向电路,它的特点是如电梯上行到 i 层时,iKHF 线圈得电,其他的层楼继电器线圈失电。

　　图 7.8 中,KDP(A)为 A 梯的调配继电器。KSF(A)、KXF(A)表示 A 梯上、下方向继电器,KSYJ 为上方有召唤继电器,KXYJ 为下方有召唤继电器。其选向电路原理与第 4 章选向电路类似,这里只是增加了 A 梯调配继电器触点 KDP(A)及并联援助继电器触点 KYZ。

　　图 7.9 是并联调配电路,图中只画出了与 A 梯有关的部分,与 B 梯相关部分的形式与此完全相同,图中 KDP(A)、KDP(B)的括号中 A、B 分别表示属于 A、B 两梯的继电器。图 7.9 中 KSY 为上方有召唤继电器,当 A 梯上方任一层有召唤时 KSY 线圈得电。例如,

A 梯在三层,四层有上(或下)召唤时,电源经 KSY 线圈→SZR→5KHF→4KHF→D_4→4KSZ (或 4KXZ)使上方有召唤继电器 KSY 线圈得电。

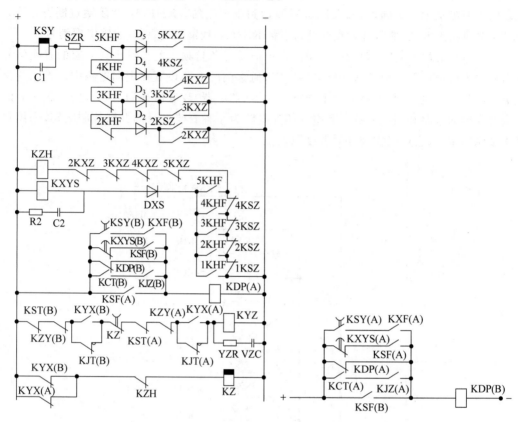

(a) A 梯并联调配控制电路　　　　　　　(b) B 梯并联调配继电器控制电路

图 7.9　并联梯调配电路

KZH 为召唤继电器,只要任何一层有厅外召唤,KZH 线圈都会断电。

KXYS 为下方有上召唤继电器,当下方有上召唤时,KXYS 线圈失电,例如电梯在四层,三层有上召唤时,3KSZ 吸合,则常闭触点 3KSZ 开路,KXYS 线圈失电。

KDP(A)为 A 梯调配继电器,从图 7.9 可知,只要它的线圈得电,其常开触点吸合,A梯选向回路就可以接通(见图 7.8),这意味着 A 梯将会按所选的方向运行。调配继电器 KDP 的调配方式如下。

(1) B 梯上行中,A 梯待命,如图 7.10 所示。

B 梯的上方向继电器 KSF(B)常开触点接通,B 梯下方有上召唤,则它的下方有上召唤继电器 KXYS(B)线圈失电,常闭触点 KXYS(B)延时吸合,那么调配继电器 KDP 线圈得电,其常开触点吸合使 A 梯定向回路接通(见图 7.8),A 梯响应召唤。

(2) B 梯下行中,A 梯待命,如图 7.11 所示。

B 梯下行,B 梯的下方向继电器 KXF(B)的常开触点接通,如果 B 梯上方有召唤,它的上方有召唤继电器 KSY(B)

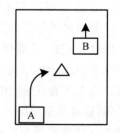

图 7.10　B 梯上行中,A 梯响应
B 梯下方有上召唤

常开触点吸合,KDP(A)线圈得电,则 A 梯定向回路接通,A 梯响应召唤。

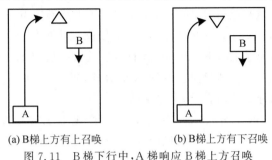

(a) B梯上方有上召唤　　　　(b) B梯上方有下召唤

图 7.11　B 梯下行中,A 梯响应 B 梯上方召唤

(3) 两梯同时离开基站时,先服务完毕的电梯返回基站,如图 7.12 中的 3 种情况。

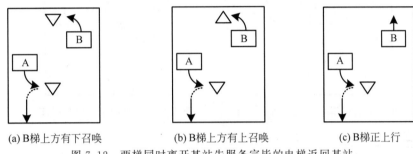

(a) B梯上方有下召唤　　　(b) B梯上方有上召唤　　　(c) B梯正上行

图 7.12　两梯同时离开基站先服务完毕的电梯返回基站

A 梯服务完毕后停在中间某层,且此时 B 梯正在上行,B 梯的上方向继电器 KSF(B)线圈得电(电路与 A 梯相同),见图 7.9(b),它的调配继电器 KDP(B)线圈得电,它的常闭触点断开,图 7.9(a)中,连接 KDP(A)线圈的其他 4 条支路也不导通(图 7.9 中 KJZ(B)是 B 梯基站继电器触点,KCT(B)是 B 梯停车继电器触点),都不要求 A 梯服务,因此,KDP(A)线圈不可得电,其常闭触点闭合,在图 7.8 中,电源经 KDP→KWS→二极管→1KHF→KSF(A)→KSYJ 接通 KXF 线圈,使 A 梯下行返回基站。在返回基站的过程中如有同向的向下召唤,电梯可以顺路应答召唤。

(4) A 梯在基站,B 梯服务完毕后原地待机。

在图 7.9 并联调配电路中,A 梯到达基站换速停梯时 KCT(A)常开触点通路,基站继电器 KJZ(A)常开触点吸合,B 梯的调配继电器 KDP(B)线圈得电,它的常闭触点断开使 A 梯的调配继电器 KDP(A)线圈失电,A 梯停止后 KCT(A)常开触点断开,B 梯的调配继电器 KDP(B)线圈由 KDP(A)的常闭触点保持通电。这时如果上方或下方有单个方向的厅外召唤信号,则均由 B 梯服务。如图 7.13 所示,因为 KDP(A)无吸合条件。

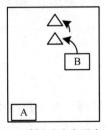 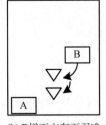 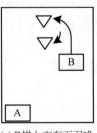 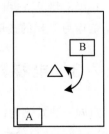

(a) B梯上方有上召唤　　(b) B梯下方有下召唤　　(c) B梯上方有下召唤　　(d) B梯下方有单个上召唤

图 7.13　A 梯在下基站,B 梯服务完毕原地待机

（5）若 A 梯已先返回基站，B 梯因轿内指令到达基站时，如果再有召唤由 A 梯服务。

B 梯由轿内指令到达基站时，B 梯停车，继电器 KCT 线圈得电，则 KCT(B)常开触点吸合，同时，返回基站后，B 梯的基站继电器 KJZ(B)线圈也得电使其常开触点吸合，这样，在图 7.9(b)中，A 梯的调配继电器 KDP(A)线圈得电，其常闭触点 KDP(A)断开使 B 梯的调配继电器 KDP(B)线圈失电，B 梯待机，调配 A 梯服务，如图 7.14 所示。

（6）A 梯因指令离开基站时，B 梯返回基站。

A 梯离开基站上行时，在图 7.9(a)中，它的方向继电器 KSF(A)常开触点吸合使其调配继电器 KDP(A)线圈得电，则 B 梯的调配继电器 KDP(B)线圈失电，其常闭触点闭合，B 梯返回基站，如图 7.15 所示。

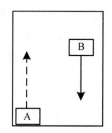

图 7.14　B 梯内指令到达基站

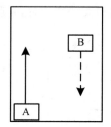

图 7.15　A 梯内指令离基站，B 梯返基站

（7）援助服务。

设 A 梯在基站充当基梯，B 梯服务，此时出现外部召唤时，本来应由 B 梯服务的外召唤信号，如果超过一定时间，B 梯仍未服务，召唤信号还未消除，则 A 梯前往援助。

在图 7.9 中，A 梯在基站停梯待命，此时，运行继电器 KYX 常闭触点闭合，有任何召唤时，召唤继电器 KZH 线圈失电，其常闭触点闭合使召唤时间继电器 KZ 通电。若外召唤信号一直存在，则 KZ 常闭触点延时断开，使下列回路断开：电源＋→KST(B)→KZY(B)→KYX(B)与 KJT(B)→KZ→KST(A)→KZY(A)→KJT(A)→KYZ 线圈，使援助继电器 KYZ 线圈失电，其常闭触点闭合，在图 7.8 中，由于召唤信号的存在，A 梯的定向回路被接通，A 梯前往服务。

在图 7.9 中，下列情况下也会导致 KYZ 线圈失电，A 梯独立运行。

（1）B 梯在基站关门停梯，它的锁梯继电器 KST(B)线圈得电，其常闭触点断开；

（2）B 梯或 A 梯被置于专用状态时，A、B 两梯的相应继电器 KZY(A)、KZY(B)线圈得电，其常闭触点断开；

（3）B 梯驱动主机在运行中，运行继电器 KYX(B)线圈得电，但如果它被置于急停状态，如按下急停开关，则其急停继电器 KJT(B)线圈得电，其常闭触点断开，同时，电梯停止运行，KYX(B)常开触点断开。

在以上情况下，由于 A 梯的选向回路也会接通，A 梯也会响应厅外召唤而运行，但是，它不是作为 B 梯的援助，而是独立运行的。

7.3　电梯群控系统

当同一建筑物内设置两台以上电梯且位置比较集中时，就构成了电梯群。为了提高电梯的输送效率，充分满足楼内客流量的需要，以及尽可能地缩短乘客的候梯时间，把多台电梯组合成梯群,需要对梯群的运行状态进行自动控制与调度,简称为群控。梯群的自动程序控制系统提供各种工作程序和随机程序(或称无程序)来满足客流急剧变化的情况,如大型宾馆、写字楼内的各种客流状态。电梯群控系统是现代建筑交通系统中的重要组成部分,其设计的正确与否关系着建筑交通系统的可靠性和稳定性。

电梯群控是指将两台以上的电梯组成一组,由一个专门的群控系统负责处理群内电梯的所有层站呼梯信号,群控系统可以独立存在,也可以隐含在每一个电梯控制系统中。群控系统和每个电梯控制系统之间都有通信联系。群控系统根据群内每台电梯的楼层位置、已登记的指令信号、运行方向、电梯状态、轿内载荷等信息,实时将每一个层站呼梯信号分配给最合适的电梯去应答,从而最大限度地提高群内电梯的运行效率。

电梯群控系统的调度原则可以分为两大类:一类是在20世纪60年代、70年代中期电梯产品中用固定模式的硬件系统,即四种、六种客流工序状况,在两端站按时间隔发车的调度系统和按需要发车分区的调度系统。另一类是20世纪70年代后期开始至今的电梯产品中用各类计算机控制的无程序按需要发车的自动调度系统。例如奥的斯电梯公司的Elevonie301、Elevonie 401系统,瑞士迅达电梯公司的Miconie-V系统等。目前有许多种基于人工智能理论的群控调度原则。

7.3.1 固定程序调度原则

固定程序调度原则的群控方式的特点是根据建筑内客流变化情况,把电梯群的工作状态分为几种固定的模式,这些模式又叫程序。常见的模式有四种或六种固定程序方式的,根据客流交通情况,把电梯运行分成几种工作状态。四程序、六程序是一种传统的群控调度原则。

1. 四程序调度原则

4个工作程序的工作状态为:上行客流顶峰状态、客流平衡状态、下行客流顶峰状态和空闲时间的客流状态。

上行客流顶峰状态的交通特征是从基站(无轿内指令运行时停靠的层站,一般设在大厅)上行的客流特别大,电梯运送大量的乘客到建筑物内各个层站,此状态下各层站间的交通很少,下行外出的客流也很少。每个轿厢按到达基站先后顺序被选为"先行梯",设于厅外及轿内的"此梯先行"信号灯闪亮,并发出音频信号来吸引乘客迅速进入电梯,直至电梯启动运行后声、光信号停止。

上行客流顶峰状态的转换条件为:当轿厢从基站上行时,若连续两台电梯满载(超过额定载重量的80%),则自动选择上行客流顶峰状态。若从基站上行轿厢的载重连续降低至小于额定载重的60%时,则上行客流顶峰状态被解除。

客流平衡状态程序的客流交通特征是客流强度为中等或比较繁忙,一部分乘客从基站到各层站,另一部分客流从大楼中各层站到基站,与此同时还有多数客流在楼层之间上下往返,上行与下行客流几乎相同。

客流平衡状态的转换条件为:当上行客流顶峰或下行客流顶峰状态解除后,若存在连续的厅外召唤信号,则客流非顶峰状态被自动选择。在此状态下,若电梯上行与下行的时间几乎相等,且轿厢载重也相近,系统则转入客流平衡程度。若出现持续地不能满足上行与下行的时间几乎相等的条件,则客流平衡状态将在相应的时间内自动解除。

下行客流顶峰状态的交通特征是客流强度大，由各层站往基站的客流很多，而层站之间的交通及上行客流很少。在该程序中，此状态通常出现在楼层高区时下行轿厢满载的情况下，使楼层低区的乘客候梯时间增加。为了有效改善此现象，系统将梯群转入"分区运行"状态，即把建筑物分为高层区和低层区两个区域。同时将电梯平分为两个组，如每组各有两台电梯（高区梯和低区梯）分别运行于所属区域内。高区电梯从下端基站向上出发后，沿途应答所有的向上召唤信号。低区电梯主要应答低区内各层的向下召唤信号，不应答所有的向上召唤信号。但也允许在轿厢指令的作用下上升至高区。

下行客流顶峰状态的转换条件为：当连续两台轿厢（超过额定载重的80%）下行到达基站时，或者层站间出现规定数值以上的下行召唤时，系统则转入下行客流顶峰；当下行轿厢载重连续降低至小于额定载重的60%，且在一定的时间后各层站的下行召唤数在规定的数值以下时，则自动解除下行客流顶峰状态。但在下行客流高峰程序中，当满载轿厢下行时，低楼层区内的向下召唤数达到规定数值以上时，则分区运行起作用，系统将梯群中的电梯分为两组，每组分别运行在高区和低区楼层区内。在分区运行的情况下，如低楼层区内的向下召唤信号数降低到规定数值以下时，则分区运行被解除。

空闲时间客流状态的交通特征是间歇性的客流，且客流强度极小。轿厢在基站根据先到先行的原则被选为"先行"。

空闲时间状态的转换条件为：当系统工作在上行客流顶峰以外状态中，若90～120s内没有厅外召唤信号，且此时轿厢载重小于额定载重的40%时，系统则转入空闲时间客流状态。此状态下，若在90s的时间里连续存在一个厅外召唤信号，或者在较短时间里存在两个厅外召唤信号，或是在更短时间里存在3个厅外召唤信号，则自动解除空闲时间客流状态；当上行客流顶峰状态出现时，立即解除空闲时间客流状态。

2. 六程序调度原则

6个工作程序的工作状态为：上行客流顶峰状态、下行客流顶峰状态、客流平衡状态、空闲程序的客流状态、上行客流量较大状态和下行客流量较大状态。其中客流平衡状态、上行客流量较大状态和下行客流量较大状态3个状态也可统称为客流非顶峰状态。

六程序比四程序增加了两个状态，其他状态的工作程序与四程序相同。下面只介绍增加的两个工作状态。

上行客流量较大的交通特征是客流强度为中等或较繁忙程度，但其中上行客流量占大多数。此状态与客流量平衡状态的基本运转方式相同，即在客流非顶峰状态下，轿厢在各层站之间上下往返，并顺序响应轿内及厅外召唤信号。由于上行交通比较繁忙，因此上行时间比下行时间要长些。

上行客流量较大状态的转换条件为：在客流非顶峰状态下，若电梯上行时间比下行时间长，则在相应的时间内，系统转入上行客流量较大状态。若上行轿厢载重超过额定载重的60%时，则在较短时间内系统自动选择该状态。若上行时间比下行时间长的条件持续地不能满足时，则上行客流量较大状态在相应时间内被解除。

下行客流量较大的交通特征及其转换条件正好与上行客流量较大的工作程序相反，只不过将前述的上行换成下行。该程序也属于客流非高峰范畴内。

上述6种模式中，每一种针对一个交通特征，并有各自的调度原则。例如：上行客流顶峰程序，它所针对的交通特征是从底层端站向上去的乘客特别拥挤，需要用电梯迅速地将大量乘客运送至大楼各层站,而这时层站之间的相互交通很少,下底层的乘客也很少。在这个程序中,采用的调度原则是把各台电梯按到达底层(基站)的顺序选为"先行梯",先行梯设于厅外及轿内的"此梯先行"信号灯闪动,并发出音频信号,以吸引乘客迅速进入轿厢,直至电梯启动后声、光信号停止。在运行过程中,电梯的停站仅由轿内指令决定,厅外召唤信号不能拦截电梯。其他各程序及其调度方式也是根据某一种交通特征来设计的。

群控系统中各固定程序的转换可以是自动的或人为的。只要将程序转换开关转向 6 个程序中的某一个程序,则系统将按这个工作程序连续运行,直至该转换开关转向另一个工作程序为止,这是手动转换方式,若将转换开关置于"自动选择位置",则梯群在运行时按照当时的客流情况自动地选择最适宜的工作程序。例如群控系统检测电梯的载荷情况,若出现当电梯从底层(基站)向上行驶时,连续两台电梯满载(超过额定载重量的 80%)的情况。则系统自动选择"上行客流顶峰程序"。反之若在上述条件下连续检测到两台电梯轻载(低于额定载重的 60%),则解除上行客流顶峰程序。

显然,要正确合理地自动转换梯群的运行模式,需要自动地分析交通的状态。传统的实现方法是采用称为"交通分析器件"的逻辑电路,具有召唤信号计算器、台秒计算器、载荷传感器、自动调整计时器等功能,它们可以用有触点的电路来构成,也可以采用无触点的数字电路实现。随着计算机技术在电梯中的应用,上述工作程序及其自动转换可以用软件实现。

采用固定程序群控方式可以使乘客候梯时间明显减少。但其缺点是容易造成电梯空跑,造成能源浪费;另外,需要实时地对交通繁忙情况进行分析,因此当客流量变化时,程序的转换有时不能很好地适应当时的交通情况。

7.3.2　分区调度原则

分区域运行是电梯群控的一种常用的调度原则,常分为固定分区和动态分区两种。分区调度是将一定数量的厅外召唤指令划分成若干个区域,每个分区的厅外召唤指令由一部或几部电梯实现调度的方法。按电梯数量划分区域,目的是为所有区域提供均衡合理的服务,特别是为基站提供良好服务。在较小和中等的客流状况下,将轿厢分配给每个区域。区域划分后既能保证对基站的优先服务,又能保证对其他区域的均衡服务。

1. 固定分区调度原则

固定分区,也称为静态分区,是根据电梯数量和建筑物层数划分区域,将一定数量的层站(包括上下相邻层站召唤)组合在一起构成一个区域,在某一分区中,电梯对该分区内的上行和下行厅外召唤指令都进行响应。也可将相邻的上行厅外召唤指令安排到若干向上需求区域,相邻的下行厅外召唤指令安排到若干独立的向下需求区域,即可设定一个公共区域或是定向区域;公共区域是由若干相邻层站发来的厅外召唤指令组成的固定区域,定向区域是仅包括同方向若干相邻的厅外召唤指令组成的固定区域。

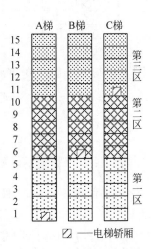

图 7.16　固定分区示意图

例如在 15 层楼中有 3 台群控梯,将 15 层楼划为 3 个分区:
1~5、6~10、11~15。图 7.16 是服务于 15 层楼的 3 台群控梯的分区示意图。在图 7.16 中,无厅外召唤时,A 梯、B 梯、C 梯分别在 1 层、6 层、11 层待命；在 3 个区域中，当某个区域中有厅外召唤信号时，由该区域的电梯进行响应。A 梯、B 梯、C 梯所服务的区域并非固定不变，而是根据召唤信号的不同，每台电梯的服务区域可随时调整，如 C 梯因轿内指令离开第 3 分区，而 B 梯又因轿内指令进入第 3 分区，则 B 梯就成为第 3 分区的区域梯。C 梯服务完后则回到第 1 分区待命。总之，每台电梯可自动寻找没有区域梯的空区。

2. 动态分区调度原则

动态分区是把电梯服务区域按一定顺序接成环形，构成一个区域。其中，区域个数、每个区域的位置及范围，由各个轿厢运行时的瞬时状态、位置和方向决定。动态区域是在电梯运行期间定义的，按事先制定的规则产生新的分区，而且是不断连续变化的。分区控制使单台电梯运行周期缩短，运行效率有所提高。

图 7.17 是 15 层 3 台群控梯动态分区示意图。在某一空闲时段的分区内：1～7 层为 A梯的上召唤服务区；8～13 层为 B 梯的上召唤服务区；14 层、15 层为 C 梯的上召唤服务区。同时，C 梯又担负着 8～15 层的下召唤服务；而 2 层、7 层又为 B 梯的下召唤服务区，如图 7.17(a)所示。当电梯运行后，每台电梯的服务区域随着电梯位置及运行方向做瞬时变化。例如当某一时刻，A、B 梯均向上运行。此时，区域分配为 1～8 层为 A 梯上召唤服务区；8～15 层为 B 梯上召唤服务区；13～15 层为 B 梯下召唤服务区；8～12 层为 C 梯下召唤服务区；1～7 层为 A 梯下召唤服务区，如图 7.17(b)所示。

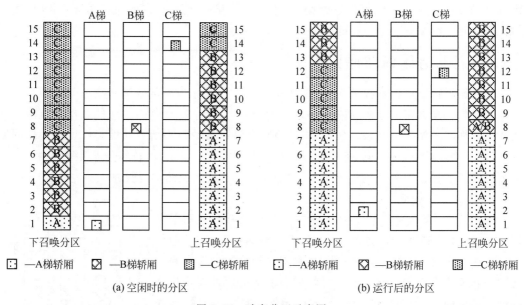

(a) 空闲时的分区   (b) 运行后的分区

图 7.17　动态分区示意图

7.3.3　性能指标调度原则

电梯使用场合不同，性能指标要求也不同，采用的调度原则也不同。常用的评价指标有以下几种。

（1）平均候梯时间：指一段时间内乘客按下某层厅外召按钮至电梯到达该层所花费的时间的平均值。

（2）长候梯率：指在一段时间内候梯时间超过60s的乘客等待的百分率。

（3）能源消耗：指在一段时间内电梯运行所消耗的能源，主要取决于电梯启/停次数。

（4）综合成本：是指轿厢内乘客数与电梯运行时间的乘积，单位为"人·秒"，它综合反映了电梯运行的成本。

1. 采用心理待机时间评价指标的调度原则

在上述评价指标中，平均候梯时间与长候梯率都与候梯时间有关系，在群控系统中采用心理性时间评价方式来协调梯群的运行，可以有效地改善人—机关系。心理待机时间就是把乘客等待时间这个物理量折算成在此时间中乘客所承受的心理影响，统计表明，乘客待机的焦虑感与待机时间成抛物线关系，如图7.18所示。图7.18曲线说明，随着乘客待梯时间的延长，其焦虑感显著增加。如果在待梯时间内群控系统出现预报失败等现象，则必导致乘客焦虑感的激增。而采用心理性待梯评价方式，可以在层站召唤产生时，根据某些原则进行大量的统计计算，得出最合理的心理待梯时间评价值，从而迅速准确地调配出最佳应召电梯进行预告。下面介绍几种采用这种方式的调度原则。

（1）最小等待时间调度原则

最小等待时间调度原则是根据所产生的层站召唤来预测各电梯应答时间，从中选择应答时间最短的电梯去响应召唤。假设电梯每运行一个层区间需要2s，每停一层需要10s，如图7.19所示，现在有A、B两台电梯分别在1层和4层，图中用○表示已登记的轿内指令，△表示新产生的召唤，▲表示已登记的外召唤，●表示已经分配的外召唤。A梯轿内登记了两个指令：6层和7层，控制系统已把5层向上的外召唤分配给A梯，现在，8层有新的向上的外召唤出现，控制系统如何分配这个外召唤呢？

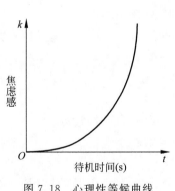

图7.18 心理性等候曲线

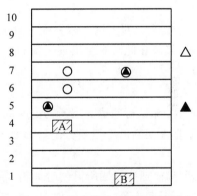

图7.19 最小等待时间调度原则

由图7.19的描述可知，A梯距8层较近，但它从4层运行到8层需要通过4个层区间，5层、6层、7层需要停车3次，因此，A梯到8层所需时间为：

$$t_A = (2 \times 4 + 10 \times 3)s = 38s \tag{7.1}$$

B梯虽然距8层较远，但是，此时被分配了一个7层的外召唤，没有轿内指令，它从1层到达8层的过程中，需要在7层停车1次，因此B梯到8层所需的时间为：

$$t_B = (2 \times 7 + 10 \times 1)s = 24s \tag{7.2}$$

$t_A > t_B$，因此，应把新的召唤交由B梯去响应。

（2）防止预报失败调度原则

群控系统一般具有预报功能，即当乘客按下层站按钮后，立即在层站上显示出将要响应该召唤的电梯。心理等待评价方式表明，如果预报不准确，将会使乘客候梯的心理焦虑感明显增加。因此，为了提高预报准确率，增强乘客对预报的信赖，应该尽量避免预报失败，即对已经调配好的电梯尽量不更改群控系统已经向各层发出的预报显示信号。

防止预报失败调度原则调度电梯的示意图如图 7.20 所示，设电梯每层的运行及停站时间如前所述，如图 7.20(a)所示，此时 8 层有外召唤，A 梯运行到 8 层所需时间为：

$$t_A = (2 \times 4 + 10 \times 0)s = 8s \tag{7.3}$$

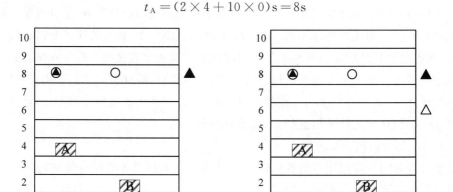

(a) 新外召唤出现之前   (b) 6层有新的外召唤

图 7.20　防止预报失败调度原则

B 梯到 8 层所需时间为：

$$t_B = (2 \times 6 + 10 \times 0)s = 12s \tag{7.4}$$

显然，$t_A < t_B$，对 8 层的外召唤应分配给 A 梯，预报 A 梯去响应。

但是，如果在此时 6 层出现了新的上召唤，把其分配给 A 梯，则 A 梯运行到 8 层所需的时间为：

$$t'_A = (2 \times 4 + 10 \times 1)s = 18s \tag{7.5}$$

同理，A 梯运行到达 6 层所需的时间 $t''_A = 4s$。

如果把 6 层新的上召唤分配给 B 梯，则 B 梯到达 8 层所需的时间为：

$$t'_B = (2 \times 6 + 10 \times 1)s = 22s \tag{7.6}$$

同理，B 梯到达 6 层所需的时间为 $t''_B = 6s$。

从所用时间来看，$t'_A < t'_B$，似乎应将新的上召唤分配给 A 梯。但是，因为 B 梯不响应 6 层外召唤时达到 8 层只需 $t_B = 12s$，这样的分配将会由于 B 梯先于 A 梯到达 8 层($t'_A > t_B$)而使原来的预报失败，因此应将 6 层的召唤分配给 B 梯应召。

（3）避免长时间等候调度原则

对于避免长时间等候调度原则调度方式，通常可以根据电梯的速度、建筑物的高度及性质等因素规定一个时间 t_m，如果乘客待梯时间超过 t_m，则判断为长时间候梯。在计算机群控系统中，t_m 可由软件设定或改变。

图 7.21 为避免长时间待梯的调度原则示意图，假设 $t_m = 30s$。图 7.21(a)中，8 层、9 层的外召唤被分配给 A 梯，A 梯还有一个到 7 层的轿内指令，A 梯目前在 4 层；B 梯仅有两个

轿内指令：3层和5层，B梯处于2层。在新的外召唤产生之前，A梯运行到9层所需时间为：

$$t_A = (2 \times 5 + 10 \times 2)\mathrm{s} = 30\mathrm{s} \qquad (7.7)$$

B梯运行到5层所需时间为：

$$t_B = (2 \times 3 + 10 \times 1)\mathrm{s} = 16\mathrm{s} \qquad (7.8)$$

如果6层出现新的上召唤，并将召唤分配给A梯，则其到达6层仅需 $t_A' = 4\mathrm{s}$，到达9层所需时间为：

$$t_A'' = (2 \times 5 + 10 \times 3)\mathrm{s} = 40\mathrm{s} \qquad (7.9)$$

$t_A'' > t_m$，因此，A梯对于9层的乘客来说已属于长时间待梯。若将这个新的外召唤分配给B梯，那么，它到达6层所需的时间为：

$$t_B' = (2 \times 4 + 10 \times 2)\mathrm{s} = 28\mathrm{s} \qquad (7.10)$$

虽然对6层乘客而言，等候B梯的时间较长，但 $t_B' < t_m$，不属于长时间候梯。

综上所述，综合考虑应将6层召唤分配给B梯。

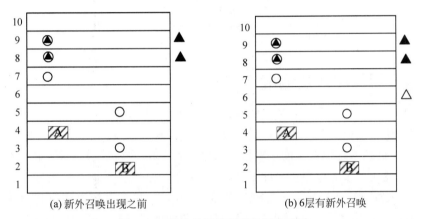

(a) 新外召唤出现之前　　　　(b) 6层有新外召唤

图7.21　避免长时间待梯的调度原则

2. 采用综合成本为评价指标的调度原则

综合成本的含义是电梯轿厢中乘客的数量与电梯从一层到另一层之间运行时间的乘积，简称"人·秒"，它综合反映了电梯运行的成本，对电梯运行的时间、效率、耗能及乘客心理等多种因素给以兼顾，体现了一定的整体优化的意义。下面举例说明采用综合成本的概念对电梯进行群控调度的特点。

假设一个建筑物共10层，4台电梯A、B、C、D的位置及其轿厢中的乘客人数如图7.22所示，所有电梯运行方向为下行。目前，5层有新的下召唤呼梯信号。已知A梯、B梯、C梯、D梯从目前位置运行到5层的时间分别为10s、3s、5s和1s。为了合理地分配应召电梯，首先计算每台电梯的综合运行成本：轿厢乘客人数×运行时间。

A梯：$Q_A = 1 \times 10 = 10$（人·秒）

B梯：$Q_B = 10 \times 3 = 30$（人·秒）

C梯：$Q_C = 8 \times 5 = 40$（人·秒）

D梯：$Q_D = 12 \times 1 = 12$（人·秒）

由综合运行成本值可知，虽然A梯距5层最远，但它运行到5层所需要的成本最低，而

D 梯虽然距 5 层最近,但为了响应 5 层的召唤,轿内的 12 人都必须在 5 层逗留,使乘客心理产生反感,同时因轿厢重载,使启动、制动的耗能增加,显然,如果把这个召唤分配给 D 梯,则成本较高。因此,按综合成本考虑,应将应召电梯分配给 A 梯,而不是单纯追求较短的候梯时间把外召唤分配给 D 梯。

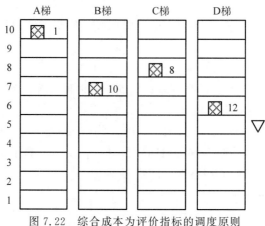

图 7.22　综合成本为评价指标的调度原则

7.3.4　目的层群控调度方法

目的层群控是一种以乘客要到达的目的楼层为基础的电梯群调度方法,可以使乘客更加快捷地到达所去楼层。传统的群控系统在每层楼候梯大厅设置上、下召唤按钮,乘客通过召唤按钮召唤,群控系统根据调度策略把电梯派送到乘客所在的楼层,进入轿厢后通过轿内指令按钮登记他所要去的楼层。与此不同,目的层群控系统在候梯大厅设置目的层选层器(见图 7.23),乘客直接在选层器上登记其所要去的楼层,群控系统以建筑物内乘客的目的楼层登记情况、电梯群的目前的状况等信息,根据调度策略安排合适的电梯去应答乘客的乘梯请求。这种群控系统采用乘客所去的目的层区域分流方式,能降低乘客等待时间、长时间等待率等。另外,能减少电梯群中电梯的运行总次数,提高运能效率,降低电能消耗。

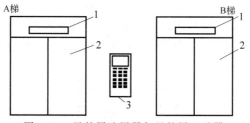

图 7.23　目的层选层器与目的层显示器

1—目的层显示器；2—厅门；3—目的层选层器

目的层群控系统通常有两种结构形式:全目的层系统和混合型目的层系统。

1) 全目的层系统

全目的层系统是指在建筑物的所有楼层的候梯大厅都设置目的层选层器、以建筑物全部的目的层登记信息参与群控调度的形式,如图 7.24 所示。这种系统在建筑物的每一层都设置目的层选层器,用于乘客登记所去的目的层站,同时显示群控调度系统分派的电梯;在电梯门的上方设置目的层显示器,用于显示该部电梯运行前方要停靠的楼层以及运行方向。有的电梯在轿内仅设置目的层显示器,用来为乘客提示电梯运行前方要停靠的楼层以及运行方向。有的电梯除了设置目的层显示器之外,还设置轿内指令操纵盘,允许乘客轿内指令登记及其他操作。

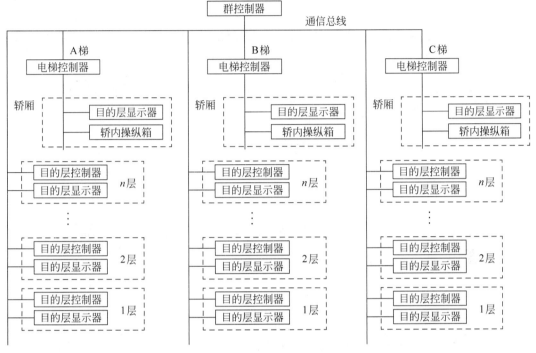

图 7.24　全目的层系统

2）混合型目的层系统

混合型目的层系统是指某一层或某几层的候梯大厅设置目的层选层器、其他层候梯大厅设置传统召唤按钮装置的形式,如图 7.25 所示。目的层选层器一般设置在交通流比较大的楼层,如建筑物出入口层、餐厅、会议室等,用于乘客登记所去的目的层站,同时显示群控调度系统分派的电梯;在电梯门的上方设置目的层显示器,用于显示该部电梯运行前方要停靠的楼层以及运行方向。在其他层乘客采用上、下召唤按钮召唤电梯。在轿内设置目的层显示器和轿内指令操纵盘,乘客进入轿厢后可进行登记轿内指令及其他操作。

图 7.26 为一种目的层群控系统调度原理图。群控调度控制器包含通信管理模块、目的层派梯模块、交通控制模块、交通流采集模块、交通流判别模块、交通流预测模块、调度策略集模块、策略集选择模块、策略集执行模块等。

通信管理模块协调管理电梯群中各个电梯与群控系统的通信。

目的层派梯模块根据群控系统的决策分配电梯响应不同目的层的登记,为各个楼层的目的层控制器和每部电梯轿厢的目的层显示器提供派梯信息。

交通控制模块根据群控系统的决策向电梯群中的每部电梯下发调度信息,同时收集各部电梯的运行状态信息,如轿厢所在楼层、运行方向、承载状况、乘客召唤登记信息、电梯运行状况等。

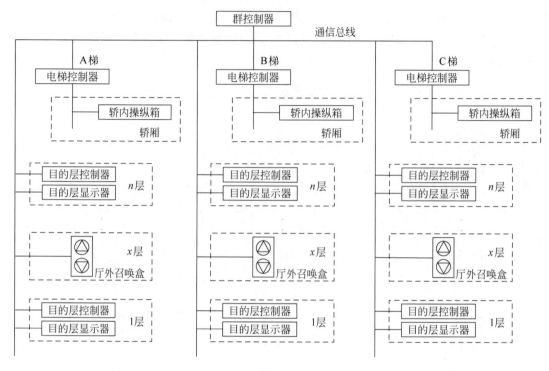

图 7.25　混合型目的层系统

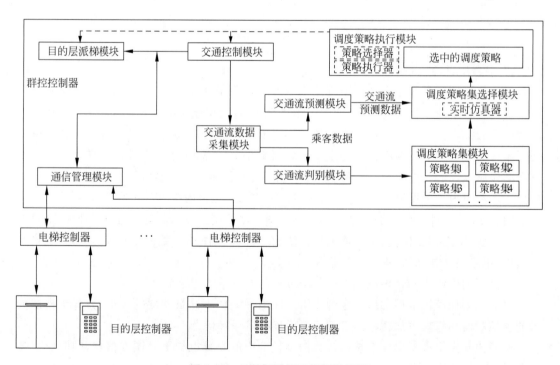

图 7.26　目的层群控系统调度原理

交通流采集模块收集电梯群中各部电梯的承载状况、运行方向、电梯启停频率以及各个楼层乘客召唤电梯的登记信息等。

交通流判别模块以交通流采集模块收集的乘客客流信息判别建筑物内部的交通流模式,为调度策略的选择提供依据。不同的目的层群控系统交通流模式种类有所不同,常见的有上高峰模式、下高峰模式、均衡模式、空闲模式等,针对不同的模式,在调度策略集模块中选择相应调度策略集。

交通流预测模块以交通流采集模块收集的乘客客流信息为基础,预测建筑物内交通流的变化趋势。

根据交通流预测模块预测的交通流变化趋势和选择相应调度策略集,通过实时仿真器优化运算,调度策略集选择模块产生最优的调度策略。

最后,调度策略执行模块执行预选的调度策略,更新目的层派梯模块的派梯信息,同时通过交通控制模块把调度信息下达给每部电梯。

目的楼层群控制器是一个智能化控制器,能自动识别建筑物内部的交通流模式,充分利用电梯群中的电梯动态分布服务区域,以最短的时间响应乘客。

下面是比较目的层调度方法和传统群控调度方法的案例。

假设有一幢14层的大楼设置有6部电梯(即A~F梯),电梯运行1层需要2s,每次开门需要2s,放客、上客及关门需要6s。例如,在上行高峰期,采用传统群控调度方法,乘客会涌向先到的电梯,假设每部电梯每次大约能运送16人,平均停靠10个层站后到达顶层。如图7.27所示,图中圆圈表示电梯的停站。那么,一部电梯送乘客从底层G前往13层,之后电梯关门直驶回G层大厅,电梯在各段运行时间计算如下:

(1) 电梯停靠10次的开、关门所用的时间为:$(2+6)\times10s=80s$;

(2) 电梯运行13层所需的时间为:$13\times2s=26s$;

(3) 到达13层开门放客、关门所用的时间:$(2+6)s=8s$;

(4) 电梯在13层关门直驶回G层大厅需要的时间:$2\times13s=26s$。

因此,乘客到达13层大厅所用的时间为$(80+26+2)s=106s$(2s为乘客到达13层的开门时间),电梯运行一个周期返回G层大厅所用的时间约为140s。

图7.28为某一时间段内各部电梯的服务区域分配图。如图7.28所示,目的层站调度方法针对上行高峰交通流模式,把建筑物内的6部电梯分为2组,1部电梯(F梯)用于服务其他楼层的外召,可在任意楼层停靠。其他由5部电梯(A~E梯)划分为5个区域响应服务,每部电梯在每次上行中最多服务3个楼层。

A梯送乘客从底层G前往13层,之后电梯关门直驶回G层大厅,电梯在各段运行时间计算如下:

(1) 电梯停靠3次的开、关门所用时间为:$(2+6)\times3s=24s$;

(2) 电梯运行13层所需的时间为:$(13\times2)s=26s$;

(3) 在13层关门直驶回G层大厅需要的时间为:$2\times13s=26s$。

因此,一个登记目的层站为前往顶层的乘客只要停靠3个层站,到达13层大厅的时间约为48s(不含13层的关门时间),电梯运行一个周期返回G层大厅所用的时间约为76s。

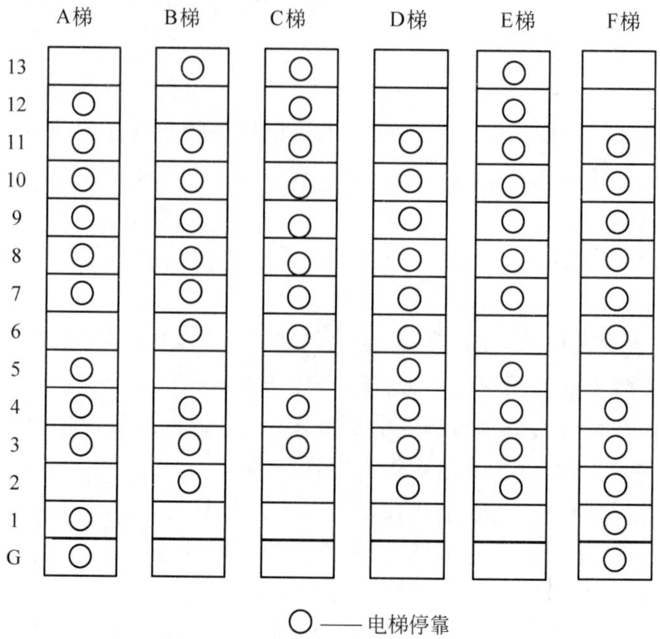

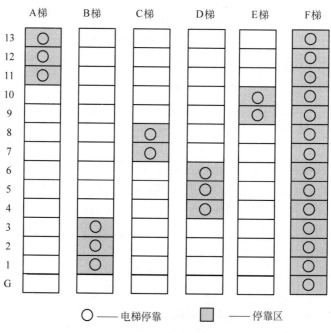

○——电梯停靠

图 7.27　传统群控调度

○——电梯停靠　　▨——停靠区

图 7.28　目的层群控

7.3.5　智能群控调度方法

除了前面介绍的调度原则，近年来，利用计算机强大的软硬件资源，把智能控制理论、人工智能理论等先进理论和方法应用到电梯群控系统实现电梯的调配，使一些新型的群控调度方法在电梯中得到应用。

电梯群控算法的研究始于20世纪60年代,大型电梯公司都相继提出了适应其群控系统的算法,如日本日立(Hitachi)公司提出的时间最小/最大群控算法、瑞士迅达(Schindler)公司提出的综合服务成本群控算法、美国奥的斯(Otis)公司提出的相对时间因子群控算法、日本三菱(Mitsubishi)公司提出的综合分散度群控算法、美国西屋(Westinghouse)公司提出的自适应交通管理决策等多种群控算法。这些智能调度控制算法大体分为:基于专家系统的群控调度算法、基于模糊逻辑的群控调度算法、基于神经网络的群控调度算法和基于遗传算法的群控调度算法等。

1) 基于专家系统的群控调度算法

基于专家系统的群控调度算法由知识库、数据库、推理机、解释部分及知识获取(电梯专家的知识经验)等部分构成,经过"知识表达"表达专家的思维与知识,形成一定的控制规则存入知识库中。根据输入的数据信息,运用知识库中的知识,按一定的推理策略控制调度。例如,日本富士达(Fujitec)公司的Flex-8820/8830系统,采用了专家系统及人工智能技术,该系统以时间单位对电梯交通进行自学习,根据交通需要和电梯运行状况进行预测,选取合理的电梯调度并储存在知识库中。处理厅外召唤信号时与自学习功能存储的知识比较,运用模糊推理机合理分配电梯。基于专家系统的控制算法根据一个或多个专家的知识和经验积累,进行推理和判断,较好地解决了依靠经验推理而不能完全用数学做精确描述问题,与严格的补偿函数方法相比,获得了更好的调度效果。但是,基于专家系统的群控调度算法其性能取决于专家的知识和经验积累,如果专家设想的条件与实际建筑物相符,可以获得比较满意的效果。由于电梯系统的多变复杂,对于高层建筑物来说,人们不可能罗列出电梯所有可能的运行状况,致使控制规则数受限,如果罗列的状况较多,势必导致规则数多而复杂,难以控制及实现。如果少,调度效果难以达到要求。因此,目前该算法多用于相对简单、楼层较低的建筑物。

2) 基于模糊逻辑的群控调度算法

1965年,美国人首次提出模糊集合概念,引入"隶属函数"来描述差异的中间过渡,开始为研究模糊性规律提供了数学规律,在以后的研究过程中,人们把模糊集合论的思想应用于控制工程领域,形成了这种智能控制方法。

在模糊逻辑的群控调度算法中,群控系统的权值由模糊逼近的方法确定,由区域权值综合得出评价函数值,然后,利用模糊逻辑划分交通模式,实现多目标控制策略。在电梯群控系统中,模糊规则的应用意味用专家知识来实现每个派梯方案的评价。运用从经验丰富的电梯工程师那里获得的各种控制规则进行电梯控制,能够获得更好的效果。例如Otis公司的"基于模糊响应时间分配厅外召唤的调度算法",是采用模糊逻辑调度,将电梯响应厅外召唤时间、分配外呼后对其他厅外召唤信号响应时间的影响程度,进行模糊化处理,进而由该模糊变量视实际情况完成调度。基于模糊逻辑的群控调度算法由专家知识决定隶属函数及控制规则,用来确定电梯控制器的行为,可以较好地处理系统中的多样性、随机性和非线性的调度任务。但是,单纯的模糊控制缺乏学习功能和对问题及环境的适应性;另外模糊化及隶属度函数的构造取决于经验;因此,事先设定的模糊规则不能以最好的结果解决问题,同时在工作过程中模糊规则和隶属函数不易调整。

3）基于神经网络的群控调度算法

人工神经网络对人脑神经系统的模仿，以一种简单处理单元（神经元）为节点，采用某种网络拓扑结构组成的活动网络，具有分布存储、并行处理、自组织、自学习能力，通过调节网络连接权得到近似最优的输入—输出映射，适用于难以建模的非线性动态系统。基于神经网络的控制算法以客流交通的状态为基础，采用非线性学习方法建立调度模型，进行推理，预测电梯客流交通；当客流交通发生变化，其调度策略也随之改变，具有自学习能力。这种算法克服了专家系统与模糊逻辑群控的缺点，能灵活应对时变的交通流。例如，日本东芝电梯公司的神经网络的电梯群控装置 EJ-1000FN 与模糊群控相比，减少了 10％的平均候梯时间和 20％的长候梯率，缓解了聚群和长候梯现象；Otis 公司研发的"基于人工神经网络的电梯调度方法"，采用人工神经网络计算剩余响应时间，通过对剩余响应时间的预测来调配电梯，明显改善了候梯时间；迅达公司研发的 AITP 使用"感知候梯时间"规则对呼梯登记进行排序，用人工神经网络技术提高电梯处于交通繁忙时的运输性能。AITP 通过模拟梯群的虚拟环境，不断地更新学习和交通参数相关数据，预测和确定模拟梯群电梯轿厢应答顺序，然后监控电梯群的实时运行状态，并与理想的模拟梯群进行对比，不断修正提高神经网络的预测精度。与传统调度算法相比，最大候梯时间缩短了 50％，平均候梯时间缩短了 35％。另外，在理论上，训练样本越多，神经网络模型预测越准确。

4）基于遗传算法的群控调度算法

遗传算法是对生物进化过程的抽象，是通过对自然选择和遗传机制全面模拟的一种自适应概率性的搜索和优化算法。遗传算法对优化问题的限制很少，不要求确切的系统知识；只要给出可以评价解的目标函数，即可实现多目标要求的动态优化调度。例如，日立公司的群控系统 FI-340G 采用了遗传算法对群梯进行调度，根据各个楼层的使用情况和交通流量的变化，群控调度系统通过遗传算法在线调整几十个控制参数，使电梯能够更好地跟随和适应使用情况的变化。

随着建筑智能化技术的发展，以及人们对电梯快速便捷、舒适安全、节能环保的要求越来越高，智能群控调度将成为现代群控系统的发展方向。随着计算机技术的发展及其在电梯领域的应用不断地深入，新兴的控制理论和技术将会越来越多地应用到电梯群控系统中。

思 考 题

（1）在建筑物中，电梯常见的交通模式有哪几种？它们之间有什么区别？

（2）什么是电梯并联控制方式？

（3）简述电梯并联控制的调度原则。

（4）在电梯并联控制时，自由梯和忙梯是如何分配的？它们之间是否可以相互转换？

（5）电梯并联控制时，什么是先到先行？

（6）电梯并联控制时，什么情况下会出现延迟发车？

（7）简述图 7.7 厅外召唤信号共享的原理。

（8）在图 7.8 中，调配继电器 KDP 常开触点断开时，A、B 两梯如何运行？

（9）在图 7.8 中，援助继电器 KYZ 起什么作用？

（10）分析说明图 7.9 并联调配电路的原理。在哪几种情况下，调配继电器 KDP 线圈得电？

（11）在图 7.9 中,援助继电器 KYZ 线圈在哪种情况下得电,使电梯启动援助？在哪些状况下,KYZ 线圈失电,使电梯处于独立运行状态？

（12）什么是电梯群控？

（13）简述四程序调度原则的基本原理。

（14）简述六程序调度原则的基本原理。它与四程序调度原则有什么不同？

（15）简述固定分区调度原则的基本原理。

（16）简述动态分区调度原则的基本原理。与固定分区相比,这种调度原则有什么优点？

（17）简述最小等待时间调度原则的群控调度基本原理。

（18）简述防止预报失败调度原则的群控调度基本原理。

（19）简述避免长时间等候调度原则的群控调度基本原理。

（20）简述采用综合成本为评价指标的调度原则的群控调度基本原理。

（21）目的层群控调度方法与传统的群控调度方法有什么不同？

（22）目的层群控系统通常有哪几种结构形式？各有什么特点？

（23）简述目的层群控系统调度原理。

第 8 章

电梯监控系统

电梯已成为现代建筑中最常用的一种垂直运输交通工具,它也是一种直接关系到乘客生命财产安全的特种设备,因此,保障电梯的安全运行,提高电梯运行的安全可靠性十分重要。电梯是大型机电一体化设备,在使用过程中会经常出现机械或电气故障,如果不被及时发现和处理,可能会导致设备损坏和人身伤亡事故,因此,有必要对其运行状态进行监控。20 世纪 80 年代初,出现了对电梯运行过程的监视系统,人们在电梯轿厢内装设摄像和通信装置,使被困在轿厢中的乘客可以同大楼的监视人员建立联系,以便解困和救助。但这种设施只局限于电梯所在建筑物内部,电梯困人或出现故障时,不能有效地提供电梯及其运行状态的信息。

随着计算机控制技术和网络通信技术在电梯领域的应用,计算机远程监控技术应用于电梯运行和维护,对在某一区域运行的电梯进行远程集中监测和管理,这种系统以计算机测控网络为基础,实时采集建筑物内部或相邻的区域多幢建筑物的电梯群运行状态数据,在中央监控中心对所有电梯的工作状态集中监控、运行数据自动管理、在线故障自动检测提示、故障原因实时分析等。近年来,互联网、物联网、云服务、大数据处理等技术也被引入电梯运行监控系统,一方面可以监控管理更大范围的电梯系统,另一方面也使电梯的远程运行监控和维护变成了一种服务产品。例如,蒂森克虏伯(Thyssenkrupp)公司在其电梯监控系统的基础上,利用微软公司(Microsoft)的 Azure 物联网云平台拓展原有监控系统功能,推出了MAX 监控系统,针对其全球用户实时识别电梯维修需求、预报零部件更换时间。另外,通过对某部电梯的监测数据进行分析提出预测性维修建议。迅达(Schindler)电梯公司与华为公司构建全球合作伙伴关系,将华为的边缘计算和通信网络、通用电气(GE)的 Predix 物联网平台与它的电梯业务相结合,构成了迅达电梯公司的全球电梯物联网,形成了电梯销售、监控、维护、服务的一体化平台。

本章将介绍电梯监控的内容、功能及系统基本结构。

8.1 电梯监控的内容

电梯监控的目的是对在用电梯进行远程数据维护,故障诊断及处理,完成故障的早期预告及排除和电梯运行状态(群控效果、使用频率、故障次数及故障类型等)的统计与分析等。实施远程监控,可以在第一时间得到电梯的故障信息,并进行及时处理,变被动保养为主动保养,极大地减少因故障停梯的时间。下面介绍电梯监控的内容。

1. 电源系统

电梯监控内容包括:电梯供电系统的供电电源电压、电流和相序,电气控制系统的电源电压。另外,还包括轿厢照明电路、井道照明电路、备用电源的电压及电流等。

2. 主回路与拖动系统

电梯监控内容包括:主回路中的电气元件的工作状态,变频器、制动器的工作状态,曳引电动机的工作状态(过流、过载、缺相、机壳温度等)。制动器闸片温度、减速机轴承温度、减速机油温度等。

3. 电梯控制系统及运行过程

(1) 电梯工作状态,如电梯的开梯、关梯、电梯的工作模式(司机、无司机、检修、消防、群控、并联等);

(2) 电梯运行信息,如轿厢指令信息、厅外召唤信息、运行方向、轿厢位置、平层感应器、上强迫换速开关、下强迫换速开关、上限位开关、下限位开关、换速开关等信号;

(3) 每日运行次数、运行时间与故障次数的统计,故障时间、类型,电梯开梯、关梯时间记录;

(4) 电梯总的运行次数、运行时间与故障次数、故障时间、类型;

(5) 控制系统、机房、井道和轿厢等现场的视频信息。

4. 电梯门系统

如前所述,电梯门包括厅门和轿厢门两部分,是电梯运行安全的重要保护环节。正常运行时,当电梯处于平层状态时,轿门通过联动机构带动厅门开启和关闭。监测内容包括:厅门锁、轿门锁机构的工作状态,门联锁继电器、开门继电器、关门继电器、安全触板、门区开关、开关门限位开关等电器元件的工作状态,门机及其驱动电动机的工作状态等。

5. 安全装置的工作状态

监测安全回路中各个保护装置及电气元件的工作状态,包括安全钳、限速器、张紧装置、安全窗、缓冲器等处的安全开关状态。

通常,电梯的监控系统具有以下功能:

(1) 信息采集。采集所需要的各种单独或综合数据。包括电梯基础信息、电梯运行信息、视频图像信息等。

(2) 电梯运行状态监测。实时采集、处理、存储、分析及远程传输电梯运行状态、运行统计信息和故障信息,对电梯控制系统、机房、井道和轿厢等现场实时视频监视。电梯正常运行时,电梯使用者可查询电梯的运行状态(电梯的运行方向、开关门状态、所在楼层以及轿厢内视频图像)。电梯运行出现异常时,可以通过查询电梯的运行状态(电梯的运行方向、开关门状态、所在楼层以及轿厢内视频图像),进行故障跟踪。

通常,电梯运行状态的实时检测是监控系统的核心任务,主要包括以下检测任务。

① 电梯供电电源的电压和相序。

② 曳引电动机的工作电压、电流及工作温度,电压、电流、温度阈值为电动机的额定工作电压、电流和温度,监测曳引电动机在工作过程中的过流过压事件,工作温度通过检测机壳温度获得。

③ 门系统工作状态,检测关门时是否有人出入、轿门和厅门的电气联锁状态等。

④ 轿厢行程检测，电梯在运行过程中是否运行在安全位置、平层是否达到要求等。

⑤ 运行速度检测，电梯轿厢运行速度是否在许可的范围内。

⑥ 与安全回路相关的各种安全装置开关状态检测。

⑦ 电梯的运行控制逻辑检测：继电器、接触器、控制器、变频器等动作时序和状态。

（3）故障报警及管理。

通常，监控系统在实时采集信息的基础上进行工作状态监控和故障判别。在监控系统中，采用故障判别的方法如下。

① 越过阈值报警。当实时检测值超过监控预置的阈值时，则进行故障报警。这类报警处理需要把监控的参量转换为数值，如电压、电流、运行速度、温度等。

② 开关状态报警。当故障事件发生时，行程开关或限位开关动作，如安全装置的限位开关状态，上、下端站的换速开关、限位开关、变频器输出的故障状态开关、相序继电器触点等。

③ 运行逻辑错误报警。电梯运行中的控制器、继电器、接触器等动作逻辑及时序出现异常而报警，包括各种电气开关的动作时序、电梯启动制动的运行过程、召唤信号的响应过程、轿厢位置及换速计算过程、门的控制等。

电梯监控系统具有检测、识别、报警、双向通信功能，电梯运行出现异常时，监控系统记录故障信息，识别故障并通过通信网络播放安抚音，告知乘客收到报警。然后，根据故障种类与级别，自动向相关单位（维修保养者、电梯所有者）发布报警信息，同时与电梯运行状态监测功能进行联动，实现故障跟踪，触发故障信息记录功能，提取故障前后时间视频并保存，为故障分析提供依据。通过远程监控，可以实现故障的早期预告与排除，变被动保养为主动保养，使停梯时间减到最短，可以进行远程的故障分析及处理。

（4）故障响应处置管理。故障报警信息发布后，相关单位对故障进行响应与处理，系统记录故障响应处理全过程，对相关单位故障响应与处理情况进行监控。实现应急响应分级管理、应急响应结果记录、故障报警状态消除等功能。

（5）电梯维修保养信息管理。包括维修保养单位资质信息管理、维修保养工作信息管理、维修保养时限管理等功能。维修保养单位资质信息管理实现维保单位注册与变更、维修保养人员注册与变更等功能；维修保养工作信息管理实现维保人员签到（身份识别）、维修保养时间记录、维修保养及维修保养项目记录等功能；维修保养时限管理实现维保到期提示、到期未维修保养提示等功能。

另外，监控系统还具有系统管理功能。包括监控系统设备管理、用户权限管理、信息资源管理等功能等。

有的监控系统可以通过控制命令控制电梯的部分功能，如锁梯、取消某些层的停靠、改变群控原则等。监控系统对故障记录与统计，这些统计结果可用于对电梯产品性能的改进和评价，也有利于电梯使用者能够根据相关数据而制定不同的电梯控制方案，并修改电梯的部分控制参数。监控系统对电梯运行频率、停靠层站、呼梯楼层的统计，有利于进一步完善群控原则，并可根据该建筑物电梯的实际使用情况，制订出高效的群控调度原则。

另一方面，电梯远程监控为电梯维修保养单位和电梯使用单位对在用电梯进行集中管理提供了一种强有力的手段。利用远程监控系统，电梯使用单位及维修保养单位可以方便地设立电梯 24 小时服务中心，为电梯用户提供更好的服务。

8.2　电梯监控系统的结构

电梯监控系统可分为本地监控和远程监控两种方式。

8.2.1　本地监控系统

所谓本地监控方式是对建筑物或建筑群所属的多台电梯进行就近监控,监控系统一般设置在建筑物或建筑群内部的监控中心。本地监控系统一般具有以下基本功能。

(1) 监视电梯的运行状态,实时故障监视并显示电梯的运行状态。

(2) 电梯发生故障时及时报警;记录故障数据,并在对故障历史数据分析的基础上,根据预定规则预报故障。

(3) 通过视频图像监控,查看轿厢内部人员活动情况,配合直接通话,安抚受困人员。

(4) 监控中心具有控制功能,如设定直达楼层,上行高峰服务,下行高峰服务,主层站切换服务等。在非常情况下,监控中心可以召回电梯,如消防返回,地震返回。

(5) 具有统计分析功能,自动建立故障日志,记录电梯的故障情况。统计分析一段时间内的停靠层站、轿厢指令和厅外召唤次数、平均等待时间、某一时间段的长时间等待、交通流量模式等,进行交通流量分析,并提供相应的报表。

(6) 瞬间回放,回放一段时间内电梯的运行情况。

电梯监控系统通常包括3个部分:电梯运行状态监控系统、语音对讲系统、图像监视系统。

1) 电梯运行状态监控系统

电梯运行状态监控系统的系统结构如图8.1所示。监控系统可以同时监测建筑物或建筑群中的多台电梯,安装在电梯机房或轿顶的数据采集设备采集电梯的运行状态信息,然后通过通信网络传递到监控中心的监控计算机中。通信网络常采用 RS-485 总线、CAN 总线或 ZigBee 等。

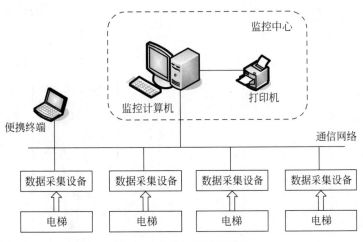

图 8.1　电梯监控系统原理

电梯运行状态计算机集中监控系统由监控计算机、现场数据采集控制与通信装置、信号采集转换板、远程数据通信网络等部分组成,监控计算机安放在监控中心。

目前，电梯监控系统获取电梯运行状态信息的方法如下。

① 直接从电梯控制器的通信接口总线获得。这种方法需要电梯控制器提供通信接口、通信协议、驱动程序和信息代码等。

② 采用独立的信号采集器采集电梯的运行状态信息。

电梯运行状态集中监控系统采用计算机监控网络对建筑群的电梯运行状态进行集中监控，现场数据采集控制器将实时检测的数据或故障信号通过通信网络传送给监控计算机，包括电梯的运行方向、轿厢所在的层楼位置、登记的轿内指令和厅外召唤指令以及电梯的载重、速度、开关门状态等信息，并在屏幕上动态显示各设备运行状态，将检测信号与主要运行数据存入计算机检测数据库。

另外，在不影响电梯安全运行的条件下，本地监控中心可对电梯实现部分控制功能，如非服务层切换、远程控制停梯、主层站切换、贵宾服务、定时控制运行和节能运行等。

2）语音对讲系统

语音对讲系统的主要功能是实现监控中心与各个电梯轿厢内乘客对话，通过多路双向对讲机，值班室人员与某一电梯或同时与所有电梯的乘用人员对话，如图 8.2 所示。另外，电梯检修维护或现场施救时，监控中心、电梯的机房、轿厢内部、轿顶、井道底坑等可以实现多方对话。

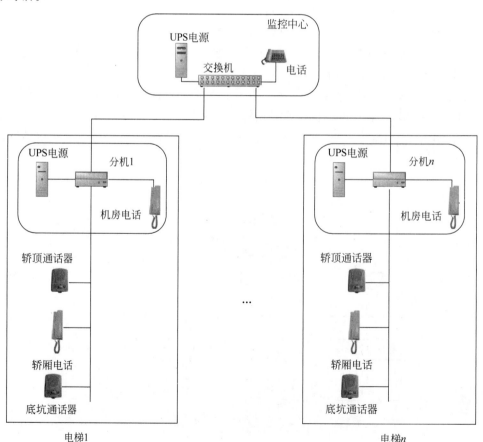

图 8.2　语音对讲系统原理

语音对讲系统为双工型,可以实现监控室与各个电梯轿厢内乘客对话,轿厢内乘客也可以对监控中心呼叫。其次,还可及时通知、纠正乘客非正常的操作,对于不了解电梯操作的乘客可告知正确的操作方法。当电梯发生意外时可通过此系统稳定乘客的情绪,告知乘客如何注意安全。轿厢内乘客发现电梯不正常现象时,如有异常(蹭、剐)声音、异常焦煳气味、速度异常、不平层等,可及时呼叫监控中心,以便及时处理,避免各类事故的发生。

3）图像监视系统

图像监视系统通过摄像头与监视器实现对电梯轿厢内部情况的监视,如图 8.3 所示。在电梯轿厢顶上安装摄像头,摄像头采集轿厢图像并把输出的视频信号传送到监控中心;监控中心的视频监控计算机与视频转换器线连接,在监控中心查看多台电梯轿厢内的图像。摄像监视功能通过在电梯轿厢内安装的摄像机将视频信号传输到本地监控中心,利用硬盘录像技术将视频信息存储到硬盘中,从而实现图像画面的实时监视、录像以及回放等功能。

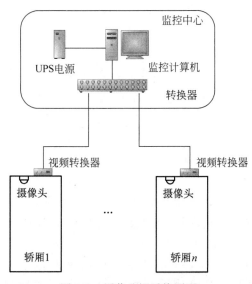

图 8.3　图像监视系统原理

电梯监视系统装置的主要作用是对电梯轿厢内进行监视。监视器可以及时地发现乘客正常或非正常的操作状态和有意伤害电梯设备的现象。图像也可以用于监视电梯的运行状态。如电梯的运行方向、选层、开关门、平层精度等,避免各种事故的发生。另外,它的录像装置可以记录(录像)电梯轿厢内的各种情况,可对每台电梯轿厢内的状态进行分时录像,也可以进行单一的定时录像,实现事件追忆。

8.2.2　远程监控系统

电梯远程监控是对某个区域中的在用电梯进行集中远程监控,并对这些电梯的数据资料进行管理、维护、统计、分析,在此基础上进行故障诊断并指导救援。它的目的是对在用电梯进行远程维护、远程故障诊断及处理、故障的早期诊断与早期排除以及对电梯的运行性能及故障情况进行统计与分析,为在用电梯的维护保养和监控管理提供有效的支持。目前,我国的电梯远程监控系统主要由电梯公司或政府电梯安全管理部门建立。

电梯远程监控系统通过每台电梯数据采集设备(或数据采集设备器)以及视频输入输出

设备,将分布在不同地区、不同区域的电梯变为一个个数据终端,各分散的数据终端通过网络把电梯数据信息存入远程监控中心的数据库,构成一个电梯远程监控数据实时存取网络,如图8.4所示。

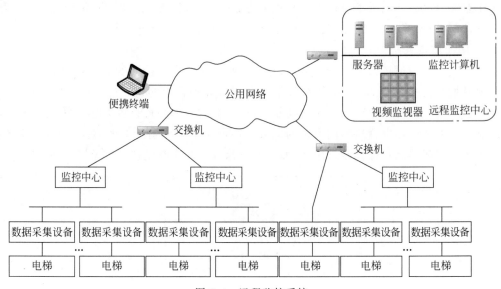

图 8.4　远程监控系统

与本地电梯监控系统不同,电梯远程监控系统除了监控功能外,更重要的是其管理功能,主要表现在以下几个方面。

（1）对电梯的故障事故统计、故障事故分析,包括故障事故信息采集、处置信息填报、故障事故分类管理、故障事故查询、数据分析、故障事故统计的功能。

（2）可以对所管理区域内任何一部电梯的实时运行状态进行查看,提供电梯运行监测指标和视频两类信息,实现对电梯各类信息的查询、存储、回放等功能,为电梯故障或事故的分析提供依据。包括监测指标管理、指标分析、状态查询、异常报警、视频采集与传输、视频显示、图像截取与发送、视频存储与回放、故障跟踪、图像分析、位置展示、空间查询等功能。

（3）可以作为电梯运行安全维保监测平台向维保单位人员提供维保监督管理、维保信息查询、维保单位管理等功能。包括维保单位管理、维保时限管理、维保监督管理三类功能。具体包括维保单位管理、信息查询、维保状态分析、维保时限预警、即时消息、维保记录查询的功能。

（4）具有电梯预警报警功能。系统把电梯维保数据与电梯主要部件判废标准比较,对电梯主要部件的报废做出预警。

（5）视频综合管理,包括电梯视频管理功能,主要包括视频编解码、视频存储、视频图像分发、视频终端接收、便携视频浏览等功能。

由数据采集设备实时采集电梯的运行状态和有关信息,在电梯发生故障时,通过信息网络将故障信息传送给监控中心计算机。维护与管理人员可以在中心计算机上随时连接查询数据采集设备,通过监控计算机和视频监视器可以观察到任意一台电梯的动态运作信息,并进行远程的故障检查或操作。

数据采集设备负责进行采集、处理电梯的运行状态和有关数据,并进行数据打包。当电梯出现故障时,它向监控中心计算机发送故障信息,其中包括本机编号、故障类型和故障楼层等信息。中心计算机收到这个信息包后,将其展开,并存储在一个数据库中提供给操作员。操作员可以根据电梯信息采集分析设备发来的信息,从数据库中找出有关这台电梯的详细资料,还可以查询这个数据采集设备,进一步了解故障情况,以便及时做出反应。当维修与管理人员查询故障时,故障电梯的数据采集设备向监控中心监控计算机发送实时的信息包,维修与管理人员可以动态观测该电梯的状态。另外,维修与管理人员也可以通过移动终端(如手机)的 App 登录远程监控中心获取电梯的相关信息。

　　近年来,随着我国城市规模不断扩大,为了及时有效地预防各类电梯事故的发生,不少城市建立了城市电梯网络化远程安全监控中心以及时掌握该地区各类电梯的运行状态,如96333 应急处理平台。这些系统除了具有电梯远程监控的功能之外,还增强了地理信息管理功能,能够动态显示整个主要道路、单位、建筑等的电梯分布情况,并可通过地图导向的方法对市区任何一部电梯的运行状态进行查询和巡检。当电梯发生故障时,通过电梯上的报警系统向本地电梯监控中心及电梯远程安全监控中心报警,以便实现快速抢修与救护。以电梯远程监控系统的故障信息记录数据库为基础能够方便地使监控中心建立起一套反映电梯运行、故障及维修情况的地区电梯数据库系统。电梯何时出现故障、维修人员何时到现场、电梯何时恢复正常等数据都会记录在数据库中。监控中心可以清楚了解到一个地区的电梯运行状况以及故障状况,还可以对维修人员在电梯故障后的到位情况、维修情况进行科学地、有效地监督管理。

8.3　电梯监控系统的实例

8.3.1　基于区域建筑群的电梯监控系统

　　图 8.5 是一种对某一区域建筑群的电梯监控的系统,它由电梯制造公司开发,用于对分散在建筑群或小区内的该公司电梯的产品(电梯和自动扶梯)实现集中监控,实时了解电梯运行情况,并能控制电梯的部分运行模式。监控系统通过电梯信号采集板,实现与电梯的数据交换,然后通过控制网络(RS-485 总线、CAN 总线)与客户端监控室(区域监控中心)的监控计算机相连。如有必要,可以选配远程功能,由区域监控中心的计算机通过拨号方式将电梯数据传输至远程监视中心。监控系统具有以下功能。

　　(1)电梯运行状态监视。在本地监控中心可以对电梯的运行情况进行实时监视,包括电梯的运行方向、轿厢所在的层楼位置、登记的轿内指令和层站召唤指令以及电梯的载重、速度、开关门状态等信息。这些信息不仅能够以文字形式进行显示,而且可以提供动画显示。

　　(2)电梯的控制功能。出于安全考虑,一般不提供对电梯的远程控制功能。为了用户使用方便,在不影响电梯安全运行的条件下,允许用户在区域监控中心对电梯实现部分控制功能。这些功能包括:非服务层切换、远程控制停梯、主层站切换、贵宾服务运行、节能运行和定时控制运行。

　　(3)电梯故障监视。当电梯发生故障时,安装在电梯机房的信号采集装置能够立即采集到电梯发生故障的内部信号,然后通过现场控制网络总线把故障信号传送到本地的区域监控中心。根据这些故障信息,监控中心可以识别和确定电梯发生故障的原因。

　　(4)交通流量分析。可对电梯运行故障历史进行查询和打印,实时统计被监控电梯的运行时间、运行次数、轿厢登记指令信号与召唤信号的次数,将被监控电梯在过去某一时间段内的运行情况进行回放并依此进行交通流量分析。分析结果一方面可以指导保养人员制订保养计划,另一方面可以提供给有需要的客户合理配置电梯资源,最大限度地提高电梯运行效率。

(5) 摄像监视功能。通过摄像监视功能,本系统能实时监视被监控电梯轿厢内的情况,并根据客户需要抓拍画面或者进行录像回放。摄像监视功能通过在电梯轿厢内安装的摄像机将视频信号传输到本地区域监控中心,利用硬盘录像技术将视频信息存储到硬盘中,从而实现图像画面的实时监视、录像以及回放等功能。如果需要,还可以实现视频信号的远程传输,将图像信息传送到远程监视中心,以便于紧急情况下的救援指导。

如果用户配置了远程监视功能,则所有故障信息将通过公共电话网自动传送到远程监视中心,远程监控中心可以实施远程监视和急修服务。

另外,区域监控系统提供与楼宇自动化系统的信息接口,可以方便地与其他楼宇自动化管理系统集成。

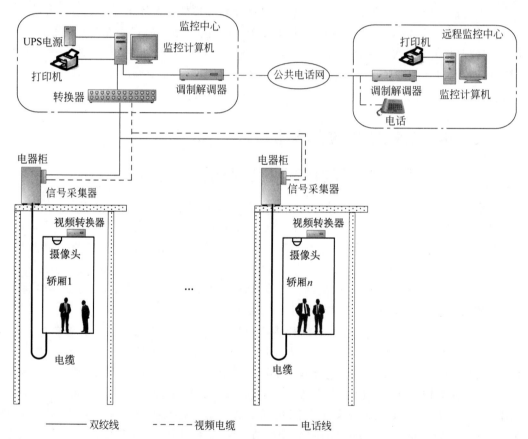

图 8.5　基于区域建筑群的电梯监控系统

8.3.2　基于无线网络的电梯远程监控系统

随着无线通信技术的发展和全球移动通信系统(Global System for Mobile communication,GSM)网络功能的日臻完善,无线网络技术越来越多地被应用到工业监控领域。通用无线分组业务(General Packet Radio Service,GPRS)是一种无线网络通信技术,也是移动服务商提供的一种服务。它是一种基于 GSM 系统的无线分组交换技术,提供端到端的、广域的无线 IP 连接,不再需要现行无线应用所需要的中介转换器,连接及传输方便。GPRS 在分组交换通信时,数据以一定长度包的形式被分组,每个包的前面有一个分组头,其中的地址标志指明该分组发往的目的地址。数据传送之前并不需要预先分配信道,建立连接。而是在每一个数据包到达时,根据数据报头中的信息,临时寻找一个可用的信道资源将该数据报发送出去。在这种传送方式中,数据的发送和接收方同信道之间没有固定的占用关系,信道资源可以看作是由所有的用户共享使用的。由于数据业务在绝大多数情况下都表现出一种突发性的业务特点,对信道带宽的需求变化较大,因此采用分组方式进行数据传送将能够更好地利用信道资源。

图 8.6 是一种基于无线网络的电梯远程监控系统。这个系统是以图 8.5 为基础建立的。它的主要目的是对实现本公司的电梯用户进行统一管理,根据电梯运行情况、使用环境、部件调整周期、客户特别要求,自动地对电梯保养、维修作业进行动态监管与控制,确保电梯产品的运行安全。

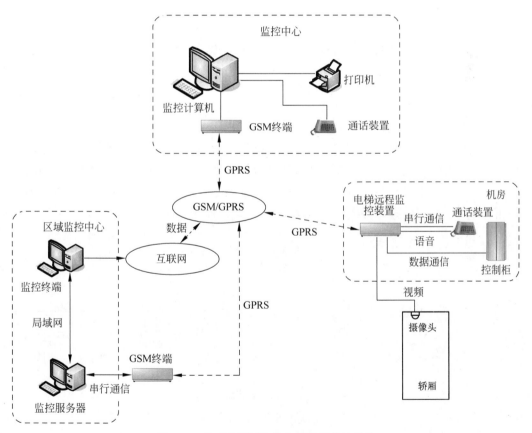

图 8.6 基于无线网络的电梯远程监控系统

整个远程监视系统由远程监控中心、各远程监视分中心、各级维修中心和现场设备组成。系统提供两种监视方式,一种方式是利用现有的区域监控系统,在区域监控中心的监控计算机端增加 GPRS 终端,通过 GPRS 网络与远程监控中心实现数据传输;另一种方式是在电梯机房设置电梯远程监视装置,该装置一方面实时采集电梯的运行状态数据,另一方面,通过 GPRS 网络与远程监控中心实现数据通信。

远程监控系统的主要功能如下。

（1）电梯远程监视,基于 GPRS 无线技术的电梯故障和异常情况的实时监视,对电梯主要参数自动监测、记录分析电梯运行时的启动频繁度、运行中各监控点的稳定程度,结合电梯使用环境和客户的实际需求给定合理的电梯保养作业方式。

（2）通过对电梯所发生的故障进行故障成因、状态、分类、零部件等一系列分析统计;自动分析总结出故障的多发点,及时采取相应的措施。同时,借助于远程监控智能系统对电梯进行不间断的运行状况监控,并通过对监控数据的统计分析,预测电梯可能出现的故障,提前预防处理,确保电梯的正常运行。

（3）维修业务管理,包括急修受信、派工、跟踪、完工确认和急修单管理;维保客户和电梯信息管理和维护。可将维修和保养作业项目精细化,同时划定各级人员的工作项目中的每项内容和作业时间,让维保人员可以定时、定梯、定项地开展对客户电梯的保养。

（4）通过在线监控系统所获得的信息以月度检查报告形式和定期运行数据统计的形式传递给顾客。自动生成的月度检查报告,可逐项说明与电梯运行相关的情况。

8.3.3　一种通用的电梯远程监控管理系统

图 8.7 为一种通用的电梯远程监控管理系统。它的数据信息来自于专用的数据采集设备(数据采集器),与电梯控制系统无关。电梯远视监控系统采用传感器采集电梯运行数据,通过微处理器进行非常态数据分析,经由 GPRS、以太网、RS-485 总线等方式进行传输,通过服务器、客户端软件处理,实现电梯故障报警、困人救援、语音安抚、日常管理、质量评估、隐患防范等功能,它是一个综合性电梯管理平台。监视系统可根据现场具体情况采用灵活的数据传输方式,主要有 GPRS、以太网、RS-485 总线方式等,这几种方式也可以混合传输。如果监控系统接入互联网,可组成较大规模的综合电梯监视网络。

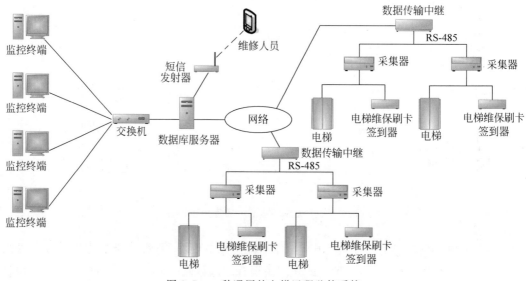

图 8.7　一种通用的电梯远程监控系统

如图 8.7 所示,电梯远程监视管理系统的硬件系统由 4 部分组成。

1) 传感器

传感器用来检测电梯的运行及其状态信息,这些传感器包括上平层传感器、下平层传感器、门开关传感器、红外人体传感器、基站传感器、上极限传感器、下极限传感器等。

2) 电梯信息采集分析设备

电梯信息采集分析设备用于实时采集安装在现场的传感器信号,分析电梯的当前运行状态,判断电梯运行状态是否正常。电梯信息采集分析设备可以实时诊断出以下故障:

① 门区外停梯故障;

② 门区外停梯故障,轿厢内有人;

③ 运行时间超长故障;

④ 运行时间超长故障,轿厢内有人;

⑤ 冲顶故障;

⑥ 冲顶故障,轿厢内有人;

⑦ 蹲底故障;

⑧ 蹲底故障,轿厢内有人;

⑨ 运行中开门故障;

⑩ 运行中开门故障,轿厢内有人;

⑪ 困人故障(平层时,人在轿厢内逗留时间超长);

⑫ 超速故障;

⑬ 超速故障,轿厢内有人;

⑭ 进入检修状态;

⑮ 电源故障;

⑯ 电源故障,轿厢内有人;

⑰ 安全回路故障;

⑱ 安全回路故障,轿厢内有人;

⑲ 进入消防状态;

⑳ 门联锁故障。

电梯在运行过程中,电梯信息采集分析设备实时上传电梯的各种信号到远程监控中心;电梯在停梯等待过程中,电梯信息采集分析设备每隔一段固定时间上传一次电梯的实时信号到远程监控中心,或不上传电梯的实时信号;电梯出现故障后,电梯信息采集分析设备存储电梯出现的故障信息,并实时上传电梯出现故障的类型、出现故障的时间、电梯当前楼层以及电梯的方向信息。

另外,电梯监控现场(如机房)可以连接电梯维保刷卡签到器,实现维保人员的刷卡签到功能;当故障信息数据、维保刷卡数据在传输过程中丢失时,电梯信息采集分析设备具有自动重发功能;在工作过程中,电梯信息采集分析设备具有设备自身的自诊断功能,对所用的各种传感器进行自动诊断。

3) 数据传输设备

数据传输设备是数据通信的中转设备,用于监控中心管理软件系统与电梯信息采集分析设备之间的数据交换、数据传输的中继器。它把所有连接到数据传输中继器的电梯信息采集分析设备的数据信息通过网络准确地中转到服务器。

4）监控终端及远程监控中心的服务器

监控终端用来浏览查询每台电梯的运行信息、故障记录、维修保养记录等。远程监控中心的服务器用来存储电梯信息采集分析设备上传的所有信息，运行监控系统的网络管理系统，实现电梯的故障报警与记录、指导维修与救援、系统日常管理、电梯运行质量评估及隐患预报与防范等。

电梯远程监视管理系统软件包括以下几种。

（1）服务器软件：运行在远程监控中心的作为服务器的计算机中，用于接收电梯信息采集分析设备传输的数据并把它传递给客户端软件。

（2）客户端软件：安装于作为监控终端的计算机或移动终端中，用于接收服务器软件传递的电梯运行及状态信息数据，并通过各种直观的方式在计算机或移动终端上显示出来，如图形、曲线、表格等。

（3）数据库管理系统：安装于服务器计算机，用于存储和管理电梯信息采集分析设备传递的数据。

电梯远程监控系统的主要功能如下。

电梯远程监控管理系统支持信息自动转发，当服务中心无人值守时，可以通过设定把电梯信息采集分析设备传来的信息以短信的形式自动转发到用户指定的通信设备上。

管理系统提供故障信息记录库，服务器将电梯信息采集分析设备发来的故障信息包展开后，存储在故障信息数据库中，供操作员随时查看。该数据库包括故障类型、故障时间、故障楼层等内容。

管理系统提供用户档案信息库，监控中心设置了电梯用户档案数据库，并提供针对该数据库的高级数据库操作功能。操作员可随时更新数据库内容，并可根据电梯信息采集分析设备发来的信息，从该数据库中查找出有关这台电梯的详细资料。

管理系统提供实时的图形界面监控窗口：服务器可提供显示电梯的图形化、动态化的监控界面，操作员可直观地观察到该电梯的输入输出端口、电梯位置、门状态以及电梯状态等，如果电梯正在运行，则可动态观测到电梯的运行状态。操作员通过该监控窗口，可进行远程的故障诊断。

电梯远程监控管理系统可供电梯管理单位、维保单位、电梯使用者使用，不同的使用对象可对所属项目进行日常监控和管理。不同的用户有不同的登录用户名、密码和权限。利用监控终端，电梯管理单位通过登录自己权限的软件界面，可完成管理单位资料的录入及查询、所辖电梯维保单位的资料管理、所辖电梯故障的统计并可导出统计表格，由此可生成各种数据图表，如维保单位、使用单位、电梯品牌、故障类型、年检维保情况等信息。电梯的维护与保养单位通过登录自己权限的软件界面，可完成维保单位资料的录入及查询、所维保电梯的资料管理、所辖电梯故障的统计并可导出表格，由此可生成各种数据图表，如维保人员、使用单位、电梯品牌、故障类型、电梯报修管理、维保人员现场处理故障签到、年检维保期限等信息。电梯使用者通过登录自己权限的软件界面，可完成用户资料的录入、查询、所使用电梯的资料管理、运行记录的统计、电梯运行的监视、电梯群的管理、新闻发布、所辖电梯故障统计并可导出表格，由此生成各种数据图表。例如管理单位、使用单位、电梯品牌、故障类型、电梯报修管理及故障处理情况、年检维保期限等信息。

思考题

（1）简述电梯监控的内容。

（2）电梯运行状态监控系统包括哪些检测任务？

（3）简述电梯运行状态本地监控系统的功能。

（4）电梯运行状态监控系统获取现场信息的方法有哪几种？

（5）电梯运行状态监控系统中语音对讲系统起什么作用？

（6）简述电梯运行状态监控系统中图像监视系统的功能。

（7）简述电梯远程监控系统的一般结构与功能。

（8）简述基于 GPRS 的电梯远程监控系统的结构与特点。

第 9 章

自动扶梯和自动人行道

自动扶梯是一种带有循环运行梯级,用于向上或向下倾斜输送乘客的固定电力驱动设备,它具有连续工作、运输量大的特点,广泛用于人流集中的地铁、车站、机场、码头、商场及大厦等公共场所的垂直运输。自动人行道是一种带有循环运行的(板式或胶带式)走道,用于水平或倾斜角不大于 12° 输送乘客的固定电力驱动设备,具有连续工作、运输量大、水平运输距离长的特点,主要用于人流量大的公共场所,如机场、车站和大型购物中心或超市等处的长距离水平运输。自动人行道没有像自动扶梯那样阶梯式梯级的构造,结构上相当于将梯级拉成水平(或倾斜角不大于 12°)的自动扶梯。因此,本章主要介绍自动扶梯的分类、构造、安全装置和电气控制系统。

9.1 自动扶梯和自动人行道的分类

9.1.1 自动扶梯的分类

自动扶梯与其他运输设备的最大区别在于其运转是循环连续的,这从设计上保证了乘客站立的梯级踏面是水平的。自动扶梯应用广泛,分类方法很多。

(1) 按用途分为公共交通型和普通型。

公共交通型自动扶梯适合在下列工作条件下运行。

① 它作为一个公共交通系统的组成部分,包括它的出口和入口;

② 属于高强度的使用,每周运行时间约 140 小时,且在任何 3 小时的间隔内,持续重载时间不少于 0.5 小时。

普通型自动扶梯也称为商用扶梯,一般安装在百货公司、购物中心、超市、酒店等商用楼宇内,又称为轻载荷自动扶梯,是使用量最大的自动扶梯。

公共交通型自动扶梯与普通型自动扶梯不同,适用于高强度的使用,属于重载型自动扶梯,主要应用在高铁、火车站、机场、过街天桥及交通综合枢纽等人流较集中、使用环境复杂的场所。我国标准只有对公共交通型自动扶梯的定义,而没有对于重载型自动扶梯的定义。一般在地铁项目中,根据地铁建设的相关标准对公共交通型自动扶梯提出进一步要求。

(2) 按扶手装饰分为全透明式、不透明式和半透明式。

全透明式自动扶梯的扶手护壁板采用全透明的玻璃制作,按护壁板采用玻璃的形状又可进一步分为曲面玻璃式和平面玻璃式。

不透明式自动扶梯的扶手护壁板采用不透明的金属或其他材料制作。由于扶手带支架固定在护壁板的上部,扶手带在扶手支架导轨上做循环运动,因此,不透明式自动扶梯的稳定性要比全透明式自动扶梯的稳定性优越,主要用于地铁、车站、码头等人流集中的、提升高度较大的自动扶梯。

半透明式自动扶梯的扶手护壁板为半透明的,通常采用半透明玻璃等材料。就扶手装饰而言,全透明的玻璃护壁板具有较好的装饰效果,也有足够的强度(其厚度不应小于6mm),所以护壁板采用平板全透明玻璃制作的自动扶梯占绝大多数。

(3)按牵引构件形式分为链条式和齿条式。

链条式自动扶梯(或称端部驱动式)是以链条为牵引构件、驱动装置置于自动扶梯头部的自动扶梯。齿条式自动扶梯(或称中间驱动式)是以齿条为牵引构件、驱动装置置于自动扶梯中部上分支与下分支之间的自动扶梯。链条驱动式结构简单,制造成本较低,目前大多数自动扶梯均采用链条驱动式结构。

(4)按驱动装置位置分为端部驱动式、中间驱动式和多级驱动组合式。

端部驱动式自动扶梯(或称链条式)的驱动装置置于自动扶梯头部,以链条为牵引构件。中间驱动式自动扶梯(或称齿条式)的驱动装置置于自动扶梯中部上分支与下分支之间,以齿条为牵引构件。如果一台自动扶梯装有多组驱动装置,也称多级驱动组合式自动扶梯。

(5)按提升高度分为小提升高度、中提升高度、大提升高度的自动扶梯。

小提升高度自动扶梯的提升高度为 3～10m;中提升高度自动扶梯的提升高度为10～45m;大提升高度自动扶梯的提升高度为 45～65m。

(6)按梯路线型分为直线型和螺旋型。

直线型自动扶梯的梯路呈直线,梯级逐级直线排列,载客量及输送量大,目前在公共场所安装的大多数是此类自动扶梯。螺旋型自动扶梯的梯级是按一定螺旋角运动的自动扶梯,造型优美,对建筑物具有较好的装饰效果,同时又具有直线型自动扶梯输送量大的优点,但其结构复杂,制造难度大,造价高,主要用于大型高档商场或高级公共建筑物。

(7)按运行速度分为恒速型和变速型。

恒速型自动扶梯自启动后以恒定的速度运行。变速型自动扶梯在无人乘用时,运行速度几乎为零;当有人乘用时,再启动并加速到某恒定速度运行。

另外,还有特种自动扶梯,例如能够运送轮椅的自动扶梯,这种自动扶梯既可按照通常自动扶梯的运行方式运输正常乘客,还可以通过轮椅运行转换开关转为轮椅专用运行,将三组特定梯级系统沿自动扶梯纵向扩宽,保持水平,可以输送规定尺寸的轮椅、电动三轮车及电动四轮车,一定时间后准入普通乘客,并可设置在室外,这种自动扶梯既节省了输送时间,同时为行走不便的乘客提供了方便。

按照自动扶梯的控制系统形式还可以把自动扶梯分为继电器控制、PLC控制和微机控制的自动扶梯。

9.1.2 自动人行道的分类

自动人行道是一种带有循环运行功能的(板式或胶带式)走道,用于在水平或倾斜角不大于 12°的人行道输送乘客的固定电力驱动设备，主要用于人流量大的公共场所的长距离水平运输。

自动人行道按踏面结构可分为踏板式、胶带式及双线式自动人行道。

踏板式自动人行道是指乘客站立的踏面为金属或其他材料制作的表面带齿槽的板块的自动人行道。

胶带式自动人行道是指乘客站立的踏面为表面覆有橡胶层的连续钢带的自动人行道。胶带式自动人行道运行平衡，但制造和使用成本较高，适用于长距离、速度较高的自动人行道。目前踏板式自动人行道较为常见。

除了单线式单向自动人行道外，还有双线式自动人行道，它由一根销轴垂直放置的牵引链条构成来回两分支、在水平面内的闭合轮廓，以形成一来一回 2 台运行方向相反的自动人行道。两旁皆有活动扶手装置。但在 GB 16899-2011《自动扶梯与自动人行道的制造与安装安全规范》和 EN 115—2008《自动扶梯与自动人行道的安全》中已明确指出，不允许使用一台主机同时驱动两台自动扶梯或自动人行道，因此，该机构的自动人行道已不再生产和使用。

与自动扶梯一样，自动人行道按使用场所可分为普通型和公共交通型；按倾斜角度可分为水平型和倾角型；按安装位置可分为室内型和室外型；按护栏可分为玻璃护栏和金属护栏。

近年来出现了一些新型式的自动扶梯和自动人行道，例如变速自动人行道，用于长距离输送，具有较高的效率。这种自动人行道主要有两种类型：具有加速功能的直线平带型自动人行道和速度可变的自动人行道。

具有加速功能的直线平带型自动人行道由入口端几段速度递增的短区段、出口端几段速度递减的短区段和中间长距离的高速段组成，其入口端和出口端的速度为 0.6m/s，中间高速段速度为 1.2m/s 时的输送距离可达 120m；而中间高速段速度为 1.8m/s 时，输送距离可达 200m。该型自动人行道已投入机场运营。

速度可变的自动人行道能在 150～1000m 行程内输送乘客，是速度循环变化的自动人行道，在进口处的速度较慢，然后在一定长度内逐渐加速到最大速度，最后在出口处减速；最大速度 100m/min，是进出口速度（40m/min）的 2.5 倍。这种自动人行道是一种能够承载高密集人群，具有较强输送能力以及覆盖较长的运送距离的行走支持系统。

9.2　自动扶梯的布置形式

自动扶梯的输送能力与其总体布置有密切关系，为满足使用空间和环境的要求，需要选择不同类型的自动扶梯及合理的布置方式。地铁、车站、机场、码头、商场及公共建筑内的自动扶梯，安全可靠、美观大方、典雅，注重与环境的和谐统一。机场、车站、地铁、轻轨用的重型自动扶梯，能承受重载、耐用、适合苛刻恶劣的周围环境。梯级尺寸，额定速度，梯路倾斜角度是影响自动扶梯输送能力的主要因素。

自动扶梯的设置位置对交通的流畅性有很大的影响。设置自动扶梯的位置时，有以下原则。

（1）以人群的主要流动方向为参考。

（2）首层的自动扶梯应设置在建筑物的入口处。

（3）各自动扶梯的出入口应连接顺畅，自然升降为宜。

（4）加装自动扶梯时，要考虑建筑物的承重梁布置位置。

自动扶梯的布置方式有很多种，根据建筑物内布局空间和美观的需要可以选择层间型和直达型。

直达型如图9.1所示，可分为二层直达、三层直达和多层直达。虽然直达型自动扶梯的布置能使乘客快速、方便到达目的层站，但是因直达型提升高度较大，其制造加工困难，安装不方便，并且费用较高。

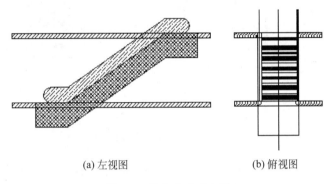

(a) 左视图   (b) 俯视图

图9.1　单台直达式布置

层间型主要有以下几种布置形式。

（1）单列连续布置，如图9.2所示，在同一时间内只能实现层楼间单向输送乘客。乘客可循环连续转换乘梯，转换乘梯方便。各楼层间只有一部扶梯，或上行或下行，依据交通情况切换方向，适合人流不大的场合。

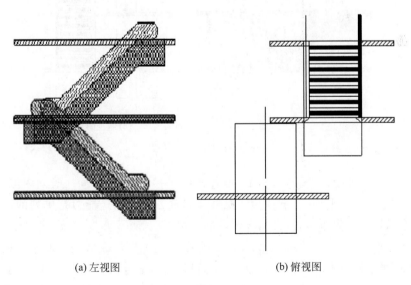

(a) 左视图   (b) 俯视图

图9.2　单列连续布置

（2）单列重叠布置,如图 9.3 所示,在同一时间内只能实现层楼间单向输送乘客,乘客可循环、断续转换乘,转换乘梯不方便,但占用面积较小,能在乘客转换乘梯的过程中宣传产品。适合小型百货公司和展览会场。

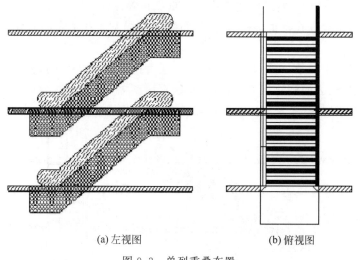

(a) 左视图　　　　　　　　　(b) 俯视图

图 9.3　单列重叠布置

（3）两列交叉布置,如图 9.4 所示,同一时间内能双向输送乘客,乘客循环连续转换乘梯,转换乘梯方便。各楼层间有两部扶梯,上下人流可以分开,避免乘梯口的拥挤和混乱。适合上下交通流量较大的地方。

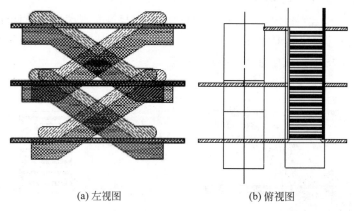

(a) 左视图　　　　　　　　　(b) 俯视图

图 9.4　两列交叉布置

（4）两列连续布置,与图 9.2 类似,但各楼层间有两部扶梯,同一时间内能双向输送乘客,乘客循环连续转换乘梯,上下行和转换乘梯非常方便。输送能力是单列的两倍,占用面积也是其他两列布置的两倍,适合档次较高的宾馆饭店等。

（5）两列平行布置,如图 9.5 所示,各楼层间有两部扶梯,乘客循环断续转换乘梯,转换乘梯不方便,能输送较大的上下行人流,占地面积较小,适合大型百货公司和展览会场。

（6）连续一线布置,如图 9.6 所示,乘客在直线方向上连续转换,转换乘梯顺畅方便。但要求场地要大。

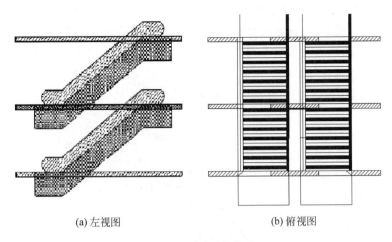

(a) 左视图   (b) 俯视图

图 9.5 两列平行布置

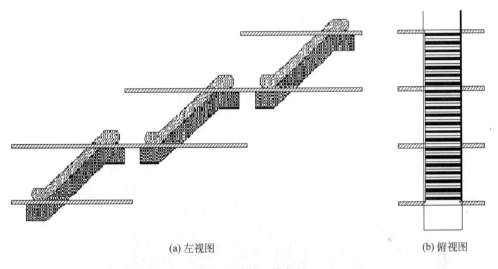

(a) 左视图   (b) 俯视图

图 9.6 连续一线布置

9.3 自动扶梯的机械结构

9.3.1 自动扶梯结构

图 9.7 为常见链条驱动式自动扶梯的结构图,它一般由梯级、牵引装置、梯路导轨系统、驱动系统、张紧装置、扶手装置和桁架结构等组成,其中梯级、牵引链条及梯路导轨系统广义上称为自动扶梯梯路。下面简要介绍各部分的构成和作用。

1. 驱动系统

自动扶梯的驱动系统由驱动主机以及与之连接的驱动装置构成,为自动扶梯的运行提供动力,如图 9.8 所示。

以链条式为例,驱动主机主要由电动机、减速机、链轮、制动器等组成,它为自动扶梯的梯路系统和扶手带的运行提供动力。自动扶梯通常采用整体式驱动主机，结构紧凑，占地少，重量轻，噪声低，振动小，便于维修。通常，小提升高度的扶梯可由一台驱动主机驱动，中提升高度的扶梯可由两台驱动主机驱动。驱动装置包括驱动链轮、梯级链轮、扶手驱动链轮、主轴及制动轮或棘轮等组成。该装置从驱动主机获得动力，经驱动链用以驱动梯级和扶手带，从而实现自动扶梯的运动，并且可在应急时制动，防止乘客倒滑，确保乘客安全。

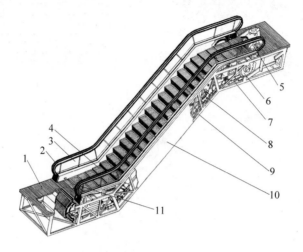

图 9.7　自动扶梯结构图

1—楼层板；2—扶手带；3—护壁板；4—梯级；5—端部驱动装置；6—牵引链轮；7—牵引链条；
8—扶手带压紧装置；9—扶梯桁架；10—外装饰板；11—梳齿板

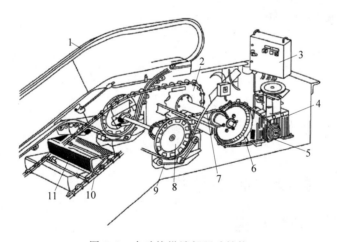

图 9.8　自动扶梯端部驱动结构

1—扶手胶带；2—牵引链轮；3—控制箱；4—驱动机组；5—传动链轮；6—传动链条；7—驱动主轴；
8—扶手驱动轮；9—扶手胶带压紧装置；10—梯级链轮；11—梯级

2. 梯级

梯级是一种特殊结构的小车，用于承载乘客。梯级是扶梯中数量最多的部件，每个梯级根据其功能区分为梯级踏板、踢板、车轮等部分，如图 9.9 所示。梯级踏板表面应具有凹槽，它的作用是使梯级通过扶梯上下出入口时，能嵌在梳齿板中，保证乘客安全，防止将脚或物品卡入受伤;另外,还能增大摩擦力,防止乘客在梯级上滑倒。一个梯级有 4 只车轮,它们是每个梯级上最为重要的部分,两只与牵引链条铰接的为主轮,另外两只直接装在梯级支架短轴上,称为辅轮。轮圈常用橡胶、塑料等材料,可使梯级运转平稳,减少噪声。

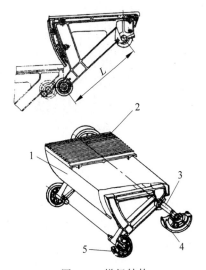

图 9.9　梯级结构
1—踢板;2—踏板;3—轴;4—主轮;
5—辅轮;L—基距

梯级的主轮轮轴与牵引链条铰接在一起,辅轮轴不与牵引链条连接,所有梯级沿事先布置好的且有一定规律的导轨运行,在自动扶梯上层分支导轨上运行时,梯级保持水平,下层分支导轨上运行时,梯级倒挂运行。

梯级是扶梯中数量最多的部件,一般小提升高度的自动扶梯中有 50～100 个梯级,大提升高度扶梯中会有多达 600～700 个梯级。梯级多采用铝合金或不锈钢材质整体压铸而成。

梯级具有几个重要尺寸参数:

(1) 梯级宽度:常见为 600mm、800mm、1000mm 等;

(2) 梯级深度:即梯级踏板的深度,是乘客双脚与梯级接触的部位,为保证乘客能够稳定地站立,此尺寸需大于 380mm;

(3) 梯级基距:主轮与辅轮之间的距离,一般为 310～350mm;

(4) 轨距:即梯级中两主轮之间的距离;

(5) 梯级间距:一般为 400～405mm。

其中,对梯级结构影响较大的参数是基距,基距一般分为短基距、长基距和中基距三种。短基距梯级制造方便,能减小牵引轮直径,使自动扶梯结构紧凑,但会带来梯级稳定性差的问题;长基距梯级避免了稳定性差的问题,运转平稳,但整体结构尺寸变大,牵引链轮直径变大;我国目前多采用中基距梯级。

3. 牵引装置

牵引装置用于传递动力,驱动梯级运动。根据其安装在扶梯上的位置,自动扶梯的牵引装置分为采用牵引链条的端部驱动和采用牵引齿条的中部驱动两种。使用牵引链条的端部驱动装置装在扶梯水平直级区段的末端,即所谓端部驱动式;使用牵引齿条的中部驱动装置则在倾斜直线区段上、下分支当中,即所谓的中间驱动式。

牵引链条如图 9.10 所示,端部驱动装置所用的牵引链条一般为套筒滚子链,它由链片、小轴和套筒等组成。牵引链条为自动扶梯传递动力,它的质量及运行情况直接影响自动扶梯的运行平稳和噪声。梯级主轮可置于牵引链条的内侧(见图 9.10(a))或外侧,也可置于牵引链条的两个链片之间(见图 9.10(b))。

节距是牵引链条的主要参数,节距小链条工作平稳,但是关节增多,链条自重和成本加大,而且关节处的摩擦损失大;反之,节距大则自重轻,价格便宜,但为保持工作平稳,链轮齿数和直径也要增大。一般自动扶梯两梯级间的节距采用 400～406.4mm,牵引链条节距有 67.7mm、100mm、101.6mm、135mm、200mm 等几种。大提升高度扶梯采用大节距牵引链条;小提升高度自动扶梯采用小节距牵引链条。

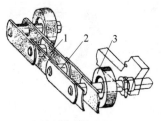 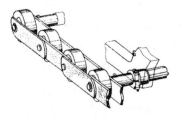

(a) 主轮在牵引链内侧   (b) 主轮在牵引链两链片之间

图 9.10　牵引链条

1—链片；2—套筒；3—主轮

中间驱动装置所使用的牵引构件是牵引齿条，它多为一侧有齿。两梯级间用一节牵引齿条连接，中间驱动装置机组上的传动链条的销轴与牵引齿条相啮合以传递动力。图 9.11 所示的是中间驱动装置所用的牵引齿条结构。

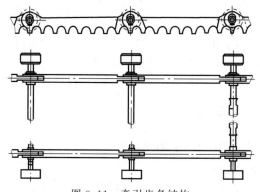

图 9.11　牵引齿条结构

牵引齿条的另一种结构形式是：齿条两侧都制成齿形，一侧为大齿，另一侧为小齿。大齿用于驱动梯级运动，小齿则是用以驱动扶手胶带。

4. 梯路导轨系统

自动扶梯梯路导轨系统的作用在于支承由梯级主轮和辅轮传递来的梯路载荷，保证梯级按一定的规律运动以及防止梯级跑偏等，包括主轮和辅轮所用的全部导轨、反轨、导轨支架及转向壁等。支撑各种导轨的导轨支架及异型导轨如图 9.12 所示。

当牵引链条通过驱动端牵引链轮和张紧端张紧链轮转向时，梯级主轮已不需要导轨及反轨了，该处是导轨及反轨的终端，但是辅轮经过驱动端与张紧端时仍然需要转向导轨，一般把终端转向导轨做成整体式的，即为转向壁，如图 9.13 所示，转向壁将与上分支辅轮导轨和下分支辅轮导轨相连接。

中间驱动装置位于自动扶梯的中部，在驱动端和张紧端都没有链轮，梯级主轮行进到上、下两个端部时，也需要经过如辅轮转向壁一样的转向导轨。这两个转向轨道通常各由两段约为四分之一弧段长的导轨组成，其中下部一段需要略可游动，以补偿牵引齿条从一分支转入另一分支时在圆周上所产生的误差，如图 9.14 所示。

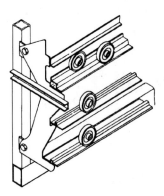

图 9.12　导轨支架与异型导轨

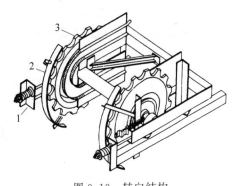

图 9.13　转向结构
1—张紧装置；2—转向壁；3—链轮

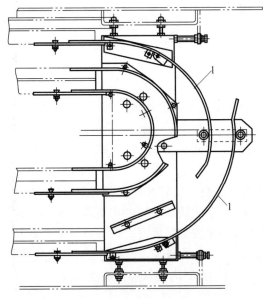

图 9.14　中间驱动转向壁
1—转向导轨

5. 桁架

　　桁架是扶梯的基础构件,起连接建筑物两个不同高度地面、承载各种载荷及安装支撑所有零部件的作用。桁架一般用多种型材、矩形管等焊接而成,对于小提升高度的自动扶梯桁架,一般将驱动段、中间段和张紧段(端部驱动扶梯)三段在厂内拼装或焊接为一体,作为整体式桁架出厂;对于大、中提升高度的扶梯,出于安装和运输的考虑,桁架一般采用分体焊接,采用多段结构,现场组装。桁架是自动扶梯内部结构的安装基础,它的整体和局部刚性的好坏对扶梯性能影响较大。

6. 梳齿、梳齿板、前沿板

　　为了确保乘客上下自动扶梯的安全,在自动扶梯进、出口设置梳齿前沿板,它包括梳齿、梳齿板、前沿板三部分,如图 9.15 所示。梳齿的齿应与梯级的齿槽相啮合,齿的宽度不小于 2.5mm,端部修成圆角,保证在啮合区域即使乘客的鞋或物品在梯级上相对静止,也会平滑地过渡到楼层板上。一旦有物品不慎阻碍了梯级的运行,梳齿被抬起或位移,触发微动开关切断电路使扶梯停止运行。梳齿通常为铝合金或工程塑料制作。

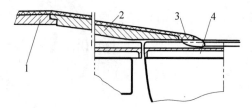

图 9.15　梳齿前沿板示意图

1—前沿板；2—梳齿板；3—梳齿；4—梯级踏板

梳齿板被固定支撑在前沿板上并固定梳齿,水平倾角小于 $10°$,梳齿板的结构为可调,保证梳齿啮合深度大于 6mm。

自动扶梯梯级在出入口处设置前沿板,使从离开梳齿梯级的平直段和将进入梳齿板梯级的平直段至少为 0.8m,在平直运动段内,若额定速度大于 0.5m/s 或提升高度大于 6m,该平直段至少为 1.2m。

7. 张紧装置

梯级链的张紧装置可分为滚动式和滑动式两种。常见的梯级链张紧装置由张紧轴、张紧架、支撑架和压缩弹簧组成,如图 9.16 所示。张紧装置是可移动的,它在压缩弹簧的作用下给梯级链一个预张力,使其始终处于被张紧的状态。张紧装置上都安装有梯级的回转导轨,使梯级在这个位置产生回转运动。

如图 9.16 所示,张紧架中两侧的链轮与梯级链啮合,通过轴承座安装在张紧架上;张紧架与支撑架之间安装有滑块,整个张紧架就可以在支撑架上前后移动。张紧架的两侧尾部都安装有压缩弹簧,通过调节弹簧的压缩量可以调节张紧装置对梯级链的张紧力。在支撑架的尾部还安装有两个安全开关,当梯级链过度伸长、不正常收缩或断裂,使张紧架的移动距离超过 20mm 时,安全开关就会动作,使扶梯停止运行。

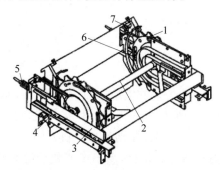

图 9.16　张紧装置

1—张紧架；2—张紧轴；3—支撑架；4—滑块；5—压缩弹簧；6—回转导轨；7—安全开关

8. 扶手装置

扶手装置是一种特种结构形式的胶带输送机,设置在自动扶梯两侧,供站立在自动扶梯梯路上的乘客扶握。扶手装置由扶手驱动装置、扶手带装置和栏杆等组成,如图 9.17 所示。自动扶梯自从有了活动的扶手之后,才真正进入实用阶段,与电梯安全钳的作用一样,扶手装置是自动扶梯中重要的安全设备,它能防止乘客不慎滑落扶梯。

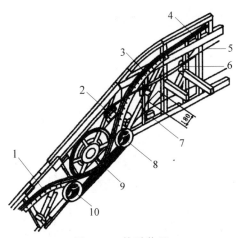

图 9.17　扶手装置

1—滚架；2—链条张紧器；3—滚架；4—扶手带；5—扶手带驱动链；6—导向器；
7—链条张紧器；8—皮带轮；9—扶手带驱动轮；10—皮带轮

扶手装置由驱动装置通过扶手驱动链直接驱动,扶手带驱动轮缘有耐油橡胶摩擦层,以其高摩擦力保证扶手带与梯级同步运行。为使扶手带获得足够的摩擦力,在扶手带驱动轮下,另设有皮带轮组。皮带的张紧度由皮带轮中一个带弹簧的螺杆进行调整,以确保扶手带正常工作。由于扶手带与梯级同步运行,可以保证乘客站稳不致跌倒。

扶手带装置由扶手带、驱动系统、扶手带张紧装置、护壁板及相关装饰部件等组成,如图9.18 所示。它可以看作是装设在自动扶梯梯路两侧特种结构形式的胶带输送机,同时还可根据环境的特点选择彩色扶手胶带,与建筑物及装饰和谐地融为一体。

自动扶梯在空载运行情况下,能源主要消耗于克服梯路系统和扶手带系统的运行阻力,其中扶手带运行阻力约占空载总运行阻力的 80%,减少扶手带运行阻力可以大幅度地降低能源消耗。

扶手带是一种边缘向内弯曲的橡胶带,由橡胶层、帘子布层、钢丝、摩擦层等组成,如图 9.19 所示,一般为黑色。随着对建筑物装饰美化要求的提高,也出现了红色、蓝色等色彩。

扶手支架(护壁板)是自动扶梯展示给乘客的"外貌",自动扶梯的外形美观程度及与建筑物内部的色彩、装修结构的协调性,都通过其展示出来。扶手支架结构分为全透明无支撑式、半透明支撑式及不透明有支撑式等,其中全透明无支撑式占绝大部分,全透明无支撑结构一般由高强度钢化玻璃构成。为了进一步提高扶梯的装饰性和改善扶梯部分的照明亮度,扶手支架上还可装设一系列的照明灯具,这些照明灯具安装在扶手支架下,为扶手带和梯级照明。为防止发生意外碰触,照明灯外侧必须设置透明灯罩。图 9.20(a)和图 9.20(b)分别为带照明装置的扶手支架和不带照明装置的扶手支架。扶手导轨安装在扶手支架上,对扶手带起支撑和导向作用。

扶手带驱动装置的功能是驱动扶手带运行,并且保证其运行速度与梯级同步,两者之间的速度差不大于 2%。目前常用的扶手带驱动装置有摩擦轮驱动、压滚轮驱动和端部驱动三种形式。

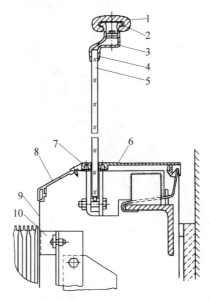

图 9.18　扶手带装置结构

1—扶手带；2—扶手带导轨；3—扶手带支架；4—玻璃垫条；5—护壁板；6—外盖板；
7—夹紧条；8—内盖板；9—围裙板；10—围裙板梁

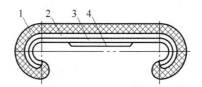

图 9.19　扶手带结构

1—橡胶外层；2—帘子布层；3—钢丝层；4—摩擦层

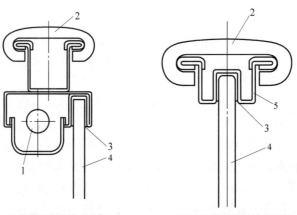

(a) 带照明装置扶手支架　　　　　　(b) 不带照明装置扶手支架

图 9.20　扶手支架装置及导轨

1—照明灯管；2—扶手胶带；3—玻璃夹；4—护壁板(玻璃)；5—导轨

　　摩擦轮驱动扶手带是利用扶手带驱动轮与扶手胶带之间的摩擦力驱动扶手带以梯级同步的速度运行的装置,如图 9.21 所示,此种方式由于扶手胶带会反复多次弯曲,增加了扶手胶带的驱动阻力,同时由于疲劳的原因还会对扶手胶带的寿命有较大的影响。

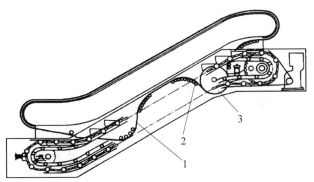

图 9.21　摩擦轮驱动扶手带

1—扶手胶带；2—滚轮组；3—扶手带驱动轮

　　压滚驱动的扶手带系统由包围在扶手胶带上、下两侧的两组压滚组成。上侧压滚组由自动扶梯的驱动主轴获得动力驱动扶手胶带,下压滚组从动,仅压紧扶手胶带,如图 9.22 所示。这种结构的扶手胶带基本上是顺向弯曲,较少反向弯曲,弯曲次数大大减少,降低了扶手胶带的僵性阻力。由于不是摩擦驱动,扶手胶带不再需要启动时的初张力,调整装置只是用以调节扶手胶带长度的制造误差而设的,因此能大幅度减少运行阻力,同时也延长了扶手胶带的使用寿命。这种结构形式较摩擦轮驱动形式的运行阻力减少约 50%。

　　端部轮式驱动装置结构如图 9.23 所示。从工作原理上来讲,端部轮式驱动也属于摩擦轮驱动方式,所不同的是将驱动轮置于扶梯的端部,可有效地加大扶手带在驱动轮上的包角,提高驱动能力,并且不需要对扶手带施加过大的张紧力。采用这种驱动装置具有驱动效率较高、较易保证扶手带与梯级运行的同步、扶手带伸长量小、寿命较长等特点,这种方式不适用于透明护壁板扶梯。

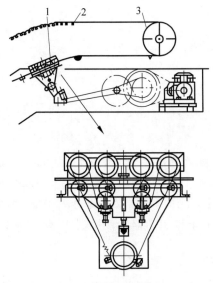

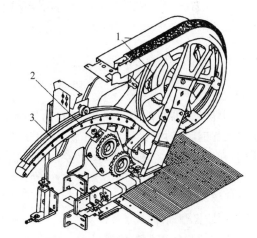

图 9.22　压滚驱动装置

1—扶手带驱动装置；2—滚子组；3—导向轮

图 9.23　端部轮式驱动装置

1—驱动轮；2—张紧弓；3—扶手带

栏杆设在梯级两侧，起保护和装饰作用。它有多种形式，一般分为垂直扶栏和倾斜栏杆。这两类栏杆又可分为全透明无支撑、全透明有支撑、半透明及不透明 4 种。垂直栏杆为全透明无支撑栏杆，倾斜栏杆为不透明或半透明栏杆。

另外，有的自动扶梯设置有润滑系统，对牵引链、扶手驱动链及梯级链自动进行润滑。润滑系统定时、定点地将润滑油喷到链销上，使之得到良好的润滑。

9.3.2 自动扶梯的制动器

由于自动扶梯所承运的是乘客，提升高度大，所以其工作的安全可靠程度就显得非常重要。自动扶梯必须保证当设备发生各种故障，或因停电、发生地震等自然灾害时，能够有效并最大限度地保证人员的安全，所以，自动扶梯采用了一系列的安全制动装置，包括工作制动器、附加制动器等。工作制动器安装在驱动主机上，提供自动扶梯的制动力；附加制动器安装在主驱动轴上，是自动扶梯重要的安全保护装置。

1. 工作制动器

工作制动器一般安装在电动机高速轴上，如图 9.24 所示。它必须使自动扶梯在停车过程中，以人体能够承受的减速度停止运转，在停车后能够保持可靠的停住状态，工作制动器在动作过程中应当反应灵敏、迅速，无延迟现象。通常为机电式制动器。

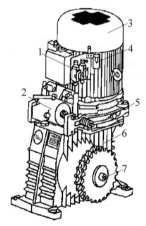

图 9.24 驱动主机结构

1—电动机动力线端子；2—电磁装置；3—电动机；4—防护罩电气开关；
5—制动器；6—减速器；7—主机链轮

工作制动器必须为常闭式，即自动扶梯不工作时始终为可靠的停住状态；而在自动扶梯正常工作时，通过持续通电由释放器（电磁铁装置）输出力或力矩，将制动器打开，使之得以运转；在制动器电路断开后，电磁铁装置的输出力消失，工作制动器立即制动，工作制动器的制动力应由一个或多个压缩弹簧来产生。自动扶梯的工作制动器常使用鼓式、带式或盘式制动器等方式。

1）鼓式制动器

自动扶梯使用的鼓式制动器一般是外抱鼓式，采用这种制动器的主机，其电动机与减速箱之间的联接必须是联轴器结构，结构如图 9.25 所示。鼓式制动器的制动力是径向的，制动时不会产生偏心力，制动轮轴不受弯曲载荷，制动平稳，且安装调整方便。鼓式制动器由制动轮、制动瓦块及铆接于其上的高摩擦系数的衬垫、制动臂和线圈等组成。

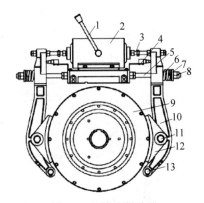

图9.25 鼓式制动器

1—释放手柄；2—电磁装置；3—顶杆；4—抱闸微动开关；5—制动弹簧螺杆；6—制动弹簧；
7—垫圈；8—螺母；9—制动轮；10—制动臂；11—联接螺钉；12—制动闸瓦；13—轴销

2）带式制动器

图9.26是带式制动器的一种结构形式，在自动扶梯正常工作时，制动器的电磁铁4上的卡头将拉杆卡住，使制动器处于释放状态，不起制动作用。当扶梯停止运行，需要制动器动作时，监控装置发出信号，电磁铁4将卡头收回，拉杆在压弹簧3作用下动作，制动带拉杆上的弯件2驱动开关，使自动扶梯停止运行。

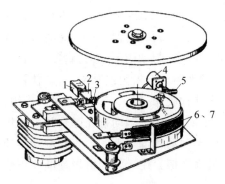

图9.26 带式制动器

1—开关；2—弯件；3—弹簧；4—电磁铁；5—拉杆；6、7—制动钢带

3）盘式制动器

盘式制动器，又称碟式制动器，是利用压簧结构摩擦副正压力进行制动。盘式制动器通常安装在减速箱上的输入轴端，摩擦副的一方与转动轴相连。当机构启动时，摩擦副的双方脱开，机构进行运转。当机构需要制动时，使摩擦副的双方接触并压紧。此时摩擦面之间产生足够大的摩擦力矩，消耗运动能量，使机构减速直至停止运行。盘式制动器的结构如图9.27所示。

2. 附加制动器

在驱动主机与驱动主轴间使用传动链条传动时，如果传动链条断裂、松弛或两者之间连接失效，此时即使有安全开关使电源断电，驱动电动机停止运转，但自动扶梯梯路由于自身及载荷重力的作用,仍无法停止运行。特别是在有载上升时,自动扶梯梯路将突然反向运转和超速向下运行,导致乘客受到伤害。于是人们在自动扶梯驱动主轴上装设一个机械摩擦式制动器,直接作用于梯级、踏板或胶带驱动系统的非摩擦元件上,采用机械方法使驱动主轴(梯级)进行制动,这个制动器称为附加制动器或辅助制动器。

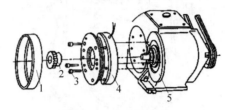

图 9.27　盘式制动器

1—结构构件；2—花链套；3—连接螺栓；4—摩擦副；5—主机减速箱

在下面任何一种情况下,自动扶梯应设置一个或多个附加制动器。

（1）工作制动器和梯级、踏板或胶带驱动轮之间不是用轴、齿轮、多排链条、两根或两根以上的单根链条连接的；

（2）自动扶梯的提升高度大于 6m。

（3）提升高度不大于 6m 的公共交通型自动扶梯。

（4）工作制动器不是符合《自动扶梯和自动人行道的制造与安装安全规范》的机电式制动器。

一种常见的附加制动器结构如图 9.28 所示。触发机构是含有电磁线圈的螺线管,执行机构是驱动链轮和制动靴。自动扶梯在运行状态下,螺线管中的电磁线圈通电,制动靴被一个锁紧挂钩扣在正常的位置,并压缩制动靴下部的弹簧。当自动扶梯通过驱动链断链开关、超速开关、防逆转检测装置,发现驱动链松弛或断链、自动扶梯超速或者逆转时,螺线管中的电磁线圈失电,制动靴的锁紧挂钩脱扣,棘爪在棘爪弹簧的作用下离开原位并释放制动靴弹簧,使电气开关动作,切断安全回路电源;制动靴在弹簧弹力的作用下顶升至链轮,使其与链轮之间产生摩擦力,摩擦力带动制动靴继续上升一直到制动梁的止挡位置,此时制动靴与链轮之间产生最大的摩擦力,最终摩擦力使运转的链轮逐渐停止下来。

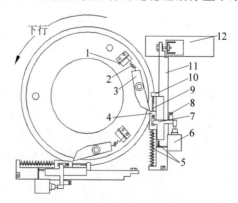

图 9.28　附加制动器示意图

1—调整螺栓；2—复位弹簧；3—复位杠杆；4—制动靴；5—弹簧；6—螺线管；
7—棘爪；8—电气开关；9—制动靴导轨；10—定位块；11—制动梁；12—桁架

　　如果此时自动扶梯是向上行方向运行,则制动靴卡不住制动盘,但当自动扶梯停止后,制动靴将使自动扶梯不能向下行方向启动。如果此时自动扶梯的运行方向是下行的,则制动靴在制动盘的带动下上行到制动梁的止挡位置。在此过程中,制动靴与制动盘进行摩擦吸收其能量,且制动梁也会发生一定的变形从而吸收能量,直至自动扶梯停止运行。复位附加制动器时,利用紧急电动运行或手动紧急操作装置,使自动扶梯上行,链轮上的复位杠杆带动制动靴和棘爪装置压紧弹簧,使锁紧挂钩扣在正常的位置,并复位电气开关。

　　当自动扶梯的运行速度超过额定速度1.4倍,或者在运行过程中梯级、踏板或胶带改变了规定的方向时,自动扶梯控制系统强制切断控制回路,附加制动器动作,在制动力作用下,有载的自动扶梯被有效地减速制停并保持在静止状态。附加制动器的作用是在自动扶梯停车时起保险作用,尤其是在满载下降时,其作用更为显著。

9.4　自动扶梯的安全装置

　　自动扶梯是一种开放、连续运行的运输设备。人们在乘梯时,人体对扶梯部件的接触、碰撞以及扶梯突然的速度变化等,都存在对人体的安全隐患。因此,自动扶梯应有可靠的机电安全保护装置,避免各种潜在的危险事故的发生,确保乘用人员和扶梯设备的安全,并把事故对设备和建筑物的破坏降到最低程度。在自动扶梯中,设置了较多的安全装置,自动扶梯主要安全装置的类别与功能如表9.1所示。

表 9.1　自动扶梯主要安全装置的类别与功能

序号	类　　别	功　　能
1	超速保护装置	在自动扶梯或自动人行道超过额定速度1.2倍时动作,安全开关动作使自动扶梯或自动人行道停止运行
2	工作制动器及附加制动器	工作制动器在自动扶梯速度超过额定速度的1.4倍之前和在梯级、踏板改变其规定的运行方向时动作,利用摩擦原理使具有制动载荷的自动扶梯减速并保持静止状态。附加制动器动作时还应切断控制电路(使用安全开关),从而使工作制动器也同时动作
3	非操纵逆转保护装置	自动扶梯或倾斜式自动人行道,在梯级、踏板或胶带改变规定运行方向时,防逆转保护装置(通过安全开关)使其自动停止运行
4	驱动链断裂链保护装置	当驱动链条过分伸长或断裂时,断开主机电源,使自动扶梯停止运行
5	梯级下陷保护装置	当发生支架断裂、主轮破裂、踏板断裂等现象时,安全开关动作使自动扶梯断电停机
6	扶手带断带保护装置	当公共交通型自动扶梯、自动人行道的制造厂商没有提供扶手带载荷不小于25kW的证明时,则应设置一个安全开关,在扶手带断裂时,使自动扶梯断电停机
7	扶手带入口保护装置	当有异物进入自动扶梯带入口时,安全开关动作使自动扶梯断电停机
8	梯级链保护装置	当梯级链过分伸长、缩短或断裂时,安全开关动作使自动扶梯断电停机
9	梳齿板保护装置	当有异物卡入或阻碍梳齿时,安全开关动作使自动扶梯断电停机
10	围裙板保护装置	当异物进入裙板与梯级之间的缝隙后,裙板发生变形,安全开关动作使自动扶梯断电停机

续表

序号	类　别	功　能
11	梯级间隙照明装置	设在扶梯两端的梯级下部的绿色照明,供乘客安全乘梯
12	裙板上安全刷	防止梯级与裙板之间夹住异物
13	梯级上黄色边框	梯级左、右、后三边有黄色的合成树脂分界线,使乘客安全乘梯
14	紧急停止按钮	在自动扶梯的出入口处,应设置易于接近的红色紧急停止装置,该装置为安全触点,并应能防止误动作
15	电气保护装置	无控制电压、元件短路、断路或电动机过载时,自动扶梯停止运行

　　自动扶梯主要安全装置示意图如图 9.29 所示。自动扶梯的主要安全保护装置,一般可分为必备的安全保护装置、辅助安全保护装置和电气安全保护装置。必备的安全保护装置包括超速保护装置、制动器、防逆转保护装置、驱动链断裂保护装置、梯级下陷保护装置、扶手带断带保护装置、扶手带入口保护装置、梯级链保护装置、梳齿板保护装置、围裙板保护装置、紧急停止按钮等；辅助安全保护装置包括机械锁紧安全保护装置、梯级上的黄色边框、裙板上的安全刷、梯级间隙照明装置、扶手胶带同步监控装置、转动部分防护装置等；电气安全保护装置包括供电电源的电压、相位、短路、断路以及电器元件的故障等。

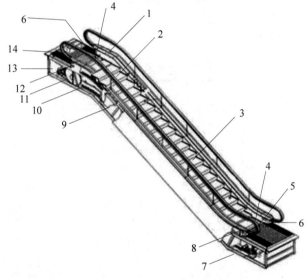

图 9.29　安全保护装置示意图

1—围裙板保护装置；2—梯级上的黄色边框；3—梯级下陷保护装置；4—梯级间隙照明装置；
5—梳齿板保护装置；6—紧急停止装置；7—梯级链保护装置；8—扶手带入口保护装置；
9—扶手带断带保护装置；10—扶手带速度偏离保护装置；11——驱动链断裂链保护装置；
12——制动器松闸故障保护装置；13—防逆转保护装置；14—超速保护装置

下面介绍安全保护装置的功能及工作原理。

9.4.1　必备安全保护装置

1. 超速保护装置

自动扶梯超过额定运行速度 1.2 倍或低于额定运行速度运行都是很危险的,因此,配置超速保护装置的作用是用速度限制装置使自动扶梯在运行速度超过额定速度1.2倍时切断主驱动机电源,使其停止运行。

超速保护装置一般有机械式和光电式两种。机械式超速检测装置又称限速器,安装在主机的高速轴上,高速轴旋转时的离心力反映扶梯的速度。光电式速度检测装置是把光电盘装在驱动机减速的高速轴上,通过光电开关传感器测出扶梯实际速度,当扶梯超速运行至某设定值或欠速运行至某设定值时,超速保护装置动作,切断扶梯的电源,使扶梯停止运行。

2. 制动器

自动扶梯的工作制动器和附加制动器是自动扶梯的安全制动系统,保证自动扶梯平稳制动直至停机,并使其稳定地保持停止状态。当动力电源失电、控制电路失电时,制动系统必须立即自动动作。制动系统在使用过程中应没有延迟。

工作制动器一般采用机电式制动器,常见的有带式制动器、盘式制动器、块式制动器。也可以采用其他方式的制动器,这种情况下需要附加制动器。其次,当自动扶梯的提升高度大于6m时,自动扶梯中常设置一个或多个附加制动器。当自动扶梯的运行速度超过额定速度1.4倍,或者在运行过程中梯级、踏板或胶带改变其规定方向时,自动扶梯控制系统强制切断控制回路,附加制动器动作。另外,如果电源发生故障或安全回路失电,附加制动器和工作制动器会同时动作。

3. 防逆转保护装置

自动扶梯运送人员的梯级通常是依靠链条牵引而运行的,无论是什么原因,当牵引链条的牵引力丧失,或牵引力方向改变时,自动扶梯就有可能与设定的运行方向改变,也就是通常所说的自动扶梯非操纵"逆转"。逆转是指自动扶梯在运行中非人为改变其运动方向的一种现象。自动扶梯无论是上行还是下行,都有可能发生逆转,满载上行工况发生逆转的概率较高,容易造成下跌、滚落、挤压、踩踏事件,逆转是自动扶梯故障产生危害最大的事故。

机械和电气方面的故障都有可能使自动扶梯出现逆转。例如:驱动装置与梯级链轮之间的驱动链断链;驱动梯级的链条发生断链;严重超载造成电动机力矩不足,导致逆转;驱动装置与梯级链轮之间的驱动使用皮带,皮带发生打滑造成逆转;自动扶梯在运行中突然发生故障导致急停,但工作制动器不能提供足够的制动力矩而导致逆转。另外,供电电源出现错相、断相、失压等造成驱动电动机反转或驱动力不足,导致上行的自动扶梯逆转,特别是在重载上行的工况下;电气元器件发生短路、粘连、断路等故障,或安全回路、制动器控制回路发生故障而失效,不能起到该有的保护、控制、制停等作用,使自动扶梯发生逆转。

防逆转保护装置是防止扶梯改变规定运行方向的自动停止扶梯运行的控制装置。防逆转保护装置有机械式和电子式的。

图9.30所示的是一种机械式防逆转装置的原理示意图。假设扶梯处于上行状态,此时在扶梯上行时凸轮顺时针转动(见图9.30(a)),如果扶梯发生异常情况而逆转则凸轮逆转,打杆会逐步进入凹槽(见图9.30(b)),最终落入凹槽(见图9.30(c)),通过打杆作用使限位开关动作,并使自动扶梯的制动器和附加制动器制动,扶梯停止运行,反之亦然(见图9.30(d))。

另外,常见的还有一种机械摆杆式防逆转装置,如图9.31所示。这种装置的防逆转摆杆与自动扶梯大链轮摩擦接触,自动扶梯处于正常上行状态时,摆杆逆时针转;自动扶梯处

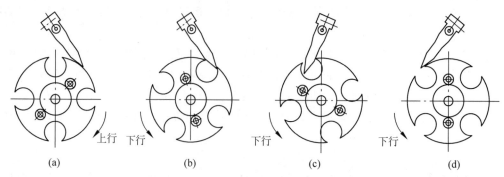

图 9.30　机械式防逆转装置原理

于正常下行状态时,摆杆顺时针转,摆杆通过微动开关使工作制动器和附加制动器动作。当自动扶梯按设定的方向向上方运行时,装置中的上行逆转开关闭合,下行逆转开关断开,如果此时突然出现了自动扶梯向下的情况,则上行逆转开关会断开,同时下行逆转开关接通,主制动器和附加制动器动作,扶梯立即停止。反之亦然。

电子式防逆转装置通过光电开关实时检测电动机的转向,一旦出现意外逆转的情况,工作制动器和附加制动器动作,使扶梯停止运行。如在扶梯桁架内安装两个检测开关用来检测梯级肋边:检测开关1和检测开关2,如采用接近开关作为检测开关,则当梯级肋边通过时,接近开关动作。当自动扶梯向上运行时,梯级肋边先经过开关1,后经过开关2,控制系统通过判断接近开关动作的先

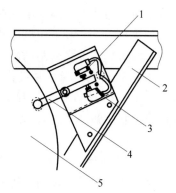

图 9.31　摆杆式防逆转装置原理
1—上行逆转开关;2—安装座;3—下行逆转开关;4—摆杆;5—主动链轮

后次序来判断扶梯的运行方向,若发生逆转则梯级肋边先经过开关2,后经过开关1,此时,扶梯制动器和附加制动器动作,扶梯停止,反之亦然。

在微机控制和PLC控制的自动扶梯和自动人行道系统中,常采用旋转编码器检测电机速度并和设定值比较,如果检测到速度下降至额定速度的20%时,则工作制动器动作;如果检测到速度为0时,则工作制动器与附加制动器同时动作。

4. 驱动链断链安全保护装置

驱动链链条由于长期在大负荷状况下传递拉力,不可避免地要发生链节及链销的磨损、链节的塑性拉伸、链条断链等情况,这些事故在发生后,将直接威胁到乘客的人身安全。驱动链断链安全保护装置是防止链节过分伸长和断链下滑的安全保护装置。驱动链断链安全保护装置一般由检测元件和执行装置两部分组成。在牵引链条张紧装置中,张紧弹簧端部装设触点开关,如果牵引链条磨损或由于其他原因伸长或断链时,触点开关能切断电源使自动扶梯停止运行。

驱动链断链安全保护装置一般有机械式和电子式两种结构形式。

机械式的驱动链断链安全保护装置如图9.32所示。正常状态下,滑块在自重作用下压贴在驱动链上,当链条下沉超过某一个允许范围或驱动链断裂时,滑块使微动开关动作,断开主机电源而使扶梯停止运行。

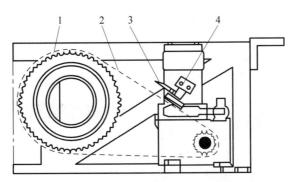

图 9.32 机械式驱动链断裂安全保护装置

1—驱动链轮；2—驱动链；3—微动开关；4—滑块

图 9.33 为一种电子式驱动链保护装置。它利用接近开关检测驱动链状态的变化,接近开关安装在距离驱动链 4～6mm 处。正常状态下,接近开关对准驱动链,当驱动链脱离接近开关的检测区时,切断自动扶梯控制电路使扶梯停止运行。

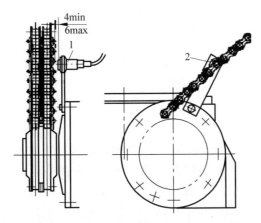

图 9.33 电子式驱动链断裂安全保护装置

1—接近开关；2—驱动链

5. 梯级下陷保护装置

梯级下陷指梯级滚轮外圈的橡胶剥落或梯级滚轮轴断裂等情况发生时,造成梯级离开正常运行平面。当梯级出现塌陷、断裂等损坏时,运行中可能撞击梳齿板,造成设备的损坏,因此在损坏的梯级到达梳齿前必须使电梯停止。

梯级下陷检测原理如图 9.34 所示。梯级下陷保护装置安装在扶梯上下部接近水平段处,当梯级因损坏而下陷时(图 9.34 虚线位置),角形杆碰到立杆,转轴随之转动,触发开关,自动扶梯停止运转。

6. 扶手带入口保护装置

为防止有异物随扶手带进入其入口,如小孩由于好奇而用手抓扶手带时手和手臂有可能被扯入,为防止类似的安全事故发生,在扶手带入口处装设有安全保护装置。通常在自动扶梯的上、下入口处的左、右扶手分别设置一个,每部扶梯共有 4 个这种保护装置。扶手带入口保护装置如图 9.35 所示。

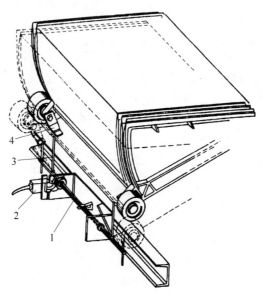

图 9.34　梯级下陷检测原理

1—转轴；2—开关；3—立杆；4—角形件

该装置的壳体由橡胶制成，周边与扶手带的间隙为 3～4mm，人的手指不可能进入，当异物被扯入时，由于扶手带的运动，异物对装置的壳体产生压力，当压力超过一定值时(30～50N)，微动开关动作，扶梯停止运行。

7. 扶手带断带保护装置

扶手带是受力部件，工作中受驱力、摩擦力的长时间作用，可能导致扶手带因为疲劳而断裂。扶手带突然断裂时，梯级不能和它同步运行，会发生乘客跌落、摔倒等事故。公共交通型自动扶梯一般都设有扶手带断带安全保护装置。扶手带断带安全保护装置如图 9.35 所示，扶手带断带检测原理如图 9.36 所示。行程开关的滚轮靠贴在扶手带内表面，并在摩擦力作用下滚动，当扶手带一旦断裂，摇臂下跌，微动开关动作，自动扶梯停止运行。

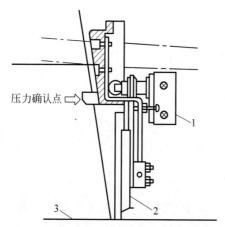

图 9.35　扶手带入口保护装置原理

1—微动开关；2—安装支架；3—入口地面

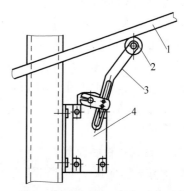

图 9.36　扶手带断带检测原理

1—扶手带；2—滚轮；3—摇臂；4—行程开关

8. 梯级链安全保护装置

梯级链长时间运行后,链条节点处的销轴与轴套的磨损,使节距增大、长度变长,梯级链伸长会导致梯级系统产生不正常的振动和噪声,并在返回时会出现被卡住的可能。另外,梯级链伸长超过一定长度,或由于梯级链遭受意外超强冲击导致梯级链断裂时,自动扶梯将失去驱动力。梯级链保护装置在发生上述情况后,切断自动扶梯安全回路,使自动扶梯断电并停止运行。

梯级链安全保护装置的工作原理如图9.37所示。它一般与梯级链张紧装置是同一结构的,每台自动扶梯左、右两侧各设置一套。当梯级伸长超出允许范围时,间隙s消失,预设的微动开关动作,扶梯停止运行。如果其中一条链条发生断裂,造成张紧装置突然后移,则会使微动开关动作,扶梯停止运行。若梯级链受异常力作用时,间隙e消失,同样会使安全开关动作,扶梯停止运行。

9. 梳齿板安全保护装置

当异物卡在梯级踏板与梳齿之间造成梯级不能与梳齿板正常啮合时,梳齿就会弯曲或折断,梯级进入梳齿板时,可能导致其他重要部件的损坏。

梳齿板安全保护装置如图9.38所示。正常情况下,梳齿板由压缩弹簧压紧定位。当梯级不能正常进入梳齿板时,梯级的前进力就会将梳齿板抬起移位,使微动开关动作,自动扶梯停止运行,达到安全保护的目的。梳齿板安全保护开关一般装设在上、下梳齿板两边,可以同时检测水平及垂直两个方向梳齿状态的变化。

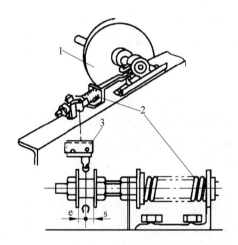

图9.37 梯级链安全保护装置原理

1—梯级链轮;2—压缩弹簧;3—微动开关

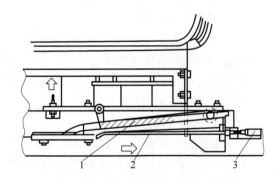

图9.38 梳齿板安全保护装置

1—垂直方向的微动开关;2—梳齿;3—水平方向的微动开关

10. 围裙板保护装置

自动扶梯正常工作时,围裙板与梯级间保持一定间隙,单边为4mm,两边之和为7mm。为了防止异物夹入梯级与围裙板之间的间隙中,保证乘客乘行自动扶梯的安全,在围裙板的背面机架上安装C形件,距离C形件一定距离处设置微动开关。当异物进入裙板与梯级之间的缝隙后,围裙板由于受异物的挤压而发生变形,C形件也随之移位并触发微动开关,自动扶梯立即断电停止运行。一般自动扶梯的上部和下部的左右两侧各安装一个围裙板保护装置,每部自动扶梯有 4 个这样的保护装置。当自动扶梯提升高度较大时,根据具体情况中间再加装若干个。围裙板保护装置如图 9.39所示。

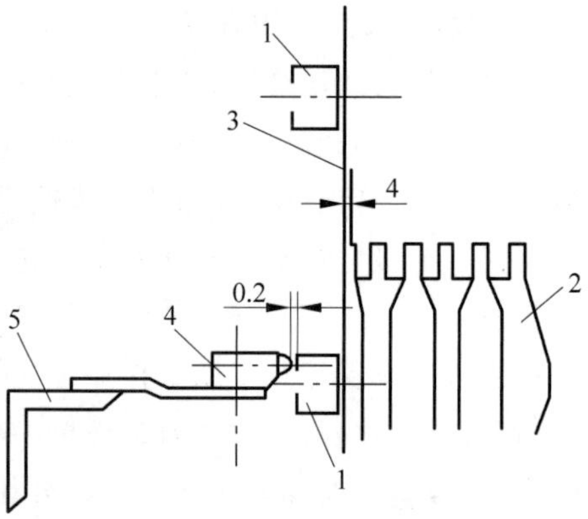

11. 紧急停车按钮

紧急停车按钮是自动扶梯必备的安全装置,一般安装在出入口处的围裙板上,为红色按钮,当发生意外紧急情况时,立即按下此按钮。它用于紧急情况下使设备立即停止运行,阻止事故的发生或者防止事故的延续。

图 9.39　围裙板保护装置
1—C形件；2—梯级；3—围裙板；
4—微动开关；5—上弦杆

9.4.2　辅助安全保护装置

1. 机械锁紧安全保护装置

自动扶梯在运输过程中或长期不用时,为了安全起见,由机械锁紧安全保护装置把驱动机组锁定。

2. 梯级上的黄色边框

梯级上装设的黄色边框起提示和警示作用,告知乘客黄色区域为禁止区,可以踏在非黄色边框区域,它是为了确保自动扶梯的使用安全而设置的。

3. 围裙板上的安全刷

为防止梯级与裙板之间夹住异物,例如裙子、裤子、围巾、伞类等,自动扶梯的左、右围裙板上装有安全刷,又称为围裙板防夹装置。将一排安全刷安装在裙板的底座上,降低乘梯人员的脚、鞋等部位夹入梯级的围裙板间隙的风险。

4. 梯级间隙照明装置

在梯路上下平区段与曲线区段的过渡处,梯级在形成阶梯或在阶梯的消失过程中,乘客的脚往往踏在两个梯级之间而发生危险。为了避免上述情况的发生,自动扶梯在上、下水平区段的梯级下面各设置一个绿色荧光灯,使乘客经过该处看到绿色荧光时,提示乘客及时调整在梯级上站立的位置。

5. 扶手胶带同步监控装置

扶手胶带正常工作时应与梯级同步,如果相差过大,作为重要的安全设施的活动扶手就会失去意义,特别是扶手带过分慢行,会将乘客的手臂向后拉,因此,自动扶梯通常设置有扶手胶带同步监控装置。

6. 转动部件防护装置

为了防止意外伤害,自动扶梯在驱动站和转向站内对易于接近的、对人员有潜在危险的转动部件设置了防护装置,例如,驱动站与回转站内的防护栏、驱动电机的防护罩、转动轴上的键和螺栓,传动机构的齿轮、链轮、链条、传动带等。

7. 使用标志与警示装置

在自动扶梯或自动人行道入口处设置标牌,内容包括小孩必须拉住、宠物必须抱住、握住扶手带、禁止使用手推车等,这些使用须知也可用象形图表示；有的自动扶梯还可以采用语音广播的形式。

9.4.3　电气安全保护装置

自动扶梯电气安全保护装置较曳引式电梯电气安全保护装置简单得多。当自动扶梯出现故障,如无电压或低电压、导线中断、绝缘损坏、元件短路或断路、继电器和接触器不释放或不吸合、触头不断开或不闭合、断相、错相时,电气安全装置动作,使自动扶梯停止运行,防止其出现危险状态。主要的保护措施如下。

1) 供电系统断相、错相保护

供电系统如发生断相,会使电动机处于非正常工作状态;发生错相就会改变自动扶梯运行方向,这都是不安全的状态。当出现这种情况时,自动扶梯立即停止运行。在自动扶梯上一般用断相、错相保护器或相序继电器等作为保护元件,来防止这种不安全状态的出现。

2) 电动机过载保护

当自动扶梯驱动电动机超载或电流过大时,热继电器自动断开使自动扶梯停止运行,在充分冷却后,可重新启动工作,以保护电机不致烧毁。

在自动扶梯上,设置电动机过流保护继电器,或采用能直接切断电流的具有过载保护功能的自动开关,以保护电动机不会在过载状态下工作。

3) 电流接地故障保护

当电路发生漏电时,控制系统自动切断控制回路,使自动扶梯不能继续运行。在自动扶梯上一般使用供电电路上的断路器自动开关来实现。当发生漏电、接地线中有电流通过时,开关自动跳开,需人工复位才能重新接通。

9.5　自动扶梯的电气系统

9.5.1　自动扶梯的工作原理

在前面 9.3 节中已经介绍,自动扶梯由梯级、牵引装置、梯路导轨系统、驱动装置、张紧装置、扶手装置和桁架结构等组成,其中梯级、牵引链条及梯路导轨系统构成了自动扶梯的梯路。自动扶梯上所配置的梯级与两根牵引链、梯级轴连接在一起,在按一定线路布置的导轨上运行即形成自动扶梯的梯路,如图 9.40 所示。

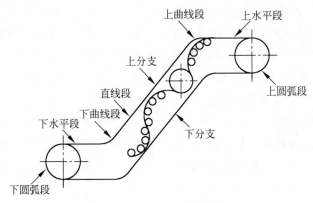

图 9.40　自动扶梯的梯路

牵引链条绕过上牵引链轮、下张紧装置并通过上、下分支的若干直线、曲线区段构成闭合环路。这一环路的上分支为工作分支，上分支中的各个梯级保持水平，以供乘客站立，它由上圆弧段、上水平段、上曲线段、倾斜的直线段、下曲线段、下水平段、下圆弧段组成。自动扶梯两旁装有与梯路同步运行的扶手装置，以供乘客扶手之用。为了保证自动扶梯上的乘客的人身安全，自动扶梯还设置了一系列安全保护装置。

通常，一台自动扶梯由一台电动机驱动，它与减速装置、制动器等构成了自动扶梯的传动系统，由传动系统驱动牵引链和扶手带运动。

自动扶梯工作时，随着电动机的转动，传动系统带动牵引链移动一组由梯级构成的台阶。链条移动时，台阶一直保持水平。在自动扶梯的顶部和底部，台阶彼此折叠，形成一个平台。自动扶梯上的每一个台阶都有两组轮子，它们沿着两个分离的轨道转动。靠近台阶顶部的轮子与转动的链条相连，并由位于自动扶梯顶部的驱动齿轮拉动。其他组的轮子只是沿着轨道滑动，跟在第一组轮子后面。两条轨道彼此隔开，这样可使每个台阶保持水平。在自动扶梯的顶部和底部，轨道呈水平位置，从而使台阶展平。每个台阶内部有一连串的凹槽，以便在展平的过程中与前后两个台阶连接在一起。

同时，驱动电动机也带动扶手带移动，扶手带是一条绕着一连串轮子进行循环的橡胶输送带，它与台阶的移动速度完全相同，让乘用感到平稳。

在自动扶梯运行过程中，如果出现超速、逆转、驱动链断裂、梯级下陷、扶手带断带、梯级链断裂或梳齿夹住异物时，自动扶梯在安全保护装置的作用下自动停机。另外，当供电电源相序错相、电压过低、供电或控制电路出现短路、断路、电器元件故障、电动机过载等状况时，自动扶梯的电气安全保护装置也会立即作用使自动扶梯制停。在发现意外情况时，也可以通过急停按钮强制自动扶梯停机。

9.5.2 自动扶梯的电气系统

自动扶梯的电气系统包括拖动系统和控制系统两部分。

拖动系统为自动扶梯提供动力。与电梯不同，自动扶梯采用链条或齿条传动方式，需要驱动主机提供较大的启动转矩。通常驱动主机采用深槽或者双鼠笼异步电动机，为了降低启动电流，常采用 Y-Δ 启动。目前，自动扶梯也有采用交流变频调速系统的。在工作过程中，自动扶梯通常工作在给定的运行速度下；若处于轻载或空载时，也可采用低速运行模式。近年来，出现了驱动主机采用永磁同步电动机的自动扶梯，但在驱动系统中永磁同步电动机并不直接驱动扶梯的传动系统和扶手带装置，而是通过减速箱为自动扶梯提供动力。这是由于自动扶梯要求驱动主机的输出转矩较大且连续工作，直接驱动将会使同步电机的尺寸增大，不适应自动扶梯的安装要求，另外，自动扶梯要求驱动主机的输出转速较低，按此设计的永磁同步电动机效率很低，与传统驱动主机相比不具有很大的优势；其次，低速永磁同步电动机目前还存在转矩脉动大等问题亟待解决。采用同步永磁电动机与减速箱结合的驱动方式，改善了采用异步电动机驱动主机存在的低负荷条件下的电动机的效率、功率因数较低的弊端，同时保留了传统驱动主机的运行平稳、噪声低、维护方便等优点，驱动主机也可方便地实现变频控制。

电气控制系统保证自动扶梯系统安全稳定地运行。自动扶梯的电气控制系统有以下4种方式：继电器-接触器控制、电子式控制、PLC控制以及微机控制。其中，目前常见的为后两种形式。

接触器-继电器式控制系统是早期产品。系统由接触器、继电器和行程开关组成。其特点是电路简单、容易掌握。由于采用行程开关和继电器进行故障检测与记录，因此采集信号的速度较慢，这就要求保留故障状态，否则当故障瞬间出现又迅速消失时，难以采集到故障信号并进行处理。

电子式控制系统是利用电子电路对自动扶梯的启动、停止、正转、反转及丫-△变换进行逻辑控制和管理，并对进行中发生的故障实施处理、声光报警，及时切断控制电路和主电路电源，使自动扶梯迅速停止运行。电子式控制系统利用体积小、性能可靠的微型接触器和继电器作为执行元件，采用光耦合器作为传输元件，输入输出没有直接电气联系，从而避免了输出端对输入端可能产生的干扰。采用可靠性、灵敏度高的电子式检测开关作为故障检测元件，克服了继电器与行程开关所存在的反应迟钝、易丢失瞬时故障信息的缺点，同时还减少了噪声对系统的干扰，保证了故障检测的准确、及时和可靠。

PLC控制系统是计算机控制方式的一种，它与前两种控制系统的区别在于，用软件替代了继电器、电子器件等构成的控制逻辑电路，具有可靠性高、抗干扰能力强的特点。

微机控制系统是自动扶梯制造厂商或专业控制系统公司根据自动扶梯的工作原理和要求而设计开发的自动扶梯专用控制系统。也是计算机控制方式的一种。目前，自动扶梯的微机控制系统多采用微控制器，系统具有针对性强、控制检测能力全面、体积小、功耗低等特点。

9.5.3　自动扶梯的继电器控制系统

在本节介绍一种继电器控制的自动扶梯电气拖动及控制系统。为了分析说明方便起见，把系统电路分为拖动系统（主电路）、控制电路、安全保护电路、制动电路、故障指示电路、照明电路以及电源电路，如图9.41～图9.47所示。电路中的符号定义见表9.2。下面介绍系统的工作原理。

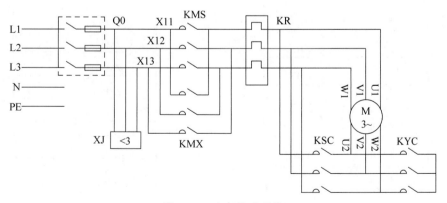

图9.41　电气拖动系统

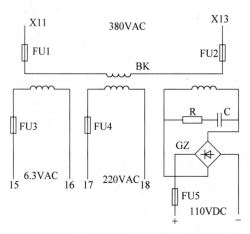

图 9.42　电源电路

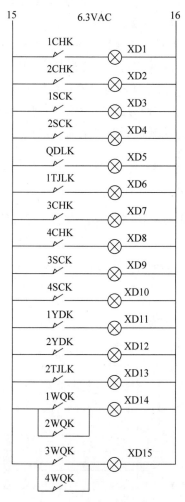

图 9.43　故障指示电路

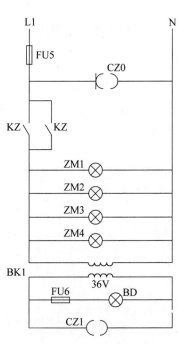

图 9.44　照明电路

如图 9.41 所示,自动开关 Q0 闭合时,自动扶梯系统上电,由控制变压器 BK 产生故障显示、控制电路和制动电路所需的电源,如图 9.42 所示,电路中的 RC 阻容电路起浪涌抑制作用。但是,照明装置和电源插座的电源与驱动主机的电源分开,单独供电,接在了自动扶梯电源总开关 Q0 之前,如图 9.44 所示。通常,为了维修方便,还在桁架内的机房、驱动站及转向站等处配备一个或多个电源插座,如 CZ0、CZ1,供手提行灯等装置使用。照明电路的作用是为自动扶梯提供梯级照明、安全灯照明和插座电源。

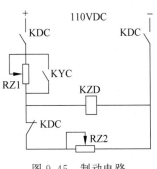

图 9.45 制动电路

故障指示电路是为了监测自动扶梯安全保护装置的工作状态而设置的故障诊断电路,当某一个安全保护装置动作时,通过其辅助触点接通显示回路,对应的指示灯点亮,为操作维修人员提供故障位置和信息。如图 9.43 所示,控制系统对牵引链断链开关、梳齿板安全开关、出口安全开关、梯级断裂保护开关、围裙板保护开关等状态进行了监控。

表 9.2 自动扶梯的电气符号表

序号	代号	名称	序号	代号	名称
1	KMX	下行接触器	28	SJA	检修上行按钮
2	KMS	上行接触器	29	KZ	照明继电器
3	2TJLK	下梯级塌陷保护开关	30	KYC	星形连接接触器
4	XJK	下检修开关	31	KSC	三角形连接接触器
5	SJK	上检修开关	32	KDC	制动继电器
6	C1SA	电解电容器	33	KX	下方向继电器
7	R1SA	线绕电阻器	34	KS	上方向继电器
8	2YDK	右牵引链断链开关	35	KJX	检修继电器
9	1YDK	左牵引链断链开关	36	KSA	加速继电器
10	4SCK	下梳齿板右侧安全开关	37	XJ	相位继电器
11	3SCK	下梳齿板左侧安全开关	38	KR	热继电器
12	4CHK	下出口右侧安全开关	39	2LK	下端安全开关
13	3CHK	下出口左侧安全开关	40	1LK	上端安全开关
14	1TJLK	上梯级下陷保护开关	41	ZM1,ZM2	上进口梯级照明
15	2SCK	上梳齿板右侧安全开关	42	ZM3,ZM4	下进口梯级照明
16	1SCK	上梳齿板左侧安全开关	43	FU1~FU7	熔断器
17	2CHK	上出口右侧安全开关	44	GZ	整流桥
18	1CHK	上出口左侧安全开关	45	C	保护电容
19	XTA	下端停止按钮	46	R	保护电阻
20	STA	上端停止按钮	47	BK	控制变压器
21	QDLK	驱动链断裂开关	48	M	电动机
22	DL1,DL2	电铃	49	Q0	空气开关
23	XZMK	下端照明开关	50	CZ0,CZ1	插座
24	SZMK	上端照明开关	51	BD	照明灯
25	XYK	下端控制钥匙开关	52	KZD	制动器线圈
26	SYK	上端控制钥匙开关	53	RZ1,RZ2	制动电阻
27	XJA	检修下行按钮	54	1WQK~4WQK	上、下围裙板安全保护开关

　　制动电路的作用是当自动扶梯运行时，制动线圈 KZD 得电，把制动装置松开，自动扶梯开始运行；当制动线圈 KZD 失电时，通过电阻 RZ2 把线圈储存的能量泄放。

　　自动扶梯启动时，首先闭合总电源开关 Q0，则系统各部分电路电源接通。再由操作人员通过旋动上照明开关 SZMK 或下照明开关 SZMK，接通电铃 DL1 或 DL2，提示在自动扶梯上的人员撤离，再旋动 SZMK 或 SZMK 的位置到照明控制，则照明继电器 KZ 得电吸合，上、下梯级照明装置 ZM1～ZM4 得电，梯级照明打开，如图 9.44 所示。此时，如果自动扶梯上无人，则可启动扶梯运行。如果所有的安全保护开关没有报警、供电电源的相序正确（XJ 继电器吸合），则旋动上钥匙开关 SYK 或下钥匙开关 XYK，在图 9.46 中方向继电器 KS 或 KX 的线圈就会得电，同时，制动继电器 KDC 得电，制动线圈 KZD 得电而使制动器打开，自动扶梯处于运行状态。

　　假如在上述情况下，需要自动扶梯向上运行，则控制系统工作原理如下。

　　（1）旋动上钥匙开关 SYK 到向上运行的位置，图 9.46 中，电源通过一系列安全保护开关、电气安全保护开关，再由检修继电器 KJX 常闭触点、钥匙开关 SYK、下方向接触器常闭触点 KMX，使上方向继电器 KS 线圈得电。KS 线圈得电后，加速继电器 KSA 线圈回路断开，加速继电器 KSA 常开触点由于 R1SA 和 CISA 组成的阻容电路的作用会延时断开。同时，在图 9.46 中 KS 线圈得电后，制动继电器 KDC 线圈得电，制动器松闸。

　　（2）由于 KS 得电吸合，在图 9.47 中，上方向接触器 KMS 线圈得电，又由于 KS 得电吸合、KSA 常开触点延时断开，星型接触器 KYC 线圈得电，其常开触点吸合，在拖动回路图 9.41 中，电动机以星型链接的方式启动。

　　（3）一段时间之后，KSA 线圈完全失电，则其常开触点断开，常闭触点闭合，在图 9.47 中，星型接触器 KYC 线圈失电，其常闭触点闭合，与 KSA 常闭触点使得三角型连接接触器 KSC 线圈得电，电动机自此以三角型连接的方式运行，与此同时，图 9.45 中，KYC 常开触点断开后，电阻 RZ1 接入制动器线圈 KZD 回路，使 KZD 维持不松闸的较小电流。

　　（4）在自动扶梯运行过程中，如果保护装置开关起作用，则会切断图 9.46 中的控制回路电源，上方向继电器 KS 失电，上方向接触器 KMS 和三角形连接接触器 KSC 线圈也相继失电，则拖动系统主回路电源被切断，电机停止运转，同时，图 9.45 中制动继电器 KDC 线圈失电，制动器线圈 KZD 失电制动器抱闸制动，自动扶梯停止运行。

　　（5）在自动扶梯运行过程中，如果按动停止按钮（上、下端停止按钮 STA、XTA），也会切断图 9.46 中的控制回路电源，自动扶梯停止运行。正常停止扶梯时，当扶梯上无乘客时，按动停止按钮，然后关闭梯级照明。

　　（6）在自动扶梯运行过程中，如果电动机过载，则热继电器 KR 常闭触点断开，也会切断图 9.46 中的控制回路电源，自动扶梯停止运行。

　　另外，自动扶梯设置有检修方式。检修方式时，闭合上检修开关 SJK 或下检修开关 XJK，在图 9.46 中，检修继电器 KJX 线圈得电，其常开触点吸合，常闭触点断开，自动扶梯处于检修操作状态，此时，点动检修上行按钮 SJA，上方向继电器 KS 线圈得电，自动扶梯上行，释放按钮，扶梯停止。点动检修下行按钮 XJA，下方向继电器 KX 线圈得电，自动扶梯下行，释放按钮，扶梯停止。

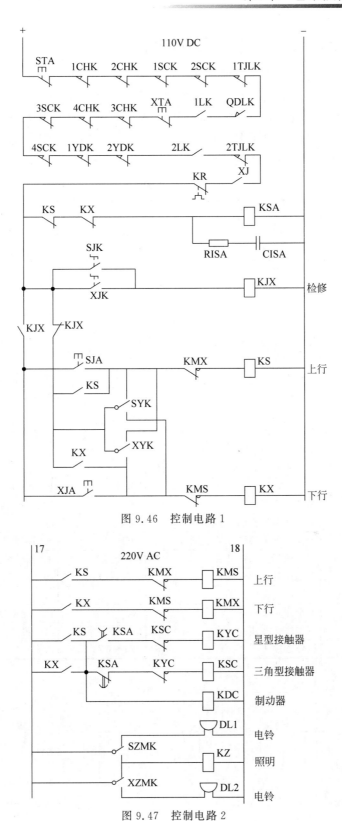

图 9.46　控制电路 1

图 9.47　控制电路 2

9.5.4 自动扶梯的 PLC 控制系统

自动扶梯的继电器控制系统原理简单、直观,但是由于元器件多,接线复杂,故障率较高且排除故障困难,已基本被淘汰,自动扶梯控制系统被计算机或 PLC 控制系统替代。本节介绍一种采用三菱 PLC 控制的自动扶梯。图 9.48~图 9.54 为自动扶梯电气系统的电路图。表 9.3 列出了其电气元件的名称和代号。另外,图 9.55 给出了控制程序梯形图。下面分析说明该自动扶梯电气控制系统的工作原理。

表 8.3　电气元件代号表

序号	代号	名称	序号	代号	名称
1	KMS	下行接触器	25	JXK	检修开关
2	KMX	上行接触器	26	JXAS	检修盒上行开关
3	CS1	主机测速开关	27	JXAX	检修盒下行开关
4	CS2	左扶手带测速开关	28	JTA	检修停止按钮
5	CS3	右扶手带测速开关	29	JTAS	上急停按钮
6	TLK1	上梯级断裂检测开关	30	JTAX	下急停按钮
7	TLK2	下梯级断裂检测开关	31	KDC	三角形连接接触器
8	SXK1	下梳齿左侧异常开关	32	KYC	星型连接接触器
9	SXK2	下梳齿右侧异常开关	33	KZD	制动接触器
10	SSK1	上梳齿右侧异常开关	34	KZC	控制接触器
11	SSK2	上梳齿左侧异常开关	35	ZDQ	制动器线圈
12	FSK1	上左侧扶手带出入口检测开关	36	YC	运行继电器
13	FSK2	上右侧扶手带出入口检测开关	37	Q0	空气开关
14	FXK1	下左侧扶手带出入口检测开关	38	XJ	相位继电器
15	FXK2	下右侧扶手带出入口检测开关	39	KR	热继电器
16	QLK	驱动链断裂检测开关	40	LED	7 段 LED 数码管
17	TXK1	上梯级下陷检测开关	41	DL	电铃
18	TXK2	下梯级下陷检测开关	42	ZMK	照明控制开关
19	WTK1~WTK4	围裙板间隙保护开关	43	ZM1~ZM2	上、下梯级照明
20	YSK1	上端控制钥匙开关	44	FU1~FU10	熔断器
21	YSK2	下端控制钥匙开关	45	GZ	整流桥
22	TAS	上端停止按钮	46	BK	控制变压器
23	TAX	下端停止按钮	47	M	电动机
24	S1	检修盒插头	48	CZ1~CZ4	插座

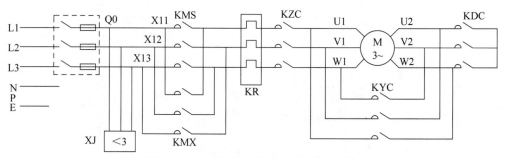

图 9.48　PLC 控制的振动扶梯的拖动系统

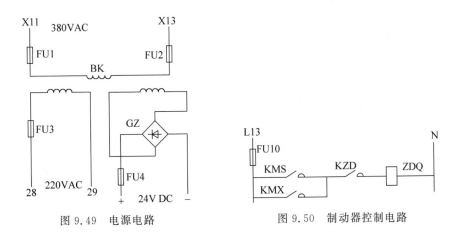

图 9.49 电源电路　　　　　　　　图 9.50 制动器控制电路

1. 电气拖动系统及电源配置

如图 9.48 和图 9.49 所示,当总开关 Q0 闭合时,为自动扶梯的拖动系统和电气控制系统接通工作电源。在图 9.51 中,当自动扶梯所有的安全保护装置状态正常时,运行接触器 YC 线圈得电,其常开触点闭合,如果此时自动扶梯要上行,那么,上行接触器 KMS 和主电路接触器 KZC 的常开触点吸合,同时制动器控制接触器 KZD 常开触点吸合,电动机的制动器抱闸线圈 ZDQ 通电,制动器打开。然后,接触器 KYC 常开触点吸合,电动机绕组采用 Y 连接方式降压启动,若干秒后,KYC 常开触点断开,而接触器 KDC 常开触点吸合,电动机绕组采用△方式运行,自动扶梯投入正常的运行状态。自动扶梯下行时,拖动系统工作过程与上行类似。值得一提的是,在拖动系统的主回路中设置了主电路接触器 KZC,它的作用是不论是在自动扶梯上行或下行,当 KZC 失电断开时,可以切断主驱动主机(电动机)的电源。我国的《自动扶梯和自动人行道的制造与安装安全规范》规定,在驱动主机的主回路中,电源应由两个独立的接触器切断,这两个接触器的触点应串联在供电回路中,在设备停止运行时,如果其中任意一个接触器的触点未接通,则自动扶梯不能重新启动,如图 9.48 中的上、下行接触器 KMS、KMX 和主电路接触器 KZC。

如图 9.52 所示,照明装置、电源插座的电源与驱动主机(电动机)的电源及电气控制系统的电源分开设置,它采用单独的供电方式,供电取自于电源总开关 Q0 之前,是一个独立的供电回路。当照明开关 ZMK 闭合时,制动器打开的同时,接通梯级照明回路,ZM1、ZM2 被点亮。

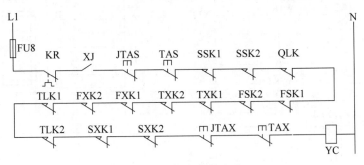

图 9.51 安全保护电路

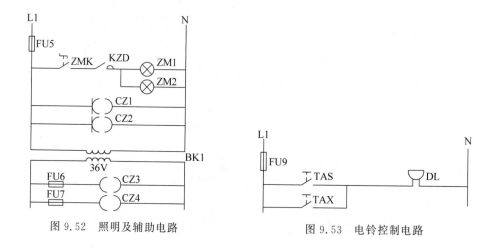

图 9.52 照明及辅助电路

图 9.53 电铃控制电路

2. PLC 电气控制系统

图 9.54 为自动扶梯的 PLC 控制系统原理图。其中，PLC 输入部分按功能可分为 5 部分：

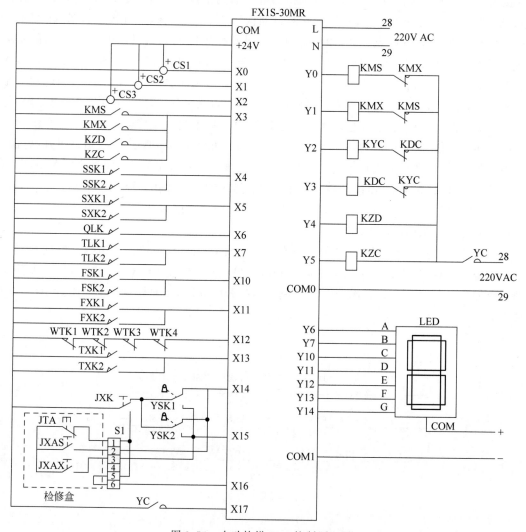

图 9.54 自动扶梯 PLC 控制原理图

（1）测速：输入点 X0 连接测速传感器 CS1，用于测量驱动主机的转速；输入点 X1、X2 连接测速传感器 CS2、CS3，用于测量左、右扶手带的速度。

（2）主回路接触器触点状态检测：输入点 X3 用于检测驱动主机供电电路和制动器控制回路中接触器触点通断状态，在驱动主机的供电回路中，若上行接触器 KMS、下行接触器 KMX 和主电路接触器 KZC 中任意一个接触器的主触点未打开（在其线圈未通电状态下吸合），则驱动主机都不能重新启动；另外，如果制动器控制接触器 KZD 的常开触点未打开，则驱动主机也不可启动。

（3）安全保护装置状态检测：输入点 X4～X13 连接自动扶梯的安全保护装置的状态开关，用于检测安全保护装置的输出状态，包括上下梳齿板的左右侧梳齿异常开关、驱动链断裂开关、上下梯级链断裂开关、上下端的左右侧扶手带出入口异常开关、上下端的左右侧围裙与梯级的间隙检测开关、上下梯级上陷检测开关等，如果上述开关状态异常，则驱动主机不可启动。

（4）工作方式选择：输入点 X14、X15、X16 用于选择自动扶梯的工作方式和运行方向。在图 9.54 中，当检修开关 JXK 处于上方位置时，自动扶梯为正常运行方式，此时钥匙开关 YSK1 或 YSK2 把电路连接到输入点 X14 时，设置自动扶梯为上行方向，而钥匙开关 YSK1 或 YSK2 把电路连接到输入点 X15，则自动扶梯被设置为下行方向。

在图 9.54 中，当检修开关 JXK 处于下方位置时，自动扶梯为检修运行方式，此时钥匙开关 YSK1 或 YSK2 失效，需要通过插座 S1 接入检修盒进行检修操作。检修开关 JXK 通过 S1 的 5、6 端接入 PLC 的输入点 X16，X16 与 COM 端接通，自动扶梯处于检修方式，此时，通过 S1 插座的 1 端，检修开关 JXK 把 COM 端与检修盒中的急停按钮 JTA 相连，检修盒中的点动上、下行按钮 JTAS、JTAX 分别通过 S1 的 2、3 端与 PLC 的输入点 X14、X15 连接，这样，在检修方式下，就可通过检修盒的 JTAS、JTAX 控制扶梯上行或下行。

（5）安全回路状态检测：输入点 X17 用于检测安全回路是否正常，如果安全回路正常，则运行接触器 YC 的常开触点吸合，自动扶梯具备运行的条件；如果某个安全保护装置出现异常，则 YC 的常开触点不能吸合，自动扶梯不能启动或立即停止运行。

图 9.54 中，PLC 的输出点按功能可分为两部分。

（1）主电路控制：输出点 Y0～Y5，用于驱动控制下列接触器的线圈，包括上、下行接触器 KMS、KMX，驱动主机绕组的 Y、△连接的接触器 KYC、KDC，制动器控制接触器 KZD，主电路接触器 KZC。

（2）LED 数码管显示：输出点 Y6～Y14 分别驱动 7 段 LED 数码管的 a～g。

3. 自动扶梯的 PLC 控制程序分析

为了说明程序设计的思路和方法，本节把图 9.55 的程序按功能分成了几个模块来分析。在程序中，定时器延时的基本单位为 100ms，定时器线圈参数中 K 之后的数字为延时基本单位的个数，同理，计数器线圈参数中 K 之后的数字为预设的计数次数。

1）速度检测

在图 9.54 中，设置了三个测速传感器检测驱动主机和左、右扶手带的速度。当自动扶梯的运行速度超过额定速度的 1.2 倍时，驱动主机供电回路切断，扶梯自动停止运行。另外，当扶手带的速度偏离梯级、踏板或胶带的实际速度大于±5%持续达 15s 时，自动扶梯也停止运行。图 9.55 中，三种速度监测程序的设计原理相同，因此，本节仅以驱动主机速度检测为例分析说明速度监测的原理。

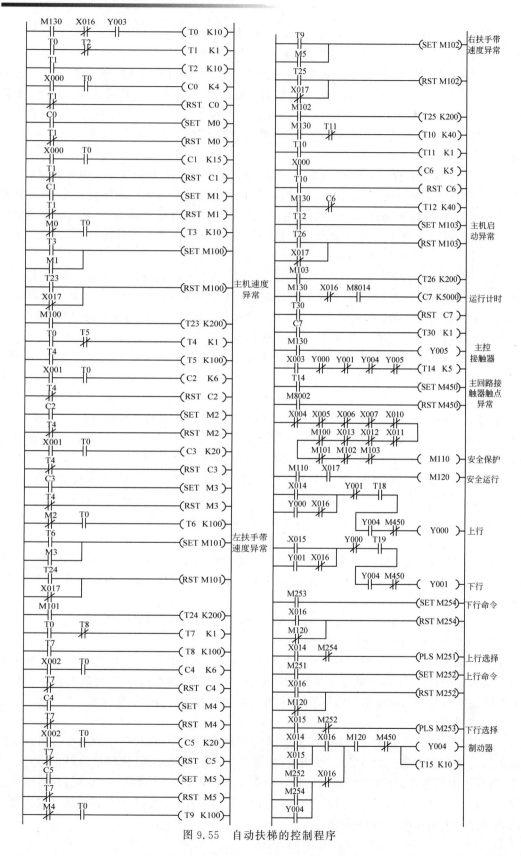

图 9.55　自动扶梯的控制程序

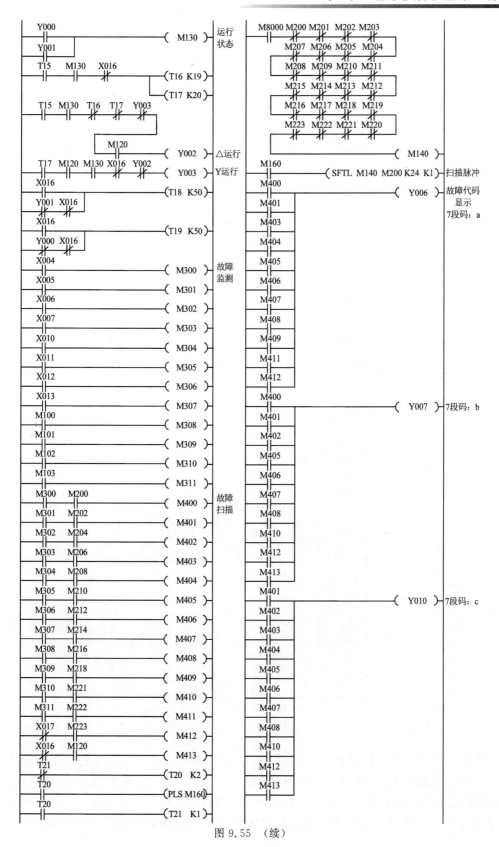

图 9.55 (续)

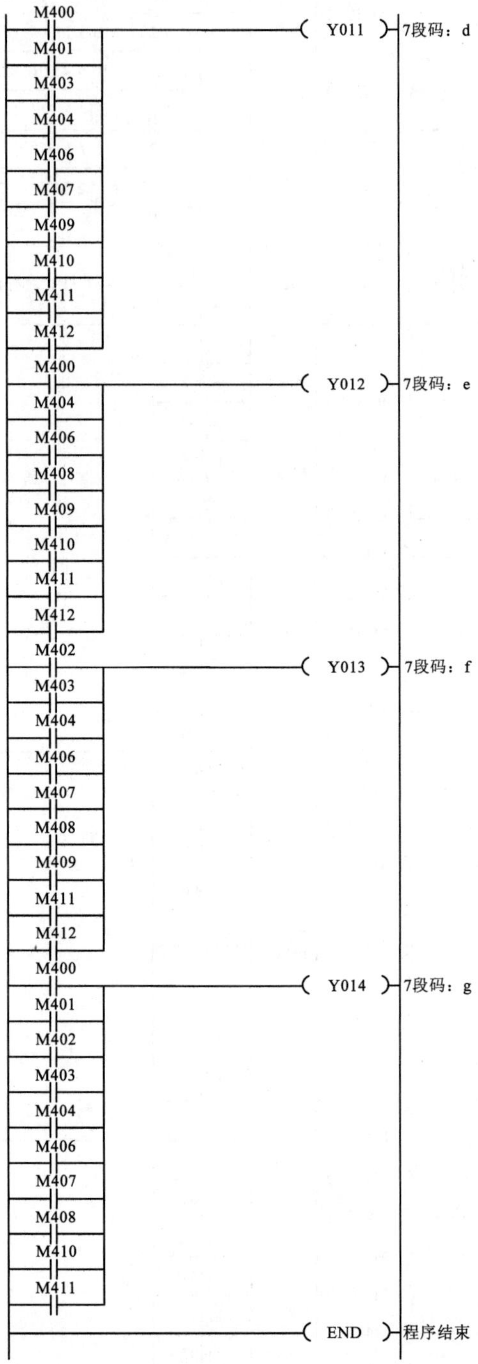

```
     M400
─────┤├─────────────────────────────( Y011 )─ 7段码：d
     M401
─────┤├
     M403
─────┤├
     M404
─────┤├
     M406
─────┤├
     M407
─────┤├
     M409
─────┤├
     M410
─────┤├
     M411
─────┤├
     M412
─────┤├
     M400
─────┤├─────────────────────────────( Y012 )─ 7段码：e
     M404
─────┤├
     M406
─────┤├
     M408
─────┤├
     M409
─────┤├
     M410
─────┤├
     M411
─────┤├
     M412
─────┤├
     M402
─────┤├─────────────────────────────( Y013 )─ 7段码：f
     M403
─────┤├
     M404
─────┤├
     M406
─────┤├
     M407
─────┤├
     M408
─────┤├
     M409
─────┤├
     M411
─────┤├
     M412
─────┤├
     M400
─────┤├─────────────────────────────( Y014 )─ 7段码：g
     M401
─────┤├
     M402
─────┤├
     M403
─────┤├
     M404
─────┤├
     M406
─────┤├
     M407
─────┤├
     M408
─────┤├
     M410
─────┤├
     M411
─────┤├
─────────────────────────────────────( END )─ 程序结束
```

图 9.55 （续）

在图 9.56 中，自动扶梯正常运行时，X016 常闭触点闭合，在驱动主机得电启动时，M130 闭合（不论扶梯上行或下行），待其降压启动后，Y003 得电，电机绕组以△连接运转，自动扶梯处于正常运行状态，定时器 T0 延时 1s 后其常开触点得电闭合。从此开始，PLC通过输入点 X0 读取速度传感器的输出脉冲数对主机的转速进行监控，当继电器 M100 得电,则驱动主机出现速度异常故障。

所谓转速是指单位时间内电机转轴的回转数。采用旋转编码器或光电码盘测速时,由于它们与电机的转轴同轴连接,因此,单位时间内脉冲的个数能够表示电机转速。在图9.56中,程序通过监测1s内X0输入脉冲的个数来判断驱动主机的速度是否出现异常。

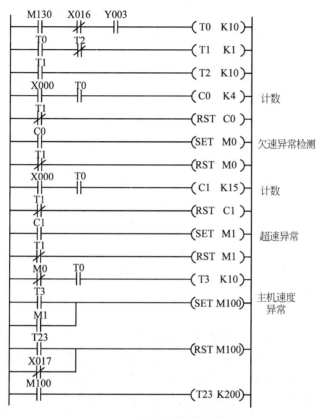

图9.56 驱动主机速度监测程序

为了说明程序设计思路,图9.57给出了驱动主机欠速检测的逻辑时序。自动扶梯正常运行1s后,定时器T0常开触点闭合,程序开始通过计数器C0累计由输入点X000输入的脉冲个数,但是,由于定时器T1的延时未到,它的常闭触点闭合,C0计数被复位。在T0延时完成0.1s后,T1延时时间到,T1常开触点闭合、常闭触点断开,此时,C0开始计数。再经过1s之后,T2的常开触点闭合,同时,它的常闭触点断开,使T1延时终止,T1常开触点断开,反过来使T2停止延时,同时T1常闭触点闭合使C0计数复位。如此循环,在图9.57中,使T2每隔1s产生0.1s的复位脉冲使T1复位,计数器C0复位清0,T1则产生1s的定时。图9.57中,在1T之后的1s内,C0的计数值超过了4次时,继电器M0线圈得电,M0的常闭触点断开,T3的延时不会超过1s,因此,继电器M100线圈不可能得电。而在3T之后的1s内,C0计数值始终未到达4次,不能使M0线圈得电,因此,从C0开始计数1s后,T3的延时时间到,其线圈得电,T3常开触点闭合,继电器M100线圈得电,驱动主机出现欠速现象。速度异常故障20s后,T23延时时间到,继电器M100线圈失电复位,然后,重新监测。

类似地,在图9.56中,当1s之内,计数器C1的计数值超过15时,继电器M1线圈得电,其常开触点闭合使M100线圈得电,驱动主机出现超速现象。

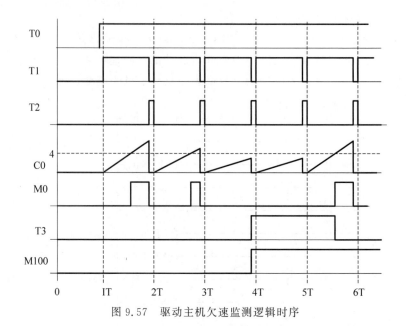

图 9.57 驱动主机欠速监测逻辑时序

同理，在图 9.55 中当左、右扶手带速度异常时，继电器 M101 和 M102 线圈得电。

值得一提的是，当安全保护装置出现异常时，运行接触器 YC 线圈失电，YC 常开触点无法闭合，因此输入点 X017 的常闭触点使三个速度异常继电器 M100、M101、M102 线圈复位失电。

2）启动异常监测

如前所述，自动扶梯的驱动主机工作时，先以其绕组Y型连接的形式降压启动，因此，自动扶梯的启动异常监测是针对这个环节而设置的，是通过监测启动阶段驱动主机的转速来实现的。如图 9.58 所示，驱动主机一旦启动，计数器 C6 开始累积由输入点 X000 输入的脉冲数（速度传感器 CS1 的输出），定时器 T11 控制 T10 产生 4s 测量间隔，在此期间，如果 C6 的计数值在 2s 之内超过 5 次，则启动正常，否则，启动异常，继电器 M103 得电。20s 后，T26 延时时间到，继电器 M103 线圈失电复位，重新监测。

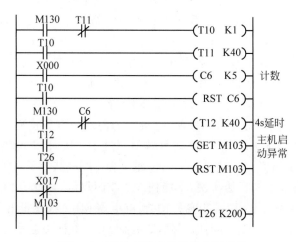

图 9.58 驱动主机启动异常监测程序

图 9.59 为驱动主机启动异常监测的逻辑时序,图中,如果在启动之后的 2s 内,C6 的计数次数未达到 5 次,M103 线圈得电。否则,M103 线圈不能得电。

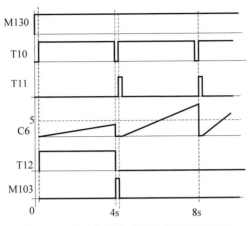

图 9.59　驱动主机启动异常检测逻辑时序

3）主电路接触器触点异常检测

前面提到,在驱动主机的主回路中,其电源应由两个独立的接触器切断,这两个接触器的触点应串联在供电回路中,在设备停止运行时,如果其中任意一个接触器的触点未接通或未断开,则自动扶梯不能重新启动。另外,制动器未打开,驱动主机也不能启动运行。因此,程序对上行接触器 KMS、下行接触器 KMX、主电路接触器 KZC 以及制动器控制接触器 KZD 主触点的通断状态进行了监测,把它们的常开触点并联后由输入点 X3 引入 PLC,其监测程序如图 9.60 所示。PLC 上电 0.5s 后,当上述 4 个接触器线圈未得电状态下,如果 X003 常开触点仍然闭合,则继电器 M450 线圈得电,4 个接触器中出现主触点未断开的故障。否则,主回路各个接触器和制动器控制接触器状态正常,M450 线圈不能得电。图 9.60 程序中的 M8002 是三菱 PLC 的特殊功能继电器,在 PLC 上电运行时,它仅在第一个扫描周期接通。因此,在 PLC 上电运行的瞬间,M8002 使 M450 线圈失电复位。

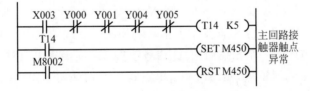

图 9.60　主电路接触器触点监测程序

4）安全保护

在本节,自动扶梯的安全控制采用硬件和软件两种途径实现,只有硬件和软件安全控制全部正常时,自动扶梯才能启动运行。

硬件方法是把安全保护装置开关的常闭触点,如扶手带出入口开关、梯级下陷开关、梯级链断链开关、驱动链断链开关、梳齿异常开关,与停止开关、急停开关、相序继电器触点、热继电器触点等串接在一起组成安全控制电路,如图 9.51 所示。只要电路中有一个装置出现异常,安全控制回路就会断开,运行接触器 YC 线圈失电,自动扶梯停止运行。

另外,把扶手带出入口开关、梯级下陷开关、梯级链断链开关、驱动链断链开关、梳齿异常开关等常开触点以及围裙板与梯级间隙监测电路由 PLC 输入点接入 PLC,如图 9.54 所示,与主电机速度异常监测、扶手带速度异常监测、启动异常监测的状态结合,构成了软件安全控制回路(见图 9.61),当回路中任意一个状态出现异常时,安全保护继电器 M110 失电。

在图 9.61 中,只有下列情况同时满足时,运行继电器线圈 M120 才能得电,自动扶梯才能得以启动运行。

① 硬件安全回路正常,YC 的常开触点闭合,则输入点 X017 触点闭合;

② 软件安全控制回路正常,M110 触点吸合。

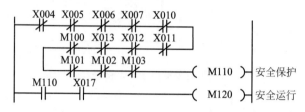

图 9.61　软件安全控制回路

5) 自动扶梯运行控制

自动扶梯运行控制程序如图 9.62 所示。自动扶梯有两种工作模式:正常运行和检修运行,由检修开关选择。当 X16 触点被接通时,自动扶梯为检修运行模式,反之,扶梯为正常运行模式。为了安全起见,切换工作模式 5s 之后自动扶梯才能在新模式下运行,因此,在图 9.62 中,程序通过定时器 T18 和 T19 延时接通 Y000 和 Y001 输出点的线圈。类似地,PLC 上电后,也得等待 5s,自动扶梯才能够启动运行。下面分析说明两种工作模式下的程序设计思路。

(1) 自动扶梯的正常模式的运行控制。

自动扶梯系统上电后,首先,通过上端钥匙开关 YSK1 和下端钥匙开关 YSK2 设置自动扶梯的运行方向,假设设置上行方向,则 X014 触点闭合,此时如果安全回路正常,则 M120 线圈得电,主回路各个接触器主触点正常断开,M450 线圈失电。X014 触点闭合使继电器 M251 常开触点闭合一个扫描周期,此信号使 M252 线圈得电自锁,M252 的常开触点闭合使输入点 Y004 线圈得电,与 Y004 输出点相连的接触器 KZD 线圈得电,同时,由于 Y004 常开触点吸合,输出点 Y000 线圈得电,则与之相连的上行接触器线圈 KMS 得电。在图 9.50 中,KZD 和 KMS 常开触点闭合,制动器线圈 ZDQ 通电松闸。在同一时间,由于 Y000 的常开触点吸合,M130 继电器线圈得电,其触点闭合使 Y005 输出点线圈得电,则与之相连的主电路接触器 KZC 线圈得电,至此,主电路上两个为主机供电的接触器主触点吸合。在 Y004 线圈得电 1s 之后,定时器 T15 延时时间到,其常开触点闭合,Y002 线圈得电,使得与其相连的接触器 KYC 线圈得电,驱动主机绕组以 Y 连接的方式降压启动。约 2s 之后,T16 和 T17 延时相继完成,它们的常开触点接连闭合,首先 Y002 线圈失电,0.1s 之后,Y003 线圈得电,则与之相连的 KDC 接触器线圈得电,驱动主机的绕组以 △ 连接的方式运行,自动扶梯运行到额定运行速度,进入正常运行状态。

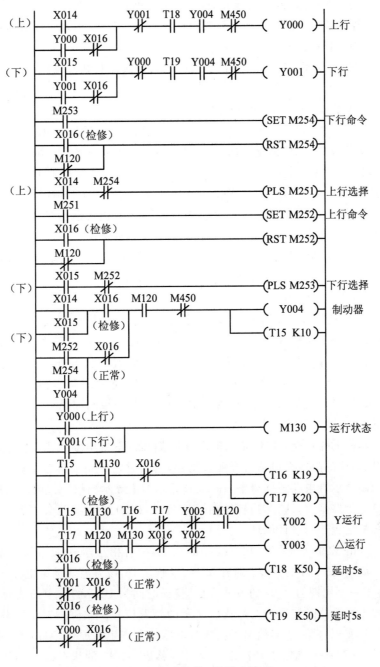

图 9.62 自动扶梯运行控制程序

当 YSK1 或 YSK2 接通输入点 X015 时,自动扶梯设置为下行方向,下行控制原理与上行相同,这里不再分析。

需要扶梯停止工作时,按动设置在上端的停止按钮 TAS 或下端的停止按钮 TAX,则切断图 9.51 的安全控制回路,运行接触器 YC 线圈失电,其常开触点断开,切断了主电路上所有接触器线圈的供电回路(见图 9.54),其主触点断开,驱动主机停止工作,同时也断开了

图 9.50 的制动器控制回路,制动器线圈失电,制动器抱闸制动,使自动扶梯停止运行。另一方面,运行接触器 YC 线圈的失电,也使 KZD 线圈失电,它的常开触点断开也能起到切断制动器线圈 ZDQ 控制回路的作用。

松开 TAS 或 TAX 后,图 9.54 的控制回路重新接通,YC 线圈重新得电,为下次运行做好准备。

（2）自动扶梯的检修模式的运行控制。

在图 9.54 中,把检修开关 JXK 置于下方位置,此时钥匙开关 YSK1 或 YSK2 失效,自动扶梯为检修运行方式,把检修盒与插座 S1 相连,这样 JXK 与 X016 相连,检修盒上的检修上行 JTAS 和下行 JTAX 分别与 X014 和 X015 相连。由于 JXK 已置于下方,则 X016 常开触点闭合,当按下 JTAS 时,X014 常开触点闭合,此时如果安全控制回路正常,M120 的常开触点闭合,Y004 线圈得电,继而 Y000 得电,然后,如同正常运行模式过程一样,制动器松闸、驱动主机降压启动——正常运行。在此过程中,如果松开 JTAS 按钮,驱动主机立即停止工作,制动器抱闸制动,自动扶梯停止运行。检修下行过程与此相同,在此不再说明。

6）故障扫描及故障代码显示

在图 9.54 原理图中,7 段码 LED 显示器用于显示自动扶梯的故障代码和检修方式。故障扫描及故障代码显示程序由三部分组成：故障监测、故障扫描和故障代码显示。

故障监测程序的作用是：对自动扶梯的安全保护装置的状态进行实时检测,当其出现异常时,使相应的故障继电器线圈得电,如图 9.63 所示。这些故障包括扶手带进出口异常、梯级下陷、梯级链断链、驱动链断裂、梳齿异常、围裙板与梯级间隙异常、驱动主机速度异常、扶手带速度异常、启动异常等。

故障扫描程序的作用是：以给定的时间间隔扫描故障继电器触点的状态,如果自动扶梯出现故障,则相应的故障继电器常开触点闭合,当其对应的扫描继电器触点接通时,两者同时作用使故障显示继电器线圈得电,在 LED 显示器上显示出故障代码。扫描继电器触点断开,则 LED 显示器熄灭,这样,当程序循环运行时,LED 显示器就会闪烁显示故障代码。下面介绍故障扫描程序的设计原理。

图 9.63 中,由 T20 延时 0.2s 和 T21 延时 0.1s,两者相互作用,使 T20 在程序运行过程中产生了一个周期为 0.3s 的方波：断开 0.2s,接通 0.1s,该方波驱动继电器 M160 线圈,使 M160 也产生了一个周期为 0.3s 的方波,但其接通时间为 PLC 的一个扫描周期。M160 产生的这个方波序列是故障扫描和故障代码显示的触发信号。故障扫描由三菱 PLC 的状态左移指令 SFTL 实现。图 9.64 给出了扫描继电器状态产生的原理,M160 的常开触点每通断一次,继电器组 M200～M223 依次左移,M223 移出,M140 的状态移入 M200。

在图 9.64 中,M140 为接通状态控制继电器,M8000 为三菱 PLC 的一个特殊功能继电器,只要 PLC 运行,M8000 常开触点始终处于闭合状态。当 PLC 上电时,继电器 M200～M223 线圈没有得电,它们所有的常闭触点闭合,因此,图 9.63 程序中的 M140 线圈得电。

M160 的常开触点第一次闭合时,继电器组第一次左移,M140 的状态移入 M200,这样,M200 线圈得电,其他继电器线圈没有得电。由于 M200 的常闭触点断开,M140 线圈随即失电。

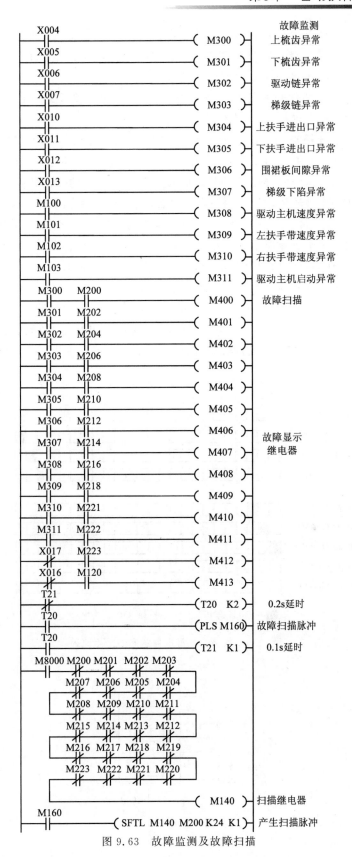

图 9.63　故障监测及故障扫描

　　M160 的常开触点第二次闭合时，继电器组左移，因为 M140 线圈失电，这样，除了 M201 线圈得电外，其余继电器线圈没有得电，此次，由于继电器组中有一个继电器线圈得电，其常闭触点断开，因此，M140 线圈依然失电。

　　以此类推，M160 的常开触点第 24 次闭合时，继电器组左移，除了 M223 线圈得电外，其余继电器线圈没有得电，M140 线圈依旧处于失电状态。

　　当 M160 的常开触点第 25 次闭合时，继电器组左移，M223 移出，M140 的状态移入 M200。此时，继电器组中所有的继电器线圈均处于失电状态，因此，M140 线圈又一次得电。在下次左移指令执行时，M140 的状态移入 M140，重复新的扫描循环。

　　如果自动扶梯出现故障，当与之相连的扫描继电器常开触点闭合时，则相应的故障显示继电器线圈得电，由其常开触点选择 7 段码 LED 数码管的显示字段，在数码管上显示相应的故障代码字型。由于故障显示继电器线圈是间断通电的，因此，故障代码字型是闪烁显示的。例如，驱动链在运行中出现异常，驱动链断链监测开关 QLK 常开触点闭合，则输入点 X006 常开触点闭合，故障继电器 M302 线圈得电，在扫描继电器 M402 触点闭合时，故障显示继电器 M402 线圈得电，在图 9.55 中，它的触点使输出点 Y007、Y010、Y013、Y014 线圈得电，从图 9.65 可以看出，此时，7 段码的 b、c、f、g 字段得电显示，数码管显示故障代码为"Ч"。表 9.4 给出了自动扶梯运行状态和故障代码表。

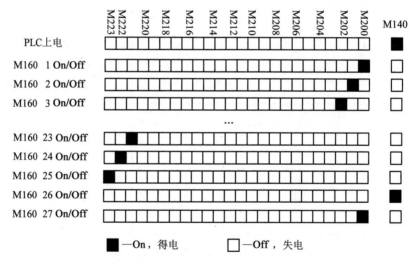

图 9.64　故障扫描继电器状态的产生原理

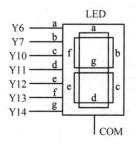

图 9.65　数码管显示电路

表 9.4　自动扶梯运行状态和故障代码表

数 码 显 示	运行状态或故障状态	数 码 显 示	运行状态或故障状态
0	安全回路	7	下扶手进出口异常
1	检修状态	8	围裙间隙开关异常
2	上梳齿异常	9	梯级下陷开关异常
3	下梳齿异常	A	主机速度异常
4	驱动链异常	C	左扶手异常
5	梯级链异常	d	右扶手异常
6	上扶手进出口异常	E	启动保护

4. 自动扶梯的其他控制电路

(1) 开梯预备电铃控制。

电铃控制电路如图 9.53 所示。在开梯前,按下扶梯上的停止按钮 TAS 或 TAX,预备铃响起,通知扶梯即将启动,松开按钮,铃声停止,然后扭动扶梯上的钥匙开关启动扶梯。

(2) 梯级照明控制。

自动扶梯正常工作后,把照明开关 ZMK 闭合(见图 9.52),扶梯上、下端部的梯级照明灯被点亮。只要自动扶梯在运行,梯级照明灯应点亮,若扶梯停止运行,梯级灯熄灭。

(3) 自动扶梯的润滑。

自动扶梯的润滑系统有手动和自动两种方式。自动润滑系统一般以时间为设定参数,在扶梯正常运行累计时间为 40~80h,应给自动扶梯的主驱动链、梯级链、扶手带驱动链等加油润滑一次,润滑时间一般是 2~4min。

自动润滑控制系统应视润滑装置的状况设定,一般是直接给润滑装置提供电源,有的润滑装置本身设定时间自动润滑;还有的是依靠外部控制电路计时,再直接驱动润滑装置实现自动润滑。在本节中,并未涉及自动润滑控制电路或装置,但在程序中(见图 9.55),计数器 C7 达到预值时可以为自动润滑系统提供触发信号,程序中特殊功能继电器 M8014 提供 1min 的定时,C7 具有断电计数值保护功能,显然,计数器 C7 的预置值为自动润滑时间间隔。

9.6　自动人行道

自动人行道是一种带有循环运行的(板式或胶带式)走道,用于水平或倾斜角不大于 12° 输送乘客的固定电力驱动设备,具有连续工作、运输量大、水平运输距离长的特点,主要用于人流量大的公共场所,如机场、车站和大型购物中心或超市等处的长距离水平运输。20 世纪 60 年代,在美国、法国、德国等国相继出现了自动人行道。自动人行道的倾角一般为 0~12°,输送长度在水平或微斜时可达到 500m。输送速度一般为 0.5m/s,最高不超过 0.9m/s。

目前,自动人行道有以下 3 种结构。

1. 踏步式结构

踏步式自动人行道的结构,可以看作是将普通的自动扶梯的倾角减到 0~12°,将自动扶梯所用的特种形式梯级改为普通平板式小车——踏步,各踏步形成一个平坦的路面,就成为踏步式自动人行道。自动人行道两旁各装有与扶梯相同的扶手装置,踏步车轮没有主轮与辅轮之分,因而踏步在驱动端与张紧端转向时不需要使用作为辅轮转向轨道的转向壁,使结构大大简化,自动人行道的结构高度也得以降低,这是自动人行道的最大特点。另外,由于自动人行道表面是平坦的,所以童车、购物车等可以方便地放置在它的上面。

踏步铰接在两根牵引链条上,踏步节距为 400mm；踏步式自动人行道的驱动装置、扶手装置均与自动扶梯通用。

2. 胶带式结构

胶带式自动人行道的原始结构是工厂常用的带式输送机,胶带式自动人行道的最重要部件是输送带,由高强度钢带制成。这种钢带必须保证平整、耐磨、疲劳强度高、寿命长,在钢带的外面覆以橡胶层作为钢带的一种保护层,以防止钢带的机械损伤和抵御潮湿；橡胶覆面上具有小槽,使输送带能进出梳板齿,保证乘客安全上下。即使在较大的负载下,这种橡胶覆面的钢带仍能足够平稳而安全地进行工作,从而使乘客感受到舒适。

钢带的支承可以是滑动的,也可以是用托辊的,如果使用滑动支承,钢带的另一面不覆盖橡胶,使用托辊时,钢带的另一面也覆盖橡胶,但托辊间距一般较小。

胶带式自动人行道的长度一般为 300～350m,当自动人行道长度为 10～12m 时,可采用滑动支承。

3. 双线式结构

双线式结构的自动人行道,其结构是使用销轴垂直放置的牵引链条构成一水平闭合轮廓的输送系统,不同于踏步式结构的链条所构成的垂直闭合轮廓系统；牵引链条两分支即构成两台运行方向相反的自动人行道,一系列踏步的一侧装在该牵引链条上,踏步另一侧的车轮自由地运行于它的轨道上。

这种自动人行道的驱动装置装在它的一端,并将动力传递给轴线垂直的大链轮,驱动电动机、减速器等就装在两条自动人行道之间；张紧装置装在自动人行道另一端的转向大链轮上。

双线自动人行道的特点是结构的高度低,可以利用两台自动人行道之间的空间放置驱动装置,而且可以直接固接于地面之上。

思考题

(1) 自动扶梯和自动人行道有什么区别?
(2) 公共交通型和普通型自动扶梯有哪些不同?
(3) 常见的自动扶梯有哪几种布置形式? 它们各有什么特点?
(4) 简述自动扶梯的结构。
(5) 简述自动扶梯的扶手装置结构与作用。
(6) 简述自动扶梯中几种制动器的作用。
(7) 自动扶梯包括哪些安全保护装置? 它们分别起什么作用?
(8) 简述图 9.30 防逆转保护装置的工作原理。
(9) 自动扶梯的辅助安全保护装置有哪些?
(10) 自动扶梯的电气安全保护装置有哪些?

（11）分析说明图 9.46 电路的工作原理。

（12）图 9.51 的安全保护电路包括哪些安全装置？

（13）简述 9.5.4 节的自动扶梯超速检测的原理。

（14）简述 9.5.4 节的故障扫描报警原理。

（15）结合图 9.48 和图 9.62，说明自动扶梯拖动系统的控制实现过程。

（16）简述踏板式和胶带式自动人行道的结构与特点。

参 考 文 献

[1] 段晨东,张彦宁. 电梯控制技术[M]. 北京:清华大学出版社,2015.

[2] 中华人民共和国国家标准——电梯制造与安装安全规范(GB 7588—2003)[S],北京:中华人民共和国国家质量监督检验检疫总局、中国国家标准化管理委员会,2015.

[3] 中华人民共和国国家标准——电梯、自动扶梯、自动人行道术语(GB/T 7024—2008)[S],北京:中华人民共和国国家质量监督检验检疫总局、中国国家标准化管理委员会,2008.

[4] 史信芳,陈影,毛宗源. 电梯技术——原理、维修、管理[M]. 北京:电子工业出版社,1989.

[5] 梁延东. 电梯控制技术[M]. 北京:中国建材工业出版社,1996.

[6] 李惠昇. 电梯控制技术[M]. 北京:机械工业出版社,2003.

[7] 中华人民共和国国家标准——电梯远程报警系统(GB/T 24475—2009)[S]. 北京:中华人民共和国国家质量监督检验检疫总局、中国国家标准化管理委员会,2009.

[8] 中华人民共和国国家标准——电梯、自动扶梯和自动人行道数据监视和记录规范(GB/T24476—2009)[S].北京:中华人民共和国国家质量监督检验检疫总局、中国国家标准化管理委员会,2009.

[9] 北京市地方标准——电梯运行安全监测信息管理系统技术规范(DB11/T 948—2013)[S]. 北京市技术监督局,2013.

[10] 张汉杰,王锡仲,朱学莉. 现代电梯控制技术[M]. 修订版. 哈尔滨:哈尔滨工业大学出版社,2001.

[11] 陈家盛. 电梯结构原理及安装维修[M]. 5 版. 北京:机械工业出版社,2012.

[12] 叶安丽. 电梯控制技术[M]. 2 版. 北京:机械工业出版社,2011.

[13] 张琦,张广明,诸小鹏. 现代电梯构造与使用[M]. 北京:清华大学出版社,北京交通大学出版社,2004.

[14] 吴国政. 电梯原理·使用·维修[M]. 北京:电子工业出版社,1996.

[15] 刘勇,于磊. 电梯技术[M]. 北京:北京理工大学出版社,2017.

[16] 洪小圆. 基于永磁同步电机的电梯运动控制研究[D],浙江大学,2012.

[17] 胡育文,高瑾,杨建飞,等. 永磁同步电机直接转矩控制系统[M]. 北京:机械工业出版社,2015.

[18] 徐艳平,钟彦儒,杨惠. 永磁同步电机矢量控制和直接转矩控制的研究[J]. 电力电子技术,2008,42(1):60~62.

[19] 冯云. 永磁同步无齿电梯曳引机的封星技术原理及应用[J]. 中国电梯,2018,29(17):20-23.

[20] 中华人民共和国国家标准——消防电梯制造与安装安全规范(GB 26465—2011)[S]. 北京:中华人民共和国国家质量监督检验检疫总局、中国国家标准化管理委员会,2011.

[21] 中华人民共和国国家标准——火灾情况下的电梯特性(GB/T 24479—2009)[S]. 中华人民共和国国家质量监督检验检疫总局、中国国家标准化管理委员会,2009.

[22] FX1S,FX1N,FX2N,FX2NC 编程手册[M]. 三菱电机株式会社,2001.

[23] SYSMAC Programmable Controllers C20P/C28P/C40P/C60P Operation Manual[M]. OMRON Corporation,1997.

[24] VARISPEED-616G5 使用说明书[M]. 株式会社安川电机,2003.

[25] FX2N 系列微型可编程控制器使用手册[M]. 三菱电机自动化(上海)有限公司,2007.

[26] 姚融融,周小蓉,陆铭,袁正明. 电梯原理及逻辑故障排除[M],西安:西安电子科技大学出版社,2004.

[27] Electrical characteristics of generators and receivers for use in balanced digital multipoint systems (TIA/EIA-485-A),Telecommunications Industry association,1998.

[28] RS-422 and RS-485 Application Note, B&B Electronics Manufacturing Co. Inc. , 1997.

[29] 马福军,周巧仪,刘兵. 电梯系统 CANopen 高层协议——CiA DSP 417[J]. 自动化与信息工程,2009,2:21-24.

[30] 中华人民共和国国家标准——自动扶梯和自动人行道的制造与安装安全规范(GB16899—2011)[S].北京:中华人民共和国国家质量监督检验检疫总局、中国国家标准化管理委员会,2011.

图书资源支持

感谢您一直以来对清华大学出版社图书的支持和爱护。为了配合本书的使用，本书提供配套的资源，有需求的读者请扫描下方的"书圈"微信公众号二维码，在图书专区下载，也可以拨打电话或发送电子邮件咨询。

如果您在使用本书的过程中遇到了什么问题，或者有相关图书出版计划，也请您发邮件告诉我们，以便我们更好地为您服务。

我们的联系方式：

地　　址：北京市海淀区双清路学研大厦 A 座 701

邮　　编：100084

电　　话：010-83470236　010-83470237

资源下载：http://www.tup.com.cn

客服邮箱：tupjsj@vip.163.com

QQ：2301891038（请写明您的单位和姓名）

用微信扫一扫右边的二维码,即可关注清华大学出版社公众号。

教学资源·教学样书·新书信息

人工智能科学与技术
人工智能|电子通信|自动控制

资料下载·样书申请

书圈